星地融合的卫星通信技术

崔高峰　王 程　王卫东 等　编著

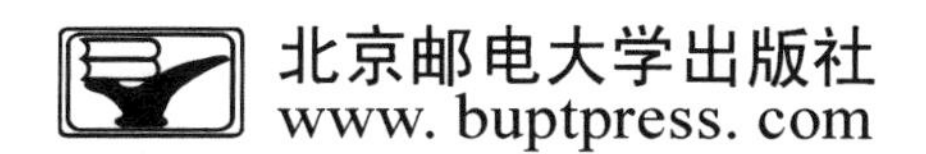

内 容 简 介

卫星和地面融合通信网络是实现全域覆盖、万物智联的关键。然而，卫星通信和地面通信在信号传播环境、通信和数据处理能力、通信/计算/存储资源量、业务服务质量保障能力等方面差异较大，星地融合网络面临诸多技术挑战。本书聚焦星地融合网络中的卫星通信技术，重点探讨星地融合系统中卫星通信技术演进需要解决的关键技术问题及研究进展。本书分析了星地融合网络发展的现状、面临的技术问题，以及卫星/地面通信信道的特点。在此基础上，本书重点介绍了星地融合统一波形设计、多址接入技术、多波束高效传输技术、融合边缘网络多维资源管理技术，以及星地融合网络频率协调与规划技术的研究进展及技术发展趋势。本书可以作为高年级本科生和研究生相关课程的教材，也可供相关领域的工程技术人员参阅。

图书在版编目(CIP)数据

星地融合的卫星通信技术 / 崔高峰等编著. -- 北京：北京邮电大学出版社，2022.7
ISBN 978-7-5635-6665-5

Ⅰ.①星… Ⅱ.①崔… Ⅲ.①卫星通信—高等学校—教材 Ⅳ.①TN927

中国版本图书馆 CIP 数据核字(2022)第 107942 号

策划编辑：姚 顺 刘纳新 **责任编辑**：刘 颖 **责任校对**：张会良 **封面设计**：七星博纳

出版发行：北京邮电大学出版社
社 址：北京市海淀区西土城路 10 号
邮政编码：100876
发 行 部：电话：010-62282185 传真：010-62283578
E-mail：publish@bupt.edu.cn
经 销：各地新华书店
印 刷：唐山玺诚印务有限公司
开 本：787 mm×1 092 mm 1/16
印 张：16
字 数：378 千字
版 次：2022 年 7 月第 1 版
印 次：2022 年 7 月第 1 次印刷

ISBN 978-7-5635-6665-5 定 价：65.00 元

智能感知技术丛书

前　言

随着5G技术开始商用，很多研究机构开始将研究重点转向6G候选技术研究。相比于4G通信系统，虽然5G技术在传输速率、时延、大连接等性能指标方面有了大幅提升，但它只能在适宜开展地面基础设施建设的区域为用户提供高质量服务。在山地、沙漠、海洋等地面基础设施建设难度较大或者经济欠发达的地区，地面5G网络部署成本较高。卫星通信作为一种通信距离远、机动性强、部署灵活的通信方式，可以有效弥补地面5G网络的劣势。然而，传统卫星通信系统传输损耗大、传输速率受限、设备复杂度高等缺点使其主要应用在广播电视、应急救援、军事等特殊领域，网络规模和用户数量有限。近年来，卫星制造、发射成本不断下降，地面终端设计、制造工艺不断提升，以及人们随时随地高质量通信需求日益增加，卫星通信（特别是低轨卫星通信）重新引起人们的关注。

由于卫星通信与地面通信各有优点，且能互为补充，星地融合网络已成为满足全时全域化和泛在化大众通信、社会保障和国家战略安全等需求的关键技术。2016年，国际电信联盟提出星地一体化系统的体系架构和部署场景等初步研究成果。3GPP从Release14开始进行星地融合方面的研究。我国在2017年将“天地一体化信息网络”列入“科技创新2030重大项目”，国内众多单位，如中国电子科技集团、中国航天科技集团、中国航天科工集团和一些科研院所、民营企业等陆续开展了天地一体化网络相关系统论证、实施及关键技术研究。目前，星地融合网络已成为国内外众多研究机构公认的6G候选技术之一，是实现“全域覆盖、万物智联”等6G愿景的关键。

虽然星地融合网络是技术发展的必然趋势，但是卫星通信和地面通信在信号传播环境、通信和数据处理能力、通信/计算/存储资源量、业务服务质量保障能力等方面差异较大，实现真正意义上的星地融合网络，还需要解决诸多关键技术问题。相比于地面网络中的基站，卫星在体积、重量、功率、计算/存储能力等方面严重受限，进而制约卫星通信系统的传输速率、数据处理能力的提升。因此，本书聚焦星地融合网络中的卫星通信技术，重点探讨星地融合的卫星通信技术演进需要解决的关键技术问题及研究进展。

全书共分8章。第1章是卫星通信与5G/6G概述，分别介绍了卫星通信、5G/6G

发展现状；第 2 章是卫星通信与地面网络融合现状，分析了卫星通信与地面网络融合需求、发展历史、星地融合网络发展现状，总结了卫星通信与地面网络融合面临的问题；第 3 章是星地融合通信信道特点，分别针对地面 5G 通信信道模型和卫星通信信道模型进行了介绍；第 4 章是星地融合统一波形设计，介绍了地面通信系统的典型波形以及卫星功放对多载波传输的影响，分析了适用于卫星通信的恒包络/准恒包络多载波波形，最后总结了毫米波频段星地融合通信波形设计面临的问题；第 5 章是星地融合多址接入技术，总结了现有的正交多址接入、非正交多址接入，以及基于 ALOHA 的随机多址接入技术，分析了多星协同随机多址接入、随机-按需混合多址接入方案及其性能；第 6 章是星地融合多波束高效传输技术，介绍了 5G/6G 多天线波束赋形和卫星多波束赋形的天线结构及其赋形方法，分析了多星协同波束赋形、星地协同安全波束赋形方案及其性能，探讨了多波束卫星频率复用技术及其性能；第 7 章是星地融合边缘网络多维资源管理，分析了星地融合边缘网络中可用的资源及其特点，分别讨论了基于 GEO 卫星、LEO 卫星，以及 GEO-LEO 卫星混合组网的星地协同资源管理方案及性能；第 8 章是星地融合网络频率协调与规划，探讨了星地融合网络干扰共存分析方法，并分析了部分干扰共存结果。

本书由崔高峰、王程、王卫东负责统稿。第 1 章和第 3 章由崔高峰、辛星负责组织编写；第 2 章由崔高峰、储凌峰负责组织编写；第 4 章由崔高峰、王程、和梦敏、王常衡负责组织编写；第 5 章由崔高峰、张瑞欣、李鹏绪、常瑞君负责组织编写；第 6 章由崔高峰、王常衡、辛星负责组织编写；第 7 章由崔高峰、段鹏飞、王亚楠、李晓尧、龙娅婷负责组织编写；第 8 章由王程负责组织编写。在本书成稿过程中，得到出版社老师、研究室同学和老师、项目合作伙伴，以及同行专家和学者的帮助和支持，在这里一并表示衷心感谢。

本书涉及的知识广而专，由于作者水平有限，错误和不妥之处在所难免，恳请读者朋友批评指正。

作　者

目　　录

第1章

卫星通信与5G/6G概述

1.1 卫星通信发展现状

1.1.1 卫星通信概况

随着经济与社会的飞速发展，人们对通信服务的要求也越来越高，地面通信已经无法完全满足人们对通信的需求，因而卫星通信在通信系统中的作用越来越重要。卫星通信是指利用人造地球卫星作为中继站转发无线电信号，从而实现多个节点之间的通信[1]。其中，节点是指各种固定或移动用户，如车载移动终端、手持移动终端、飞机、海上移动平台等。与地面通信方式相比，卫星通信有许多独有的优势：

① 不受地理环境的限制，抗毁能力强。在农村、山区、沙漠、极地等地区，地面基础设施部署成本较高，而卫星通信通常不会受这些环境因素限制。此外，由于卫星在空中，不受洪水和地震等自然灾害的影响，即使地面通信系统遭到自然灾害的破坏，卫星通信系统也能保持正常工作，可靠性高。在灾害发生时，地面通信设施极易瘫痪，卫星通信是灾区和外界保证可靠通信的有效手段。

② 通信成本不受距离限制，机动性强。卫星通信的覆盖面大，可以在偏远地区和海上平台等地方铺设地面站，或直接通过移动设备进行通信。对于远距离通信，三颗地球同步轨道卫星就可以实现除两极区域以外的全球通信，终端间的通信距离可以轻松达到上万千米，比铺设电缆光纤等方式更加经济和方便。

③ 组网方式灵活，支持复杂的网络构成[2]，可用于多种业务。卫星通信的通信方式有多种，支持点对点、一点对多点、多点对一点、多点对多点的通信方式。不同卫星之间可以通过建立星间链路进行连接，而借助卫星的多波束技术和星上处理技术，多个地面站可以实现灵活组网，为用户提供语音、电视广播、大规模物联网连接、宽带互联网等服务。

如今，卫星通信是通信系统中必不可少的一环，对于海上通信、航天通信等领域至关重要，是通信全球化的必要条件，在推动经济发展、维护国家安全等方面发挥着重要作用。

卫星通信的出现和发展开始于20世纪50年代，最早提出卫星通信的是亚瑟·查尔斯·克拉克(Arthur Charles Clarke)，他于1945年写了一篇名为《地球外的中继》的文章，文中提出三颗GEO卫星覆盖全球的想法。之后，苏联在1957年发射了世界上第一颗人造卫星Sputnik-1号，尽管其功能是测量数据，但也是通信卫星的开端。

美国于1958年发射了第一颗中继通信卫星SCORE，可以向世界广播消息。1960年，美国发射了第一颗用于全球通信的卫星Echo-1号，奠定了卫星通信的基础。1962年，美国航空航天局(National Aeronautics and Space Administration，NASA)发射了Telstar卫星，实现了语音信息、电视图像、电报信息的传输。之后，卫星通信逐渐从实验阶段走向商用阶段。

通信卫星按照轨道的不同可分为同步地球轨道(Geostationary Earth Orbit，GEO)卫星和非同步地球轨道(Non-Geostationary Earth Orbit，NGEO)卫星。其中，NGEO卫星包括高椭圆轨道(Highly Elliptical Orbit，HEO)卫星、中地球轨道(Medium Earth Orbit，MEO)卫星和低地球轨道(Low Earth Orbit，LEO)卫星。GEO卫星距离地面35 786 km，覆盖范围大，单颗GEO卫星可覆盖地球42%的区域，几颗GEO卫星就可以轻松覆盖全球，实现除两极地区外的全球通信。同时，GEO卫星对地静止的特点，使得地面站天线指向GEO卫星的方向固定，技术易于实现。而且相比于低轨卫星，GEO卫星使用寿命更长，且最早用于商业通信，应用广泛。目前，GEO卫星在卫星通信领域仍占据着重要地位，很多商业通信卫星、广播电视卫星都是GEO卫星。但是，GEO卫星也存在着很多问题：

① 传输损耗大。由于GEO卫星距离地面很远，导致链路损耗大，需要发射端功率足够大，或者接收端和用户终端足够灵敏才能满足通信要求。

② 传播时延大。GEO卫星轨道高，会导致传播时延大，这对于很多对时延要求严格的业务是很难接受的。

③ 观测区域无法覆盖全球。由于GEO卫星位于赤道正上方，很难观测到纬度高的地区，尤其是两极地区。

④ 轨道资源有限。由于GEO卫星必须位于静止轨道上，这导致轨道资源紧张，尽管共轨技术使得几颗卫星可以位于同一经度上，但仍不能从根本上解决这一问题。

LEO卫星轨道一般位于500～1 500 km，和GEO卫星相比，LEO卫星传输时延小，单跳时延在7ms左右，而且其路径损耗小，这使得发送端功率远低于GEO卫星，并且对接收机的灵敏度要求低，可以实现终端设备的小型化。但是低轨道带来的弊端是受多普勒频移影响大，而且覆盖范围小，单个LEO卫星只能覆盖地球表面积3%～5%的区域[3]，所以LEO卫星星座通常有几十颗甚至上千颗卫星，如典型的低轨卫星系统铱星(Iridium)系统由72颗卫星组成。MEO卫星是LEO卫星和GEO卫星的折中，具备了两者的优势并克服了一些不足，性能处于两者之间，常用于卫星导航系统，目前唯一商用的MEO通信系统是O3b星座系统，能够提供低延时高速率的服务。LEO卫星和MEO卫星星座可以实现包括两极区域的全球覆盖，真正实现全球通信，而且其低延时的特点也满足卫星通信和5G、6G的融合要求，因此目前许多国家和卫星运营商开始致力于发展中低轨道卫星。

1.1.2 典型的卫星通信系统

本节主要对典型的高轨卫星通信系统 Inmarsat、中轨卫星通信系统 O3b 和典型的互联网星座进行了介绍。表 1-1 为几种典型的卫星通信系统的介绍。

表 1-1 几种典型卫星通信系统

卫星系统	Inmarsat	O3b	Iridium-NEXT
频段	Ka/L	Ka/V	Ka/L
卫星总数	14 颗	12 颗	75 颗
轨道类型	GEO	MEO	LEO
轨道高度	35 786 km	8 062 km	780 km

1. Inmarsat 卫星系统

(1) 发展概况

在国际上,典型的 GEO 卫星移动通信系统有 Inmarsat、Thuraya、ACeS 等系统。其中,Inmarsat 是最早的 GEO 卫星移动系统,也是目前最先进的 GEO 卫星系统,接下来重点对 Inmarsat 系统进行介绍。

Inmarsat 全称是 International Maritime Satellite Organization(国际海事卫星组织),于 1979 年成立,Inmarsat 成立之初主要服务于海上公共通信和应急通信,在 1985 年和 1989 年分别扩展了航空和地面业务,并于 1994 年更名为"国际移动卫星组织",其缩写"Inmarsat"保留不变。如今,Inmarsat 可以为船舶、车辆、机载移动终端等提供卫星通信和宽带数据业务,是为海上船舶和航空组织提供安全通信服务的主要组织,承担应急通信和灾害救助通信[2]。除此之外,Inmarsat 还支持物联网(Machine-to-Machine,M2M)的双向数据连接服务。

Inmarsat 目前运营有 14 颗 GEO 卫星,主要包括第四代海事卫星(Inmarsat-4,I-4)和第五代海事卫星(Inmarsat-5,I-5)。其中,I-4 建立了世界上第一个全球卫星 3G 网络。Inmarsat 于 2005 年和 2008 年发射了前三颗 I-4 卫星,2013 年发射了 Alphasat 卫星进行补充,增加了 50%的可用频谱和 20%的移动通信信道。I-4 主要提供 L 频段的宽带全球区域网络(Broadband Global Area Network, BGAN)服务、海上宽带连接(FleetBroadband)服务和航空宽带连接(SwiftBroadband)服务、物联网和语音业务。BGAN 服务可以为全球范围的小型和轻型卫星终端提供语音和宽带数据通信业务,最高速率可达 492 kbit/s;FleetBroadband 服务则为全球海洋平台和船只提供可靠无缝的语音和宽带数据覆盖,最高可为多个用户提供 432 kbit/s 的通信速率;SwiftBroadband 是基于 IP 的分组交换服务,主要为飞机和无人机平台提供服务,通过高增益天线可实现最高 2.8 Mbit/s的通信速率。

(2) 系统概述及特点

Inmarsat 系统由空间段、地面部分、移动站 3 个部分构成,可以覆盖地球南北纬 76°

之内的所有区域。其中,Inmarsat-4 的每颗卫星可以产生 19 个宽波束和 200 多个窄点波束,分布在 35 786 km 的高地球轨道,主要提供 L 频段的低速率服务。

尽管 L 频段可靠性高,抗雨衰的性能强,但是带宽低,无法满足人们的高速率业务需求。因此,为满足卫星系统对高宽带的需求,第五代海事卫星(I-5)采用了 Ka 频段作为工作频段,Ka 频段具有大容量、高带宽的特点。2013 年 12 月至 2015 年 8 月 Inmarsat 共发射了 3 颗 I-5 卫星,这 3 颗 I-5 卫星于 2015 年 12 月开始全球商业服务,建立了全球第一个高速宽带网络 Global Xpress(GX)。2017 年 5 月 Inmarsat 发射了第 4 颗 I-5 卫星以提供更大的容量。I-5 的每颗卫星都具有 89 个固定点波束和 72 个信道,工作带宽为 5 GHz,终端可以提供最高 50 Mbit/s 的下行速率和 5 Mbit/s 的上行速率[4]。截至 2021 年,Inmarsat 已发展至第六代卫星系统,并开始海事第六代卫星的部署,第六代卫星系统将实现首个全球超宽带 Ka 频段网络,第六代海事卫星是目前全球首个北极地区专用的高速移动宽带有效载荷,可以实现北纬 65°上方的连续覆盖。

2. 铱星系统

(1) 发展概况

在国际上典型的 LEO 卫星通信系统是铱(Iridium)星系统,也是能够真正实现全球覆盖的卫星通信系统,目前已经发展到第二代全球通信卫星网络。第一代铱星系统是摩托罗拉公司在 1998 年提出的全球卫星通信系统,最初的设计目的是实现小型手持电话通信,第一代铱星系统工作在 L 频段,于 1997 年开始部署,1998 年开始投入商用,2002 年完成全球覆盖。2007 年,铱星公司启动了铱星下一代(Iridium-NEXT)计划,2017 年 1 月首次发射了 10 颗 Iridium-NEXT 卫星,2019 年 1 月进行了最后一次发射,完成了 75 颗 Iridium-NEXT 卫星的部署,并于 2019 年 2 月将铱星服务全部转移到 Iridium-NEXT 卫星网络上,彻底取代了第一代铱星系统。

目前,铱星除提供传统的话音业务外,还积极发展物联网业务、海上业务和空中业务,2018 年 5 月铱星的全球海上遇险和安全系统(Global Maritime Distress and Safety System,GMDSS)服务得到了国际海事组织的认可,打破了海上卫星行业的垄断。

(2) 系统概述及特点

第一代铱星卫星星座通过 66 颗卫星实现全球覆盖,每颗卫星具有 48 个点波束,其上的 4 条星间交叉链路以 10 Mbit/s 的通信速率运行,以 2 400 bit/s 的通信速率支持1 100 个并发电话,为手持终端用户提供全球个人卫星通信业务,直到 2019 年才停止使用。

Iridium-NEXT 卫星星座包括 66 颗 LEO 卫星、9 颗在轨备用卫星和 6 颗地面备用卫星,部署在距离地球 780 km 的太空中。每颗卫星有 48 个点波束,每个点波束的覆盖直径约 400 km,每颗卫星的全覆盖区域直径可达 4 500 km,且点波束可以重叠,可以有效减少掉话率。其网络架构采用的是每颗铱星卫星与相邻 4 颗卫星通过星间链路连接,这样可以实现卫星之间的流量切换,能够保证较低的延时和可靠的通信。Iridium-NEXT 星座可以提供 L 频段的数据通信服务,一般可为地面移动终端提供 172～352 kbit/s、最高 1.4 Mbit/s的数据传输速率,还可为固定和移动终端提供 8 Mbit/s 的 Ka 频段服务。

铱星系统庞大,用户广泛,在世界上有 170 个不同国家和地区使用铱星业务,地球站遍布全球，而铱星系统在全球范围内运行稳定，通信质量高。此外，铱星系统在卫星全球波束、区域波束和点波束之间的调配十分灵活，系统空间段的可靠性持续达到99.99%，在系统容量、可靠性、相互连接性和经济性方面，均居世界前列[5]。

3. O3b卫星系统

(1) 发展概况

近年来，随着地面移动通信的发展，人们对速率和时延的要求越来越高，再加之近几年商业航空的发展使得卫星研制、发射的成本降低，互联网星座开始逐渐兴起。互联网星座大多采用中低轨道卫星，卫星体积都较小，频段一般采用Ka、Ku频段，旨在为全球的用户提供高宽带、低时延和低成本的互联网服务。O3b卫星系统是最早发展起来的互联网星座，也是目前全世界唯一成功商用的MEO卫星通信系统。

O3b公司从2013年到2014年年底相继发射了12颗卫星，并开始提供全面的商业服务。2018年和2019年O3b分别发射了4颗卫星，使其发射的卫星数达到了20颗，构成了第一代高功率、高通量的MEO卫星群，由SES公司运营。在2017年，SES提出了第二代O3b卫星系统“O3b mPOWER”，计划由11颗高通量、低延迟的MEO卫星组成，为北纬50°和南纬50°之间的用户提供高宽带连接，预计可以覆盖全球约96%的人口。此外，SES在2021年10月发射了一颗Ka频段的高通量GEO卫星，该卫星包含近200个点波束，既可以为用户提供高速宽带业务，同时也为后期GEO和MEO多轨道的卫星协作奠定了基础。

(2) 系统概述及特点

第一代O3b卫星系统的运行轨道位于赤道圆轨道，轨道高度为8 063 km。其中，每颗卫星重约700 kg，搭载了12个完全可控的Ka频段天线，每个天线形成一个点波束，10个波束用于和用户通信，另外两个波束用于和网关通信，每个波束的覆盖直径为700 km。在吞吐量上，单个波束的频谱带宽为2×216 MHz，吞吐量可达2×800 Mbit/s，使得每颗卫星的总容量为16 Gbit/s。当采用TCP协议传输时，每条链路的最大吞吐量为2.1 Mbit/s。此外，系统采用星形组网的方式，星间不存在星间链路，每颗卫星使用透明转发，通过地面网关进行路由交换。相比于其他互联网星座，O3b主要发展MEO卫星星座，主要原因有以下几点：

① 在成本方面，由于单颗LEO卫星运动速度很快，且覆盖范围小，故LEO卫星系统通常需要成百上千颗卫星才可以提供全球的通信服务，而最小的MEO卫星系统只需要6颗卫星就可以提供全球通信服务。同时，MEO卫星系统比LEO卫星系统需要的地面信关站数量要少很多，系统复杂度低。

② 在时延方面，MEO卫星的时延为150 ms，相比GEO卫星，时延已经大大降低，虽然比LEO卫星的时延高，但已经可以处理大多数企业级的低时延应用，如云计算、边缘计算等服务。

③ 在技术层面，MEO互联网星座的相关技术是成熟可部署的，而LEO互联网星座的技术仍在发展中。

综上所述，O3b决定继续发展MEO互联网星座，为全球提供可靠、低时延、高吞吐量的卫星服务。

4. OneWeb

(1) 发展概况

OneWeb是由低轨卫星组成的全球互联网星座，致力于在全球范围内提供高带宽、低延迟的通信服务，提供5G通路，并计划提供相比于现有GEO卫星十倍的带宽和十分之一的延迟。OneWeb卫星星座最早在2014年提出，并于2015年开始启动和建造卫星星座，但是由于资金和频谱许可等问题，直到2019年才开始卫星星座的发射。在2019年发射了6颗测试卫星后，2020年2月开始发射运营卫星，期间受破产和公司重组的影响推迟发射。2020年12月恢复发射，每次发射34颗或36颗卫星，截至2021年10月，已经发射了352颗运营卫星，在轨卫星总数达到358颗。同时计划第一批服务地区为北纬50°以北的地区，为英国、阿拉斯加、北欧、格陵兰等地提供互联网服务。在星座规模方面，OneWeb最初计划第一代卫星星座发射约720颗，并向美国联邦通信委员会申请将星座数量扩展至2 000颗，包含720颗Ku、Ka和V频段有效载荷卫星和1 280颗V频段的MEO卫星。此外，在2021年，OneWeb将计划的卫星总星座规模由48 000颗卫星削减至6 372颗。

(2) 系统概述及特点

在OneWeb星座中，第一代卫星星座计划由648颗卫星组成，其中每颗卫星的质量约150 kg，卫星的轨道高度为1 200 km，轨道倾角为87.9°，所有卫星布置在12个轨道面上。每颗卫星可以产生16个工作在Ku频段的椭圆形用户波束，可以灵活地完成对地面特定区域的覆盖。同时每颗卫星包含两个可调向的关口站天线产生馈电波束，工作在Ka频段。其中，对于信关站和卫星之间的馈电链路，上行工作的频率范围为27.5～29.1 GHz、29.5～30 GHz，下行工作的频率范围为17.8～18.6 GHz、18.8～19.3 GHz；对于卫星与用户之间的用户链路，上行工作的频率范围为12.75～13.25 GHz、14～14.5 GHz，下行工作的频率范围为10.7～12.7 GHz[6]。在吞吐量方面，每颗卫星的业务速率可以达到6 Gbit/s。同时，地面终端采用相控阵天线，整个系统可以为地面用户提供50 Mbit/s的下行链路带宽。第一代OneWeb卫星星座没有星间链路，由地面信关站进行路由切换，为用户提供通信服务。

5. Starlink

(1) 发展概况

Starlink是由SpaceX运营的卫星互联网星座，为地球大部分地区提供卫星互联网接入。Starlink的产品开发开始于2015年，并在2018年2月发射了两颗实验卫星。Starlink第一期的星座规模经过多次修改，在2021年4月确定为4 408颗，并通过FCC批准。2020年6月，SpaceX向美国申请第二代星座在E频段的使用权，计划第二代星座包含30 000颗卫星，实现完整的全球覆盖。在卫星发射方面，Starlink在2019年5月首次发射60颗测试卫星，并于2019年11月开始大规模发射卫星，截至2021年12月2日，累计发射了1 892颗卫星，其中工作的卫星数量为1 732。

2021年2月，Starlink向公众开放了商业服务，开始为全球提供初始测试服务，在全球的大多数位置，其通信速率可以达到50～150 Mbit/s，其传输时延可以达到20～40 ms。其通信速率、时延和运行时间将随着卫星数量和地面站数量的增多和完善不断改善。

(2) 系统概述及特点

Starlink是由SpaceX负责建造的卫星互联网星座,用于卫星互联网接入,为全球范围内的用户提供高带宽、低延时的通信服务。第一期Starlink卫星星座工作在Ku频段、Ka频段和V频段,分布在轨道高度为540～570 km、轨道倾角为53.2°、70°、97.6°的轨道面上。其中,卫星单星过顶时间为4.1 min,飞行速度为7.5 km/s,单星覆盖面积为277万km^2,单波束覆盖半径为8 km。此外,卫星在高仰角下运行,系统星座在仰角大于35°时为网关地球站和用户提供服务,以降低在仰角较低时传输损耗对地面系统的影响。在2021年前发射的卫星是不包含激光链路的,后期的卫星为了提高系统速率将添加星间激光链路。

由于低轨卫星星座的卫星数量很多,因此需要降低发射成本。Starlink采用可重复使用的火箭和搭载多颗卫星发射的技术显著降低了发射成本。其中,猎鹰9号运载火箭,采用了火箭回收和重复使用技术;而每颗卫星采用紧凑的平板设计,最大限度地减少了体积,提高了火箭搭载卫星的能力。

6. Kuiper

(1) 发展概况

Kuiper低轨卫星通信系统是由亚马逊提出并部署的,旨在通过数千颗低轨卫星在全球范围内提供可靠的、低成本的宽带互联网接入。Kuiper低轨卫星系统由3 236颗卫星组成,分布在3个轨道上,轨道高度分别为590 km、610 km和630 km,系统主要工作在Ka频段。该系统采用先进的通信天线、子系统和半导体技术,提供经济高效的企业宽带服务、互联网传送、载波级以太网、无线回程等业务[7]。此外,利用亚马逊已有的地面网络基础设施,Kuiper系统可以更快地进行地面设施的部署,为用户提供安全、高速、低延迟的宽带服务。

(2) 系统概述及特点

Kuiper系统空间段和地面段将由五个主要部分组成:3 236颗LEO卫星、客户终端、关口地球站、软件定义网络(SDN)和运营/业务支持系统、卫星操作中心和安全遥测以及跟踪和指挥网络。其卫星星座分布在590 km、610 km、630 km三个轨道面上,以实现最大和均匀分布的地形重叠覆盖赤道南北56°之间,并提高频谱效率。其卫星分布如表1-2所示。

表1-2 Kuiper卫星系统[7]

高　度	轨道倾角	轨道面数	每个轨道面的卫星数	卫星总数
590 km	33°	28	28	784
610 km	42°	36	36	1 296
630 km	51.9°	34	34	1 156

其轨道面分布主要考虑:低轨道对有效载荷功率要求低;通过采用小型卫星点波束来提高频谱效率和频率复用;通过较少的卫星数量实现最大和均匀的覆盖范围[7]。此外,Kuiper系统主要提供Ka频段的高速率宽带通信服务,卫星采用相控阵天线来满足高增

益的要求，和传统的 Ka 频段相控阵天线不同，Kuiper 系统设计了发射天线和接收天线重叠放置的架构，从而减少了终端的尺寸和重量。

此外，Kuiper 系统以亚马逊 Web 服务的地面站为基础进行低轨卫星星座的开发，为后期频率落地提供了极大的便利，同时采用纵向一体化的发展模式，资金来源程度高。但是由于其计划的提出和启动较慢，部署进度已经远落后于 OneWeb 和 Starlink，在后期的市场介入中会有很大的难度。

7. 我国的卫星通信系统

我国的卫星通信起步较晚，距离国际先进水平尚有差距。2008 年汶川地震发生时，我国只能通过国际的 Inmarsat 卫星和外界保持应急通信。不过经过几十年的研发积累，我国的卫星通信已经有一定规模，逐步接近国际先进水平。我国目前的先进通信卫星有“天通一号”“中星 16 号”等，其中，北斗卫星导航系统也可实现短信报文服务。

我国首颗 GEO 卫星天通一号 01 星于 2016 年 8 月发射，是我国首颗移动通信卫星，其技术指标达到国际第三代移动通信卫星水平，覆盖区域主要包括中国、中东、非洲、太平洋和印度洋的大部分海域[8]。天通一号 01 星采用 S 频段，可以实现终端设备的小型化，同时传输损耗小、抗雨衰能力强，可以实现地面通信的全部功能，包括语音通话、短信传真、互联网接入等功能，其数据传输速率最高可达 384 kbit/s。2017 年 4 月，我国发射了第一颗 Ka 频段宽带通信卫星中星 16 号，通信容量高达 20 Gbit/s，包含 26 个波束，可以实现中国大部分国土的覆盖，提供互联网接入、医疗、海上通信和飞机通信等服务。

除 GEO 卫星外，我国也在积极发展低轨通信卫星系统，我国目前研制的主要有中国航天科技集团负责的“鸿雁工程”和中国航天科工集团负责的“虹云工程”。“虹云工程”是我国提出研制的卫星互联网星座系统，也是我国首个低轨宽带卫星通信系统，其采用 Ka 频段，每颗卫星有 4 Gbit/s 带宽的吞吐量。2018 年 12 月已经发射首颗卫星，并在 2019 年 1 月进行技术验证，可以实现上网、视频等互联网业务，为全球提供高速率低时延的互联网通信业务。“鸿雁星座”是我国研制的全球低轨卫星移动通信和互联网星座系统，主要分为两期工程，一期工程通过 60 颗卫星组网实现全球的传统移动通信业务，二期工程再发射 300 多颗卫星完成互联网星座系统的建设。2018 年 12 月“鸿雁星座”发射了首颗实验星进行卫星各项功能的验证。

此外，银河航天科技有限公司于 2018 年开始运营，致力于打造低轨宽带通信卫星星座，建立一个覆盖全球的天地融合通信网络，为全球提供经济实用、快捷方便的宽带网络和服务。银河航天自主研发了中国首颗 10 Gbit/s 通信能力的低轨宽带通信卫星——银河航天首发星，并于 2020 年 1 月 16 日在酒泉卫星发射中心成功发射，该卫星采用 Q/V 和 Ka 等通信频段，具有 10 Gbit/s 速率的透明转发通信能力。

目前，卫星移动通信系统逐渐向 LEO 通信系统发展，这是由于 LEO 卫星系统的特性决定的。与其他卫星相比，LEO 卫星距地面更近，链路损耗小、延时低，更适合与 5G 的融合。早期的 LEO 卫星系统技术难度大，卫星研制和发射成本高，而且 LEO 卫星系统只有将大部分卫星发射后才能商用，前期需要投入大量的资金，导致早期的 LEO 卫星系统运营公司都因高昂的成本受挫。但随着技术的发展、商用航空产业不断壮大，LEO 卫星系统的成本也大大降低，如 Iridium-NEXT 星座的成本约为 30 亿美元，比一代降低了 20 亿美元，且带宽、延时等系统性能远优越于一代。

1.2　5G/6G 发展现状

1.2.1　5G 发展情况

地面移动通信自出现就一直保持着高速发展的态势，影响着人们生活工作的方方面面。近几年来，人们对移动通信业务的需求呈指数增长，这对移动通信提出了更高的要求和挑战。5G 是第五代移动通信技术(5th Generation Mobile Networks)的简称。在 2012 年初，国际电信联盟无线电通信部门(International Telecommunication Union - Radiocommunication Sector，ITU-R)为推动 5G 的发展，启动了"面向 2020 年及之后的国际移动通信(International Mobile Telecommunications，IMT)"项目，为当时全球正在兴起的 5G 研究奠定了基础，在 2015 年于日内瓦召开的 WRC-15 会议上，国际电信联盟(International Telecommunication Union，ITU)定义了 5G 的法定名字为"IMT-2020"[9]。5G 协议和标准的制定由第三代合作伙伴(3rd Generation Partnership Project，3GPP)负责。为了与国际接轨，顺应时代的潮流，我国于 2013 年 2 月成立了 IMT-2020(5G)推进组，负责联合通信领域的科研力量、推进 5G 的技术研究，并开展国际交流活动。

(1) 5G 应用场景

在 2015 年 2 月，IMT-2020(5G)推进组召开了 5G 概念白皮书发布会，在 5G 概念白皮书中归纳了 5G 主要的四大应用场景，包括连续广域覆盖、热点高容量、低功耗大连接和低时延高可靠[10]。其中，前两个场景主要面向移动互联网，后两个场景主要面向未来的物联网业务，其特点和挑战如表 1-3 所示。

表 1-3　IMT-2020 推进组定义的 5G 四大场景[11]

场景	特点	挑战
连续广域覆盖	为用户提供无缝切换的高速业务体验，用户在移动中保持连接不中断。	在任何时间任何地点为用户提供 100 Mbit/s 以上的体验速率。
热点高容量	面向局部热点区域，为用户提供超高的数据传输速率。	1 Gbit/s 的用户体验速率、数十 Gbit/s 的峰值速率和数十 $\text{Tbit}\cdot\text{s}^{-1}\cdot\text{km}^{-2}$ 的流量密度。
低功耗大连接	面向智慧城市、环境监测等以传感和数据采集的应用场景，单个设备的传输数据小，网络海量连接。	网络具备千亿连接的支持能力，并且达到每平方千米 100 万的连接密度，满足低功耗和低成本。
低时延高可靠	面向车联网、无人机、工厂控制等对时延和可靠性要求高的垂直行业。	为用户提供毫秒级的端到端时延和 100%的业务可靠性。

同年9月，ITU确定了5G的三大应用场景，也是目前国际上公认的5G应用场景，分别是增强移动宽带(Enhanced Mobile Broadband，eMBB)、海量机器通信(Massive Machine Type Communications，mMTC)和高可靠低时延通信(Ultra-reliable and Low Latency Communications，uRLLC)[11]。

eMBB场景以人为中心，为用户终端提供多方面的高宽带业务，既包含局部热点区域的高速数据服务，也包括广域的无缝业务支持。对于局部热点来说，其用户密度大，移动性小，比如运动会、演唱会、密集住宅区等用户密集的区域，或者对速率要求很高的特殊热点区域，这对网络容量等通信能力有很高的要求；对于广域覆盖来说，则要满足用户能在任意地点和任意时间获得无缝业务支持，如山区、地铁、高铁等区域，而且用户速率也要远高于目前的用户速率。

mMTC场景则以物为中心，主要面向未来的物联网产业，特点是低功耗和大连接，连接的设备数量庞大，同时设备的功耗低，成本低，传输数据小。

uRLLC场景主要面向工业制造或生产过程的无线控制、无人机、车联网、远程医疗等领域，要求低时延、高吞吐量和极高的可靠性。图1-1是未来IMT的应用场景。

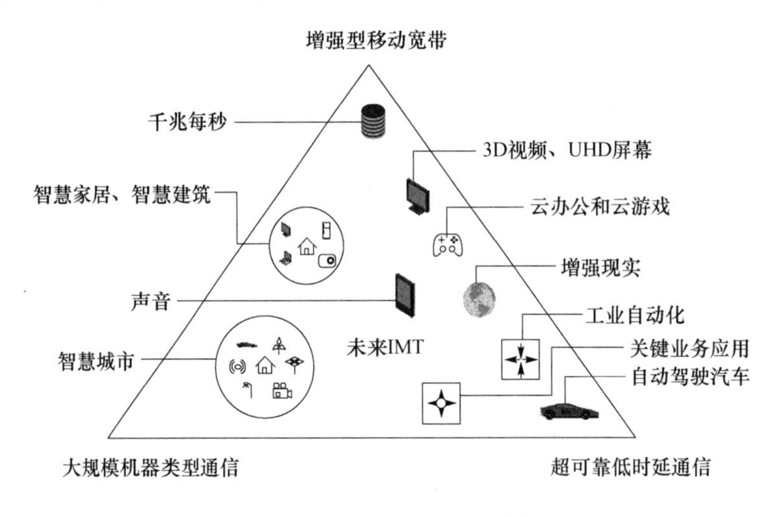

图1-1　IMT的应用场景[11]

除5G的应用场景外，ITU还规定了8项参数作为IMT-2020的关键特性，包括峰值数据速率、用户体验数据速率、时延、移动性、连接密度、能效、频谱效率和区域通信能力，并对其最低性能指标进行了定义，如表1-4所示。

表1-4　5G的性能指标[12]

参　数	性能指标
峰值速率	下行链路为20 Gbit/s、上行链路为10 Gbit/s
峰值频谱效率	下行链路为30 bit・s^{-1}・Hz^{-1}，上行链路为15 bit・s^{-1}・Hz^{-1}
用户体验速率	下行速率为100 Mbit/s，上行速率为50 Mbit/s
控制面时延	10 ms

续 表

参 数	性能指标
用户面时延	对于 eMBB 场景，用户面时延的目标为上行链路 4 ms，下行链路 4 ms；而对于 uRLLC 场景，用户面时延的目标为上行链路为 0.5 ms、下行链路为 0.5 ms
连接密度	每平方千米连接 100 万台设备
移动性	移动性是指能够达到所定义的服务质量（Quality of Service，QoS）的用户最大移动速度，目标的最大移动速度为 500 km/h

为了实现上述的性能指标，5G 应用了许多不同于前几代移动通信的新技术，如大规模天线阵列（Massive Multiple Input Multiple Output，Massive MIMO）、毫米波通信、非正交多址接入（Non-Orthogonal Multiple Access， NOMA）、网络切片、边缘计算等，接下来对这些技术进行简要介绍。

（2）5G 关键技术

Massive MIMO 是对第四代移动通信（the Fourth Generation Mobile Communication，4G）MIMO 技术的扩展和延伸，可以有效地提高系统性能。MIMO 技术是指无线通信系统中发送端和接收端采用多个天线组成的天线阵列，使信号可以在发射端利用多个天线独立进行发送，并在接收端通过多个天线进行接收[13]。对于 Massive MIMO 技术，每个基站所用的天线数量比目前 4G 的天线数多很多，系统使用几百个天线阵列同时在相同的时频资源中为数十个终端提供服务。相比于 MIMO 技术，Massive MIMO 的优点包括：通过更多的服务天线提供额外的自由度，提高频谱效率和能源效率，降低空中接口的时延，提高系统的鲁棒性等[14]。

毫米波通信是 5G 的重要关键技术，由于传统频率资源几乎被瓜分殆尽，人们开始将目光转向毫米波的频段。毫米波的优势是其频带宽，具有丰富的频带资源，可以大幅度提高传输速率，而且毫米波波长短的特点使得天线尺寸可以减小，在相同空间内可以放置更多毫米波天线，是 Massive MIMO 技术得以实现的重要助力。但毫米波存在传播损耗大、穿透性差、覆盖范围小的缺点，很难通过毫米波实现无缝全覆盖，因此需要和 Sub-6 GHz 频段组合使用[15]。

NOMA 技术和传统的正交多址接入不同，正交多址接入技术的频率和用户数成正比关系，频率资源的上限限制了用户的数量，而通过 NOMA 技术，可以在相同资源下容纳更多的用户，提高了频谱效率和吞吐量。NOMA 技术可分为功率域 NOMA 技术和码域 NOMA 技术。功率域 NOMA 技术的核心是发射端在功率域上对多个用户信息进行叠加发送，在接收端通过串行干扰消除（Successive Interference Cancellation，SIC）来区分不同的用户[16]。码域 NOMA 技术则是通过不同的扩频码技术在发送端将用户信息进行调制，在接收端利用 SIC 技术和不同的解码技术将信息区分恢复出来。由于 NOMA 技术对硬件的处理性能要求较高，所以随着技术的革新，应用 NOMA 技术得到的性能也将越来越好。

除以上新技术外，5G 还有一大特点是具有多种网络架构，可分为独立组网(Standalone，SA)和非独立组网(Non-standalone，NSA)。NSA 网络架构提出的主要目的是保护现有 4G 网络的投资，将 5G 服务引入现有的 4G 核心网中，通过新建 5G 基站以及和原有的 4G 基站结合，利用 4G 核心网接入来提供服务，利用原有设备的优点运营商可以快速经济地部署 5G，NSA 网络架构的缺点是接入网互通复杂，而且终端成本昂贵。SA 架构则是切断了与 4G 的联系，推出全新的 5G 网络架构，优点是可以全面实现 5G 的功能，达到预想的性能指标，缺点是铺设成本高昂，所以大部分运营商选择从 NSA 架构起步，逐步过渡到 SA 架构。

1.2.2 6G 发展现状

随着 5G 商用的到来，6G 也提上了日程，由于可持续发展和安全的需求、社会和垂直工业的挑战，6G 的发展势在必行。在 6G 的研究过程中，不同研究组织对 6G 做了初步的探索。2018 年 7 月，国际电信联盟成立“网络 2030”聚焦组织，探索 2030 年及以后的网络技术发展，并发布了“网络 2030”的白皮书[17]，定义了“网络 2030”具有的特点，包括：可以支持并推动数字社会迈向 2030 年后的各种新应用，如全息媒体；能够提供丰富和高性能的接入和边缘网络互联，能被新的垂直领域所利用，满足严格的延迟和容量要求；可以提供严格的资源控制、严格的时间保障服务，为新的垂直领域提供服务，如工业自动化行业；具有新的网络架构，支持未来更丰富的基础设施互联，将由卫星、空间网络、用户终端等新互联网技术推动，使“网络 2030”在基础设施和通信服务层面支持多层面的接入互联网。

2019 年 9 月，芬兰的奥卢大学发布了首个 6G 白皮书[18]，这是基于 70 位受邀专家在 2019 年 3 月举行的首届 6G 无线峰会中分享的观点，介绍了 6G 的关键驱动因素、研究要求、挑战和 6G 相关的基本研究问题。该白皮书提出 6G 的关键驱动因素是无线网络中收集、处理、传输和使用数据的方式。此外，可持续发展目标、节能减排和新技术的出现、不断增加的生产力需求也是实现 6G 的关键驱动力。同时，6G 将进一步提高速率，力求满足每个用户最多可传输 1 Tbit/s 的需求，这需要有效地利用太赫兹的频谱。未来 6G 还将引入人工智能和机器学习的方法，同时注重安全和隐私保护。白皮书还认为 6G 将不仅局限于移动数据，它还将是一个服务框架，将传感、成像和移动性等集成在 6G 中。白皮书还总结了目前 6G 的关键性能指标(Key Performance Indicators ，KPI)，如表 1-5 所示。可以看出，6G 的关键性能指标将是目前 5G 的 10～100 倍，与之前的移动技术的升级相一致。此外，还总结了一些隐性的 KPI，如链路预算、覆盖范围 KPIs、位置精度、隐私安全 KPI 等性能指标。在可靠性中，6G 的一个重要应用领域是工业控制，要求 10 亿比特中仅允许一个错误比特，同时延时仅允许 0.1 ms，这对频谱效率和连接所需的频带提出了严格的要求。

表 1-5　6G 的关键性能指标[18]

参　数	指　标
峰值速率	100 Gbit/s～1 Tbit/s
定位精度	10 cm(室内),1 m(室外)
更高的能源效率	至少高于5G的10倍
超高的可靠性	最多100万次停机1次
流量增加	高于目前1万倍
电池使用时间	20年
密度	100台设备/平方米
延时	0.1 ms

6G的关键驱动力来自5G中面临的挑战和性能的限制,以及随着技术革新,无线网络工作模式的转变。然而,6G技术的研发还处于探索过程中,有人提出将人工智能引入6G中,实现通信智能化,达到效率的提升和节能的效果。有人则认为6G将采用太赫兹频段,进一步扩展带宽,降低时延。未来,6G的目标是实现真正的天地一体化,做到任何地点任意时间都能享受高速率的通信服务。因此,未来地面5G/6G与卫星通信的融合将是必然趋势。

此外,国内也针对6G进行了诸多研究。2019年11月,中国移动研究院联合产业界发布了《2030+愿景与需求报告》,并在2020年11月发布了《2030+愿景与需求白皮书(第二版)》《2030+网络架构展望白皮书》《2030+技术趋势白皮书》,分析了下一代移动通信系统的三大驱动力,并指出6G将在全新的架构和技术驱动下,满足社会发展的新需求,应用于新场景。2021年1月,由东南大学牵头国内和国际的多所知名大学编写发布了《6G研究白皮书》[19],阐述了6G无线网络的愿景、使能技术和新应用范式。

6G的无线使能技术主要包括无蜂窝大规模MIMO、智能超表面、云计算、边缘计算和基于人工智能技术的物理链路等技术。下面对6G的几种使能技术进行简要介绍。

(1) 无蜂窝大规模MIMO

大规模MIMO已在5G中得到应用,可以提高系统的频谱效率、能量效率和可靠性,为了改善小区边缘用户体验,引入了分布式MIMO,分布式MIMO主要将集中部署方式变为分布式部署方式,多个分布节点之间进行协作。而无蜂窝大规模MIMO主要考虑分布式大规模MIMO系统,包含大量的服务天线用于服务在广域分布较少的自主用户。所有服务天线通过回程网络进行协作,通过时分双工操作在相同的时频资源中为所有用户服务,没有蜂窝小区的概念,因此称为无蜂窝大规模MIMO[20]。无蜂窝MIMO通过取消蜂窝结构来克服蜂窝间干扰,比传统的集中式大规模MIMO具有更高的频谱效率。但是无蜂窝大规模MIMO具有实现复杂度高、回传要求高、信道状态信息获取困难等问题。因此在实际应用中仍存在限制。

(2) 可重构智能表面

可重构智能表面(Reconfigurable Intelligent Surface, RIS)是实现智能无线电环境的关键技术,其显著特性是可以在无线环境部署后重新进行配置,通常布置在墙壁、建筑物或天花板。一种常见的 RIS 是由多个独立的微小天线元件构成，通过调整每个天线单元的间距避免天线单元之间的相互耦合。其中，每个单元可以被认为是一个反射元件，通过编程或者控制幅度相位的方式可以改变入射电波的幅度相位。由于 RIS 通常利用低成本自适应的复合板材料构成，本身不发射无线电波，因此在功耗和成本上具有很强的优势[21]。

对于前五代无线通信，通信设备在配置后无法修改，无线电波在经过发射机发射后、接收机接收前无法进行控制，即无线传输环境是不可控的，只能通过设计复杂的传输和接收方案进行补偿。而未来通信网络的设想是采用智能无线电环境，采用 RIS 对无线传输环境进行设计优化，从而达到优化波形、提高传输性能的目的。RIS 的挑战和研究问题主要包括电路模型设计、信道建模、波束控制、波束成形、网络部署及优化等。

(3) 云计算和边缘计算

近几十年来，无线通信网络的计算从分布式计算到集中式云计算，再到边缘计算。云计算是将资源管理全部集中在云端处理的体系结构，可以灵活地给终端用户提供资源分配，并减少用户的计算负担，提供更方便的服务供应，但是由于带宽有限、传输距离长等限制，云计算很难满足 5G 中对时延敏感的应用，因此在 2014 年欧洲电信标准协会提出了移动边缘计算。移动边缘计算是可以在用户附近位置为用户提供云计算等接入网服务的网络架构。云计算和边缘计算并不是相互独立的，而是相互依赖、相辅相成的关系，通过边缘计算可以保证用户附近位置的数据及时处理和决策制定，而云计算则保证在不同行业的垂直领域支持更为复杂和智能的应用服务[19]。

(4) 基于人工智能技术的物理链路

自 5G 通信开始，无线网络的智能化逐渐引起研究人员的关注和重视，通过人工智能技术对网络资源进行智能分配，从而达到高效的分配和利用。目前，随着 AI 技术的高速发展，人工智能技术逐渐渗透到核心网、接入网的物理层和高层协议栈等各个方面。而基于人工智能技术的物理链路主要可以应用到信道估计、信号检测等方面。例如，通过神经网络学习通信系统中的信道状态信息，实现信号检测；或通过高维信道状态信息的压缩表征，减少反馈信息并降低系统开销[22]。由于人工智能技术可以视作黑盒，因此在鲁棒性和灵活性上比传统方法具有更高的优势。但是，目前很多应用都是在仿真中验证，在实际硬件的应用还需要针对现有的信道、参考信号等多链路模块进行联合设计，从而达到优化系统、降低开销和复杂度的目的。

本章参考文献

[1] 王为众. 卫星通信港灵活组网技术研究[D]. 北京:北京邮电大学,2018.

[2] 张洪太,王敏,崔万照. 卫星通信技术 [M]. 北京:北京理工大学出版社,2018.

[3] 王海涛,仇跃华,梁银川. 卫星应用技术 [M]. 北京:北京理工大学出版社,2018.

[4] 汪春霆, 李宁, 翟立君, 等. 卫星通信与地面 5G 的融合初探(一) [J]. 卫星与网络, 2018, 186(09):16.

[5] 张敬堂，赵泽兵，翟燕，等. 现代通信技术[M]. 2 版. 北京：国防工业出版社，2008.

[6] 林莉，左鹏，张更新. 美国 OneWeb 系统发展现状与分析[J]. 数字通信世界，2018(09)：23.

[7] 刘帅军，胡月梅，刘立祥. 低轨卫星星座 Kuiper 系统介绍与分析[J]. 卫星与网络，2019(12)：66-71.

[8] 高菲. 天通一号 01 星开启中国移动卫星终端手机化时代[J]. 卫星应用，2016(8)：73.

[9] 魏萌. 5G 系统与卫星固定业务干扰共存研究[D]. 北京：北京邮电大学，2019.

[10] IMT-2020(5G)推进组，5G 概念白皮书[R/OL]. (2015-02) [2022-01-05] http://www.caict.ac.cn/kxyj/qwfb/bps/201804/P020151211378943259494.pdf.

[11] Recommendation ITU-R, M. 2083: IMT Vision -Framework and overall objectives of the future development of IMT for 2020 and beyond[R/OL]. (2015-09) [2022-01-05]. https://www.itu.int/dms_pubrec/itu-r/rec/m/R-REC-M.2083-0-201509-I!!PDF-E.pdf.

[12] 3GPP. TR 38.913: Technical Specification Group Radio Access Network; Study on Scenarios and Requirements for Next Generation Access Technologies; (Release 15) [R/OL]. (2018-06) [2022-01-05]. https://www.3gpp.org/ftp/Specs/archive/38_series/38.913.

[13] 王鹏彪. 大规模 MIMO 关键技术研究[D]. 北京：北京邮电大学，2018.

[14] LARSSON E G, EDFORS O, TUFVESSON F, et al. Massive MIMO for Next Generation Wireless Systems[J]. IEEE Communications Magazine, 2014, 52(2): 186-195.

[15] 祝思婷，王瑞鑫，田娜. 5G 关键技术与标准化现状[J]. 中国安防，2017(12)：79-85.

[16] 周彦果. 5G 移动通信的若干关键技术研究[D]. 西安：西安电子科技大学，2018.

[17] International Telecommunications Union, Focus group on technologies for Network 2030 [EB/OL]. (2020-07) [2022-01-05]. https://www.itu.int/en/ITU-T/focusgroups/net2030/.

[18] University of Oulu. Key Drivers and Research Challenges for 6G Ubiquitous Wireless Intelligence[R/OL]. (2019-09) [2022-01-05]. http://jultika.oulu.fi/files/isbn9789526223544.pdf.

[19] YOU X H, WANG C X, HUANG J, et al. Towards 6G wireless communication networks: vision, enabling technologies, and new paradigm shifts[J]. Science China Information Sciences, 2021, 64(110301):1-74.

[20] NGO H Q, ASHIKHMIN A, YANG H, et al. Cell-Free Massive MIMO Versus Small Cells[J]. IEEE transactions on wireless communications, 2017, 16(3): 1834-1850.

[21] RENZO M D, ZAPPONE A, DEBBAH M, et al. Smart Radio Environments

Empowered by Reconfigurable Intelligent Surfaces: How it Works, State of Research, and Road Ahead [J]. IEEE Journal on Selected Areas in Communications, 2020, 38(11):2450-2525.

[22] YE H, LI G Y, JUANG B. Power of Deep Learning for Channel Estimation and Signal Detection in OFDM Systems[J]. IEEE Wireless Communication Letters, 2018, 7(1): 114-117.

第2章 卫星通信与地面网络融合现状

2.1 卫星通信与地面网络融合的需求

卫星通信与地面网络融合的需求分为大众通信需求、社会保障和国家战略安全三个层面，如图2-1所示。

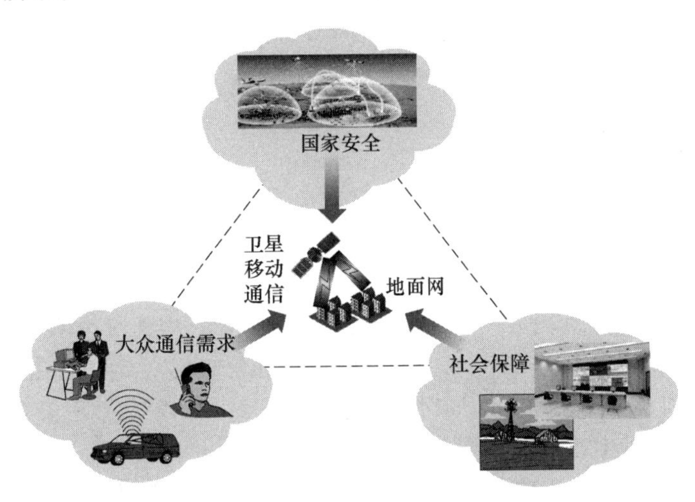

图2-1 卫星通信与地面网络融合的需求

1. 大众通信需求层面

随着物联网和自媒体时代的到来，人们对通信的需求逐渐全时全域化和泛在化，单纯的地面通信技术已无法满足人们日益增长的服务需求。同时，传统的地面网络存在许多局限性，如在山地、荒漠、海上等边缘、环境复杂的区域，基站架设的难度大，地面蜂窝网或大区制移动通信系统都难以为这些区域提供服务，没有经济可行的部署方案，阻碍了地面网的延伸；乘坐飞机、高速列车、汽车等快速移动载体的用户由于移动速度过快且陆地上障碍物过多，通信经常中断，连续性无法保证；在面对自然灾害、物理性攻击时，地面网的抗毁性差等。近年来，卫星移动通信处于高速发展的态势，其覆盖范围广、抗灾害能力强、易于实现广播通信等优点可以弥补地面移动通信的短板。然而，单独的卫星通信系统在时延、突发性和链路稳定性方面都存在很大问题。即使单独的卫星通信可以给边远地区用户提供接入服务，但是无法提供给用户较好的网络稳定性，导致用户的体验质量和服务质量差。因此，星地融合成为大势所趋，卫星通信系统是对地面通信系统的扩展和补充，可以使这两种通信技术发挥最大效用。卫星移动通信系统与地面移动通信网融合的优点主要有：实现全球无缝覆盖；支持移动用户随时随地呼叫地面上任何地点的用户；可有效地增强网络抗毁性，保障通信链路畅通；有利于一体化频谱资源管控，提高频谱资源利用率等等。

2. 社会保障层面

卫星移动通信与地面通信的融合网络为人民的生命财产安全提供了保护屏障。无论是国内的灾情救援，还是国际性抢险救灾、海事救援，都需要卫星资源辅助地面网络。面对地震、台风、洪水等破坏性强的自然灾害时，地面通信网络会由于各种原因而无法正常地为人们提供服务，而现场的实时灾情信息和救援指令都需要稳定性和时效性。此时，与地面通信网相结合的卫星通信网络可快速地形成应急通信网，使得抢险救灾指挥总部和现场救援部队实现即时通信，并可以保证较高质量的通信速率，同时传递实时语音、现场图像、灾情数据等信息，实现真正的“全天候、全过程、全方位”的应急通信保障要求[1]。

3. 国家安全层面

构建星地融合通信系统不仅体现了科技的发展水平，更扩大了一个国家在国际政治、经济、军事上的影响力。世界上各个国家的军事变革不断向前发展，军事形态逐渐信息化、智能化，所触及的领域逐渐由地面延伸至太空。星地融合技术无论是在维护国家自身安全上，还是在维护世界和平上，都有着举足轻重的作用。因此星地融合技术早已成为各个国家掌握“天权”的焦点。另外，我们当前处于信息化时代，全球互联互通的网络是一把双刃剑，网络在将世界连为一体的同时也严重威胁了每个国家的信息安全，信息情报泄露的事件在全球屡有发生。信息安全已成为国家总体安全中的重点。基于星地融合的信息网络防御安全体系可以实现物理安全、接入安全、网络安全、应用安全等层次的主动防御，是维护国家信息安全的利器[2]。总而言之，卫星与地面融合网络是保护国家信息安全和拓展国家核心利益的重要技术革新[3]，是能够实现全球互联互通的重要通信基础设施。作为国际大国，我国在保证自身政治、经济、军事等各方面安全的基础上，有责任和义务帮助其他国家维护国家安全，推进全球和平稳定发展。因此，卫星移动通信与地面网的融合研究对于国家安全有着深远的意义。

在这样迫切的星地融合需求下，国内外越来越多的学者和研究人员投入到卫星移动通信与地面网络融合的研究之中。

2.2 卫星通信与地面网络融合发展的历史

图 2-2 中第一阶段为独立发展阶段，此阶段地面蜂窝网 1G、2G 和卫星通信属于发展的萌芽时期，各自独立发展。图中第二阶段为竞争发展阶段，2G 逐渐投入商用，以 Iridium、Globalstar 和 Orbcomm 为代表的卫星通信系统不断发展[5]，而受限于市场定位、成本估计、技术难度等因素，卫星通信的发展落后于 2G/3G。图中第三阶段为错位发展阶段，各大通信组织已经认识到了星地融合的重要性，但是由于技术局限性，并未实现真正意义上的星地融合。图中第四阶段为真正大力发展融合的阶段。回顾地面网和卫星通信各自的演进过程，部分文献将星地由"结合"不断向"融合"发展的过程分为如下三个阶段[5]。

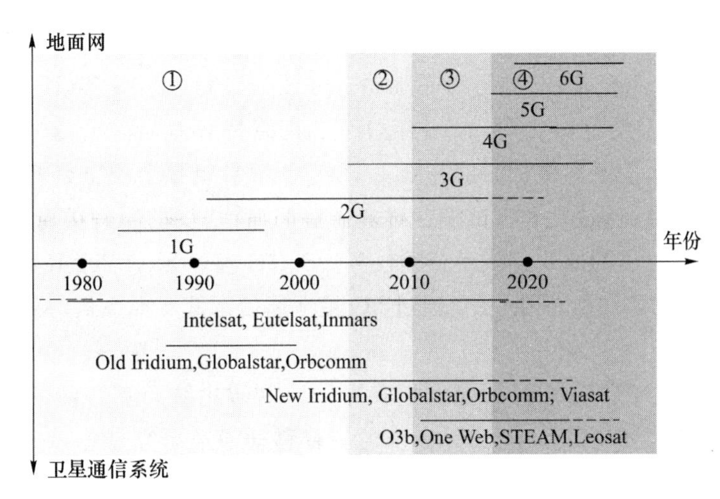

图 2-2 地面通信网和卫星通信系统的演进图[4]

① 星地联合网络。初级阶段为星地联合网络，地面蜂窝系统与卫星通信系统只是共享使用网管中心，而各自的接入网、核心网、频段等仍互相独立。用户终端可以连接地面蜂窝系统或卫星系统中的一种或两种。具体来说，当用户设备位于卫星波束覆盖范围内时，选择通过卫星直接接入；当用户位于地面蜂窝网的覆盖范围内时，选择直接通过基站接入；当用户终端处于地面蜂窝网和卫星通信网覆盖的重合区域时，可以选择基站接入或卫星接入。这个联合系统包括用户链路、卫星馈电链路和卫星用户链路。

② 星地混合网络。中级阶段为星地混合网络，此阶段的网络虽然仍独立使用核心网和各自频段，但在原本只共用网管中心的基础上基本统一了空口部分。对于蜂窝和卫星这两种接入模式，大多数的用户终端都可以支持，并可以根据当前状态信息自动切换接入模式。接入模式在初级阶段的基础上增加选择卫星接入，但需要通过模式切换转至卫星的模式。回传方面有卫星馈电链路回传、地面传统方式回传、星地回传链路结合卫星馈电

链路组合回传这三种回传模式。系统包括用户链路、卫星馈电链路和星地回传链路。

③ 星地融合网络。最终的高级阶段则是实现星地一体化网络。此时整个系统将统一规划和设计接入点、频率、接入网、核心网等。系统包括用户链路和卫星馈电链路。在接入方面，除判断覆盖区域外，还要判断地面/卫星网络的信号强度。回传模式主要有地面回传和卫星馈电链路回传。

由上述发展历程可知，具体星地融合的历史事件要追溯到20世纪90年代，研究人员开始尝试将通信网络由地面逐渐延伸至卫星，星地融合的研究自此不断深入发展。90年代末，铱星(Iridium)系统、全球星(Globalstar)系统、ORBCOMM系统[6]等已投入使用的卫星通信系统的覆盖范围已达到全球，可以支持全球用户进行数据通信和位置信息分享等活动。2004年，美国开启了TSAT计划[7]，目标建立空天地海一体化的整合性网络。2009年，国际电信联盟ITU定义了两类移动卫星网络与地面网络融合的系统："集成系统"与"混合系统"[8]。美国光平方公司的SkyTerra系统实现了4G与卫星的融合。2016年10月，ITU在WP4B工作会议上提出了星地一体化系统的体系构架、部署场景等研究成果[9]。3GPP从Release14开始进行星地融合方面的研究。2018年，IEEE网络特刊专门讨论"卫星与5G网络的融合"。2019年，IEEE网络特刊专门讨论"空间与地面"综合网络：新兴研究进展、前景和挑战，同年11月，Sat5G项目组在会议上公开了在卫星通信上的研究和测试进展，通过星上测试平台对多个基于5G协议的用例进行了演示，同时利用直接和间接连接卫星的方式完成了多项任务。Sat5G通过SkyEdge II-c虚拟平台展现了5G星地网络的完整结构，并演示了通过5G星地通信系统实现飞机内部与地面数据网络的连接 。

国内，2006年沈荣骏院士首次提出了我国天地一体化航天互联网的概念及总体构想[10]。2010年，正式开启了基于LTE标准的卫星移动通信研究[11]。2012年，我国向国际电联提交了卫星通信系统LTE标准草案[11]。2015年，航天科技集团503所(航天恒星)天地一体化信息技术国家重点实验室成立。2017年，天地一体化信息网络研究院在合肥成立。同年，全国科技大会上宣布天地一体化等4个项目被列入"科技创新2030重大项目"[12]。随着国外卫星发展的大趋势，国内多家公司也提出了一系列卫星系统发展计划[13]。2017年由民营公司世域天基牵头，联合中网卫通、南京卫星应用协会、南京未来网络小镇、南京理工大学、东南大学等申请了全球首颗5G实验卫星项目——江苏一号。2018年，开始着手建设国内第一个基于5G的低轨卫星星座——鹊桥星座。此外，中国航天科技集团计划建设鸿雁全球卫星星座通信系统，鸿雁星座的基本架构由54颗移动星和270颗宽带星构成，其首颗实验卫星在2018年12月完成发射[13]。该系统具有全时全域以及在复杂地形条件下的实时双向通信能力。2019年10月，我国成功在西昌将实验卫星四号发射升空，实验卫星四号可以进行多频段、高速率等卫星通信技术的验证。航天科工集团有限公司提出的"虹云工程"将发射156颗距地面1 000 km轨道上的互联网卫星，旨在构建我国第一个全球覆盖的低轨Ka宽带通信星座系统，这将实现全球互联网接入服务全覆盖[13]。银河航天公司也计划完成轨道高度1 156 km的144颗卫星星座建设,系统通信容量超过 20 Tbit/s,其首颗低轨试验卫星已于 2020 年 1 月完成发射[13]。

2.3　卫星通信与地面网络融合的新发展

2.3.1　卫星移动通信与 5G 的融合

3G/4G 时代,由于卫星与地面网络架构、通信体制差异性较大,两者的融合仅局限在互联互通的程度。随着地面网的不断发展,通信领域的发展迎来了 5G 时代。5G 通信网采用了大量突破性和创新性技术,网络具备了新的特征,为两者实现深度融合提供了条件。因此,卫星移动通信与 5G 网络的融合成为研究热点。

1. 3GPP

3GPP(The 3rd Generation Partnership Project,第三代合作伙伴关系项目)是多个电信标准化组织(ARIB、ATIS、CCSA、ETSI、TSDSI、TTA、TTC)的联合,旨在对通用地面无线接入 UTRA 长期演进系统进行研究和标准的制定。3GPP 星地融合的演进过程可分为 R14～R17 四个阶段,其中 3GPP 星地 5G 融合演进过程如图 2-3 所示。

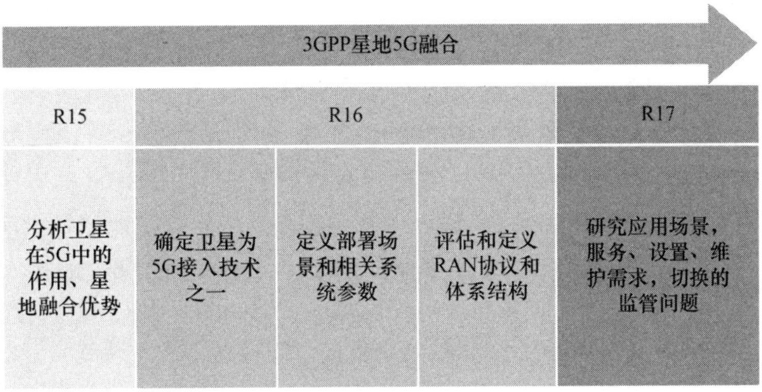

3GPP星地5G融合

R15	R16			R17
分析卫星在5G中的作用、星地融合优势	确定卫星为5G接入技术之一	定义部署场景和相关系统参数	评估和定义RAN协议和体系结构	研究应用场景,服务、设置、维护需求,切换的监管问题

图 2-3　3GPP 星地 5G 融合演进图[14]

(1) R14 阶段

3GPP 最早在 R14 的技术报告 38.913[15]中就认识到了星地融合的重要性。报告指出卫星通信将成为地面 5G 网络的延伸,卫星的广播服务可以为那些地面基础设施薄弱的区域(铁路和农村地区)提供服务,并且卫星通信系统支持的服务不仅限于数据和语音,还包括机器类通信、广播和其他容忍延迟服务。2018 年 6 月,3GPP RAN 全会在美国圣地亚哥召开,会上公布了 5G 第一个全球商业化标准,欧洲航天局(ESA)网站发表评论文章称此次会议为 5G 与卫星的融合铺平了道路。此次会议通过了非地面网络(NTN)的解决方案,涉及基于不同轨道或平台类型(如 GEO、MEO、LEO、HAP 及其组合)的星座。

相关连接场景、架构和服务涵盖了广泛的应用领域，从基站回程、广播/多播和企业网络到物联网和公共安全连接。具体内容在下文R15、R16阶段介绍。

(2) R15阶段

确定了融合的目标，进而研究融合的架构和应用场景。TS22.261[16]中正式将卫星定义为5G多种接入技术之一，并讨论了5G卫星接入网在服务连续性、资源效率、高效用户平面、5G接入网(NG-RAN)共享、高效内容分发、连通性模型、灵活的广播/多播服务、定位服务等方面的要求。3GPP在技术报告38.811[17]中阐述了非地面网络的部署方案和相关系统的参数(如架构、高度、轨道等)，适应非地面网络(传播条件、移动性等)的3GPP信道模型。其中介绍了16种卫星接入的5G用例和10种部署场景，部署场景包括8个增强型移动宽带场景和2个大规模机器类通信场景。报告还定义了卫星网络架构(图2-4)中通常包含的系统组成：非地面网络(NTN)终端、用户链路、空间平台、星间链路、网关和馈线链路。

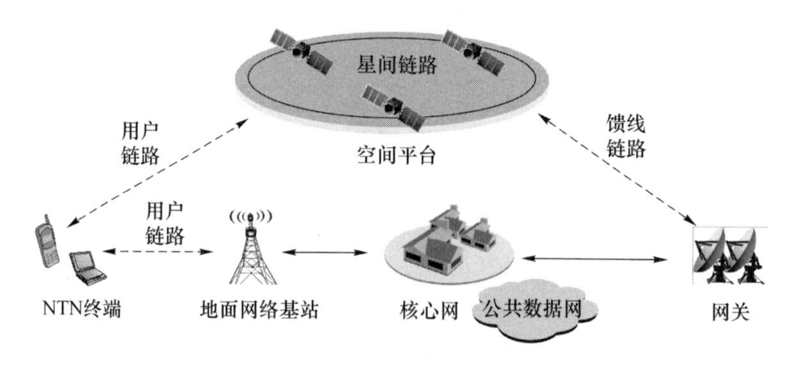

图2-4 5G中的卫星网络架构[18]

报告还提出5G卫星接入网的两种组网模式：卫星透明转发5G信号，仅提供无线覆盖服务；将卫星当作5G接入网基站，具备星上在轨处理能力。3GPP基于星上处理或透明转发、有无中继提出了4种星地5G融合的初步模型，然后系统地评估了面向卫星通信的接入网协议和架构。另外，38.811技术报告指出接下来将基于5G的接入技术进行研究，研究的重点如下：探讨已有服务和新出现服务的需求；讨论卫星终端特性进行建立、配置及维护的方式；研究解决两种接入模式的切换问题[17]。

(3) R16阶段

该阶段对5G网络与卫星网络融合进行深入研究。2017年10月，3GPP发布的TR22.822中分析了卫星网络接入5G的三大服务类别：连续性服务、泛在性服务、扩展性服务。2019年8月更新的TR23.737中对TR22.822中提出的5G卫星融合用例的9个方面的关键问题进行了探讨，并提出了对应的解决方案。这9个方面分别是：大规模卫星覆盖区域的移动性管理、移动性卫星覆盖区域的移动性管理、卫星延迟、卫星接入的服务质量、卫星回传的服务质量、基于非对地静止轨道(Non-GeoStationary Orbit，NGSO)再生卫星接入的无线接入网(RAN)移动性、具有卫星接入的多连通性、卫星链路在边缘内容分发中的作用、卫星/地面混合回传的多连通性。此外还列出了12个具体的用例，包括星地网络间漫游、卫星广播和多播、卫星loT、卫星组件的临时使用、最优路由、卫星交界的业务连续性、全球卫星覆盖、通过 5G 卫星的非直连、NR 和 5G 核心网间的 5G 固定回程链路、5G 移动平台的回程链路、5G to Premises、连接远端业务中心和离岸风场[19]。

（4）R17 阶段

R17 作为 5G 标准的第三阶段，是 R15 和 R16 阶段技术结构和应用功能的持续发展，将更加重视增强星地融合的网络能力建设。为了拓展 5G 面向垂直行业的应用，R17 将提升建设面向行业的基础能力，这将会进一步扩展 5G 的实际应用范围。在 2019 年 12 月举行的会议上，3GPP 公布了 R17 阶段的 23 个标准立项，虽然有将近一半的项目由国内公司主要负责，但有关卫星通信的立项仍是欧美公司处于主导地位。在 R17 阶段，3GPP 将持续对星地网络的 5G 标准体制进行研究，以基于 5G 标准实现星地融合的过程，来探索实现高精度定位、覆盖增强、组播广播等功能[20]。

2. ITU

ITU（International Telecommunication Union，国际电信联盟）是联合国下属组织中负责管理信息通信技术的机构。ITU 于 19 世纪中期成立，其成立的初衷是为了促进和实现全球通信网的互联互通。ITU 组织的主要工作是进行全球无线电频谱和卫星轨道的划分，制定适用的技术标准以支持网络和技术的无缝互连，进一步推进信息通信的全球化。国际电信联盟在 ITU-RWP5D 第 22 次会议上提出了星地 5G 融合的中继到站、小区回传、动中通和混合多播场景 4 种用例[21]，并讨论了多种融合场景的关键技术，如多播支持、智能路由支持、延时、动态缓存管理及自适应流支持、一致服务质量 QoS、NFV（Network Function Virtualization，网络功能虚拟化）/SDN（Software Defined Network，软件定义网络）兼容、商业应用灵活性等。

（1）中继到站

如图 2-5 所示，在中继到站场景中，卫星为遥远、难以到达的区域提供高速直接的连接选项。来自地球同步卫星或非地球同步卫星的高吞吐量卫星链路具有补充现有地面连接的能力，从而能够实现视频的高速传输。这种用例只支持宽带（即单播、甚小口径终端）通信，卫星链路是双向的。该场景没有通过多播技术来填充边缘缓存，这是和其他三种用例的主要差异[21]。该用例的使用场景包括：

① 与偏远地区的宽带连接（如湖泊、岛屿、山区、农村地区、孤立地区或其他容易被卫星覆盖的范围）；

② 以卫星连接为基础，支持为有限或没有宽带互联网服务的偏远社区提供 WiFi 服务，设备通常安装在中心位置（通常是当地企业），在某些情况下，通过点对多点 WiFi（PMP）连接延伸到附近地区；

③ 能够对大规模自然灾害以及其他特定的公共紧急情况和其他不可预见的事件进行快速应急反应；

④ 网络前端的宽带连接；

⑤ 在主连接失败的情况下，能够实现辅助/备份连接，但会有容量限制；

⑥ 小区回传场景中的远程单元连接。

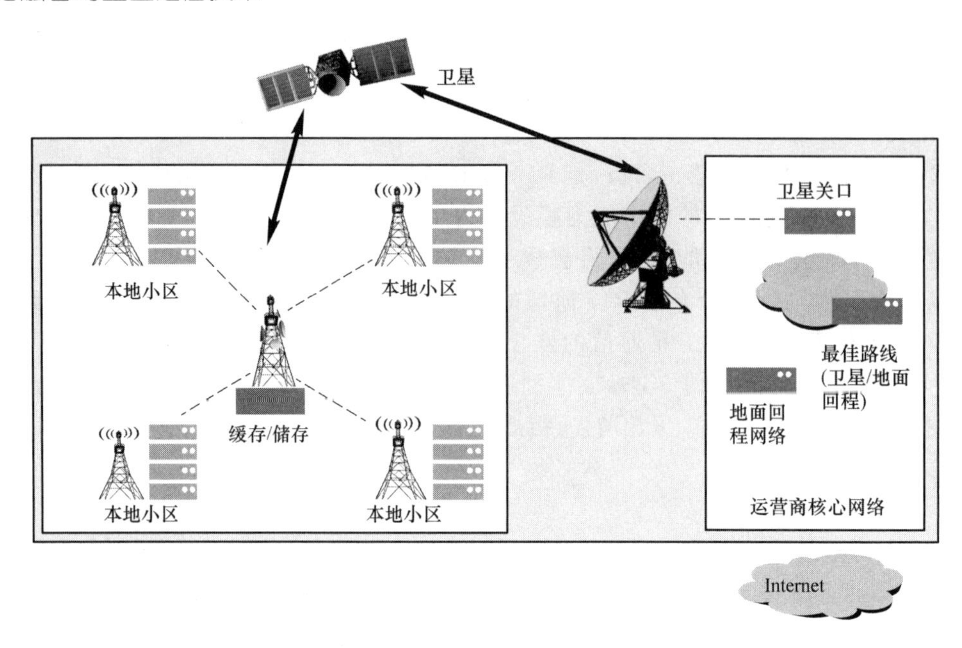

图 2-5　中继到站场景图[21]

（2）小区回传

在图 2-6 中，卫星是向无线基站、接入点和云提供高速多播连接的解决方案之一。地球同步卫星或非地球同步卫星直接到蜂窝基站的卫星链路具有高吞吐量、支持多播的特点，可以补充现有的地面连接，实现了到单个小区的回程连接，能够在一个大的覆盖区域内多播相同内容（如视频、高清电视以及非视频数据），并且对多场景下聚集的物联网信息进行高效回传。在低延迟应用场景中，内容缓存在网络边缘，在这种情况下，这些内容可能需要通过卫星进行传输。在小区回传场景中，使用多播填充边缘缓存是该用例与中继到站的主要差异[21]。

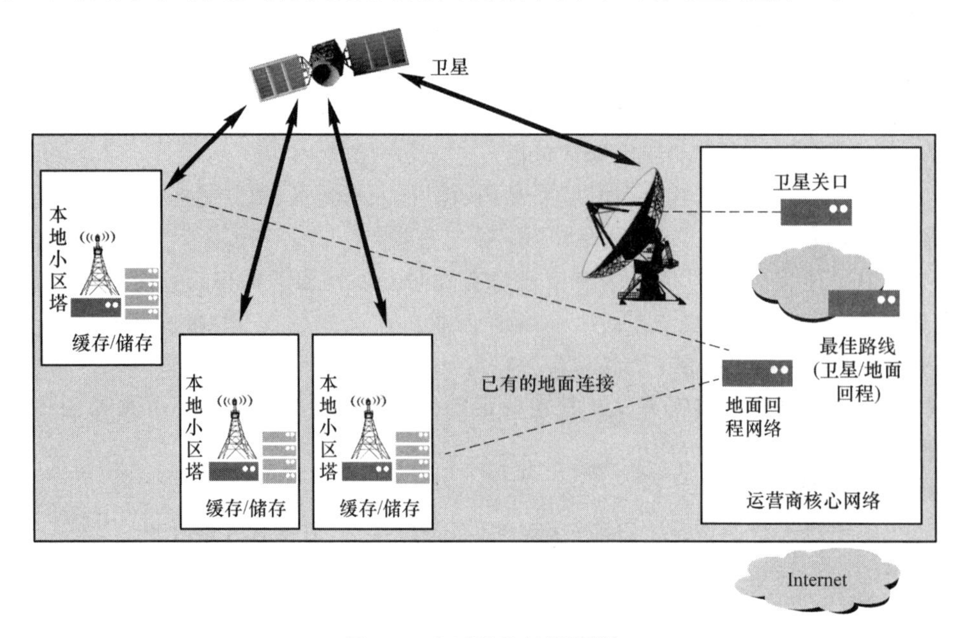

图 2-6　小区回传场景图[21]

小区回传的使用方案包括：

① 向终端用户进行广播服务（如视频、软件下载）；支持低比特率广播服务（如用于紧急消息，用于远程传感器和执行器同步）；

② 利用高效的多播/广播向网络边缘传输内容，如直播、自适应广播/多播流、群组通信、移动边缘计算/虚拟网络功能更新分发。

卫星可以有效地支持边缘计算功能，如缓存和内容处理能力。根据部署场景的不同，内容通过卫星、通过网关或通过地面连接到核心网（EPC）或内容分发网络（CDN）的边缘网络。

（3）动中通

在图 2-7 中，卫星为正在移动的用户（如飞机、火车、车辆和船舶）提供了直接或补充连接。由地球同步卫星或非地球同步卫星提供的高吞吐量、支持多播的卫星链路可连接到单个飞机、车辆、火车和船只（包括巡洋舰、船舶和其他客船），能够按需播放单播内容（如超清的 IPTV）或多播相同内容（如视频、高清电视以及其他非视频内容）。终端用户设备或者聚集在这些移动平台上的传感器和物联网信息也可以通过这种功能直接连接。在可能的情况下，这种用途可以作为补充现有地面连接的解决方案[21]。动中通用例的场景包括：

① 与移动平台的宽带连接，如飞机、陆地车辆或海上船只；

② 与地面网络互补或互通的连接；

③ 通过卫星连接远程部署的物联网传感器或具有消息/语音功能的手机设备；

④ 通过运输车辆（如船舶、火车或卡车）上的中继设备连接集装箱上的物联网装置（如用于跟踪和追踪）；

⑤ 可提供信息更新（如地图信息），提高了电子呼叫服务、车辆跟踪和远程诊断的覆盖范围和可靠性。

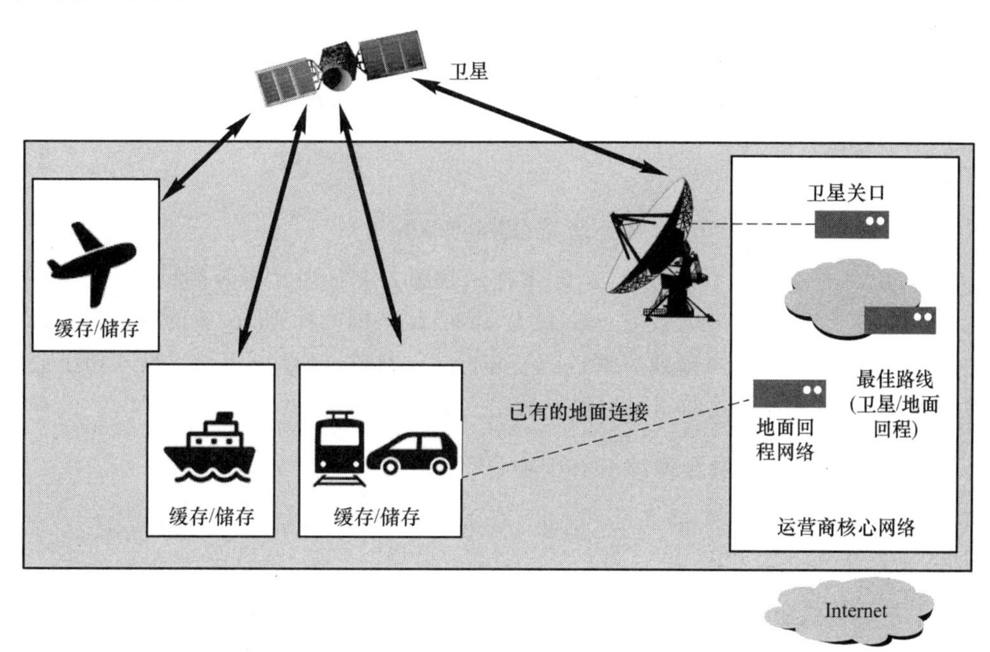

图 2-7 动中通场景图[21]

(4) 混合多播

如图 2-8 所示,在混合多播场景中,卫星可以用于向个人家庭和办公室提供与地面宽带互补的内容,也可以通过在一个大的覆盖区域(如本地存储和缓存)多播相同的内容(视频、高清电视以及其他非视频数据)或提供直接的宽带连接,同样的功能还允许聚合的物联网数据进行有效连接。来自地球同步卫星或非地球同步卫星的高吞吐量、支持多播的卫星链路具有与现有地面连接互补或交互的能力,如提供家庭内或办公室内的直接宽带连接,包括 WiFi、家庭直播卫星电视,并集成在家庭或办公室 IP 网络中。卫星用户链路视情况而定是双向或单向的,可支持宽带或广播/多播通信。混合多播用例的场景包括:与地面网络的互补或交互以及直接连接,即与地面无线或有线相结合的宽带连接到服务不足地区的家庭/办公室区域。卫星连接在混合网络管理的帮助下可以增加灵活性,比如通过卫星提供替代路由或在另一个节点可用时提供替代的地面链路[21]。

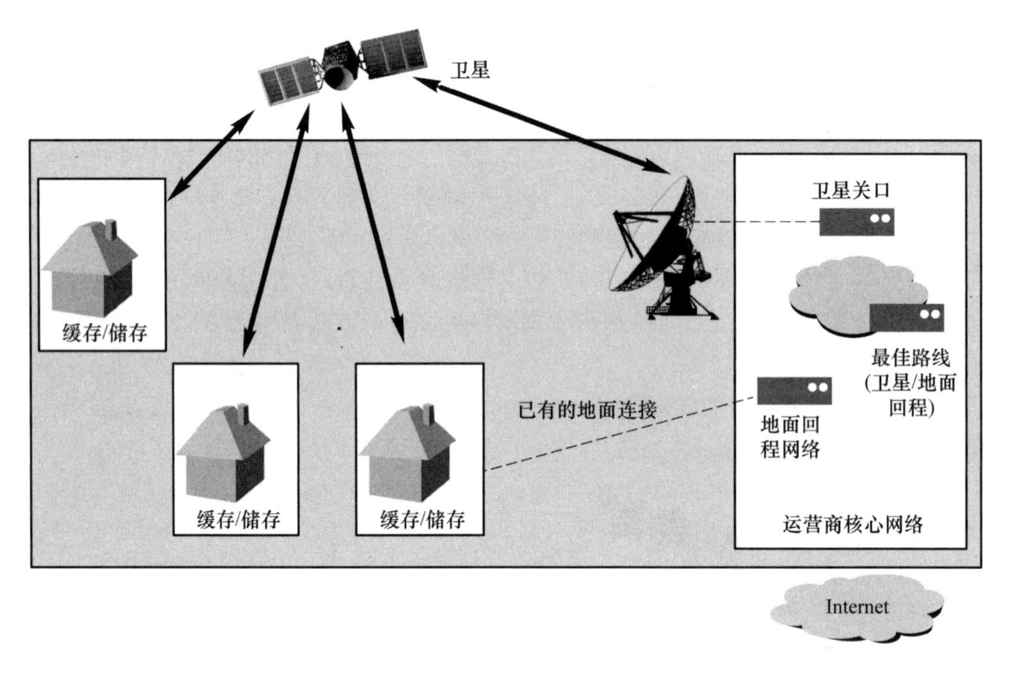

图 2-8 混合多播场景图[21]

同时,ITU 也在研究卫星与 5G 的频率使用问题。在日内瓦召开的世界无线电通信大会 WRC-15 上,ITU 指出需要在 6 GHz 至 84 GHz 范围内探索 5G 新的可用频率,并对卫星与 5G 的频谱共用和电磁兼容性进行了分析[22]。未来 ITU 还将继续投入到星地 5G 融合研究中,为技术标准化的制定贡献力量。

3. 基于 5G 的星地融合网络 Sat5G 项目[23-24]

2017 年 6 月,来自 9 个欧洲成员国和 1 个伙伴国(以色列)的 16 个机构建立了周期为 30 个月的 Sat5G(Satellite and Terrestrial Network for 5G)项目。该项目旨在通过定义基于卫星的最优回传和流量卸载解决方案将卫星带入 5G,完成卫星与 5G 的融合,并成为 3GPP 中定义 5G 卫星集成解决方案的主体。Sat5G 项目组通过研究、开发和验证关键的5G技术，使卫星通信发挥最大价值。这个项目将确定新颖的商业模式和经济上切实可行的业务合作内容，使卫星和地面达到双赢的态势。该项目汇集了全球卫星通信行业的关键组织，并且与移动网络运营商(MNOS)，中小型企业，擅长蜂窝网络操作、设计、传输、虚拟化、网络管理、商业模式、安全、内容组播和缓存等方面专业知识的研究中心合作。

Sat5G项目主要完成以下6个方面的工作：在开展5G和卫星研究工作的同时，定义和评估将卫星接入5G网络体系结构的解决方案；开发5G卫星网络解决方案的市场价值主张；确定和研究星地融合网络的关键技术；在实验室的测试环境中验证关键技术；对星地5G融合的特性和用例进行演示；推进星地5G融合在3GPP和欧洲电信标准学会(European Telecommunications Standards Institute，ETSI)中的标准化工作，使卫星通信解决方案能够集成在5G中[23]。

Sat5G指出，为了实现基于5G的低成本"即插即用"卫星通信解决方案，将面临如下技术挑战：卫星通信网络功能虚拟化，以确保5G软件定义网络和网络功能虚拟化结构的一致性；允许蜂窝网络管理系统去控制卫星通信的无线资源和业务；提出一种用于蜂窝小区连通性的链路集合方案，以缓解服务质量和卫星-小区接入之间的不平衡延迟；在卫星通信中使用5G特性/技术；优化/协调蜂窝和卫星接入技术之间的密钥管理和认证方法；在5G服务中融合多播的优点，实现内容分发和VNF分配[23]。

该项目包括如下研究主题："5G SDN和NFV在卫星网络中的应用"使卫星功能组件虚拟化，进而使卫星和移动网络单元融合以及卫星系统适应5G环境；"融合网络的管理和编排"将允许包含卫星和移动设备的融合网络切片进行端到端的编排和管理；"多链路与异构传输"将通过卫星和地面网络间业务流的智能分发来提升用户的体验质量；"卫星通信与5G控制平台和用户平台的协调"需要在3GPP第2层及更高协议层甚至物理层中支持卫星通信；"5G安全在卫星中的扩展"验证5G安全特性在卫星网元中的无缝操作；"用于优化内容和NFV分发的缓存与多播"在移动网络小区额外利用卫星通信实现内容更有效地分发[23]。

2018年，在欧洲网络与通信会议(EUCNC)上，Sat5G项目组成功演示了卫星与3GPP网络架构的整合成果，验证了SDN/NFV/MEC的Pre-5G建设测试平台与地球静止轨道卫星的整合、卫星回程功能、Pre-5G网络中多媒体内容的有效边缘传输等关键内容[22]。

在EUCNC2019上，Sat5G项目又成功进行了6个方面的卫星5G演示[25]：

① 基于边缘计算(Mobile Edge Computing ，MEC)在卫星与地面移动网络平台上进行无线分层视频流传输。该演示是与Avanti的高通量HYLAS4地球同步轨道卫星能力平台、萨里大学的5G创新中心实验床网络、VTiDirect的5G卫星平台/卫星终端合作的，展示了通过集成5G卫星和地面并行传输路径提供给使用4K视频内容的用户更优质的体验质量。该演示强调了MEC代理在未来卫星和地面融合网中集成比特率适配、链路选择、增强分层型视频流的方法。

② 利用卫星无线组播进行视频缓存和实时内容分发。该演示是与第一个演示合作的所有平台加上Broadpeak的CDN合作完成的，展示了无线组播技术在基于MEC平台

的内容分发网络(CDN)和高效边缘内容分发在实时信道中的使用。该演示强调了在5G系统中,使用卫星支持链路提供实时内容在带宽效率、传输成本方面的优势。

③ 为飞机上的乘客进行基于5G连接的实时视频演示。这次演示展示了5G机载技术,利用虚拟技术进行内容分发,并且为基于MEO通信的5G连通性提供了一种集成的解决方法。这个项目的目标是为乘客提供下一代飞行娱乐服务和为飞机接入卫星与5G融合网络的连通性提供解决方案

④ 通过混合回传网络进行基于5G体制的本地视频缓存演示。荷兰国家应用科学研究院(TNO)使用卫星模拟实验台演示了使用已建立的卫星和地面回程链路进行本地访问,该链路的用户面功能部署在用于内容分发的移动边缘计算(MEC)节点上。

⑤ 卫星网络5G NR视频演示。奥卢大学和Alena空间公司联合表示,经过一些修改,未来可以将5G新空口技术应用在卫星系统的卫星链路上。例如,3GPP 38.811技术报告中所列,急需解决的关键问题是高延迟、增加的多普勒频移。这些演示都集中在上行链路的随机接入过程中。

⑥ 基于农村市场和大型聚集性活动等扩展服务的混合5G回传演示。Ekinops演示了标准的5G用户设备(UE)如何利用混合回传,并验证了5G服务所需的性能,包括缓解和补救包丢失,并且指出可以通过将卫星-地面融合链路用于上传/下载业务和将地面链路低时延用于交互业务来获得较高的用户体验质量。在5G混合回传中使用多路径协议的研究表明,卫星可以作为5G服务中一种可行的回传链路,并且地面的低延迟和链路稳定的吞吐量可以减轻其高延迟。

这些技术的成功演示不仅展现了5G系统中利用卫星链路的优势,更突出了卫星移动通信与5G地面网融合带来的创新。

4. 5G星地网络融合演示SATis5项目[26]

SATis5(基于5G环境下的星地网络融合演示)是欧洲航天局“通信系统预先研究”(ARTES)于2017年资助的项目,该项目旨在开发和建设一个用于5G环境下星地网络融合概念演示验证的大型、实时实验平台。SATis5项目计划持续24个月的时间,并有另外12个月的试验平台服务阶段作为补充。平台开发由4个主要阶段组成:第一阶段(前7个月),定义并指定测试平台体系结构,制订开发和验证计划;第二阶段(接下来的5个月),用一个初始测试平台去进行平台的设计和验证;第三阶段(为期6个月),使用关键技术定制测试平台;第四阶段(最后的6个月),集成和演示新技术。

SATis5项目的具体目标有以下3点:

① 提供一个全面的测试平台,用以展现技术的进步和卫星技术对于5G主要用例的好处。测试平台除实验室模拟和仿真外,还包括实时、空中GEO和MEO卫星连接,并融合地面网。这个测试平台是一个开放的资源平台,将来可以加入更多的新技术用以处理新的场景部署和用例。

② 强调卫星技术在各情景中的优势,计划融入卫星技术的路线图和愿景,使得各卫星组织可以清晰地在5G发展内容中找到自己的定位。

③ 对电信行业创造比卫星行业更大的影响。这个项目将通过开放和标准化解决方

案来推动5G和卫星的融合,主要是通过3GPP标准化来促进。

SATis5项目所面临的主要挑战是5G生态系统内的卫星-地面网络的整合。具体的重大技术挑战有如下几点:跨特定通信环境的网络编排部署;跨特定通信环境的控制平面部署;通过与NFV-MANO架构的集成实现切片管理和服务功能链编排;多切片的安全强制和隔离;弹性和迁移的状态管理通过虚拟化网络功能(Network Function Virtualization,VNF)可编程和自定义来满足应用程序的特定需求;跨多运营商端到端的管理和交互运作,包括广域网基础设施管理器(WIM)、用户边缘路由器(在接入网中)、边缘路由器提供者(在接入网络和核心网络之间)以及传统服务和第三方服务的集成;设计关于融合安全的解决办法,并且可以根据应用程序的需求进行定制;边缘智能和边缘计算(MEC)的编排,功能分离和与中心节点的同步;新空口技术和卫星技术的融合,以及和已存在技术之间的融合;多切片环境下网路辅助进行切片选择的设备管理的拓展。

该实验平台提供了一个完整的端到端的技术融合平台,去处理包括卫星和地面组件的5G通信环境下的问题。关键技术包括:跨环境的分布式网络功能虚拟化的编排;支持跨环境的分布式、面向边缘的5G控制平面;具有本地卸载、多播和高效的小数据分发功能的动态数据路径支持;切片选择设备管理的扩展;利用服务功能链的扩展支持安全和隔离的多切片环境;跨多载波环境的端到端网络管理;对应用程序进行切片可编程和定制服务;传统服务和第三方服务的融合;边缘智能和多址边缘计算节点的融合,和中心节点的功能分离与同步;新空口技术和卫星技术的融合,以及和已存在技术之间的融合。

这个测试平台基于一组远程节点,这些节点包括通信设备、本地接入网络、本地边缘功能和中心节点,也涵盖了端到端的网络管理。测试平台从卫星连接的角度考虑了两种模式:地面5G网络的回程连接和直接连接。SATis5项目给出了回程连接和直接连接的5G融合系统架构,如图2-9和图2-10所示。

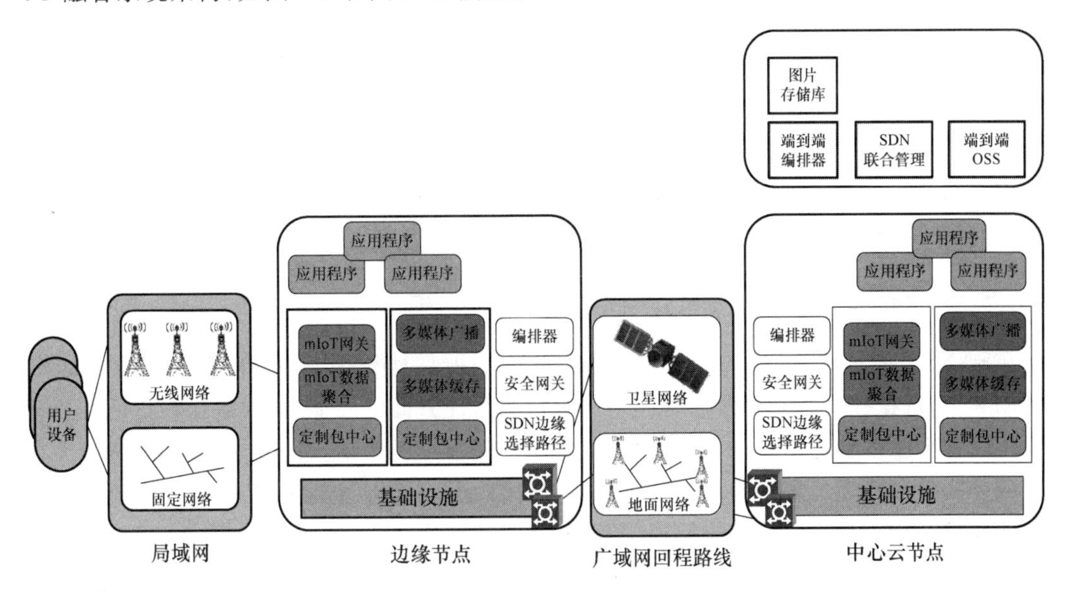

图2-9 关于回程的星地5G融合系统架构[26]

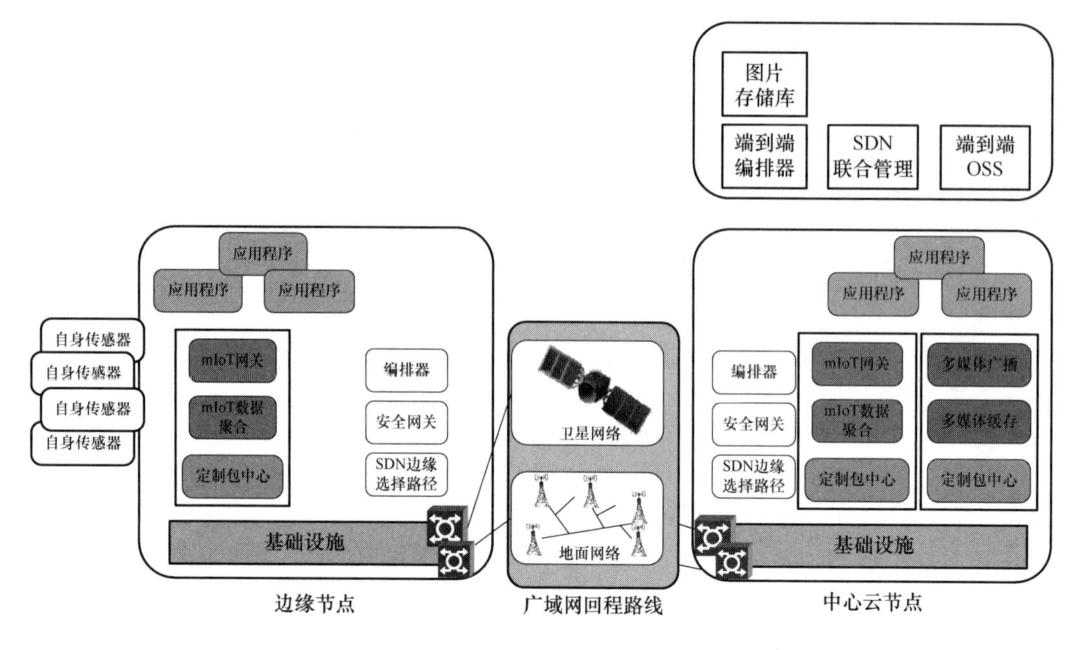

图 2-10　直接连接的星地 5G 融合系统架构[26]

SATis5 可以为 5G 移动行业带来多项好处：为移动行业投资，将 5G 部署到服务不到的地区；在低 ARPU 市场上以远快于前几代的速度提供 5G 服务；为农村和偏远地区提供 5G 垂直市场无缝接入；快速部署分散和安全的稀疏企业网络，满足 5G 垂直行业网络的全球连接覆盖需求；为紧急情况提供快速、安全和有弹性的网络部署；以低成本提供非常丰富的多媒体视频内容；为特定地理区域建立快速“即插即用”的新服务创造潜力。2018 年 11 月，通过 SATis5 平台演示了两项用于多层次 5G 边缘节点的技术验证，分别是“正在移动”的 5G 与一辆支持卫星通信的面包车连接，并满足通信需求，包括电子健康、快速响应、公共事件的临时部署和通过卫星延伸的固定网络进行“边缘传递”。此次实验旨在证明通过卫星运作可在地球任何地方部署 5G 服务。2019 年，测试平台继续研究模拟一系列由卫星提供的 5G 服务场景，如偏远地区的宽带连接、大规模的机器到机器/物联网、移动通信、拥塞通信链路的缓解等。

5. 支持智能天线的共享星地回程网络 SANSA 项目

SANSA 项目（如图 2-11 所示）是欧盟 H2020 项目计划于 2015 年启动的一个课题，为期 3 年，旨在提高移动无线回程网络在容量和弹性方面的性能，同时确保频谱的有效利用。随着全球移动通信量的迅猛增长，通信领域正在不断提出新的接入技术，如毫米波接入或密集小蜂窝部署等来应对通信量的需求。然而，这些技术对回程网络提出了新的挑战性要求，因此迫切需要新的解决方案来避免回程成为未来移动网络的瓶颈。为此，SANSA 项目提出了卫星 5G 融合、自组织地面网络及动态频谱共享等关键特性，并对以下 6 个关键技术进行了深入的研究：低开销天线波束成形方案，实现干扰管理和网络拓扑再配置；用于混合星地网络的智能动态无线资源管理技术；数据库辅助的共享频谱技术；

可互操作的、自组织的负载均衡路由算法;能量高效的业务量路由算法;面向地面分布网络的卫星多播波束成形[27]。

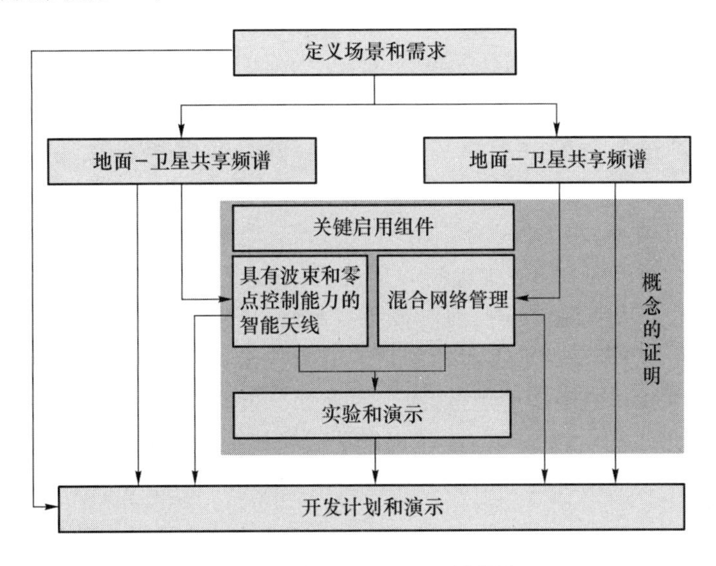

图 2-11 SANSA 项目计划[27]

SANSA 课题具体目标如下:为了满足不断增长的用户业务量需求,提高移动回程网络容量;加强回程网络系统的恢复性和适应性,应对通信链路出现的确定性或随机性故障;在高密度及低密度区域简化移动网络的部署;提高回程链路 Ka 频段的频谱利用率;优化移动回程网络的功耗;扩大当地地面和卫星运营商市场及相关产业的规模[22]。

SANSA 将工作分为 7 个部分:项目管理,管理和协调整个项目和联合体;定义场景和需求,确定项目中使用的干扰情景和网络架构;地面-卫星共享频谱,研究 PHY 层(物理层)和 MAC 层(介质访问控制层)技术,使得星地的共享频谱能够有效地利用频谱资源,这部分工作将从具有波束和零点控制能力的智能天线、混合动态无线电资源(RPM)、数据库辅助访问 3 个层面去研究解决方案;混合星地回程自适应网络,这部分着力研究对于无缝集成和混合管理架构用于有效控制星地资源时,地面和卫星网络之间的互操作性;关键组件启用,实现 SANSA 解决方案中两个关键组成部分(具有波束和零点控制能力的低成本天线用于干扰缓解和网络重新配置和混合网络管理);试验和演示;开发计划和传播[27]。

SANSA 提出了一种频谱高效的自组织混合地面卫星回程网络,该网络基于 3 个关键原则:将卫星部分无缝集成到地面回程网络中;能够根据业务需求重新配置地面无线网络拓扑;卫星和地面部分之间共享频谱。选用卫星组件和地面回程网络集成不仅是因为在农村等边远地区可以高效、低成本地部署网络,而且是因为这样的集成允许地面网络进行数据卸载,这样反而使得整体容量增加,并且还为路由流量提供了一条新的路径,提高了网络抵制热点链路故障或拥塞的能力。自组织的地面网络可以根据流量需求调整网络拓扑结构,将流量调配到拥塞较少的链路,从而增加网络容量;同时通过跳过拥塞或故障链路来提高网络弹性。该网络还支持能量感知路由算法,通过在低需求期间将不同的网络节点设置为睡眠模式来降低整体能耗。此外，该网络还减少了对整个网络进行详尽的无线电规划的需要。频谱资源非常短缺，两部分共享频谱可以有效地利用资源。卫星运营商已经对广播等其他应用分配较多的频谱，因此没有太多带宽留给回传，于是 SANSA 将研究重点放在 Ka 频段上，18 GHz 和 28 GHz 的地面回传频段分别用于星对地和地对星频段共享。这样可以产生一种灵活的解决方案，能够在容量和能效方面有效地调配流量，同时提供针对链路故障或拥塞的弹性处理，并且能够很容易地实现农村地区的部署[27]。

目前，SANSA 项目组已经完成了 MAC 层延迟、速率、分组差错率与 SINR 曲线的关系，地面-卫星混合回程的 MAC 层机制和适应性，波束形成网络和天线孔径的低成本组合，地面-卫星混合回程系统内干扰抑制技术 ，地面-卫星混合回程的动态无线电资源管理，用于混合地面卫星回程的数据库辅助频谱访问技术，混合网络管理器架构和功能，地面和卫星链路的互操作高级功能规范，用于向地面分发热点多媒体内容的多波束成形等多方面的研究。此外，SANSA 项目组还进行了天线架构的详细模拟和基准测试，共享卫星地面频谱接入中天线模型的空中测试和虚拟电磁环境下新型混合星地回程自适应网络性能的演示[27]。

综上所述，无论是 3GPP、国际电信联盟，还是 Sat5G 项目、SATis5 项目、SANSA 项目，越来越多的学者和研究人员投入到星地 5G 融合技术的研究中来。尽管卫星移动通信和 5G 融合工作已取得诸多进展，但在一体化卫星 5G 融合构架、网络功能虚拟化、空口传输一致性、星地动态频谱共享等方面仍需要深入研究，进一步推动标准化进程。

2.3.2 6G 系统中星地一体化趋势

1. 6G 发展愿景

中国对于 5G 的研发已经居于世界移动通信行业领先地位。2018 年 3 月，工信部部长苗圩表示中国对于第六代移动通信标准的研究已经开始。同年 4 月，芬兰科学院将芬兰奥卢大学主导的“6G 支持的无线智能社会和生态系统”列为国家研究资助计划的旗舰项目[28]。2019 年 1 月和 6 月，韩国 LG 公司和三星公司分别向大众宣布正式成立 6G 研发中心。2019 年 3 月，日本早稻田大学、电子制造商 NEC 和德国斯图加特大学联手开发后 5G 时代移动通信技术[28]。

6G 作为 5G 系统的延伸，目前仍处于开发阶段，但是将地面通信和卫星网络结合是 6G 网络的必然选择。6G 网络将是一个集人工智能、卫星网络、地面通信为一体的连接全世界的智能化覆盖网。6G 的发展愿景层出不穷，其中空天地海一体化通信成为被讨论的热点。空天地海一体化通信系统包括两个子系统：陆地移动通信网络与卫星通信网络结合的天地一体化子系统和陆地移动通信网络与深海远洋通信网络结合的深海远洋（水下通信）通信子系统[29,30]，其中水下通信系统能否成为 6G 网络的组成部分仍存在争议，但是天地一体化却被认为是实现全球覆盖的、智能化的 6G 网络的关键。有学者提出，6G 将整合通信卫星、地球成像卫星和导航卫星，向蜂窝用户提供移动通信、定位、天气信息、广播和互联网连接等服务。还有学者指出[29]，直至 5G，通信技术仍主要局限于陆地，没有立体层面的扩展，而 6G、7G 将实现空间扩展，中低轨星座将会与地面网络深度融合。在未来的网络发展中，中低轨卫星会成为空间基站载体，实现全球无缝覆盖的天地一体化网络。

目前的趋势是在未来人类将有更多的机会探索外太空，那么卫星与地面之间的通信需求将会更加普遍。但是卫星通信在面对巨大机遇的同时也面临着更多的挑战。卫星通信所用轨道资源、频率资源都需要各国协商，这导致在全球漫游切换上存在问题，但这并不影响星地融合的总体发展趋势。

2. 星地 6G 融合趋势

① 中兴通讯无线研究院的研究人员认为可以用 4 个词概括对未来 6G 的愿景[30]：智慧连接、深度连接、全息连接、泛在连接。这 4 个关键词共同构成了“一念天地，万物随心”的 6G 总体愿景。其中“泛在连接”就指出了卫星接入的必要性。2018 年 11 月，我国科技部拟将“5G、6G 融合的卫星通信技术研究与原理验证”课题列入国家重点研发计划“宽带通信和新型网络”重点专项中，这表明卫星通信在 6G 网络中拥有广阔的发展前景。

② 英国电信集团(BT)首席网络架构师 NeilMcRae 更是将 6G 展望为“5G＋卫星网络”，即在 5G 的基础上集成卫星网络实现真正的全球覆盖，并将移动业务卸载至卫星系统，提高网络容量。

③ 2019 年，ITU 发布的《网络 2030》白皮书[31]中对“下一代移动通信网络 2030”的定义、应用场景、面临挑战、关键技术等做出了的阐述。图 2-12 是 ITU 给出的对网络 2030 的远景图。ITU 提出，异构网络基础设施的共存将成为“网络 2030”研究的一个重点领域，其中就包括空间通信。基于低轨卫星的接入技术可以帮助克服网络时延，并提供一个延迟容忍高达 30 ms 的可行宽带场景。

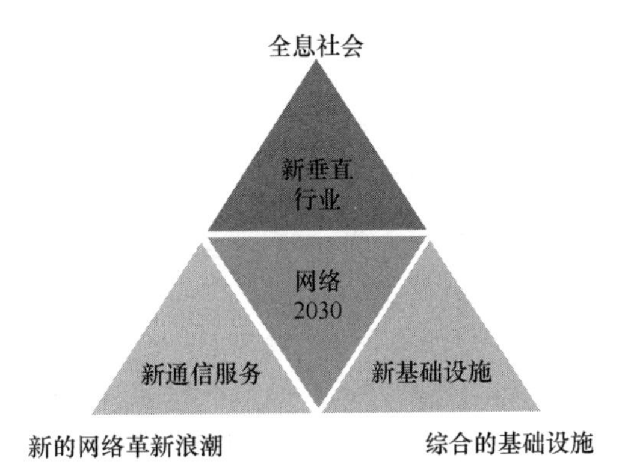

图 2-12 ITU 定义的网络 2030 组成图[31]

④ 芬兰奥卢(Oulu)大学 6G 旗舰研究计划(6G Flagship Research Program)发布了 6G 白皮书——《6G 泛在无线智能的关键驱动因素及其研究挑战》。该白皮书是基于由 6G 旗舰计划(6G Flagship Programme)组织的 6G 无线峰会上 300 个涉及关键基础设施制造商、运营商、监管机构以及学术界研究人员的探讨。这是全球首个 6G 白皮书，为

2030 无线时代奠定基础。该白皮书中提到的 6G 远景关键词为“泛在无线智能”，其中“泛在”指的是能在任何地方为用户提供无缝服务，而仅仅依靠地面网络是无法达到的，因此星地 6G 的融合是实现全域无缝的关键。

虽然，第六代移动通信技术仍处在开发阶段，但是卫星移动通信与地面移动通信技术融合已是大势所趋。在不久的将来，星地融合网络将为全球数十亿用户带来全新的通信体验。

2.4 卫星通信与地面网络融合面临的问题

随着通信技术手段的不断革新，卫星通信以其独特的优势，将逐渐实现与地面移动通信的深度融合。目前，地面移动通信技术发展迅速，第四代移动通信已经十分成熟，是目前移动通信的主流技术，丰富了人们的生活娱乐方式。第五代移动通信也正式投入商用，将支撑未来 10 年信息社会的通信需求；第六代移动通信的相关技术的研究也即将展开，预计将在 2030 年左右首次推出。在地面网络迅速发展和换代之际，卫星通信与地面网络的融合也成为各界讨论的热点。然而，二者的融合并非人们想象的那样简单。其一，与地面移动通信相比，卫星通信在通信环境、信道传播特征等方面与之存在许多差异；其二，由于卫星系统本身的限制，如功率限制，也将导致与地面移动通信的差异。因此，二者的融合将会带来许多问题，需要逐一进行研究、克服和解决。

2.4.1 技术方面

1. 多普勒频移

对移动通信来说，无线信道具有时变性，一种具体的体现就是多普勒频移。多普勒频移是由于接收器和发射器的运动或两者的相对运动而导致的信号频率偏移。在某一段时间内，如果多普勒频移发生变化，我们将之称为多普勒变化率。较大的多普勒频移及其变化率会严重影响接收机对信号的正确解调，导致通信质量的大幅下降。因此必须设法尽量避免或减少多普勒频移对接收信号的影响。

对地面移动通信而言，基站位置通常处于一个固定的位置，只有用户终端发生移动才会使二者的相对位置发生变化，由于用户的移动速度较低，这时的多普勒频移及其变化率变化较小，可忽略不计。对于 2 GHz 通信频段，假设终端处于高速移动的列车上时，最大多普勒频移约为 925Hz。但对于卫星通信来说，不仅移动终端可能处于运动状态，通信卫星一般也是在做高速运动。原则上，地球同步轨道卫星相对地面静止，因此不会发生多普勒频移，除非终端是运动的。但实际上，由于扰动（太阳、月亮等引起）的存在，会造成卫星在其固定的轨道上发生小幅度偏移，从而也会引起多普勒频移[17]。

此外，MEO、LEO 等非同步轨道卫星相对地面处于高速运动状态，这与地面移动通信有着显著的差异。根据 3GPP 技术报告[32]，卫星与用户终端的相对移动带来的多普勒频移及其变化率如表 2-1 所示。对于 GEO 卫星，多普勒频移相对中心载频变化比为 0.000 1%，多普勒频移可以忽略；但对 LEO 卫星来说，多普勒频移值为 0.002 4%，此时就需要考虑多普勒频移带来的影响。

表 2-1 不同卫星和地面蜂窝多普勒频移大小的对比[17]

参　数	GEO	GEO	LEO	LEO	地面蜂窝
轨道高度	35 786 km	35 786 km	600 km	600 km	—
频段	Ka	S	Ka	S	S
最大多普勒频移/载频	+/− 18.51 kHz/20 GHz	+/−1.851 kHz/2 GHz	+/− 480 kHz / 20 GHz	+/− 48 kHz / 2 GHz	+/− 925 Hz
多普勒频移相对中心载频变化比	0.000 1%	0.000 1%	0.002 4%	0.002 4%	—
最大多普勒变化率	可忽略	可忽略	−5.44 kHz/s/20 GHz	−544Hz/s	可忽略

在传输体制上，5G 网络初期仍基于正交频分复用技术（OFDM），OFDM 是一种正交多载波调制技术，它具有频谱利用率高、实现复杂度低的优点，并且可以有效地减小多径衰落和噪声带来的影响。但是，使用 OFDM 技术时，只有保证其子载波间的严格正交性，才能保证信息进行高质量的传输。该技术的缺点也在于此，OFDM 技术对频率偏移十分敏感，有研究表明，仅 1%的频偏就会使接收信噪比下降 30 dB。卫星和终端的相对移动带来的多普勒频移会造成频率和相位的变化，这会使 OFDM 子载波间的正交性遭受严重破坏，导致子载波间干扰（ICI）。此外，多普勒频移取决于终端和卫星的相对移动速度，也取决于载波频率，频率越高，速度越快，频率偏移越大，子载波间的干扰就越严重。在地面 4G 中，只采用了一种固定的子载波间隔，为 15 kHz。在 5G 中，为支持多样的部署场景，适应宽泛的频谱范围，满足不同的业务类型，OFDM 技术引入了多种子载波间隔，分别为 15 kHz、30 kHz、60 kHz、120 kHz 和 240 kHz，但也并未考虑多普勒频移对信号传输的影响。因此，从频偏对信号传输的影响来看，地面 5G 的 OFDM 技术不是卫星通信技术的首选。

为了解决卫星通信带来的大多普勒频移，我们可以通过扩展 OFDM 信号的子载波间隔以克服卫星通信中出现的多普勒频移。另外，3GPP 建议在终端的位置和卫星的运动轨迹已知的情况下，通过建立模型的方法来对大多普勒频移和多普勒变化率进行预/后补偿，如卫星星历。卫星星历是描述卫星运行轨道等相关参数的信息数据。卫星将星历发送给终端，终端根据星历计算出卫星在任意时刻的位置和速度，再根据这些信息对多普勒频移进行预补偿。除此之外，在未来的研究中，可以研究新型的多载波传输技术，设计更加完善的传输波形，以克服多普勒频移带来的影响。

2. 超长传播延时

在星地通信中，通信传输距离通常很大，因此带来的传输延时远远大于地面蜂窝网络。3GPP 在技术报告 38.811 中详细给出了在信关站仰角 5°、终端仰角 10°的情况下，GEO、MEO、LEO 卫星在不同的轨道高度下的最大单向传播延时，如表 2-2 所示。在透明转发模式下，单向延时定义为从信关站到卫星再到终端的传输总延时，而在星上处理模式下，单向延时定义为卫星到终端的传输延时[33]。

表 2-2　卫星通信的传播延时大小的对比[17]

卫　星	轨道高度/km	最大单向传播延时/ms	
		透明转发	星上处理
GEO	35 786	272.37	135.28
MEO	10 000	95.192	46.73
LEO	1 500	25.83	12.16
	600	14.204	6.44

由表 2-2 可以看出，传播延时与卫星的轨道高度密切相关，轨道高度越高，传播延时越大。相对于 GEO 卫星，LEO 卫星的传播延时虽然小了很多，但是相对地面蜂窝网的传播延时 0.033 33 ms 而言，仍然很大。长延时会对以下几个方面的过程带来挑战[33]：

① 接入控制。为了满足变化的业务量需求(特别是在 5G 中)，同时考虑到用户终端的移动性，应尽量减小接入控制的响应时间。在蜂窝系统中，接入控制通常位于基站(gNB)中靠近终端的位置。在卫星系统中，接入控制通常位于卫星基站或者网关，长延时会显著地增加接入控制的响应时间。因此，设计合理的接入机制，如预授权、半持续调度和免授权等是有益的，能有效地降低长延时带来的影响[33]。

② HARQ。混合自动重传请求(Hybrid Automatic Repeat Request，HARQ)是一种将前向纠错编码(Forward Error Correction，FEC)和自动重传请求(Automatic Repeat-reQuest，ARQ)相结合而形成的技术，能够处理经过信道传输后产生的差错，可有效地提高数据传输可靠性和数据传输速率。时延是影响 HARQ 过程的重要因素，在 HARQ 中，存在一个最大定时器长度。而卫星通信的往返时延(Round Trip Time, RTT)通常超过了这个最大长度，由于用户终端的内存以及可以并行处理的信道数量有限，仅仅简单地将 HARQ 过程的数量进行线性扩展以适应卫星信道是不可行的[17]。

③ AMC 过程。自适应调制编码(Adaptive Modulation and Coding, AMC)是一种速率控制技术。在保证发射功率恒定的情况下，根据信道状态信息的变化，自适应地改变传输波形的调制方式与编码速率，来保证链路的传输质量。对于地面蜂窝网，在 AMC 过程中，终端测试信道质量指标(Channel Quality Indication, CQI)并发送给基站，基站基于 CQI 值选择最合适的调制和编码方案。在卫星系统中，传播延迟会为 AMC 环路带来较长的响应时间，这可能会造成 CQI 值得不到及时更新，即此刻接收到的 CQI 值是上一时刻的信道状态，因此需要一定的余量进行补偿，但会导致较低的频谱效率。为了提高频谱效率，可以使用扩展信令来改进 AMC 过程[17]。

④ MAC 及 RLC(Radio Link Control，无线链路层控制协议)过程。在卫星通信系统中，较长的传播延时会影响资源调度中的各种协议层、重传机制和响应时间。例如，在 RLC 层，ARQ 过程需要对已经发送的分组进行缓存，这个缓存信息维持至收到分组确认提示或定时器超时而需要重传。对于卫星通信系统中存在的长传输延时问题，需要扩大这个缓存，同时重传次数和周期也需要相应地调整。在 MAC 层及 RLC 层的调度过程

中,调度的实时性也会受到超长传输延时的影响,因此需要根据实际情况适当地调整调度延迟参数[33]。3GPP 建议通过以下方法最大程度地减少终端和网络的交换次数来降低长延时对各种过程的影响:a. 采用一种基于随机接入方案的初始接入过程,将数据和接入信令同时发送,使用免授权接入机制等。b. 通过采用灵活的可扩展的接收窗口大小、灵活的 ACK 确认机制、灵活的 ARQ/HARQ 交叉协调、无 ACK 方案等方法来实现数据传输过程,以适应长延时信道。

此外,5G 的三大应用场景之一是 uRLLC(Ultra Reliable Low Latency Communication),即超低延时超高可靠通信,5G 主要从无线空口和有线回传两个方面来实现超低延时。在无线空口侧,5G 主要通过缩短传输时间间隔(Transmission Time Interval,TTI)、增强调度算法等来减低空口时延;在有线回传方面,通过移动边缘计算(Mobile Edge Computing,MEC)部署,使数据和计算更接近用户侧,从而减少网络回传带来的物理时延。5G 低延时主要是面向车联网和工业控制等一些对低时延需求要求较高的场景。在这些场景中,卫星通信的超长传输延时也无法满足 5G 中低延时的需求。

3. 定时提前

对于地面网络,传播延时的存在会导致消息在发送者和接收者之间存在一个时间偏移量,如终端在这一时隙发送的消息,在下一时隙才能到达基站,这样会造成基站在此时接收到的消息与在原本的下一时隙接收到的消息发生重叠,导致无法正确地解码[33]。因此系统在时间上的同步十分重要。定时提前(Timing Advance, TA)便是用于解决这一问题,定时提前用于终端的上行传输,基站通过定时提前命令将测量的时间偏移量发送给终端,终端根据指令提前相应时间发出数据包,以保证在对应的时隙内接收到消息。

在地面链路或 GEO 卫星链路中,主要是终端的移动性影响着 TA 的变化,因此都不需要快速更新 TA。对于非同步轨道卫星,卫星的高速移动会引起星地传播距离发生频繁变化,进而导致传播延时的快速变化,终端的定时提前也需做出相应的变化才能保证系统同步,以避免产生严重的通信错误。在这种情况下,需要快速更新终端的各个定时提前量,并且可能需要适当的 TA 索引值来解决卫星系统中长传播距离带来的长时延。由于卫星的移动轨迹遵循已知路径,因此延时变化是完全可以预测的。

4. 差分传播延迟

与地面蜂窝网相比,卫星通信通常具有更大的小区规模。此外,在非对地静止卫星情况下,小区具有移动性。对于尺寸较大的小区,特别是工作在低仰角时,在小区中心的终端和小区边缘的终端之间会产生显著的差分传播延迟,并且随着卫星轨道高度的降低,差分的比率增加。也就是说,轨道高度越低,终端在小区中心和小区边缘的传播延迟越大。这可能会造成的后果是,如果网络不知道终端的位置,将对基于竞争的随机接入过程产生影响。当终端位置未知时,由于较大的小区尺寸而引起的差分传播延迟可能在初始接入过程期间在终端之间产生远近距离效应。这可能需要通过扩展采集窗口来降低影响。如果终端位置已知,则可以通过网络对差分延迟进行补偿。对于广播服务,可能需要设置特殊的信令来应对[17]。

5. 频率冲突和规划

频率资源是地面移动通信和卫星通信最珍贵的资源，已经成为制约星地融合的问题之一。随着无线通信的不断发展，人们可以利用的频率资源正日益缺乏。目前频率冲突问题日益严重，既包括地面与非地面网络的频率冲突，也包括地面和非地面网络中各自存在的频率冲突。频率资源的不当分配会使星地融合通信过程产生很多干扰，会严重地影响通信效果。

目前卫星通信系统可用的频率资源较为有限，包括 S 频段的 2×15 MHz(上下行)和 Ka 频段的 2×2 500 MHz(上下行)[33]。3GPP 指定 5G NR 支持的频段，定义了两大频率范围 FR1 和 FR2，其中 FR1 频率范围为 450 MHz～6 GHz；FR2 频率范围为 24.25 ～52.6 GHz。此外，ITU 正积极开展关于卫星与 5G 在频率使用方面的工作。其中，在世界无线电通信大会 WRC-15 上，明确了在 6 ～84 GHz 范围内探索 5G 新的可用频率，为此需开展一系列关于卫星与 5G 的频谱共用与兼容性分析。从全局角度出发进行统一的频率规划是解决频率冲突的有效手段。其一，研究星上智能多波束技术、高效的频率资源复用技术、多址技术，提高频率利用率；其二，研究动态的资源分配技术，基于频谱感知技术，对特定频段进行频谱扫描，寻找可共用的和空闲的通信频率，动态地分配给地面和卫星使用，实现星地频谱共享[22]。

6. 移动性管理

对于非静止轨道卫星，卫星相对于终端处于快速移动的状态。例如，一个终端被同一颗 LEO 卫星覆盖的时间大约只有 20 min，由于每个 LEO 卫星可能具有许多波束，因此终端停留在同一波束内的时间通常只有几分钟[33]。卫星的快速移动给终端的寻呼以及越区切换都带来了挑战。这涉及移动性管理问题。移动性管理是对用户终端的一些基本信息进行管理，如位置信息等，以保证终端与网络的紧密联系，进而保证服务的有效性。移动性管理主要包含两个方面内容：位置信息管理和业务连续性管理[33]。

① 位置信息管理。在移动通信中，用户终端可能随时处于运动中，这时只有密切跟踪和及时更新终端的位置信息，才能保证顺利寻呼。在蜂窝网络中，终端驻留在小区上，终端从无线接入网接收无线电信号，小区具有该无线接入网的唯一标识。小区的集合称为跟踪区域，跟踪区域的集合称为注册区域，小区属于跟踪区域和注册区域。只要终端停留在注册区域内，就不需要位置更新。如果有发往终端的数据包，则 AMF(认证管理功能)尝试在属于注册区域的所有小区上寻呼该终端，以便向其通知数据包的到达。接收该寻呼的所有无线接入网在对应的小区中发送寻呼以到达可能在注册区域中的任何地方的终端。在非同步轨道卫星接入网中，终端驻留在卫星的波束上，但是随着波束的移动，即使终端没有移动，终端也会随着时间的推移而驻留在不同的波束和不同的卫星上[33]。同时，与地面上小区与无线接入网具有对应关系不同，由于卫星的移动性，地面上的小区与卫星波束之间没有对应关系。随着时间的推移，地面上的同一小区被不同的卫星和不同的波束覆盖。因此，对于初始入网注册，基于卫星的无线电接入网络将无法基于接收到注册请求的波束和卫星向 AMF 提供跟踪区域信息。如果终端发生移动，就无法顺利地对

其进行位置更新。当寻呼发生时,也就很难找到指定的终端。

② 业务连续性管理。除位置更新外,还需要考虑终端移动过程中不会发生业务中断,这涉及切换功能。在星地融合通信中,主要存在两种切换:其一,终端在卫星系统内的切换,由于卫星时刻处于高速移动,终端被同一个卫星或者被同一个卫星的同一波束覆盖的时间很短暂,因此有必要保证卫星和波束之间的快速、准确的切换过程;其二,终端在卫星系统与地面系统间的切换,此时应注意切换发生的条件,如在地面信号较强的地区,将优先使用地面网络,在人口密集地区、在高速运动的飞机或高铁上、在偏远地区,地面网络信号较弱时,才会切换到卫星网络。此外,切换时还应注意避免数据丢失。

为了使寻呼和切换能够在非同步轨道卫星网络中成功且高效地运行,可能需要对终端进行地理位置定位。一种可能性是终端可以知道自己的位置,并且可以将其报告给卫星接入网(对于固定设备,可以在安装时报告一次其位置)。非同步轨道卫星的星历信息可用于确定每个波束的足迹以及速度。因此,在任何时间,对于给定的终端位置,如果网络知道哪一个卫星的哪一个波束覆盖该位置,甚至还知道此位置的终端将被同一个波束覆盖以及同一颗卫星覆盖的持续时间,或可以预测下一颗将要覆盖此终端的卫星,这将是有利的。但是,想要通过从网络上获得终端的定位信息,进而简化切换过程并减少开销需要进一步的研究。

7. 链路功率受限

由于星上有效载荷有限,卫星上的资源十分宝贵,尤其是功率资源,需要合理地分配和利用。分配和利用功率资源主要有两个方面的要求:第一,在给定发射功率条件下获得最大的吞吐量;第二,在深度衰落情况下获得最大的功率利用率(在 Ka 频段 20～30 dB 的衰落下,达到 99.95%的利用率)[17]。为了使吞吐量最大,卫星或终端的功率放大器的工作点应尽可能地接近饱和点。前面已经提到,5G 采用多载波 OFDM 技术,具体来说,5G 的下行链路使用 CP-OFDM(循环前缀-正交频分复用技术)波形。由于多载波调制系统的输出是多个子信道的信号的叠加,当多个信号的相位一致时,叠加产生的信号功率就会远大于信号的平均功率,也就是说此波形具有较高的峰均比,如果直接将其用于卫星的下行链路会导致功放效率降低。为此,3GPP 建议下行链路采用扩展的多载波调制和编码方案,波形需满足具有较低的峰均功率比和更强的抗失真能力。或者通过信号处理技术(如预失真机制)以降低峰均功率比和减小非线性失真。在慢衰落和深度衰落影响下,为使功率利用率最大,特别是对位于小区边缘的终端,3GPP 建议使用具有低信噪比的调制和编码方案或者其他方案,以满足一些关键通信和低功耗通信的可靠性需求。

2.4.2 设计思路方面

1. 星地融合方式

根据融合的程度不同,本章参考文献[33]将星地融合方式划分为 5 种情况。

(1) 覆盖融合

地面网络和卫星网络独立组网,卫星网络仅用于地面网络的补充和扩展,二者采用的技术大部分不甚相同,支持的业务也有所区别。

(2) 业务融合

地面网络和卫星网络仍然相互独立,但能够提供相同的或相似的业务质量,在部分服务 QoS 指标上到达一致水平。

(3) 用户融合

在地面和卫星网络中,用户使用同一个用户身份,用户身份唯一、统一计费,用户按需选择卫星或者地面网络提供服务。

(4) 体制融合

采用相同的架构、传输和交换技术,用户终端、关口站或者卫星载荷可大量采用地面网技术成果。

(5) 系统融合

星地构成一个整体,提供用户无感的一致服务,采用协同的资源调度、一致的服务质量、星地无缝的漫游。

对比以上各种融合方式,考虑各种技术在两种网络中的适用问题,一些技术需要适当做出调整和改进,这不仅需要研究人员大量的工作,也要耗费相当长的时间。因此,覆盖融合实现起来最为简单,业务融合、用户融合和体制融合都只是部分融合,困难程度有所增加。系统融合的实现最为困难。从 3GPP、ITU 等相关组织的研究工作来看,在很大程度上是以实现第(5)种融合方式为目标,尽管有一定的实现难度,但是好处是显而易见的。星地一体的融合设计有利于实现频谱等无线资源的统一规划,提高频率利用率;有利于实现用户在卫星网络和地面网络的无缝切换,获得更好的通信体验;有利于打破天网与地网的分立局面,构建全球通信的无缝覆盖,为全球用户提供无差别的通信服务。这也符合通信行业未来的发展趋势。

2. 星地融合架构

根据卫星透明转发或者星上处理、终端与卫星接入是否需要中继等不同,星地架构实现方式有所不同。3GPP 初步提出了 4 种架构模型,最终采用何种方式,或是多种方式混合应用或分别应用于不同场景还有待商榷。需要注意的是,星地融合架构可能会带来地面网络协议在卫星网络中的适应性问题。

3. 协议适应性

3GPP 在技术报告 TR 38.811 中讨论了以下几种可能受影响的 NR 协议。由传播信道差异引起的 NR 协议适应性问题[17]。对于卫星系统,信号主要是直接视距(Line of Sight,LOS),并遵循具有强直射信号分量的 Ricean(莱斯)分布。由于暂时性的信号屏蔽,如在树木和桥梁下,信号存在缓慢的衰落可能。为了提高性能,可以调整 UE 和 gNB 级别的接收器同步配置:如物理信号中的参考信号(如下行链路的 PSS、SSS,上行链路的 DMRS、SRS),前导序列与随机接入信道有关;循环前缀以补偿延迟扩展和抖动/相位。

此外，可以利用更大的子载波间隔(SCS)以适应更大的多普勒频移。

4. 网络功能部署

星地网络功能协同部署是星地融合的重要一环。在地面5G中，引入了网络功能虚拟化(Network Function Virtualization，NFV)和软件定义网络(Software Defined Network，SDN)两种新型技术。SDN是一种新兴的控制与转发分离并直接可编程的网络架构。传统网络设备(如路由器)兼具转发功能和控制功能，这导致的问题有：① 网络管理分散，网络调度困难；② 网络控制与物理网络拓扑无法分离，硬件条件严重限制网络架构；③ 硬件替换耗费大量成本，不利于技术升级和整个网络架构的调整和扩充。SDN技术将传统网络设备紧耦合的网络架构拆分成应用、控制、转发三层分离的架构，通过开放协议管理控制平面。NFV是SDN的其中一种解决方案，NFV通过资源虚拟化使传统网络设备的软件与硬件能够各自独立，在硬件设备中建立一个网络虚拟层，负责将硬件资源虚拟化，形成虚拟计算资源、虚拟存储资源和虚拟网络资源等，使网络功能更新独立于硬件设备，运营商通过软件来管理这些虚拟资源，以实现配置灵活性、可扩展性和移动性。

在卫星通信中引入SDN和NFV技术有利于其与地面网络的融合。第一，使用SDN和NFV技术有利于实现星地融合网络的网络功能解耦，打破以往由于网元功能紧耦合和集中导致的星地功能严重分裂的壁垒，使系统更加灵活，便于升级更新，降低硬件成本。第二，对开展卫星网元功能虚拟化、卫星SDN、星地资源统一编排与资源管理具有重要意义。NFV和SDN技术将在星地融合中发挥突出作用，重点需要解决网络功能的星地分割问题[11]。

5. 空中接口设计

为发展星地一体化网络，实现全球无缝覆盖，研究地面移动通信的空中接口在卫星通信的适用性是很有必要的[34]。“空中接口”是基站和移动电话之间的无线传输规范，它定义每个无线信道的使用频率、带宽、接入时机、编码方法以及越区切换[35]。地面5G通信中采用了多种新空口技术，包括新型多载波传输、非正交多址以及新型编码技术等。为保证用户终端一体化、小型化以及低功耗，保证用户获得一致化的服务体验，星地网络采用统一的空中接口设计十分必要。由于卫星信道和地面移动通信信道在物理特性有较大差异，将5G新空口技术应用于卫星移动通信系统中要关注传输特性的改进，充分考虑卫星信道的影响。

(1) 波形设计

OFDM作为典型的多载波技术，在5G初期，仍然是最基本的波形。目前5G下行采用CP-OFDM波形方案，上行采用基于DFT扩展的OFDM波形方案DFT-S-OFDM或者CP-OFDM[33]。在卫星通信中，由于覆盖区很大，要重新考虑星地链路的循环前缀、上行随机接入物理信道(RACH)导频的设计[33]。由于卫星功率有限，也要考虑波形的峰均比PAPR，与CP-OFDM相比，在峰均比性能上DFT-S-OFDM更优，但其在抗多径、宽带传输性能上较差，这就需要针对不同情况进行不同的设计组合。

(2) 编码技术

随着技术不断的发展，地面网络业务需求越来越复杂，对通信的要求越来越高。未来的星地融合网络所要面对的情况只会更加复杂，目前可以预见的是，既有速率达每秒数百兆比特的宽带互联网业务需求，也有每秒几百比特的物联网短数据业务需求。因此，必须提供多种编码调制方案以满足不同的情景。地面5G中采用的极化码(Polar)与低密度奇偶校验码(LDPC)是不错的选择。

(3) 多址技术

地面5G提出了几种新型多址接入技术，如功率域非正交多址接入(NOMA)、稀疏码多址接入(SCMA)以及多用户共享接入(MUSA)，需要考虑这些技术在卫星通信中的适用性。其中，NOMA不仅可以提升频谱利用率，也可以支持物联网场景。但是，功率域NOMA的特点之一是采用功率域复用技术，即发送端对不同的用户分配不同的发射功率，接收端以此作为区分用户的依据。在星地融合空中接口上，考虑到多个终端与卫星距离差异不大，很难依靠发射功率的大小来区分不同的用户。而SCMA和MUSA是码域的方案，是较为可行的。此外，和地面信号处理能力相比，星上处理能力十分有限，因此，设计低复杂度多址算法十分必要。

(4) 双工模式

现有的大多数卫星系统在特定的频带内以FDD(频分双工)模式工作，并且具有确定的发射方向。对于某些频带，可以使用TDD(时分双工)模式。当考虑TDD模式时，需要设置保护时间以防止终端同时发送和接收。该保护时间将直接影响有效吞吐量，从而影响频谱效率。在非地面网络中，保护时间取决于往返延时。对位于600 km高度的LEO卫星来说，终端和卫星基站间的单向传播延时最小为2 ms，最大为7 ms，所以保护时间应为2×7 ms，对GEO卫星接入网络，终端和卫星基站间的单向传播延时最小为240 ms，最大为270 ms，所以保护时间应为2×270 ms。过长的保护时间将导致无线传输的效率低下，尤其是对GEO和MEO卫星。对LEO卫星来说，由于需要处理可变延时，稍长的保护时间是允许的。对于大多数非地面接入网络，FDD是首选的双工模式。在允许的情况下，LEO卫星的接入网可以考虑采用TDD模式，但可能会存在潜在的不利影响。

本章参考文献

[1] 肖龙龙，梁晓娟，李信. 卫星移动通信系统发展及应用[J]. 通信技术，2017，50(06)：1093-1100.

[2] 景文强，余波，李昂阳，等. 天地一体化信息网络主动防御安全体系研究[J]. 信息技术与网络安全，2019，38(08)：17-21.

[3] 梁浩，陈福才，季新生，等. 天地一体化信息网络发展与拟态技术应用构想[J]. 中国科学：信息科学，2019，49(07)：799-818.

[4] EVANS B G, THOMPSON P T, TCORAZZA G E, et al. 1945-2010：65 years of satellite history from early visionto latest missions[J]. IEEE Proceedings, 2011,

99 (11) :1840-1857.

[5] 王继业,张雷.蜂窝通信和卫星通信融合的机遇、挑战及演进[J].电讯技术,2018,58(05):607-615.

[6] 闵士权. 卫星移动通信概况与我国发展策略思考[C]//卫星移动通信研讨会资料汇编.全国卫星移动通信研讨会,2004:48-55.

[7] 李贺武,吴茜,徐恪,等.天地一体化网络研究进展与趋势[J].科技导报,2016,34(14):95-106.

[8] 陈立明.星地一体化网络的无线资源管理方法研究[D].哈尔滨工业大学,2014.

[9] 田伟. 国际电联关于星地一体化研究进展[A]. 中国通信学会卫星通信委员会、中国宇航学会卫星应用专业委员会.第十三届卫星通信学术年会论文集[C].中国通信学会卫星通信委员会、中国宇航学会卫星应用专业委员会:中国通信学会,2017:11.

[10] 吴曼青,吴巍,周彬,等.天地一体化信息网络总体架构设想[J].卫星与网络,2016(03):30-36.

[11] 汪春霆,翟立君,卢宁宁,等.卫星通信与 5G 融合关键技术与应用[J].国际太空,2018(06):11-16.

[12] 吴巍,秦鹏,冯旭,等.关于天地一体化信息网络发展建设的思考[J].电信科学,2017,33(12):3-9.

[13] 汪春霆,翟立君,徐晓帆.天地一体化信息网络发展与展望[J].无线电通信技术,2020,46(5):493-504.

[14] 王爱玲,潘成康.星地融合的 3GPP 标准化进展与 6G 展望[J].卫星与网络,2020(09):58-61.

[15] 3GPP,3GPP; Technical Specification Group Radio Access Network; Study on Scenarios and Requirements for Next Generation Access Technologies; (Rel-15): TS 38.913(V15.0.0)[S],3GPP,2018.

[16] 3GPP,3GPP;Technical Specification Group Services and System Aspects;Service requirements for the 5G system;(Rel-15):TS 22.261(V0.1.1)[S],3GPP,2016.

[17] 3GPP,3GPP;Technical Specification Group Radio Access Network;(Rel-15):TR 38.811(V15.1.0)[S],3GPP,2019.

[18] 何异舟.国际天地融合的卫星通信标准进展与分析[J].信息通信技术与政策,2018(08):1-6.

[19] 3GPP,3GPP;Technical Specification Group Services and System Aspects; Study on using Satellite Access in 5G;(Rel-16) [EB/OL]. (2018) [2021-12-1].

[20] 翟立君,潘沭铭,汪春霆.卫星 5G 技术的发展和展望[J].天地一体化信息网络,2021,2(01):1-9.

[21] ITU-R. Recommendation M. 2460-0: IKey elements for integration of satellite systems into Next Generation Access Technologies[S]. ITU,2019.

[22] 刘帅军,胡月梅,王大鹏,等.卫星 5G 融合的研究进展概述[J].信息通信技术与政策,2019(05):86-90.

[23] 汪春霆,李宁,翟立君,等.卫星通信与地面5G的融合初探(一)[J].卫星与网络,2018(09):14-21.

[24] SaT5G. SaT5G project demonstrates 5G over satellite and holds industry briefing at University of Surrey[EB/OL](2019-11-27) [2021-12-5],https://www.sat5g-project.eu/sat5g-industry-day-27-november/.

[25] SaT5G 项目宣布成功进行一系列卫星 5G 演示[J].无线电工程,2019,49(08):665.

[26] SATis5. SATis5 Test platform[EB/OL].(2018) [2021-12-1]. https://satis5.eurescom.eu/testbed.

[27] SANSA. SANSA Project Plan[EB/OL].(2016) [2021-12-10]. https: //sansa-h2020.eu/ project-plan.

[28] 杜玮.5G 来了 6G 还会远吗?[J].工会博览,2019(20):59-61.

[29] 谢鹰.特朗普、5G、6G 及卫星通信[J].卫星与网络,2019(03):16-18.

[30] 赵亚军,郁光辉,徐汉青.6G 移动通信网络:愿景、挑战与关键技术[J].中国科学:信息科学,2019,49(08):963-987.

[31] RICHARD L,MEHMET T,DIRK T. Network 2030,ITU,2019.

[32] 3GPP TR 38.811: Technical Specification Group Radio Access Network; Study on New Radio (NR) to support non terrestrial networks (Release 15) [EB/OL].(2018) [2021-12-1]. https://www.3gpp.org/ftp/Specs/archive/38 _ series/38.811.

[33] 汪春霆,李宁,翟立君,等.卫星通信与地面5G的融合初探(二)[J].卫星与网络,2018(11):22-26,28.

[34] 张曼倩,刘健,李昌华.地面空中接口在卫星移动通信的适用性研究[J].电子设计工程,2014,22(24):145-148,154.

[35] 李登国.5G 无线通信终端空中接口性能测试分析[J].通信电源技术,2020,37(10):153-154,157.

第3章

星地融合通信信道特点

对于星地融合通信系统来说，如何实现5G、6G空中接口传输与卫星通信系统融合是一个关键点。一般地，通信系统中传输技术的选择与通信信道的特点密切相关。卫星移动通信系统的信道具有较大多普勒频移、较大传输时延、较低的信噪比以及应用场景复杂的特点，而地面通信系统多径信道对传输的影响较为明显。星地融合通信应用场景复杂多变且具有非常大的随机性，所以星地融合通信信道具有许多影响信号传输效率的因素，这些信道特点导致5G、6G和卫星通信融合面临着一些棘手的问题。例如，过高的多普勒频移会破坏子载波的正交性，从而引入子载波间干扰，极大地降低了通信系统的传输效率。因此，本章将分别介绍3GPP标准化研究过程中提出的地面5G通信和卫星通信的参考信道模型，为星地融合接入技术研究提供参考。

3.1 卫星与地面5G通信信道概述

3.1.1 地面5G通信信道概述

目前5G已经全面商用，并且5G凭借其低时延、大带宽以及高吞吐量等特点在地面移动通信系统中占据了主导地位。无线信道是通信系统的关键，准确、科学地认知无线信道的传播特性，能够更好地设计无线通信系统，从而提高系统性能。无线信道的传播特性依靠信道模型来描述，一般需要通过实际信道数据测量以及理论分析来完成信道建模。

目前5G主要使用了Sub-6G以及mm Wave两种频段，而频段对于研究无线信道的传播特性有着很大的影响，比如高频段衰减、损耗较大，覆盖能力较差，但是可用带宽资源大；低频段损耗、功耗较小，但是频谱资源较为紧张。一般地面无线信道研究集中在6 GHz以下的中低频段，但是由于6 GHz以下的频段的无线系统较多，可用频段资源十分匮乏，于是6 GHz以上的频段便成了后续地面通信系统演进的重点频段，其中频率在24～300 GHz的频段被称为毫米波频段，对于这个频段的无线信道研究具有重要意义。

传统信道建模研究主要是针对6 GHz以下的频段，国际上一些研究单位及组织对地面通信系统的无线信道特性进行了研究及建模，其中包括国际电信联盟（International

Telecommunications Union，ITU）、3GPP、美国电气和电子工程师协会（Institute of Electronics Engineers ，IEEE）。ITU 的 ITU-R M. 2135 模型主要研究了 2～6 GHz 的频段，主要考虑因素为距离以及频率；3GPP 组织在 3GPP TR36. 814 中定义的模型也主要研究了 2～6 GHz 频段地面移动通信系统传播特性；IEEE 802. 11 系列模型侧重研究 2 GHz、5 GHz 频段在居住环境、小型办公室、典型办公室以及开阔空间中的传播特性；WINNER Ⅱ模型可适用的频段为 2～6 GHz，适用场景有室外、室内热点、室内办公室等，考虑因素包括距离、频率、墙体以及楼层间损耗等；COST231 Hata 模型主要针对于 0. 9 GHz和 1. 8 GHz 频段。6 GHz 以上的高频段可以提供较高的传输带宽，因此可以提高通信容量和用户速率，目前无线通信可利用的 6 GHz 以上频段主要包括 15 GHz、28 GHz、32 GHz、38 GHz、45 GHz、72 GHz 以及更高的频率。学术界和标准化组织已针对 6 GHz 以上频段的传播特性进行了研究和建模，可用于新型传输技术的性能评估，但高频段在实际网络中的信道特性建模及实测验证还需更进一步的研究。

3. 1. 2　卫星通信信道概述

卫星信号在信道传输过程中会受到各式各样的衰落和损耗，其中路径损耗是对信号功率影响最大的一项。路径损耗主要包括基本路径损耗、气体吸收损耗、室外到室内的穿透损耗、电离层或对流层闪烁衰减。基本路径损耗又包括自由空间路径损耗、阴影衰落以及地物损耗。这一系列的损耗各自有不同的特征，影响因素也不尽相同，对信号的传输有着各不相同的影响。

国内外常见的卫星移动平坦型衰落通信信道模型包括 Loo 模型、Lutuz 模型和 Corazza 模型[1]。这 3 种模型作用于不同的场合。Loo 模型主要适用于乡村信道环境，特点是将直射信号分量和多径信号分量区分开来，只有直射信号分量受到了阴影遮蔽的影响，所以 Loo 模型也被称为部分阴影模型。与其相对应的是 Corazza 模型，该模型几乎适用于所有的卫星通信场景，包括乡村、公路、城市、郊区等。Corazza 模型所有的分量（包括直射信号分量和多径信号分量）都受到了阴影效应的影响。Lutuz 模型和前面两种信道模型的不同点在于，它是从功率的角度来实现建模的。该模型也适用于所有应用场景，根据是否有直射信号分量，把信道模型分为“Good”状态和“Bad”状态两种状态。“Good”状态下信号存在直射信号分量且无阴影效应，“Bad”状态下不存在直射信号分量且需要考虑阴影遮蔽带来的影响。

在典型的城区环境中，相比于一些传统的瑞利信道模型，Suzuki 模型能够比较好地描述信道特性。在城区环境中，由于移动终端和卫星之间被众多障碍物所遮挡而不存在直射信号，各个独立路径的反射信号相互叠加，所以信号的包络服从瑞利分布，而在移动终端运动距离较短的情况下，可以假定瑞利过程有恒定的平均功率。若移动站的运动距离比较长，由于阴影效应的影响，瑞利过程的功率将会发生显著的变化，在此种情况下 Suzuki 模型能够比较好地描述信道特性[2]。但是 Suzuki 模型所涉及的应用场景是完全没有直射分量的城区环境，然而在实际的卫星移动通信过程中，由于移动终端与卫星之间的仰角远大于其与基站之间的仰角，所以在卫星移动通信条件下的城区用户是有可能接收到直射分量信号的。因此，为了弥补 Suzuki 模型缺乏直射分量的问题，在原有模型基础上采用莱斯过程来代替原有的瑞利过程,以此来提高信道的建模准确度。Corazza 模型中构成莱斯过程的同相和正交分量是不相关的,与之相对应的是,扩展 Suzuki 模型的同相、正交分量是相关的。扩展 Suzuki 模型利用了构成莱斯分布的同相分量以及正交分量的相关性,可以应用在具有非对称功率谱的信道情况下。

3.2 地面 5G 通信信道模型

3.2.1 坐标系定义

在信道建模中,首先需要建立坐标系,确定用户、基站的位置。如图 3-1 所示,一个坐标系统由 x 轴、y 轴、z 轴、球面角以及球面单位向量组成。在图中的笛卡儿坐标系中,θ 表示天顶角、φ 表示方位角。

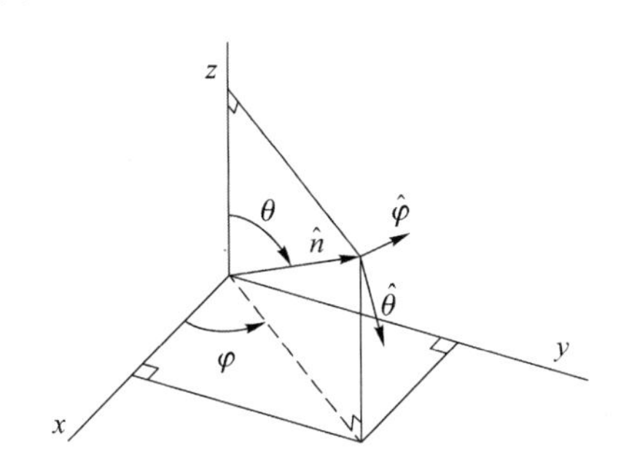

图 3-1 全局坐标系示意图[3]

建立坐标系的步骤如下:

① 在建立地面 5G 通信的信道模型之前,我们首先需要选择一个场景,如城市宏站(Urban Macra, UMa)、城市微站(Urban Micro, UMi)、农村宏站(Rural Macro, RMa)、室内工厂(Indoor Factory, InF)或室内热点(Indoor Hotspot, InH),之后再确定所用到的全局坐标系(Global Coordinate System, GCS)。给定参数天顶角 θ、方位角 φ,其中,球面基向量 $\hat{\theta}$、$\hat{\varphi}$ 由传播方向 $\hat{n}$ 决定。

② 给定基站(Base Station,BS)、用户终端(User Terminal,UT)的数目。

③ 给定 BS 和 UT 的三维位置,并决定每个 BS 或者 UT 在坐标系里的视距离开方位角(Line of Sight Azimuth Angle of Departure, LOS AOD)、视距离开天顶角(LOS Zenith Angle of Departure, LOS ZOD)、视距到达方位角(LOS Azimuth Angle of Arrival, LOS AOA)、视距到达天顶角(LOS Zenith Angle of Departure, LOS ZOD)。

④ 给出全局坐标系下的 BS 和 UT 天线场方向图 F_{rx} 和 F_{tx} 以及阵列的几何结构。

⑤ 给出 BS 和 UT 阵列相对于全局坐标系的方向。其中,BS 阵列方向由 3 个角度定义:$\Omega_{BS,\alpha}$(BS,方位角)、$\Omega_{BS,\beta}$(BS,下倾角)和 $\Omega_{BS,\gamma}$(BS,倾斜角)。UT 阵列方向由 3 个角度定义:$\Omega_{UT,\alpha}$(UT 方位角)、$\Omega_{UT,\beta}$(UT 下倾角)和 $\Omega_{UT,\gamma}$(UT 倾斜角)。

⑥ 给出 UT 在全局坐标系中的运动速度和方向，指定系统中心频率 f_c 和带宽 B。

用于 BS 或 UT 的阵列天线可以在局部坐标系(Local Coordinate System，LCS)中定义。LCS 被用作参考来定义阵列中每个天线单元的矢量远场，即方向图和极化。假设远场在 LCS 中是已知的，GCS 中阵列的放置由 GCS 和 LCS 之间的转换来定义。一般情况下阵列相对于 GCS 的方向由一系列旋转来定义，由于该方向通常不同于 GCS 方向，因此有必要将阵列元素的向量场从 LCS 映射到 GCS，该映射仅取决于阵列的方向。

3.2.2 天线模型

基站天线由均匀矩形面板阵列建模，包括 $M_g N_g$ 个天线面板，如图 3-2 所示，M_g 是一列中的天线面板数，N_g 是一行中的天线面板数。

天线面板在水平方向均匀分布，间距为 $d_{g,H}$；在垂直方向上也是均匀分布，间距为 $d_{g,V}$。在每个天线面板上，天线单元以垂直和水平方向放置，其中 N 是列数，M 是每列中具有相同极化的天线单元数。

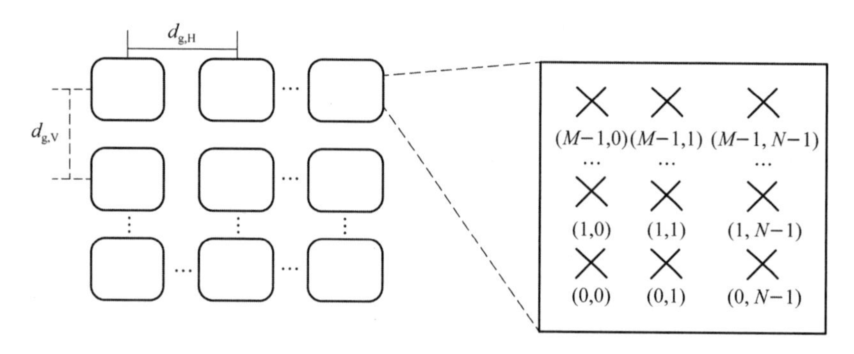

图 3-2 天线阵列示意图[3]

图 3-2 所示面板上的天线编号是假设从前面观察天线阵列(x 轴指向面板边缘，坐标 y 越大，列数越大)。天线单元在水平方向上和垂直方向上均匀间隔，间隔分别为 d_H 和 d_V。而天线面板有单极化($P=1$)和双极化($P=2$)两种模式。矩形面板阵列天线可用向量(M_g，N_g，M，N，P)来表示。各天线单元的天线辐射功率场按表 3-1 生成。

表 3-1 单天线单元的辐射功率场[3]

参 数	数 值
辐射功率场的垂直切面/dB	$A''_{dB}(\theta',\phi''=0°)=-\min\left\{12\left(\frac{\theta''-90°}{\theta_{3dB}}\right)^2,SLA_V\right\}$， $\theta_{3dB}=65°$， $SLA_V=30$ dB， $\theta''\in[0°,180°]$
辐射功率场的水平切面/dB	$A''_{dB}(\theta''=90°,\phi'')=-\min\left\{12\left(\frac{\phi''}{\phi_{3dB}}\right)^2,A_{max}\right\}$， $\phi_{3dB}=65°$， $A_{max}=30$ dB， $\phi''\in[-180°,180°]$
3D 辐射功率场/dB	$A''_{dB}(\theta'',\phi'')=-\min\{-(A''_{dB}(\theta'',\ \phi''=0°)+A''_{dB}(\theta''=90°,\ \phi'')),A_{max}\}$
天线单元的最大方向增益 $G_{E,max}$	8 dBi

对于传统的基站阵列天线，通常是在 M 个单元之间具有固定相移，从而获得垂直方向上的波束倾斜的均匀线性阵列，使用复数权重进行建模，如式(3-1)所示：

$$w_m=\frac{1}{\sqrt{M}}\exp\left(-\mathrm{j}\,\frac{2\pi}{\lambda}(m-1)d_{\mathrm{V}}\cos\theta_{\mathrm{etilt}}\right) \tag{3-1}$$

其中，$m=1,\cdots,M$，θ_{etilt}是定义在 0°和 180°之间的电动垂直转向角(90°表示垂直于阵列)，λ 表示波长，d_{V} 表示垂直阵元间隔。

对于极化天线模型，一般来说，其辐射场和功率场之间的关系如式(3-2)所示：

$$A''(\theta'',\phi'')=|F''_{\theta''}(\theta'',\phi'')|^2+|F''_{\phi''}(\theta'',\phi'')|^2 \tag{3-2}$$

以下两个模型介绍了如何根据定义确定辐射场的两个模型。

(1) 模型 1

在极化天线单元的情况下，假设 ζ 是极化角度，其中 $\zeta=0°$对应于纯垂直极化天线单元，$\zeta=+/-45°$ 对应于一对交叉极化天线单元。然后，天线在 θ'和 ϕ'方向上的单元场分量由式(3-3)～式(3-5)给出：

$$\begin{pmatrix}F'_{\theta'}(\theta',\phi')\\F'_{\phi'}(\theta',\phi')\end{pmatrix}=\begin{pmatrix}+\cos\psi & -\sin\psi\\+\sin\psi & +\cos\psi\end{pmatrix}\begin{pmatrix}F''_{\theta''}(\theta'',\phi'')\\F''_{\phi''}(\theta'',\phi'')\end{pmatrix} \tag{3-3}$$

$$\cos\psi=\frac{\cos\zeta\sin\theta'+\sin\zeta\sin\phi'\cos\theta'}{\sqrt{1-(\cos\zeta\cos\theta'-\sin\zeta\sin\phi'\sin\theta')^2}} \tag{3-4}$$

$$\sin\psi=\frac{\sin\zeta\cos\phi'}{\sqrt{1-(\cos\zeta\cos\theta'-\sin\zeta\sin\phi'\sin\theta')^2}} \tag{3-5}$$

需要注意的是，天顶和方位场分量 $F'_{\theta'}(\theta',\phi')$，$F'_{\phi'}(\theta',\phi')$，$F''_{\theta''}(\theta'',\phi'')$ 和 $F''_{\phi''}(\theta'',\phi'')$是根据 3GPP 38.901[3]的 7.1 节中定义的 LCS 的球面基向量定义的。对于单极化天线(纯垂直极化天线)，公式可以记为 $F''_{\theta''}(\theta'',\phi'')=\sqrt{A''(\theta'',\phi'')}$、$F''_{\phi''}(\theta'',\phi'')=0$，其中 $A''(\theta'',\phi'')$是 3D 天线辐射功率场，是局部坐标系中方位角 ϕ''和天顶角 θ''的函数，如表 3-1 所示。

(2) 模型 2

在极化天线的情况下，极化分量被建模为在水平和垂直方向上都与角度无关的量。对于线极化天线，垂直极化和水平极化时的天线单元场方向图如式(3-6)、式(3-7)所示：

$$F'_{\theta'}(\theta',\phi')=\sqrt{A'(\theta',\phi')}\cos\zeta \tag{3-6}$$

$$F'_{\phi'}(\theta',\phi')=\sqrt{A'(\theta',\phi')}\sin\zeta \tag{3-7}$$

其中，ζ 是极化倾角，$A'(\theta',\phi')$是 3D 辐射功率场，方位角记为 ϕ'，天顶角记为 θ'。注意：当 $\zeta=0°$时，对应于纯垂直极化天线单元。垂直和水平场方向根据球面基向量定义，方位角 ϕ'和天顶角 θ'是局部坐标系中的角度，在 TR 38.901[3]的 7.1.2 小节中定义。

3.2.3 大尺度信道模型

地面 5G 通信系统的大尺度信道建模需要考虑路径损耗、阴影衰落、直射(Line-of-Sight，LOS)概率、室内室外穿透等主要因素的影响。路径损耗和阴影衰落通常描述在较长传播距离和较长时间情形下的传播特性，其中，阴影衰落指的是由于发射机和接收机之间存在障碍物阻挡而导致信号功率衰减，影响信号传输性能[4]。在3GPP 38.901中定义了不同场景下的路径损耗模型，包括RMa、Uma、UMi-Street Canyon、InH-Office、InF的LOS和NLOS(Non-Line-of-Sight，NLOS)模型，模型中包含路径损耗公式、阴影衰落标准差、适用范围和天线默认高度值。图3-3、图3-4给出了距离定义，其中，阴影衰落的分布是对数正态分布。

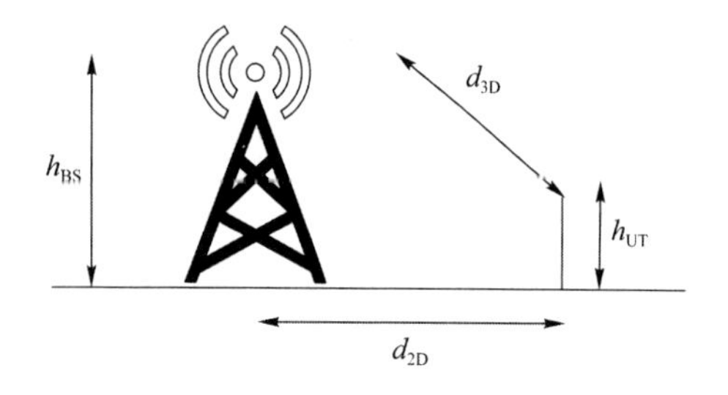

图3-3　室外距离参数定义图[3]

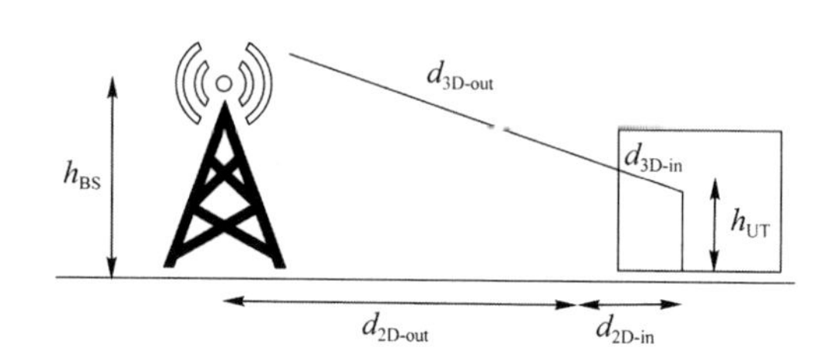

图3-4　室内室外距离参数定义[3]

由于在5G毫米波通信中，LOS路径对信号传输的影响很大，因此通常用LOS概率进行评估[5]。根据场景不同，LOS概率分布也会不同，如表3-2所示。

表3-2　LOS概率[3]

场　景	LOS概率
农村宏站	$P_{LOS}=\begin{cases}1, & d_{2D}\leqslant 10\text{ m}\\ \exp\left(-\frac{d_{2D}-10}{1\,000}\right), & d_{2D}>10\text{ m}\end{cases}$
城市微站-街道	$P_{LOS}=\begin{cases}1, & d_{2D}\leqslant 18\text{ m}\\ \frac{18}{d_{2D}}+\exp\left(-\frac{d_{2D}}{36}\right)\left(1-\frac{18}{d_{2D}}\right), & d_{2D}>18\text{ m}\end{cases}$
城市宏站	$P_{LOS}=\begin{cases}1, & d_{2D}\leqslant 18\text{ m}\\ \left[\frac{18}{d_{2D}}+\exp\left(-\frac{d_{2D}}{63}\right)\left(1-\frac{18}{d_{2D}}\right)\right]G(h_{UT}), & d_{2D}>18\text{ m}\end{cases}$ $G(h_{UT})=1+C'(h_{UT})\frac{5}{4}\left(\frac{d_{2D}}{100}\right)^3\exp\left(-\frac{d_{2D}}{150}\right)$ $C'(h_{UT})=\begin{cases}0, & h_{UT}\leqslant 13\text{ m}\\ \left(\frac{h_{UT}-13}{10}\right)^{1.5}, & 13\text{ m}<h_{UT}\leqslant 23\text{ m}\end{cases}$
室内-混合办公室	$P_{LOS}=\begin{cases}1, & d_{2D}\leqslant 1.2\text{m}\\ \exp\left(-\frac{d_{2D}-1.2}{4.7}\right), & 1.2\text{ m}<d_{2D}<6.5\text{ m}\\ 0.32\exp\left(-\frac{d_{2D}-6.5}{32.6}\right), & d_{2D}\geqslant 6.5\text{ m}\end{cases}$
室内-开放式办公室	$P_{LOS}^{Open\_office}=\begin{cases}1, & d_{2D}\leqslant 5\text{ m}\\ \exp\left(-\frac{d_{2D}-5}{70.8}\right), & 5\text{ m}<d_{2D}\leqslant 49\text{ m}\\ 0.54\exp\left(-\frac{d_{2D}-49}{211.7}\right), & d_{2D}>49\text{ m}\end{cases}$

室外到室内(Outdoor-to-Indoor, O2I)穿透损耗也是需要考虑的重要因素。如今,大多数移动网络用户是室内用户,这使得大部分通信数据业务从室内产生,而室内用户通常利用室外基站进行接入,因此 O2I 场景的模型建立是非常必要的。3GPP 38.901[3] 中定义了 O2I 的穿透损耗模型。O2I 建筑穿透损耗的路径损耗模型如下:

$$PL = PL_b + PL_{tw} + PL_{in} + N(0, \sigma_P^2) \tag{3-8}$$

其中,PL_b 是基本的室外路径损耗模型,PL_{tw} 是通过外墙的建筑穿透损耗,PL_{in} 是内部损耗,取决于建筑的深度,σ_P 是穿透损耗的标准方差,穿透损耗PL_{tw}如式(3-9)所示:

$$PL_{tw} = PL_{npi} - 10\lg\sum_{i=1}^{N}\left(p_i \times 10^{\frac{L_{material\_i}}{-10}}\right) \tag{3-9}$$

其中,PL_{npi}是考虑非垂直入射时在外墙损失上增加的额外损失。

$L_{material\_i} = a_{material\_i} + b_{material\_i} \cdot f$ 是材料 i 的穿透损耗,表 3-3 给出了不同材料的穿透损耗。

表 3-3 不同材料的穿透损耗[3]

材 料	穿透损耗/dB
标准多窗格玻璃	$L_{glass} = 2 + 0.2f$
红外反射玻璃	$L_{IIRglass} = 23 + 0.3f$
混凝土	$L_{concrete} = 5 + 4f$
木材	$L_{wood} = 4.85 + 0.12f$

注:f 以 GHz 为单位。

表 3-4 给出了两种 O2I 穿透损耗模型的参数PL_{tw}、PL_{in}和 σ_P,其中,O2I 穿透是基于特定用户生成的,并添加到对数域的阴影衰落中。

表 3-4 O2I 建筑穿透损耗模型[3]

模 型	参 数		
	通过外墙的路径损耗PL_{tw}/dB	室内损耗PL_{in}/dB	标准方差 σ_P
低损耗模型	$5 - 10\lg\left(0.3 \times 10^{\frac{-L_{glass}}{10}} + 0.7 \times 10^{\frac{-L_{concrete}}{10}}\right)$	$0.5d_{2D-in}$	4.4
高损耗模型	$5 - 10\lg\left(0.7 \times 10^{\frac{-L_{IIRglass}}{10}} + 0.3 \times 10^{\frac{-L_{concrete}}{10}}\right)$	$0.5d_{2D-in}$	6.5

d_{2D-in}是两个独立生成的均匀分布变量的最小值,对于场景 UMA 和 UMI-Street Canyon,它服从 0~25 m 间的均匀分布;对于 RMA,它服从 0~10 m 间的均匀分布。此外,d_{2D-in}应基于特定用户生成。一般地,UMA 和 UMI-Street Canyon 可使用低损耗模型和高损耗模型,而 RMA 只能使用低损耗模型,InF 只能使用高损耗模型。需要注意的是,由于上述低损耗模型和高损耗模型是一个仿真参数,是由用户的信道模型确定的,并取决于建筑物中镀金属玻璃的使用情况和部署场景,因此在世界不同地区模型会有所不同。并且由于新法规和节能倡议的出台,参数也可能会随着时间发生变化。此外,在世界的一些地区,高损耗模型通常用于商业建筑,而不是住宅建筑。

除上述模型外，为了兼容4G中的TR 36.873[6]，在6 GHz以下的UMA和UMI单频模拟下应使用表3-5所示模型。

表3-5 小于6 GHz单频模拟下的O2I建筑穿透损耗模型[3]

参 数	数 值
PL_{tw}	20 dB
PL_{in}	$0.5d_{2D-in}$ 其中，d_{2D-in}是一个基于特定链路的，介于0～25 m之间的均匀分布参数
σ_P	0 dB
σ_{SF}	7 dB

包含O2I的汽车穿透路径损耗模型如下：

$$PL = PL_b + N(0, \sigma_P^2) \tag{3-10}$$

其中，PL_b是基本的室外路径损耗，$\mu=9$、$\sigma_P=5$，汽车穿透损耗应该基于特定用户生成。此外，$\mu=20$可以用于金属车窗。上述汽车穿透损耗模型适用于0.6～60 GHz频段。

3.2.4 快衰落信道模型

快衰落也叫小尺度衰落，通常用于描述短时间、短距离内接收信号快速变化的现象，其主要特征是多径衰落，这是由于信号在频域、时域和空域进行多径传播时造成的频域、时域和空域的选择性衰落[7]。3GPP中定义的信道系数生成具体步骤如图3-5所示。

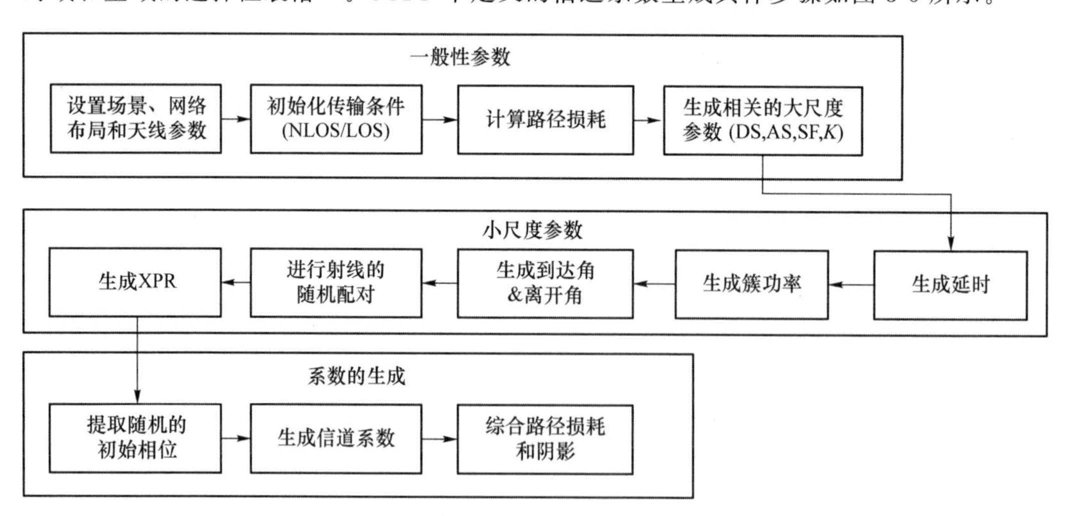

图3-5 快衰落模型生成流程[3]

首先，确定仿真场景、网络布局以及天线参数。然后，根据通信场景初始化传播条件(LOS/NLOS)，不同BS-UT链路的传播条件是不相关的。另外，还需要为每个UT指定室内/室外状态。而来自同一UT的所有链路具有相同的室内/室外状态。使用3GPP 38.901[3]中的路径损耗模型计算每个要建模的BS-UT链路的路径损耗。

接着,生成大规模参数,如延迟扩展(DS)、角度扩展(ASA、ASD、ZSA、ZSD),Ricean K 因子(K)和阴影衰落(SF),根据 3GPP 38.901[3] 给出的信道模型参数考虑互相关,并使用本章参考文献[8]中给出的步骤,通过 Cholesky 分解的方法计算均方误差矩阵 $\sqrt{\boldsymbol{C}_{M\times M}(0)}$,然后按照 $S_M=[S_{SF},S_K,S_{DS},S_{ASD},S_{ASA},S_{ZSD},S_{ZSA}]$的顺序设置大尺度参数向量。

接着,生成小尺度参数,生成步骤如下:

第一步,根据 3GPP 38.901[3] 7.5 节的信道参数表,通过定义的延迟分布随机生成延迟,指数分布延迟如式(3-11)所示:

$$\tau_n'=-r_\tau \mathrm{DS}\ln X_n \tag{3-11}$$

其中,r_τ 是延迟分布比例因子,X_n 服从均匀(0,1)分布,且索引 $n=1,\cdots,N$。对于均匀分布延迟,延迟值 τ_n'从相应的范围中得出。通过减去最小延迟使延迟归一化,并将归一化延迟按升序排序:

$$\tau_n=\mathrm{sort}(\tau_n'-\min \tau_n') \tag{3-12}$$

在 LOS 的情况下,需要额外的延迟来补偿 LOS 峰值对延迟扩展的影响。与莱斯因子 K 相关的缩放常数为:

$$C_\tau=0.7705-0.0433K+0.0002K^2+0.000017K^3 \tag{3-13}$$

第二步,产生簇功率 P_n,P_n 可通过单斜率指数功率函数产生,功率分配取决于时延分布。当时延分布为指数分布时,簇功率可表示为:

$$P_n'=\exp\left(-\tau_n\frac{r_\tau-1}{r_\tau \mathrm{DS}}\right)\cdot 10^{\frac{-Z_n}{10}} \tag{3-14}$$

其中,$Z_n\sim N(0,\zeta^2)$,表示每个簇中的阴影分量。将簇功率归一化,使所有簇功率之和为 1:

$$P_n=\frac{P'_n}{\sum_{n=1}^{N}P'_n} \tag{3-15}$$

当存在 LOS 时,需将 LOS 的功率加入到第一个簇中,LOS 射线的功率为:

$$P_{1,\mathrm{LOS}}=\frac{K_R}{K_R+1} \tag{3-16}$$

因此加入 LOS 后的簇功率可表示为:

$$P_n=\frac{1}{K_R+1}\frac{P_n'}{\sum_{n=1}^{N}P_n'}+\delta(n-1)P_{1,\mathrm{LOS}} \tag{3-17}$$

其中,$\delta(\cdot)$表示 Dirac's 脉冲函数,K_R 为线性比例转换的莱斯因子。

假设一个簇中每个信号的功率为 P_n/M,M 表示每个簇中的射线数目。当簇的功率与最大簇功率差值的绝对值大于 25 dB 时,可忽略该簇。

第三步,产生到达角 AOA 和离开角 AOD 的方位角与仰角。所有簇方位角的合成 PAS 可以被建模为 wrapped-Guassian 过程。AOA 可通过逆高斯函数产生,如式(3-18)所示,P_n 和 ASA 为输入参数,ASA 为 RMS 角度扩展。

$$\phi_{n,\mathrm{AOA}}'=\frac{2(\mathrm{ASA}/1.4)\sqrt{-\ln(P_n/\max P_n)}}{C_\phi} \tag{3-18}$$

其中，C_ϕ 的计算公式如下：

$$C_\phi=\begin{cases}C_\phi^{\mathrm{NLOS}}\cdot(1.1035-0.028K-0.002K^2+0.0001K^3), & \mathrm{LOS}\\ C_\phi^{\mathrm{NLOS}}, & \mathrm{NLOS}\end{cases} \tag{3-19}$$

C_ϕ^{NLOS} 是与簇总数量相关的比例因子，具体取值如表 3-6 所示。

表 3-6　AOA、AOD 的比例因子[3]

簇数量	4	5	8	10	11	12	14	15	16	19	20
C_ϕ^{NLOS}	0.779	0.860	1.018	1.090	1.123	1.146	1.190	1.211	1.226	1.273	1.289

当存在 LOS 时，C_ϕ 也与莱斯因子 K 有关，需增加额外的角度缩放以补偿 LOS 峰值对角度扩展的影响。因此 AOA 可表示为：

$$\phi_{n,\mathrm{AOA}}=X_n\phi'_{n,\mathrm{AOA}}+Y_n+\phi_{\mathrm{LOS,AOA}} \tag{3-20}$$

其中：$Y_n\sim N(0,(\mathrm{ASA}/7)^2)$，为 AOA 分布引入了随机变量；$\phi_{\mathrm{LOS,AOA}}$ 为网络配置中定义的 LOS 方向。将第一个簇设为 LOS 信号，则式(3-20)改为：

$$\phi_{n,\mathrm{AOA}}=(X_n\phi'_{n,\mathrm{AOA}}+Y_n)-(X_1\phi'_{1,\mathrm{AOA}}+Y_1-\phi_{\mathrm{LOS,AOA}}) \tag{3-21}$$

一个簇中的归一化射线角度偏移如表 3-7 所示。

表 3-7　簇内射线的归一化角度偏移[3]

射线数量	角度偏移基向量 $\boldsymbol{\alpha}_m$
1,2	± 0.0447
3,4	± 0.1413
5,6	± 0.2492
7,8	± 0.3715
9,10	± 0.5129
11,12	± 0.6797
13,14	± 0.8844
15,16	± 1.1481
17,18	± 1.5195
19,20	± 2.1551

将角度偏移 α_m 加入簇角度中，簇角度可表示为式(3-22)，其中 c_{ASA} 表示簇到达角的方位角扩展。

$$\phi_{n,m,\mathrm{AOA}}=\phi_{n,\mathrm{AOA}}+c_{\mathrm{ASA}}\alpha_m \tag{3-22}$$

AOD 的生成过程与 AOA 类似。在生成 ZOA 时假设所有簇天顶维度的合成 PAS 服从拉普拉斯分布。ZOA 可通过逆拉普拉斯函数产生，如式(3-23)所示，P_n 为输入参数，ZSA 为 RMS 角度扩展。

$$\theta'_{n,\mathrm{ZOA}}=-\frac{\mathrm{ZSA}\ln(P_n/\max P_n)}{C_\theta} \tag{3-23}$$

其中，C_θ 的定义为：

$$C_\theta=\begin{cases}C_\theta^{\mathrm{NLOS}}\cdot(1.3086+0.0339K-0.0077K^2+0.0002K^3), & \mathrm{LOS}\\ C_\theta^{\mathrm{NLOS}}, & \mathrm{NLOS}\end{cases} \tag{3-24}$$

C_θ^{NLOS} 是与簇总数量相关的比例因子，具体取值如表 3-8 所示。

表 3-8 ZOA、ZOD 的比例因子[3]

簇数量	8	10	11	12	15	19	20
C_θ^{NLOS}	0.889	0.957	1.031	1.104	1.108 8	1.184	1.178

当存在 LOS 时，C_θ 也与莱斯因子 K 有关，需增加额外的角度缩放以补偿 LOS 峰值对角度扩展的影响。因此 ZOA 可表示为：

$$\theta_{n,\mathrm{ZOA}}=X_n\theta'_{n,\mathrm{ZOA}}+Y_n+\bar{\theta}_{\mathrm{ZOA}} \tag{3-25}$$

其中，$Y_n\sim N(0,(\mathrm{ZSA}/7)^2)$，为 ZOA 分布引入了随机变量。当通信链路为 O2I 时，$\bar{\theta}_{\mathrm{ZOA}}=90°$，在其他情况下，$\bar{\theta}_{\mathrm{ZOA}}=\theta_{\mathrm{LOS,ZOA}}$。LOS 方向在网络配置阶段定义。将第一个簇设为 LOS 信号，则式(3-25)可表示为：

$$\theta_{n,\mathrm{ZOA}}=(X_n\theta'_{n,\mathrm{ZOA}}+Y_n)-(X_1\theta'_{1,\mathrm{ZOA}}+Y_1-\theta_{\mathrm{LOS,ZOA}}) \tag{3-26}$$

将表 3-7 中的角度偏移 α_m 加入簇角度中，簇角度可表示为式(3-27)，其中 c_{ZSA} 表示簇到达角的方位角扩展。

$$\theta_{n,m,\mathrm{ZOA}}=\theta_{n,\mathrm{ZOA}}+c_{\mathrm{ZSA}}\alpha_m \tag{3-27}$$

ZOD 的生成流程与 ZOA 类似，仅需用下式替代式(3-25)。

$$\theta_{n,\mathrm{ZOD}}=X_n\theta'_{n,\mathrm{ZOD}}+Y_n+\theta_{\mathrm{LOS,ZOD}}+\mu_{\mathrm{offset,ZOD}} \tag{3-28}$$

其中，变量 X_n 在离散集合{1，−1}中均匀分布，且 $Y_n\sim N(0,(\mathrm{ZSD}/7)^2)$，$\mu_{\mathrm{offset,ZOD}}$ 为 ZOD 角度偏移的均值。

第四步，在簇内对射线的方位角和仰角进行耦合。在一个簇内或两个功率最强的子簇内，将 AOD 角度 $\phi_{n,m,\mathrm{AOD}}$ 随机耦合到 AOA 角度 $\phi_{n,m,\mathrm{AOA}}$ 中，将 ZOD 角度 $\theta_{n,m,\mathrm{ZOD}}$ 随机耦合到 ZOA 角度 $\theta_{n,m,\mathrm{ZOA}}$ 中，并将 AOD 角度 $\phi_{n,m,\mathrm{AOD}}$ 与 ZOD 角度 $\theta_{n,m,\mathrm{ZOD}}$ 随机耦合。

第五步，产生交叉极化功率比。为所有簇中的每一个射线产生相应的交叉极化功率比(XPR)κ，XPR 服从对数正态分布，表达式如下：

$$\kappa_{n,m}=10^{X_{n,m}/10} \tag{3-29}$$

其中，$X_{n,m}\sim N(\mu_{\mathrm{XPR}},\sigma_{\mathrm{XPR}}^2)$，不同簇之间或不同射线之间的 $X_{n,m}$ 是相互独立的。

第六步，产生初始相位。在 4 种不同的极化组合($\theta\theta,\theta\phi,\phi\theta,\phi\phi$)为每个簇 n 中的每个射线 m 产生随机初始相位{$\Phi_{n,m}^{\theta\theta},\Phi_{n,m}^{\theta\phi},\Phi_{n,m}^{\phi\theta},\Phi_{n,m}^{\phi\phi}$}。初始相位{$\Phi_{n,m}^{\theta\theta},\Phi_{n,m}^{\theta\phi},\Phi_{n,m}^{\phi\theta},\Phi_{n,m}^{\phi\phi}$}服从($-\pi,\pi$)之间的均匀分布。

第七步，为每个簇 n 和每个接收机与发射机天线对 u，s 生成信道系数。对于 $N-2$ 个最弱的簇，即 $n=3,4,\cdots,N$，信道系数可通过下式计算：

$$H_{u,s,n}^{\mathrm{NLOS}}(t)=\sqrt{\frac{P_n}{M}}\sum_{m=1}^{M}\begin{bmatrix}F_{rx,u,\theta}(\theta_{n,m,\mathrm{ZOA}},\phi_{n,m,\mathrm{AOA}})\\F_{rx,u,\phi}(\theta_{n,m,\mathrm{ZOA}},\phi_{n,m,\mathrm{AOA}})\end{bmatrix}^{\mathrm{T}}\begin{bmatrix}\exp(\mathrm{j}\Phi_{n,m}^{\theta\theta}) & \sqrt{\kappa_{n,m}^{-1}}\exp(\mathrm{j}\Phi_{n,m}^{\theta\phi})\\ \sqrt{\kappa_{n,m}^{-1}}\exp(\mathrm{j}\Phi_{n,m}^{\phi\theta}) & \exp(\mathrm{j}\Phi_{n,m}^{\phi\phi})\end{bmatrix}$$
$$\begin{bmatrix}F_{tx,s,\theta}(\theta_{n,m,\mathrm{ZOD}},\phi_{n,m,\mathrm{AOD}})\\F_{tx,s,\phi}(\theta_{n,m,\mathrm{ZOD}},\phi_{n,m,\mathrm{AOD}})\end{bmatrix}\exp\left(\frac{\mathrm{j}2\pi(\hat{r}_{rx,n,m}^{\mathrm{T}}\cdot\bar{d}_{rx,u})}{\lambda_0}\right)\exp\left(\frac{\mathrm{j}2\pi(\hat{r}_{tx,n,m}^{\mathrm{T}}\cdot\bar{d}_{tx,s})}{\lambda_0}\right)$$

$$\exp\left(\mathrm{j}2\pi\frac{(\hat{r}_{rx,n,m}^{\mathrm{T}}\cdot\bar{v})}{\lambda_0}t\right) \tag{3-30}$$

其中，$F_{rx,u,\theta}$和$F_{rx,u,\phi}$表示接收天线u在球形基向量$\hat{\boldsymbol{\theta}}$和$\hat{\boldsymbol{\phi}}$方向上的天线场方向图，$F_{tx,s,\theta}$与$F_{tx,s,\phi}$表示发射天线$s$在球形基向量$\hat{\boldsymbol{\theta}}$和$\hat{\boldsymbol{\phi}}$方向上的天线场方向图。$\hat{\boldsymbol{r}}_{rx,n,m}$可通过到达方位角$\phi_{n,m,\mathrm{AOA}}$与到达仰角$\theta_{n,m,\mathrm{ZOA}}$得出，计算公式如式(3-31)所示：

$$\hat{\boldsymbol{r}}_{rx,n,m}=\begin{bmatrix}\sin\theta_{n,m,\mathrm{ZOA}}\cos\phi_{n,m,\mathrm{AOA}}\\ \sin\theta_{n,m,\mathrm{ZOA}}\sin\phi_{n,m,\mathrm{AOA}}\\ \cos\theta_{n,m,\mathrm{ZOA}}\end{bmatrix} \tag{3-31}$$

其中，n代表集簇编号，m为簇n中的射线编号。

$\hat{\boldsymbol{r}}_{tx,n,m}$可通过离开方位角$\phi_{n,m,\mathrm{AOD}}$与离开仰角$\theta_{n,m,\mathrm{ZOD}}$得出，计算公式如式(3-32)所示：

$$\hat{\boldsymbol{r}}_{tx,n,m}=\begin{bmatrix}\sin\theta_{n,m,\mathrm{ZOD}}\cos\phi_{n,m,\mathrm{AOD}}\\ \sin\theta_{n,m,\mathrm{ZOD}}\sin\phi_{n,m,\mathrm{AOA}}\\ \cos\theta_{n,m,\mathrm{ZOD}}\end{bmatrix} \tag{3-32}$$

其中，$\bar{\boldsymbol{d}}_{rx,u}$与$\bar{\boldsymbol{d}}_{tx,s}$分别代表接收天线$u$和发射天线$s$的位置向量，$\kappa_{n,m}$表示交叉极化功率比，$\lambda_0$为载波波长。若不考虑极化，2×2 的极化矩阵可用标量$\exp(\mathrm{j}\Phi_{n,m})$代替，此时仅能应用垂直极化场方向图。

多普勒频率分量取决于到达角(AOA，ZOA)、终端速度矢量$\bar{\boldsymbol{v}}$等，可通过式(3-33)计算，其中v表示终端速度，ϕ_v与θ_v分别表示移动方位角与仰角。

$$v_{n,m}=\frac{\hat{\boldsymbol{r}}_{rx,n,m}^{\mathrm{T}}\cdot\bar{\boldsymbol{v}}}{\lambda_0},\quad \bar{\boldsymbol{v}}=v\cdot\begin{bmatrix}\sin\theta_v\cos\phi_v & \sin\theta_v\sin\phi_v & \cos\theta_v\end{bmatrix}^{\mathrm{T}} \tag{3-33}$$

对于最强的两个簇，即$n=1,2$，每个簇中的射线可根据时延扩展分为 3 个子簇，子簇有固定的时延偏移。子簇的时延可表示为：

$$\left.\begin{aligned}\tau_{n,1}&=\tau_n\\ \tau_{n,2}&=\tau_n+1.28c_{\mathrm{DS}}\\ \tau_{n,3}&=\tau_n+2.56c_{\mathrm{DS}}\end{aligned}\right\} \tag{3-34}$$

其中，c_{DS}表示簇时延扩展。若没有指定簇内的时延扩展，可使用 3.91 ns 作为簇内时延扩展。簇中 20 个射线到子簇的映射由表 3-9 给出。相应的角度偏移可将表 3-7 映射到表 3-9 中。

表 3-9　子群映射与时延扩展[3]

子簇编号 i	子簇内射线编号 R_i	功率 $\lvert R_i\rvert/M$	时延偏移 $\tau_{n,i}-\tau_n$
$i=1$	$R_1=\{1,2,3,4,5,6,7,8,19,20\}$	10/20	0
$i=2$	$R_2=\{9,10,11,12,17,18\}$	6/20	$1.28c_{\mathrm{DS}}$
$i=3$	$R_3=\{13,14,15,16\}$	4/20	$2.56c_{\mathrm{DS}}$

因此，信道脉冲响应可表示为：

$$H_{u,s}^{\mathrm{NLOS}}(\tau,t)=\sum_{n=1}^{2}\sum_{i=1}^{3}\sum_{m\in R_i}H_{u,s,n,m}^{\mathrm{NLOS}}(t)\delta(\tau-\tau_{n,i})+\sum_{n=3}^{N}H_{u,s,n}^{\mathrm{NLOS}}(t)\delta(\tau-\tau_n) \tag{3-35}$$

其中，$H_{u,s,n,m}^{\mathrm{NLOS}}(t)$可通过式(3-36)计算：

$$H_{u,s,n,m}^{\mathrm{NLOS}}(t)=\sqrt{\frac{P_n}{M}}\begin{bmatrix}F_{rx,u,\theta}(\theta_{n,m,\mathrm{ZOA}},\phi_{n,m,\mathrm{AOA}})\\F_{rx,u,\phi}(\theta_{n,m,\mathrm{ZOA}},\phi_{n,m,\mathrm{AOA}})\end{bmatrix}^{\mathrm{T}}\begin{bmatrix}\exp(\mathrm{j}\Phi_{n,m}^{\theta\theta}) & \sqrt{\kappa_{n,m}^{-1}}\exp(\mathrm{j}\Phi_{n,m}^{\theta\phi})\\\sqrt{\kappa_{n,m}^{-1}}\exp(\mathrm{j}\Phi_{n,m}^{\phi\theta}) & \exp(\mathrm{j}\Phi_{n,m}^{\phi\phi})\end{bmatrix}\times$$
$$\begin{bmatrix}F_{tx,s,\theta}(\theta_{n,m,\mathrm{ZOD}},\phi_{n,m,\mathrm{AOD}})\\F_{tx,s,\phi}(\theta_{n,m,\mathrm{ZOD}},\phi_{n,m,\mathrm{AOD}})\end{bmatrix}\exp\left(\frac{\mathrm{j}2\pi(\hat{\boldsymbol{r}}_{rx,n,m}^{\mathrm{T}}\cdot\bar{\boldsymbol{d}}_{rx,u})}{\lambda_0}\right)\times$$
$$\exp\left(\frac{\mathrm{j}2\pi(\hat{\boldsymbol{r}}_{tx,n,m}^{\mathrm{T}}.\bar{\boldsymbol{d}}_{tx,s})}{\lambda_0}\right)\exp\left(\mathrm{j}2\pi\frac{(\hat{r}_{rx,n,m}^{\mathrm{T}}\cdot\bar{\boldsymbol{v}})}{\lambda_0}t\right)\tag{3-36}$$

当存在 LOS 时，LOS 信道的信道系数为：

$$H_{u,s,1}^{\mathrm{LOS}}(t)=\begin{bmatrix}F_{rx,u,\theta}(\theta_{\mathrm{LOS,ZOA}},\phi_{\mathrm{LOS,AOA}})\\F_{rx,u,\phi}(\theta_{\mathrm{LOS,ZOA}},\phi_{\mathrm{LOS,AOA}})\end{bmatrix}^{\mathrm{T}}\begin{bmatrix}1 & 0\\0 & -1\end{bmatrix}\begin{bmatrix}F_{tx,s,\theta}(\theta_{\mathrm{LOS,ZOD}},\phi_{\mathrm{LOS,AOD}})\\F_{tx,s,\phi}(\theta_{\mathrm{LOS,ZOD}},\phi_{\mathrm{LOS,AOD}})\end{bmatrix}\times$$
$$\exp\left(\frac{\mathrm{j}2\pi d_{3\mathrm{D}}}{\lambda_0}\right)\exp\left(\frac{\mathrm{j}2\pi(\hat{\boldsymbol{r}}_{rx,\mathrm{LOS}}^{\mathrm{T}}\cdot\bar{\boldsymbol{d}}_{rx,u})}{\lambda_0}\right)\times$$
$$\exp\left(\frac{\mathrm{j}2\pi(\hat{\boldsymbol{r}}_{tx,\mathrm{LOS}}^{\mathrm{T}}\cdot\bar{\boldsymbol{d}}_{tx,s})}{\lambda_0}\right)\exp\left(\mathrm{j}2\pi\frac{(\hat{\boldsymbol{r}}_{rx,\mathrm{LOS}}^{\mathrm{T}}\cdot\bar{\boldsymbol{v}})}{\lambda_0}t\right)\tag{3-37}$$

因此，存在 LOS 时的信道脉冲响应可通过将 LOS 信道系数加入到 NLOS 信道脉冲响应中得到：

$$H_{u,s}^{\mathrm{LOS}}(\tau,t)=\sqrt{\frac{1}{K_R+1}}H_{u,s}^{\mathrm{NLOS}}(\tau,t)+\sqrt{\frac{K_R}{K_R+1}}H_{u,s,1}^{\mathrm{LOS}}(t)\delta(\tau-\tau_1)\tag{3-38}$$

第八步，将路径损耗与阴影衰落综合到信道系数中。

3.2.5 附加信道特性建模

附加信道特性建模将进一步针对一些特殊的信道特性进行建模，这些特性将会影响信道建模及仿真评估的准确性，但这些特性并不是所有通信环境都适用的，例如具有超大规模阵列和大带宽的仿真场景、受氧气吸收影响的仿真场景（53～67 GHz 之间的频率）、大量密集用户场景、移动性场景、具有信号阻挡效应场景、双重移动性场景、包含电磁干扰源的场景等。这里，我们简要介绍几种附加信道特性，其他特性及一些细节可参阅 3GPP TR38.901[3]中的内容。

1. 氧气吸收

氧气吸收损耗适用于本书 3.2.4 小节中生成的簇响应。中心频率 f_c 处簇 n 的额外损耗 $\mathrm{OL}_n(f_c)$建模为式(3-39)。

$$\mathrm{OL}_n(f_c)=\frac{\alpha(f_c)}{1\,000}\cdot(d_{3\mathrm{D}}+c\cdot(\tau_n+\tau_\Delta))\tag{3-39}$$

其中，$\alpha(f_c)$是表 3-10 中表征的频率相关氧气吸收损耗 ；c 是光速，$d_{3\mathrm{D}}$表示距离 ；τ_n 是 3.2.4小节中的第 n 个簇延迟；τ_Δ 在 LOS 情况下为 0，否则为 $\min(\tau_n')$，$\min(\tau_n')$是 3.2.4 小节中的最小延迟。

对于表 3-10 未规定的中心频率，我们通过与中心频率 f 的两个相邻中心频率对应的两个损失值之间的线性插值，来获得频率相关的氧气吸收损耗 $\alpha(f_c)$。

表 3-10 频率相关的氧气吸收损耗 $\alpha(f)$[3]

f/GHz	53	54	55	56	57	58	59	60	61	62	63	64	65	66
$\alpha(f)/(\mathrm{dB\cdot km^{-1}})$	1	2.2	4	6.6	9.7	12.6	14.6	15	14.6	14.3	10.5	6.8	3.9	1.9

对于大信道带宽，首先将每个簇的时域信道响应转换为频域信道响应，并将氧吸收损耗应用于所考虑带宽内频率 $f_c+\Delta f$ 的簇频域信道响应。在频率 $f_c+\Delta f$ 下，簇 n 的氧气吸收损耗 $\mathrm{OL}_n(f_c+\Delta f)$ 建模为式(3-40)。

$$\mathrm{OL}_n(f_c+\Delta f)=\frac{\alpha(f_c+\Delta f)}{1\,000}\cdot(d_{3\mathrm{D}}+c\cdot(\tau_n+\tau_\Delta)) \tag{3-40}$$

其中，$\alpha(f_c+\Delta f)$ 是表 3-10 中所示频率 $f_c+\Delta f$ 下的氧气吸收损耗。需要注意的是，Δf 的范围是$[-B/2,B/2]$，其中 B 是带宽。线性插值适用于表 3-10 中未提供的频率。

将所有簇的频域信道响应相加得到最终的频域信道响应，时域信道响应是对得到的频域信道响应进行逆变换得到的。

2. 大带宽和大规模天线阵列

(1) 传播延迟建模

本节中的建模仅适用于带宽 B 大于 c/D Hz 的情况，其中，D 是水平面或垂直面的最大天线孔径，c 表示光速。

假设收发两端 $u(Rx)$ 和 $s(Tx)$ 信道的簇内每条射线都有唯一的到达时间（TOA）。更新信道系数生成步骤以对单个射线所经历的信道进行建模。在这种情况下，对于在时间 t 的延迟 τ 处接收天线 u 和发送天线 s 之间的链路，簇 n 中的射线 m 的信道响应由式(3-41)给出：

$$\begin{aligned}H_{u,s,n,m}^{\mathrm{NLOS}}(t;\tau)=&\sqrt{P_{n,m}}\begin{bmatrix}F_{rx,u,\theta}(\theta_{n,m,\mathrm{ZOA}},\phi_{n,m,\mathrm{AOA}})\\F_{rx,u,\phi}(\theta_{n,m,\mathrm{ZOA}},\phi_{n,m,\mathrm{AOA}})\end{bmatrix}^{\mathrm{T}}\cdot\\&\begin{bmatrix}\exp(\mathrm{j}\Phi_{n,m}^{\theta\theta}) & \sqrt{\kappa_{n,m}^{-1}}\exp(\mathrm{j}\Phi_{n,m}^{\theta\phi})\\\sqrt{\kappa_{n,m}^{-1}}\exp(\mathrm{j}\Phi_{n,m}^{\phi\theta}) & \exp(\mathrm{j}\Phi_{n,m}^{\phi\phi})\end{bmatrix}\cdot\\&\begin{bmatrix}F_{tx,s,\theta}(\theta_{n,m,\mathrm{ZOD}},\phi_{n,m,\mathrm{AOD}})\\F_{tx,s,\phi}(\theta_{n,m,\mathrm{ZOD}},\phi_{n,m,\mathrm{AOD}})\end{bmatrix}\exp\left(\frac{\mathrm{j}2\pi(\hat{\boldsymbol{r}}_{rx,n,m}^{\mathrm{T}}\cdot\bar{\boldsymbol{d}}_{rx,u})}{\lambda(f)}\right)\cdot\\&\exp\left(\frac{\mathrm{j}2\pi(\hat{\boldsymbol{r}}_{tx,n,m}^{\mathrm{T}}\cdot\bar{\boldsymbol{d}}_{tx,s})}{\lambda(f)}\right)\cdot\exp\left(\mathrm{j}2\pi\frac{\hat{\boldsymbol{r}}_{rx,n,m}^{\mathrm{T}}\cdot\bar{\boldsymbol{v}}}{\lambda_0}t\right)\delta(\tau-\tau_{n,m})\end{aligned} \tag{3-41}$$

其中，$\lambda(f)$ 是频率 $f\in\left[f_c-\dfrac{B}{2},f_c+\dfrac{B}{2}\right]$ 上的波长。接收天线 u 和发送天线 s 之间链路中，簇 n 内射线 m 的延迟（TOA）由式(3-42)给出：

$$\tau_{u,s,n,m}=\tau_{n,m}-\frac{1}{c}\hat{\boldsymbol{r}}_{rx,n,m}^{\mathrm{T}}\cdot\bar{\boldsymbol{d}}_{rx,u}-\frac{1}{c}\hat{\boldsymbol{r}}_{tx,n,m}^{\mathrm{T}}\cdot\bar{\boldsymbol{d}}_{tx,s} \tag{3-42}$$

(2) 簇内角度和延迟扩展建模

对于大规模天线阵列或大带宽，角度和延迟分辨率可能大于 3.2.4 小节中设计的快衰落模型所支持的分辨率。为了对这种影响进行建模分析，可以针对 3.2.4 小节的步骤进行修改。具体建模过程可参考 3GPP TR38.901 中的详细步骤。

3. 时变多普勒频移

多普勒频移主要来源于发射端、接收端以及散射体的移动，由于多普勒频移的定义是信道相位变化在时间上的导数，故多普勒频移与信道在时间上变化相关。式(3-30)中使用的指数多普勒项的形式由式(3-43)给出：

$$\exp\left(\mathrm{j}2\pi\int_{t_0}^{t}\frac{\hat{\boldsymbol{r}}_{rx,n,m}^{\mathrm{T}}(\tilde{t})\cdot\boldsymbol{v}(\tilde{t})}{\lambda_0}\mathrm{d}\tilde{t}\right) \tag{3-43}$$

其中，$\hat{\boldsymbol{r}}_{rx,n,m}(t)$是从接收端看到的指向入射波方向的归一化向量。$\boldsymbol{v}(t)$表示接收端在时间 t 的速度向量，而 t_0 表示定义初始阶段的参考时间点，例如 $t_0=0$。

4. 绝对到达时间

为了支持绝对到达时间要求严格的仿真场景，在快速衰落模型中考虑了由于总路径长度引起的传播时间延迟，如下所示。NLOS 中的脉冲响应使用式(3-44)替代式(3-35)，LOS 中的脉冲响应使用式(3-45)替代式(3-38)。即：

$$\begin{aligned}H_{u,s}^{\mathrm{NLOS}}(\tau,t) = &\sum_{n=1}^{2}\sum_{i=1}^{3}\sum_{m\in R_i}H_{u,s,n,m}^{\mathrm{NLOS}}(t)\delta(\tau-\tau_{n,i}-d_{\mathrm{3D}}/c-\Delta\tau)\\&+\sum_{n=3}^{N}H_{u,s,n}^{\mathrm{NLOS}}(t)\delta(\tau-\tau_n-d_{\mathrm{3D}}/c-\Delta\tau)\end{aligned} \tag{3-44}$$

$$H_{u,s}^{\mathrm{LOS}}(\tau,t)=\sqrt{\frac{1}{K_R+1}}H_{u,s}^{\mathrm{NLOS}}(\tau,t)+\sqrt{\frac{K_R}{K_R+1}}H_{u,s,1}^{\mathrm{LOS}}(t)\delta(\tau-\tau_1-d_{\mathrm{3D}}/c) \tag{3-45}$$

$\Delta\tau$ 是根据表 3-11 的参数基于对数正态分布生成的，且 $\Delta\tau$ 是针对相同终端和不同基站站点之间的链路独立生成的。NLOS 中的延迟 $\Delta\tau$ 还应以 $2L/c$ 为上限，由于应用场景主要考虑工厂场景，所以 L 是工厂大厅的最大尺寸，即 $L=\max$(长、宽、高)。

表 3-11 绝对到达时间模型的参数[3]

场　景		InF-SL，InF-DL	InF-SH，InF-DH
$\lg\Delta\tau=\lg(\Delta\tau/1\mathrm{s})$	$\mu_{\lg\Delta\tau}$	−7.5	−7.5
	$\sigma_{\lg\Delta\tau}$	0.4	0.4
水平面中的相关距离/m		6	11

5. 双重移动性

为了支持涉及发送和接收双移动性或散射体移动性的仿真，3.2.4 小节中信道系数生成中的多普勒频率分量应更新如下。

对于 LOS 路径，多普勒频率由式(3-46)给出：

$$v_{n,m}=\frac{\hat{\boldsymbol{r}}_{rx,n,m}^{\mathrm{T}}\cdot\bar{\boldsymbol{v}}_{rx}+\hat{\boldsymbol{r}}_{tx,n,m}^{\mathrm{T}}\cdot\bar{\boldsymbol{v}}_{tx}}{\lambda_0} \tag{3-46}$$

对于所有其他路径，多普勒频率分量由式(3-47)给出：

$$v_{n,m}=\frac{\hat{\boldsymbol{r}}_{rx,n,m}^{\mathrm{T}}\cdot\bar{\boldsymbol{v}}_{rx}+\hat{\boldsymbol{r}}_{tx,n,m}^{\mathrm{T}}\cdot\bar{\boldsymbol{v}}_{tx}+2\alpha_{n,m}D_{n,m}}{\lambda_0} \tag{3-47}$$

其中，$D_{n,m}$是从$-v_{\mathrm{scatt}}$到v_{scatt}的随机变量，$\alpha_{n,m}$是均值为p的伯努利分布的随机变量，v_{scatt}是杂乱回波的最大速度。参数p决定了移动散射体的比例，因此可以选择统计意义上具有较大数量的移动散射体(p较高)或较小数量的移动散射体进行建模(例如，在完全静态环境的情况下，$p=0$，所有散射体速度为零)，p的典型值为0.2。

3.3 卫星通信信道模型

3.3.1 卫星信道的特点

目前卫星移动通信系统主要涉及的卫星包括同步轨道(Geosynchronous Earth Orbit，GEO)卫星、中轨(Middle Earth Orbit，MEO)卫星、低轨(Low Earth Orbit，LEO)卫星。GEO卫星高度约为36 000 km；MEO卫星的轨道高度主要在5 000～20 000 km；而LEO卫星的轨道高度主要在500～2 000 km。

卫星通信的使用通常仅考虑室外条件，因为常规卫星通信信号穿透墙体进入室内的信号强度无法满足性能要求。卫星移动通信信道属于移动通信信道的一类，但是又兼具卫星信道的特征，在信号的传播过程中会存在路径损耗、多径效应、阴影效应、多普勒频移以及电离层闪烁等现象，这些现象给卫星移动通信系统带来了严重的影响。由于GEO卫星的轨道高度较LEO卫星以及MEO卫星高，所以GEO卫星受到的路径损耗以及传播时延会比较大，单程信号要经历约260 ms的时延[9]。其长时延特性直接影响移动通信系统自适应传输性能，需要在大时延下对信道状态信息进行准确预测。我们将分别对卫星通信信道的特点进行简要介绍。

(1) 路径损耗

无线电波在空间传播时，受到传播信道特性和电磁波扩散辐射的影响，其信号功率均值会产生一定的变化。在地面到卫星或者从卫星到地面的长程传输过程中，会受到各式各样的路径损耗，但是较大部分的路径位于自由空间中，所以自由空间路径损耗在总路径损耗中占有比较大的比重。根据信号的载波频率以及卫星与地面终端间的距离可以计算出在该条件下的自由空间路径损耗L_{FS}(单位：dB)，如式(3-48)所示：

$$L_{\mathrm{FS}}=32.45+20\lg f_{\mathrm{c}}+20\lg d \tag{3-48}$$

其中：f_{c}为载波频率，单位为GHz；d代表卫星与地面终端间的距离，单位为m。

载波频率以及星地距离增大，自由空间路径损耗也随之增大，这符合对路径损耗的定义。在同步轨道卫星的高度下，2 GHz频段的自由空间路径损耗为200 dB左右。

(2) 阴影效应

阴影衰落(Shadow Fading，SF)是一种受地理环境影响，由阴影效应导致的信号强度下降的衰落现象。由于信号在传播路径上,会受到地面不平、高低不等的建筑物、高大的树木等阴影物体的阻碍作用,在阻挡物的后面,会形成电波信号场强较弱的阴影区。这个现象就称为阴影效应,产生的信号变化称为阴影衰落。阴影损耗概率分布呈对数正态分布,根据不同的信道模型会作用于不同的信号成分上。GEO卫星受到阴影效应影响时还会产生"南山效应",对于北半球用户而言,由于位于其南面的山体或者建筑物的遮蔽,会影响GEO卫星与地面站的可见性,导致无法建立通信链路,所以在森林、山地以及密集城市地区,GEO卫星通信的系统性能会受到阴影效应的影响。与之对应的,LEO卫星会产生"城市峡谷效应",部分低仰角卫星会受到建筑物的遮蔽,导致卫星不可见,无法进行正常的通信。

(3) 多径效应

电磁波信号在卫星与地面之间传播的过程中,会经过各种建筑、山体、云层以及宇宙粒子的反射、散射以及绕射,从而导致由一路直射信号分成了多路信号,并且各路信号具有不同的时延以及衰减。使得接收到的信号由多个不同幅度、时延、相位的信号叠加而成。

(4) 多普勒效应

如图3-6所示,移动卫星速度为$\boldsymbol{v}_2$,载波频率为f_c,移动台的速度为$\boldsymbol{v}_1$,移动卫星相对移动台的速度为$\boldsymbol{v}$,光速表示为$\boldsymbol{c}$。则多普勒频移Δf可以表示为:

$$\Delta f=-f_c\times\frac{(\boldsymbol{v}_1-\boldsymbol{v}_2)\cdot\boldsymbol{v}}{\boldsymbol{c}} \tag{3-49}$$

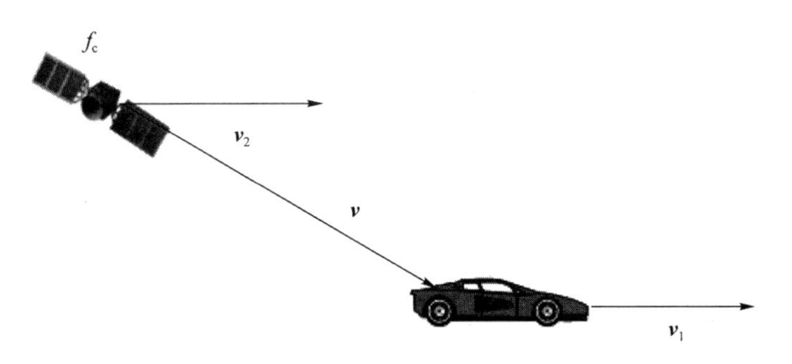

图3-6 多普勒频移原理[10]

一般来说,静止轨道卫星相对于地面是固定的,因此除移动台的运动外,没有别的因素会引起多普勒频移。但对于非静止轨道卫星通信系统,卫星相对于终端有着比较大的移动速度,可以认为卫星的移动是产生多普勒效应的主要原因,即多普勒频移的变化范围与卫星轨道高度、轨道类型、地面站纬度以及卫星覆盖区位置有着密切的关系。

(5) 电离层闪烁

由于对流层和电离层介质浓度的不均匀性,穿过其中的信号电波会发生散射现象,因此电磁能量会在时空中重新分配,从而使信号的相位、幅度发生短期内的剧烈波动,这种现象被称为闪烁。该效应会导致卫星移动通信系统的接收信号幅度、相位随机变化,从而影响系统性能,阻碍正常的通信进程。电离层闪烁效应只考虑信号载波频率低于6 GHz的情况,对于跨电离层传播的低于3 GHz的信号来说,闪烁会给信号带来巨大的影响。

闪烁取决于地点、时间、季节、太阳和地磁活动。在正常条件下,在中纬度地区很少观测到强闪烁,但在低纬度地区,在日落后的几个小时内,可能每天都会遇到强闪烁。在高(极光和极地)纬度地区,通常会观测到中高强度的闪烁现象。

综上所述,由于卫星通信系统中,通信环境、收发信机位置、移动性等特点与地面通信系统有较大差异,卫星通信的信道特性与地面通信系统也有较大差别。3GPP 在研究报告 TR38.811[10]中给出了卫星通信信道建模方法,我们对其进行简要介绍。

3.3.2 坐标系定义

卫星通信信道建模采用三维全局坐标系,也称为"地心地固"坐标系。地球近似为一个半径为 6 371 km 的实球体。坐标原点 O 位于地球中心,xy 平面位于赤道平面,x 轴指向 0°经度,y 轴指向 90°经度,z 轴则从原点 O 指向地理北极。

地面用户或卫星位置由 3 个参数 x,y,z 对其进行描述,对于所有用户 $\sqrt{x^2+y^2+z^2}=6\,371$ km,对于所有卫星 $\sqrt{x^2+y^2+z^2}>6\,371$ km。

对于非 GEO 卫星星座,3GPP 建议的坐标系如图 3-7 所示。

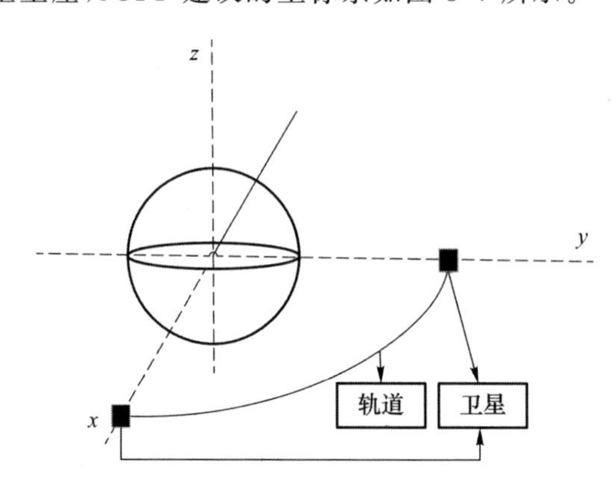

图 3-7 非 *GEO* 卫星星座[10]

3.3.3 天线模型

天线模型采用以下归一化天线增益模式,对应于具有圆形孔径的典型反射面天线,其天线方向图公式如下:

$$\begin{cases} 1, & \theta=0^\circ \\ 4\left|\dfrac{\mathrm{J}_1(ka\sin\theta)}{ka\sin\theta}\right|^2, & 0<|\theta|\leqslant 90^\circ \end{cases} \tag{3-50}$$

其中,$\mathrm{J}_1(x)$是参数为 x 的一类一阶贝塞尔函数,a 是天线孔径的半径,$k=2\pi f/c$ 是波数,f 是工作频率,c 是真空中的光速,而 θ 是从天线主波束的视轴测量的角度。$a=10c/f$(10 个波长的孔径半径)的归一化增益如图 3-8 所示。

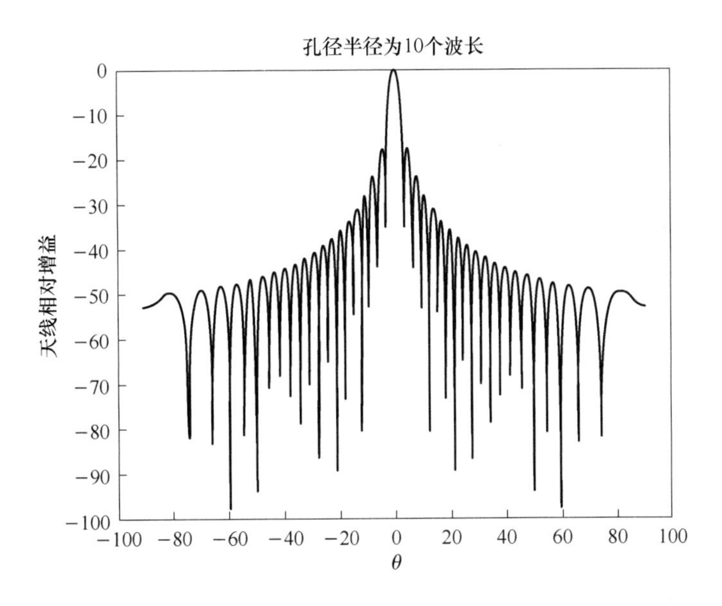

图 3-8 孔径半径为 10 个波长的卫星天线增益图，$a=10c/f$[10]

3.3.4 大尺度信道模型

1. 路径损耗模型

路径损耗的传播模型可分为三类：经验模型、确定性模型和半确定性模型。经验模型是对大量测量结果统计分析后导出的公式，如 HATA 模型、COST 231 模型等；确定性模型是对具体的现场环境直接应用电磁理论计算的方法，如自由空间模型；半确定性模型是基于确定性方法，结合市区或室内环境特征导出的等式，如 WIM 模型。

路径损耗定义为有效发射功率和平均接收功率之间的差值，其主要是由传输信号在卫星到地面站之间的传播特性而造成的。路径损耗的构成如式(3-51)所示：

$$\mathrm{PL}=\mathrm{PL_b}+\mathrm{PL_g}+\mathrm{PL_s}+\mathrm{PL_e} \tag{3-51}$$

其中，PL 是总路径损耗，$\mathrm{PL_b}$ 是信号传播过程中的基本路径损耗，$\mathrm{PL_g}$ 是大气层气体的损耗，$\mathrm{PL_s}$ 是电离层或对流层闪烁引起的衰减，$\mathrm{PL_e}$ 是信号穿过建筑带来的损耗。基本路径损耗 $\mathrm{PL_b}$ 由自由路径损耗、阴影衰落和杂波损耗组成，如式(3-52)所示：

$$\mathrm{PL_b}=\mathrm{FSPL}(d,f_c)+\mathrm{SF}+\mathrm{CL}(\alpha,f_c) \tag{3-52}$$

其中，$\mathrm{FSPL}(d,f_c)$代表了自由空间路径损耗，SF 代表了阴影衰落，CL 代表了杂波损耗。自由空间路径损耗由卫星与地面站间距离 d 以及信号的载波频率 f_c 决定，表达式如式(3-53)所示：

$$\mathrm{FSPL}(d,f_c)=32.45+20\lg f_c+20\lg d \tag{3-53}$$

阴影衰落 SF 服从均值为 0、方差为 σ_{SF}^2 的正态分布，即 $\mathrm{SF}\sim N(0,\sigma_{\mathrm{SF}}^2)$。方差 σ_{SF}^2 以及杂波损耗 CL 的取值与场景、卫星仰角以及 LOS 状态有关。

2. O2I 穿透损耗模型

对于室内地面站，需要考虑地面站与相邻室外路径之间产生的额外损耗。这种损耗被称为 O2I(Outdoor to Indoor，室外到室内)损耗。O2I 损耗随建筑物的位置和施工细节的不同而有很大差异，因此需要一定的模型进行统计评估，以得到一个准确的信道模型。ITU R P. 2109 建议书给出了一个合适的建筑物损耗模型。建筑物的材料类型对于穿透损耗有着很大的影响，而材料类型主要分为两类：第一类，建筑物采用的是现代化、热效率高的材料(如金属化玻璃、铝箔背板)；第二类，建筑物采用的是更为传统的材料，这类材料的热效率较低。通常来说，第一类建筑物的穿透损耗比第二类建筑物要高得多，而热效率也正是区分建筑物类别的决定性因素。除此之外，建筑物穿透损耗还取决于建筑物类型、建筑物内物体的位置以及建筑物中物体的移动。建筑物穿透损耗分布由两个对数正态分布的组合给出，其中概率不超过 P 的建筑物穿透损耗由式(3-54)得出：

$$L_{\mathrm{BEL}}(P)=10\lg(10^{0.1A(P)}+10^{0.1B(P)}+10^{0.1C})\ \mathrm{dB} \tag{3-54}$$

其中，$A(P)$、$B(P)$以及 C 的表达式为：

$$\left.\begin{aligned}A(P)&=F^{-1}(P)\sigma_1+\mu_1\\B(P)&=F^{-1}(P)\sigma_2+\mu_2\\C&=-3.0\end{aligned}\right\} \tag{3-55}$$

其中，参数 μ_1、μ_2、σ_1、σ_2 的取值如式(3-56)所示：

$$\left.\begin{aligned}\mu_1&=L_h+L_e\\\mu_2&=w+x\lg f\\\sigma_1&=u+v\lg f\\\sigma_2&=y+z\lg f\end{aligned}\right\} \tag{3-56}$$

其中，f 代表了频率，u、v、w、x、y 分别代表了不同的建筑物类型，水平路径的中值损失 L_h 以及传输路径在建筑物立面的仰角修正值 L_e 如式(3-57)所示：

$$\left.\begin{aligned}L_h&=r+s\lg f+t\,(\lg f)^2\\L_e&=0.212|\theta|\end{aligned}\right\} \tag{3-57}$$

其中，θ 是传输路径在建筑物立面的仰角，$F^{-1}(P)$是概率函数的逆累积正态分布，而建筑物类型参数由表 3-12 给出。

表 3-12 建筑物类型参数表[10]

建筑类型	r	s	t	u	v	w	x	y	z
相关参数	μ_1			σ_1		μ_2		σ_2	
传统型	12.64	3.72	0.96	9.6	2.0	9.1	−3.0	4.5	−2.0
热敏感型	28.19	−3.00	8.48	13.5	3.8	27.8	−2.9	9.4	−2.1

3. 大气吸收衰落模型

大气气体衰减主要取决于频率、仰角、海拔高度和水蒸气密度(绝对湿度)。在频率低于 10 GHz 时，通常可以忽略。但是，当对于仰角低于 10°的场景下，信号频率高于 1 GHz 时，其受到的大气吸收损耗都不可忽略。ITU R P. 676 的附件 1 给出了计算气体衰减的完整方法，附件 2 给出了频率高达 350 GHz 的近似计算方法。损耗 $PL_A(\alpha,f)$ 如式(3-58)所示：

$$PL_A(\alpha,f)=\frac{A_{\text{zenith}}(f)}{\sin\alpha} \tag{3-58}$$

其中，$A_{\text{zenith}}(f)$ 是对应的天顶衰减，α 是仰角，f 是频率。

4. 雨衰模型

水在大气中有很多存在方式，如雨滴、雪花、冰晶、冰雹和雪丸。在一些特定的时候，不止一种形态的水会影响星地通信链路。因此，水对无线链路的影响不能孤立地计算和对待。不同形态的水导致的衰落就叫雨衰。更准确地说，雨衰是由降雨、多云和其他重要的气象现象引起的信号衰落，其中降雨的影响最为重要。

在电磁波穿过降雨区时，电磁波会受到雨滴吸收和散射的影响导致传输信号的畸变，造成信号衰落。其中，雨衰的大小受雨滴直径与电磁波波长比值的影响，在电磁波波长与雨滴直径接近时，电磁波的衰减会增大。由于 Ka 频段的电波长度为 1～1. 5 cm，雨滴半径为 0. 025～0. 3 cm，因此电磁波受到雨衰的主要影响为吸收衰减，大部分表现为热损耗[11]。ITU-R 模型是国际上各个无线通信协会广泛认可的雨衰预报模型[12]，于 1982 年写入 ITU-R 组织的无线通信建议书中，是利用全球范围统计数据库中的数据总结出来的经验模型[13]，适用频率范围为 1～55 GHz。由于其对不同地域的预报准确度相对较高，且在工程上易于实现，因此是应用最广泛的模型。ITU-R 模型主要根据雨衰与降雨强度、电波传播频率和等效路径长度等关系，并在取得大量的测量数据的基础上，通过统计回归分析得到的经验计算公式，其核心思想是在模型计算时引入了等效路径长度的概念。将信号穿过雨区路径上降雨的非均匀性进行均匀化，并引入能起等效作用的路径缩短因子，确定电磁波传播的有效路径长度，从而使雨衰率与有效路径长度的乘积为实际的雨衰值[14,15]。这减小了雨衰模型计算的复杂度，更利于工程应用。ITU-R 模型的示意图如图 3-9 所示。

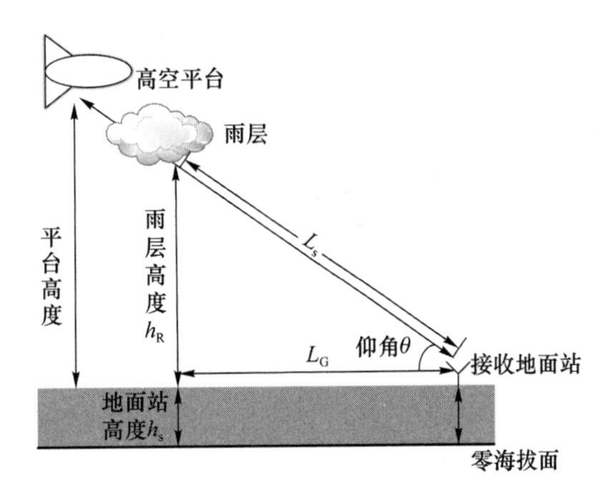

图 3-9 ITU-R 雨衰模型

国内对雨衰方面的研究工作起步较晚，自 20 世纪 80 年代以来，国内的一些相关研究单位也开展了雨衰方面的研究工作，如雨介质精细结构、雨强分布、降雨衰减和去极化效应对系统的影响等，并取得了一批理论成果。由于国内测试手段有限，缺乏全面的降雨数据，因此在研究上与发达国家还有差距[15]。

3.3.5 快衰落信道模型

3GPP 中卫星通信系统仿真可以采用基于协议 3GPP TR 38.901 的通用快速衰落模型。卫星通信快衰落信道通常分为平坦性衰落模型、频率选择件衰落模型两种类型，产生衰落的原因主要来自于多径效应以及多普勒效应。对于窄带 SISO 仿真，只要平坦衰落假设有效，就可以使用可选的简化信道模型。

定义信道的相干带宽 $B_C=\frac{1}{10\tau_{rms}}$，其中 τ_{rms} 表示 95% 均方根时延扩展。相干带宽取决于环境、天线方向图和仰角。如果用户带宽 $B_W<B_C$，即低于信道的相干带宽时，则可以假设信道是平坦的。在平坦衰落假设有效的情况下，可以使用可选的简化信道模型。根据 3GPP TR 38.811[10]，ITU 提出了一种两状态的信道模型，可以适用于平坦性衰落信道模型。在卫星链路分析中，ITU 两状态模型可以作为简化替代 3GPP TR 38.901[3] 的衰落信道模型。基于已有研究结果，当满足以下所有条件时，ITU 两状态模型可以用作卫星链路模型的简化替代方案：

① S 波段场景；

② 最小仰角为 20°或以上；

③ 准 LOS 条件(即最大衰落余量约为 5 dB)；

④ 信道带宽为 5 MHz 或以下(环境为农村、郊区或城市)。

本节仅对平坦衰落进行介绍，对于频率选择性衰落的详细内容可参阅 3GPP TR 38.811[10]。

在 ITU 两状态模型中，信号电平用“Good”状态(对应于 LOS 和轻微阴影条件)和“Bad”状态(对应于严重阴影条件)进行统计描述，而状态持续时间用半马尔可夫模型描述。在每个状态中，衰落由 Loo 分布描述，其中接收信号是直接路径信号和漫反射多径信号的总和。因此，Loo 分布由直射信号的平均值、标准差以及多径信号的平均值所构成。求解 Loo 分布时应按照以下步骤求解：

步骤 1：设置环境的常规参数和卫星链路。

① 设置信号的中心频率(1.5～20 GHz)。

② 选择通信场景，S 频段的通信场景有城区、郊区、树木繁茂的农村和住宅区，Ka 频段的场景有郊区和树木繁茂的农村。

③ 根据中心频率和通信场景，设置链路仰角(20°，30°，34°，45°，60°，70°)。

④ 给出用户在通用坐标系中的位置、阵列方位、移动速度及方向。

步骤 2：设置和计算 Loo 模型的相关参数。由于 Loo 模型需要假设阴影效应只作用于直射分量，不影响多径分量，所以又被称为部分阴影模型，一般用于乡村、郊区等相对空旷的场景。当存在直射信号且阴影遮蔽不是很严重时，信道状态处于“Good”状态；当直射分量处于严重阴影遮蔽时，信道状态为“Bad”状态。对于不同的通信链路，信道传播状态是不相同的，不同状态的概率计算公式如下：

$$\langle \mathrm{dur}\rangle_{\mathrm{G,B}}=\exp\left(\mu_{\mathrm{G,B}}+\frac{\sigma_{\mathrm{G,B}}^{2}}{2}\right)\times\frac{1-\mathrm{erf}\left(\dfrac{\lg \mathrm{dur}_{\mathrm{min,B,G}}-(\mu_{\mathrm{G,B}}+\sigma_{\mathrm{G,B}}^{2}+\sigma_{\mathrm{G,B}}^{2})}{\sigma\sqrt{2}}\right)}{1-\mathrm{erf}\left(\dfrac{\lg \mathrm{dur}_{\mathrm{minB,G}}-\mu_{\mathrm{G,B}}}{\sigma\sqrt{2}}\right)} \tag{3-59}$$

$$\langle \mathrm{dur}\rangle_{T}=f_{1}\times\left(\mu_{M_{A,G}}-\mu_{M_{A,B}}-\sigma_{M_{A,B}}^{2}\times\frac{p_{N}(M_{A,\min};\mu_{M_{A,B}},\sigma_{M_{A,B}})-p_{N}(M_{A,\max};\mu_{M_{A,B}},\sigma_{M_{A,B}})}{F_{N}(M_{A,\max};\mu_{M_{A,B}},\sigma_{M_{A,B}})-F_{N}(M_{A,\min};\mu_{M_{A,B}},\sigma_{M_{A,B}})}\right)+f_{2} \tag{3-60}$$

$$M_{A,\min/\max,B}=\mu_{M_{A,B}}+\sqrt{2}\sigma_{M_{A,B}}\mathrm{erf}^{-1}(2p_{B,\min/\max}-1) \tag{3-61}$$

$$P_{\mathrm{G}}=\frac{\langle \mathrm{dur}\rangle_{\mathrm{G}}+\langle \mathrm{dur}\rangle_{\mathrm{T}}}{\langle \mathrm{dur}\rangle_{\mathrm{G}}+\langle \mathrm{dur}\rangle_{\mathrm{B}}+2\langle \mathrm{dur}\rangle_{\mathrm{T}}} \tag{3-62}$$

其中，G、B、T 分别代表“Good”状态、“Bad”状态、转换状态，<dur>表示所考虑状态的平均持续时间，$\mathrm{dur}_{\min}$表示最小状态持续时间，μ 和 σ 分别表示对数正态分布的平均值和标准差。参考 ITU-R P. 1057 定义，$p_N(x;\mu,\sigma)$、$F_N(x;\mu,\sigma)$分别是正态分布的概率密度函数和累积分布函数，信号均值为 μ、标准差是 σ 。$\mu_{M_{A,(G)B}}$、$\sigma_{M_{A,(G)B}}$是直射路径振幅的相关参数，其他参数的详细定义及说明请参考 3GPP TR38. 811 中的内容。

步骤 3：将直射信号的平均功率 M_{A_i} 表示为正态分布函数，其平均值和标准差为$(\mu_{M_{A_i}},\sigma_{M_{A_i}})_{\mathrm{G,B}}$，如式(3-63)所示：

$$M_{A_i}\sim N(\mu_{M_{A_i}},\sigma_{M_{A_i}}) \tag{3-63}$$

分别计算直射径和多径平均功率的标准差，从而得到 Σ_{A_i} 和 MP_i。

$$\Sigma_{A_i}=g_{1i}M_{Ai}+g_{2i} \tag{3-64}$$

$$\mathrm{MP}_i=h_{1i}M_{Ai}+h_{2i} \tag{3-65}$$

式(3-64)、式(3-65)中，下标 i 表示 Good 或 Bad 状态。最后根据 Loo 分布，对于给定时间的单个衰落值可表示为：

$$p_{\mathrm{Loo}}(x)=\frac{8.686x}{\Sigma_{Ai}\sigma_i^2\sqrt{2\pi}}\int_0^{\infty}\frac{1}{a}\exp\left(-\frac{(20\lg a-M_{Ai})^2}{2\Sigma_{Ai}^2}-\frac{x^2-a^2}{2\sigma_i^2}\right)I_0\left(\frac{xa}{\sigma_i^2}\right)\mathrm{d}a \tag{3-66}$$

其中，$2\sigma_i^2$ 代表多径平均接收功率，即 $\mathrm{MP}_i=10\lg(2\sigma_i^2)$。

此外，应根据式(3-67)计算卫星移动所带来的频偏。

$$f_{d,\mathrm{shift}}=(v_{\mathrm{sat}}/c)\times\left(\frac{R}{R+h}\cos\alpha_{\mathrm{model}}\right)\times f_{\mathrm{c}} \tag{3-67}$$

其中，v_{sat}表示卫星速度，c 表示光速，R 表示地球半径，h 表示卫星高度，α_{model}表示卫星的仰角，f_{c} 表示载波频率。在计算频偏时，如果仿真时间的时间较短（如几帧的长度），应考虑卫星速度、卫星仰角和用户速度在仿真持续时间内是常数。

3.3.6　附加信道特性建模

本小节重点介绍卫星通信信道中与地面通信信道不同的附加信道特性，其他附加信道特性可参考 3.2.5 小节的内容。

(1) 时间选择性多普勒频移

卫星和用户的运动是时变的,描述由多普勒频移引起的相位旋转的更一般形式可以表示为:

$$\exp\left(\mathrm{j}2\pi\int_{t_0}^{t}\frac{\hat{\boldsymbol{r}}_{rx,n,m}^{\mathrm{T}}(\tilde{t})\cdot\boldsymbol{v}(\tilde{t})}{\lambda_0}\mathrm{d}\,\tilde{t}\right)\cdot\exp\left(\mathrm{j}2\pi\int_{t_0}^{t}\frac{\hat{\boldsymbol{r}}_{tx,n,m}^{\mathrm{T}}(\tilde{t})\cdot\boldsymbol{v}_{\mathrm{sat}}(\tilde{t})}{\lambda_0}\mathrm{d}\,\tilde{t}\right)$$

其中:$\hat{\boldsymbol{r}}_{rx,n,m}(t)$是 t 时刻从接收机侧指向入射波方向的归一化向量;$\boldsymbol{v}(t)$代表了接收机在 t 时刻的运动速度向量;$\hat{\boldsymbol{r}}_{tx,n,m}(t)$是 t 时刻从发射机侧指向入射波方向的归一化向量;t_0 代表了初始时刻。

(2) 法拉第旋转

引入法拉第旋转来描述电磁波与地球磁场中电离介质在传播路径中相互作用引起的极化旋转。对于电离层上方的星载基站信号传播,法拉第旋转应表示为:

$$F_r=\begin{bmatrix}\cos(\psi_{n,m}) & \sin(\psi_{n,m})\\ \sin(\psi_{n,m}) & \cos(\psi_{n,m})\end{bmatrix} \tag{3-68}$$

本章参考文献

[1] 贾景惠. 卫星移动通信信道模型研究与实现验证[D]. 北京:北京理工大学,2016.

[2] 王星原. 卫星移动信道特性模拟研究与实现[D]. 北京:北京理工大学,2015.

[3] 3GPP. TR 38.901: Study on channel model for frequencies from 0.5 to 100 GHz (Release 16)[R/OL]. (2020-01-11) [2022-01-05]. https://www.3gpp.org/ftp/Specs/archive/38_series/38.901.

[4] 王晔. 短距离室内无线信道传播特性研究[D]. 南京:南京邮电大学, 2014.

[5] 杨婧文,朱秋明,王健,等. 无人机空对地毫米波通信路径损耗预测[J]. 应用科学学报, 2021,39(03): 398-408.

[6] 3GPP. TR 36.873: Study on 3D channel model for LTE(Release 12)[R/OL] (2018-01-05) [2022-01-05]. https://www.3gpp.org/ftp/Specs/archive/36_series/36.873.

[7] 申京. MIMO-OFDM 系统中信道估计及信号检测算法的研究[D]. 北京:北京邮电大学,2012.

[8] KYOSTI P, MEINILA J, HENTILA L, et al. IST-4-027756 WINNER II D1.1.2 v1.2 WINNER II channel models.[R/OL]. (2008-02-04) [2022-01-05]. https://www.researchgate.net/publication/259900906.

[9] 周坡. 基于 OFDM 的 GEO 卫星移动通信系统关键技术研究[D]. 北京: 清华大学,2011.

[10] 3GPP. TR 38.811: Study on New Radio (NR) to support non-terrestrial networks

(Release 15)[R/OL](2020-10-08)[2022-01-05]. https://www.3gpp.org/ftp/Specs/archive/38_series/38.811.

[11] 徐晓慧,李晓宁. Ka 频段深空测控通信系统中的抗雨衰技术研究[C]. //中国宇航学会飞行器测控专业委员会 2005 年航开测控技术研讨会论文集. 2005:74-79.

[12] SUDARSHANA K P S, SAMARASINGHE A T L K. Rain rate and rain attenuation estimation for Ku band satellite communications over Sri Lanka[C]. 2011 6th International Conference on Industrial and Information Systems. IEEE, 2011:1-6.

[13] 赵振维, 卢昌胜,林乐科. 基于雨胞分布的视距链路雨衰减预报模型[J]. 电波科学学报, 2009, 24(4):627-631.

[14] 程金博. Ka 频段卫星通信系统雨衰的计算与测量研究[D]. 西安:西安电子科技大学,2014.

[15] 郑进宝. 我国 Ka 频段卫星通信雨衰分析及抗雨衰技术[D]. 长沙:国防科学技术大学,2007.

第4章 星地融合统一波形设计

陆地移动通信系统为了提升频谱效率，第四代(Fourth Generation, 4G)和第五代(Fifth Generation, 5G)系统都采用了正交频分复用(Orthogonal Frequency Division Multiplexing, OFDM)技术作为基础波形。虽然OFDM技术具有较高的频谱利用率，可以对抗多径，但它具有较高的峰均比(Peak to Average Power Ratio, PAPR)，从而导致非线性失真。因此，陆地移动通信系统中基站通常采用功率回退方法使功放工作在线性区。

由于卫星与地面用户距离远，信号传播损耗大，卫星需要采用大功率发射来保证地面用户接收信号质量。然而，卫星一般采用太阳能电池板供电，功率受限，卫星功放的工作点需要尽可能接近功放饱和点。为了避免功放非线性引起信号畸变，传统卫星通信通常采用单载波连续相位、恒包络/准恒包络调制来降低传输波形的PAPR，并改善带外频谱滚降，如具有恒包络特征的高斯最小移频键控，具有准恒包络(PAPR≤3 dB)特征的费赫正交移相键控(Feher Quadrature Phase Shift Keying, FQPSK)等[1]。但是，随着卫星移动通信业务的发展，系统可用的频率资源越来越紧缺，单载波、低阶调制技术已不能满足卫星通信系统的容量需求[2]。为了进一步提升卫星通信系统频谱效率，多载波技术、幅度和相位结合的调制方式(如MQAM、MAPSK等)受到众多研究机构的关注[3,4]。为了提升卫星通信系统频谱效率，并与陆地移动通信系统波形融合，国际电信联盟在2010年发布了下一代卫星移动通信系统的空中接口技术要求，中国、韩国和欧洲等的相关研究机构也针对卫星通信中的多载波技术进行了深入研究。

本章重点介绍陆地移动通信系统中的典型波形，并分析卫星功放对多载波波形的影响。此外，本章还给出了适用于卫星通信的恒包络/准恒包络多载波波形，并分析未来毫米波频段卫星通信波形设计面临的问题。

4.1 陆地移动通信系统的典型波形

4.1.1 单载波频域均衡技术

单载波和多载波传输都能够抵抗无线通信系统中的频率选择性衰落。其中，

IEEE 802.16a标准中提出的单载波频域均衡(Single Carrier Frequency Domain Equalization, SC-FDE)技术是单载波传输技术的典型代表,适用于 2~11 GHz 的非视距环境。

1. SC-FDE 原理

在 SC-FDE 技术中,接收端使用均衡器来抵抗由多径效应造成的频率选择性衰落,通常可以使用频域均衡器或时域均衡器来抑制多径信道对信号传输的影响[5]。SC-FDE 系统结构如图 4-1 所示。

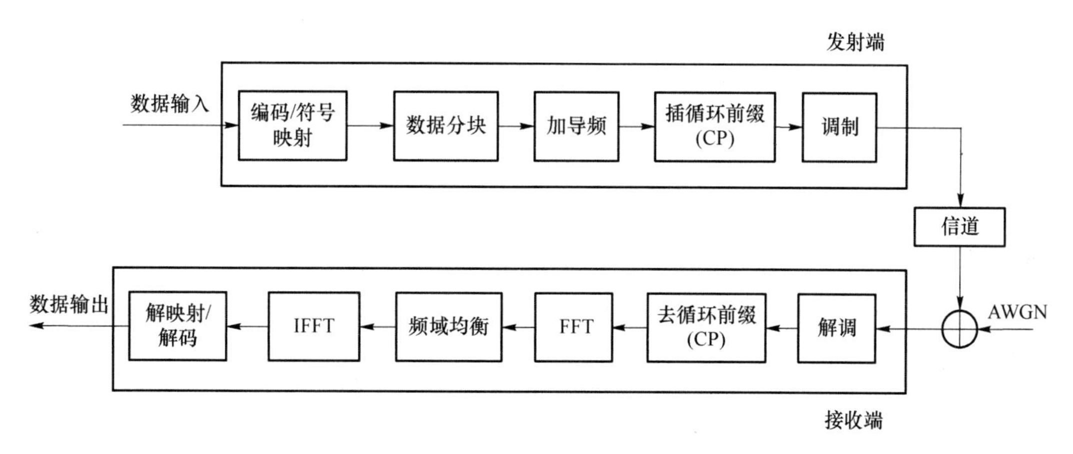

图 4-1 SC-FDE 系统结构图[5]

在发射端,为经过编码调制后的分块数据插入导频和循环前缀(Cyclic Prefix, CP),然后经过成型滤波和调制后由接收端进行无线接收。接收端首先使用导频估计信道响应,并解调信号,再经 FFT 变换得到频域信号,对其进行频域均衡操作后再将信号转换到时域,最后进行解映射解码得到传输的数据。

2. SC-FDE 数学描述

首先,SC-FDE 在发送端信源产生比特数据 $b(n)$,经过编码、符号映射操作后,得到符号序列 $x(n)$,然后将数据映射为长度为 K 的一系列数据块 $x_0(n),x_1(n),x_2(n),\cdots,x_{K-1}(n)$,其中单个数据块可以表示为 $x_k(n)=x(Kn+k)$,$0\leqslant k\leqslant K-1$。CP 为该数据块末尾的 K_{cp}个符号,将 CP 复制到块首后构成总长度 $K_b=K+K_{\mathrm{cp}}$ 的发送符号序列 $s(n)$。$s(n)$通过方差为 σ^2 的 AWGN 信道 $v(n)$以及多径衰落信道 $h(n)$后,到达系统接收端。

接收端将接收到的信号 $r(n)$分割成长度为 K_b 的若干数据块 $r_0(n),r_1(n),\cdots,r_{K-1}(n)$,其中 $r_k(n)=r(K_bn+k)$,$0\leqslant k\leqslant K_b-1$。删除所有数据块块首 CP 后的符号序列表示为 $y(n)$,经过 $N(N=K)$点 FFT 后得到频域序列 $Y(n)$。序列经过频域均衡处理后得到 $\hat{X}(n)$,再经过 N 点 IFFT 后转换为时域序列 $\hat{x}(n)$,后经时域判决,重建数据符号 $\hat{b}(n)$。

假设在 SC-FDE 系统中,任意一个数据块经过信道时,信道参数均保持恒定不变,即信道是多径块衰落信道,此时的时域脉冲响应表示为[6,7]:

$$h(n) = \sum_{i=0}^{I-1} h_i \exp\left(\frac{\mathrm{j}2\pi f_{\mathrm{Doppler},i} T_n}{K}\right)\delta(\tau - \tau_i) \tag{4-1}$$

其中，$f_{\mathrm{Doppler},i}$ 为第 i 条子信道中的多普勒频移，I 为信道中全部子信道数，T 为数据块传输周期，满足 $T=KT_s$，τ_i 为第 i 条子信道的时间延迟，n 为采样点，T_s 为采样周期。

发送信号经过多径效应影响，并叠加 AWGN 信道后，信号表示为：

$$y(n) = x(n) \otimes h(n) + v(n) \tag{4-2}$$

其中，FFT 块首端包含循环前缀（CP），$\otimes$ 为循环卷积运算。$h(n)$ 为时域脉冲响应，$v(n)$ 为均值为 0、方差为 σ^2 的高斯白噪声信道的噪声项。

式（4-2）做 FFT 后，经频域均衡后可得：

$$Z(k) = W(k)Y(k) = W(k)X(k)H(k) + W(k)V(k) \tag{4-3}$$

其中，$W(k)$ 为频域均衡器的均衡因子。

对均衡后的数据 $Z(k)$ 做 IFFT，可得[7]：

$$z(n) = \frac{1}{K} \sum_{k=0}^{K-1} Z(k) \mathrm{e}^{\mathrm{j}\frac{2\pi}{K}kn} \tag{4-4}$$

SC-FDE 既能抵抗多径干扰，又能抵抗码间干扰（Inter Symbol Interference，ISI）。数据块首部的 CP 在相邻数据块之间起保护间隔的作用，且 CP 包含的符号数大于最大多径时延。

3. SC-FDE 系统的优缺点

SC-FDE 技术主要有以下优点[5,6]：

① SC-FDE 系统 PAPR 低，对放大器的线性要求不高，降低了系统的成本。

② 在单载波下系统中，相位噪声和载波频偏以相乘的方式加在信号中，不会造成符号间干扰（Inter Symbol Interference，ISI），因此 SC-FDE 系统对相位噪声、载波频偏的敏感度比较低。

③ SC-FDE 系统的性能取决于带宽内所有频点的平均信噪比，对少数频点造成的衰落不敏感。

④ SC-FDE 采用与 OFDM 相似的接收机，均为分块传输且添加了 CP，并且都用 FFT/IFFT 处理信号，因此两者的接收机复杂度相同。

SC-FDE 技术主要有以下缺点[5,6]：

① 与 OFDM 系统采用并行方式不同，SC-FDE 采用串行技术进行数据的传输，因此 SC-FDE 系统无法拉长发射符号周期、无法降低符号速率，从而不能降低相对时延扩展的影响。并且 CP 的添加又提高了发射信号的符号速率，使系统对抗频率选择性衰落的能力较差。

② 若时延扩展较大，插入 CP 的长度不足可能导致难以抵抗 ISI，但过长的 CP 又会大大地降低通信系统的传输性能。

③ SC-FDE 系统在发射端采用单载波调制技术，由于不使用频率分集技术以及自适应传输技术，系统的性能受限。

④ SC-FDE 对定时频偏敏感，为保证系统能够在时域上完成符号的判决，必须在接收

端进行严格的定时同步。除此之外，在信号判决之前的 IFFT 变换使其更易受噪声干扰。

4.1.2 正交频分复用技术

正交频分复用(Orthogonal Frequency Division Multiplexing，OFDM)技术将串行数据转换为多个并行数据流，通过串并转换降低了每个数据流的速度，再将其调制到多个正交子载波上传输，提高了频谱利用率，能够有效地抵抗码间干扰和信道间干扰[8]。

1. OFDM 原理

OFDM 系统实现框图如图 4-2 所示，第 q 个 OFDM 符号中第 k 个子载波上的基带调制复数符号表示为 $X_{k,q}$。可得第 q 个 OFDM 符号为[9]：

$$s_q(t)=\sum_{k=0}^{K-1}X_{k,q}P(t-qT)\mathrm{e}^{\mathrm{j}2\pi\frac{kt}{K}},\quad qT\leqslant t\leqslant(q+1)T \tag{4-5}$$

其中，T 表示 OFDM 符号周期，K 表示系统子载波个数。

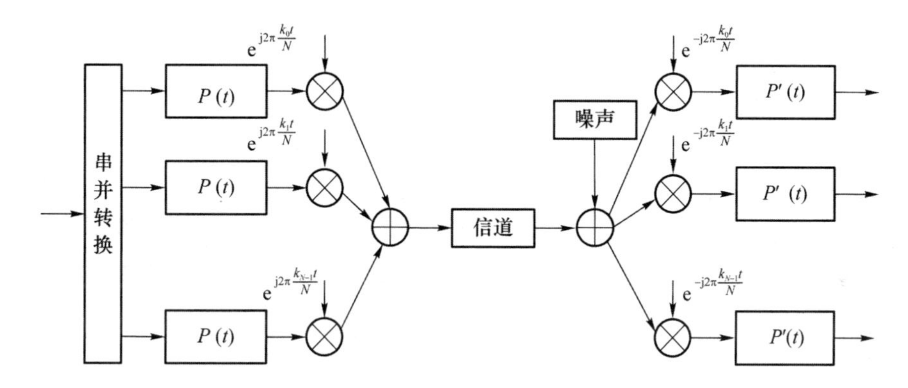

图 4-2 OFDM 系统实现框图[9]

在 OFDM 中，采用矩形脉冲作为系统的脉冲成型滤波器，表示为：

$$P(t)=\begin{cases}\dfrac{1}{\sqrt{T}}, & |t|\leqslant\dfrac{T}{2}\\ 0, & 其他\end{cases} \tag{4-6}$$

令 $P_{k,q}(t)=P(t-qT)\mathrm{e}^{\mathrm{j}2\pi\frac{kt}{K}}$，式(4-6)中的脉冲成型滤波器应满足下列正交条件：

$$\begin{aligned}\langle P_{k,q},P_{k',q'}\rangle&=\int_R P_{k,q}(t)P_{k',q'}^{*}(t)\mathrm{d}t\\&=\delta_{q,q'}\int_{qT}^{(q+1)T}\mathrm{e}^{\mathrm{j}2\pi(k-k')\frac{t}{K}}\mathrm{d}t\\&=\delta_{q,q'}\delta_{k,k'}\end{aligned} \tag{4-7}$$

式(4-7)中的狄拉克函数 $\delta_{m,m'}$ 和 $\delta_{k,k'}$ 为：

$$\delta_{q,q'}=\begin{cases}1, & q'=q\\ 0, & 其他\end{cases} \tag{4-8}$$

为了避免多径效应引起的频率选择性衰落，在每个 OFDM 符号 $s_q(t)$ 首部插入长度

K_{CP}大于信道最大时延 τ_{max}的 CP,可得发送端发送的信号为:

$$\bar{s}_q(t) = \sum_{k=0}^{K-1} X_{k,q} P_{k,q}(t), \quad qT - K_{CP} \leqslant t \leqslant (q+1)T \tag{4-9}$$

去除 CP 后第 q 个接收信号为:

$$r_q(t) = h_q(t) \otimes s_q(t) + n_q(t) \tag{4-10}$$

对第 q 时刻上的信道冲激响应 $h_q(t)$和 $s_q(t)$做循环卷积运算。解调后可得[9]:

$$\begin{aligned} \overline{X}_{k',q'} &= \langle P_{k',q'}, r_q \rangle = \sum_{q=-\infty}^{+\infty} \sum_{k=0}^{K-1} H_{k,q} X_{k,q} \delta_{q,q'} \delta_{k,k'} + N_{k',q} \\ &= \sum_{k=0}^{K-1} H_{k,q'} X_{k,q'} \delta_{k,k'} + N_{k',q} \\ &= H_{k',q'} X_{k',q'} + N_{k',q'} \end{aligned} \tag{4-11}$$

其中,信道冲激响应 $h_q(t)$和 AWGN $n_q(t)$在频点 k'的频域表达形式分别为 $H_{k',q'}$和 $N_{k',q'}$。可以看出,要恢复频点 k'处只含有 AWGN 的解调信号,只需对解调信号进行单抽头频域均衡便可实现,即乘以 $1/H_{k',q'}$。

2. OFDM 系统的实现

OFDM 系统的数字实现过程如图 4-3 所示。在发送端将信号调制映射为串行数据符号,然后将其变换为多个并行数据流。此操作能够降低码元速率、增大码元周期,从而避免多径效应影响。

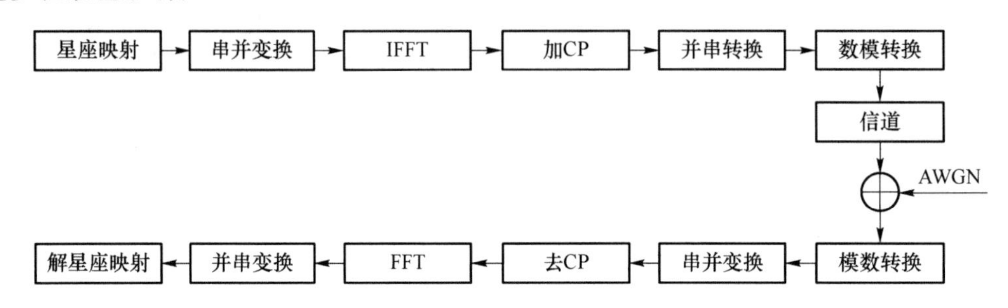

图 4-3 OFDM 系统结构图[9]

图 4-4 为 OFDM 系统中各个子载波正交示意图,通过 IFFT 模块将并行低速数据调制到若干并行正交子载波上。循环前缀如图 4-5 所示,将 OFDM 符号尾部长度大于信道的最大时延扩展的 N 个符号复制到首部。插入 CP 既能克服多径造成的 ISI,又能避免 ICI。之后将若干正交子载波发送到对应的平坦衰落子信道上传输。在接收端,由于接收信号间存在正交性,能够很好地抵抗频率选择性衰落[9]。

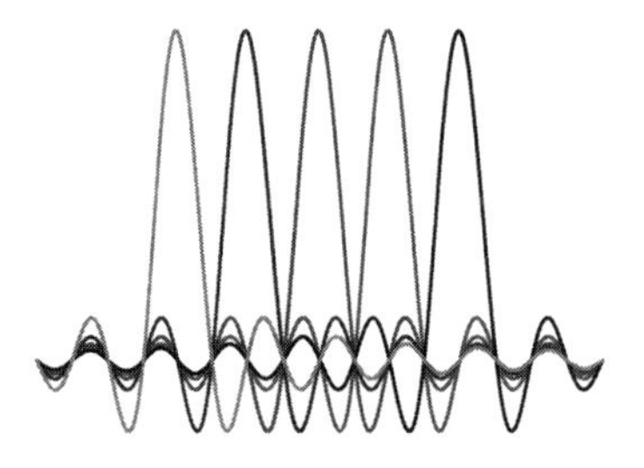

图 4-4 子载波正交示意图

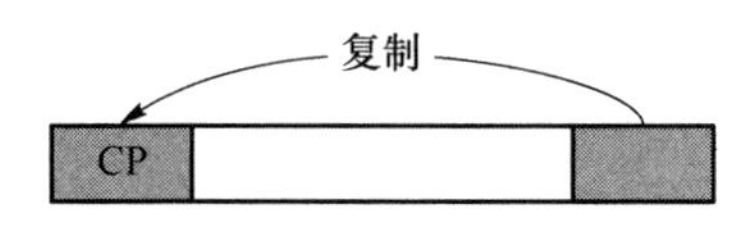

图 4-5 一个 OFDM 符号示意图

也可以使用数学形式表示一个 OFDM 符号时间内的信号的传输过程。将经 $N(N=K)$点 IFFT 运算后插入 CP 的发送信号表示为[8]：

$$\bar{\boldsymbol{s}}_q=[s_q(-K_{\mathrm{CP}}),\cdots,s_q(-1),s_q(0),s_q(1),\cdots,s_q(K-1)]^{\mathrm{T}} \tag{4-12}$$

将接收端接收到的时域信号去 CP 后得到：

$$\boldsymbol{y}_q=\boldsymbol{H}\boldsymbol{F}^H\boldsymbol{X}_q+\boldsymbol{n}_q \tag{4-13}$$

其中，$\boldsymbol{H}$ 为信道冲激响应的循环卷积矩阵，记为：

$$\boldsymbol{H}=\begin{bmatrix} h_0 & 0 & 0 & \cdots & h_2 & h_1 \\ h_1 & h_0 & 0 & \cdots & h_3 & h_2 \\ \vdots & \vdots & \vdots & & \vdots & \vdots \\ h_{I_{\mathrm{ch}}-1} & h_{I_{\mathrm{ch}}-2} & h_{I_{\mathrm{ch}}-3} & \cdots & 0 & 0 \\ 0 & h_{I_{\mathrm{ch}}-1} & h_{I_{\mathrm{ch}}-2} & \cdots & 0 & 0 \\ \vdots & \vdots & \vdots & & \vdots & \vdots \\ 0 & 0 & 0 & \cdots & h_1 & h_0 \end{bmatrix} \tag{4-14}$$

$\boldsymbol{F}^H$ 表示为由 FFT 矩阵共轭转置后的 IFFT 矩阵。原 FFT 矩阵 $\boldsymbol{F}$ 中的各元素表示为：

$$\boldsymbol{F}[i,n]=\frac{1}{\sqrt{K}}\mathrm{e}^{-\mathrm{j}2\pi\frac{i}{K}n},\quad 0\leqslant i,n\leqslant K-1 \tag{4-15}$$

然后经 FFT 将时域信号变为频域信号，

$$Y_q=\boldsymbol{F}y_q=\boldsymbol{F}\boldsymbol{H}\boldsymbol{F}^H X_q+\boldsymbol{F}n_q \tag{4-16}$$

其中，$\boldsymbol{F}$ 为标准归一化 FFT 矩阵。由于 $\boldsymbol{Y}_q=[Y_q(0),Y_q(1),\cdots,Y_q(N-1)]^{\mathrm{T}}$，频域发射信号和接收信号之间的关系可以表示为：

$$\boldsymbol{Y}_q=\hat{\boldsymbol{H}}\boldsymbol{X}_q+\boldsymbol{V}_q \tag{4-17}$$

其中，$\boldsymbol{V}_q$ 是频域噪声向量，$\hat{\boldsymbol{H}}=\boldsymbol{F}\boldsymbol{H}\boldsymbol{F}^H$ 表示频域的信道矩阵，可表示为对角矩阵的形式。经过频域均衡后，最终的解调信号可以表示为[10]：

$$\bar{\boldsymbol{Y}}_q=\boldsymbol{X}_q+\frac{\boldsymbol{V}_q}{\hat{\boldsymbol{H}}} \tag{4-18}$$

3. OFDM 系统的优缺点

OFDM 主要有以下优点[9,11]：

① OFDM 中子载波频谱正交，频谱利用率高，仅需 FDM 系统一半的频谱资源就可以传输与其相同长度的数据。

② OFDM 系统的实现复杂度低。实际的 OFDM 系统中的 IFFT 模块和 FFT 模块能够大大地降低调制和解调的复杂度。

③ OFDM 系统能够抵抗多径衰落和窄带噪声。由于 OFDM 系统使用并行方式传输数据，提高了发射信号的符号周期，降低了符号速率，从而降低了相对时延扩展，并且 CP 的添加也极大地提高了系统抗频率选择性衰落的能力。对于处于深度衰落处的子载波上的信息，OFDM 系统可以基于邻近子载波上的信息利用信道估计、编码和交织技术进行

纠正，具有很强的抗窄带噪声的能力。

④ OFDM 系统易于与其他技术相结合。在多用户系统中，OFDM 系统可以与其他多址方式结合构成正交频分多址（Orthogonal Frequency Division Multiple Access，OFDMA）系统；同时，还能与编码技术和多输入多输出（Multiple-Input Multiple-Output，MIMO）等技术结合，提高了信息传输容量和可靠性。

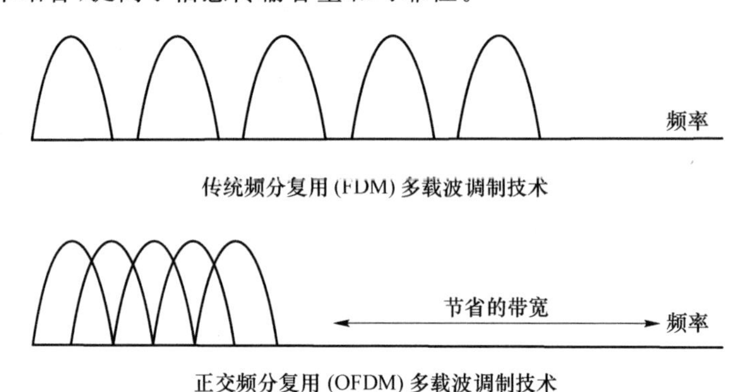

图 4-6 FDM 与 OFDM 频带利用率对比

OFDM 系统的主要缺点如下[10,11]：

① 峰均比高。当 OFDM 信号中若干正交子载波具有相似的相位，子载波叠加后就会造成较大的 PAPR。同时，OFDM 系统的 PAPR 与子载波个数成正比关系，降低了系统能量利用率。

② 对频偏和相位噪声敏感。利用子载波之间的正交性，接收机可以从频谱相互重叠的子载波中恢复数据，而载波频偏和相位噪声会使各子载波之间的正交性遭到破坏，引起 ICI。

③ 循环前缀开销大。CP 的开销在 OFDM 符号中一般可以占到总长度的 1/8 到 1/4，降低了频谱利用效率。

④ 频谱使用的灵活性低。OFDM 系统对子载波有诸多限制，各个子载波带宽必须相同，子载波间必须保持同步且正交。

⑤ 带外辐射高。时域矩形窗会为频域带来严重的带外泄露，极易超过 ITU 规定的卫星通信系统带外辐射限值，对地面通信系统造成干扰，不利于天地一体化通信网络的融合。

⑥ 在 LEO 卫星应用中，严重的多普勒效应会破坏 OFDM 的正交子载波，难以恢复原始信号。

4.1.3 滤波器组多载波技术

正交频分复用较传统多载波调制技术具有更高的频谱利用率，能够更好地抵抗多径效应带来的影响。但由于其抗干扰能力弱、带外辐射高且要求严格的时频同步，极大地限制了 OFDM 的性能。而基于滤波器组的多载波（Filter-bank Based Multicarrier，FBMC）

技术能够避免以上问题[12]。

1. FBMC 系统的实现方式

FBMC 使用的基带调制方式主要包括以下 3 种[12]。

(1) 滤波多音调制(Flitered Multione, FMT)

如图 4-7 所示,FMT 采用无子载波混叠的 FDM 方式进行调制,符号长度为 T,相邻子载波间隔为 $2/T$。

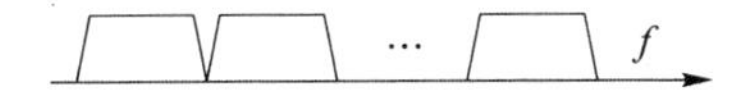

图 4-7 FMT 调制方式载波示意图

(2) 余弦多音调制(Cosine Modulated Multitone, CMT)

如图 4-8 所示,CMT 采用子载波频谱混叠的调制方式,符号长度为 T,相邻子载波间隔为 $1/T$。

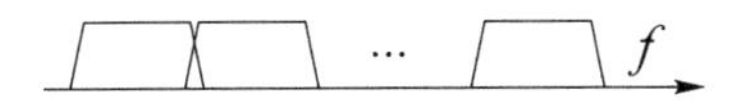

图 4-8 CMT 调制方式示意图

CMT 采用单边带多电平脉冲幅度调制(Pulse Amplitude Modulation, PAM)来调制信号,采用奈奎斯特原型滤波器,能够提高频谱利用率,防止码间串扰。

(3) 交错多音调制(Staggered Modulated Multitone, SMT)

如图 4-9 所示,与 CMT 一样,SMT 同样采用子载波频谱混叠的调制方式,符号长度为 T,相邻子载波间隔为 $1/T$。与 CMT 不同的是,由于 SMT 传输的是时频域均实部、虚部交错的正交幅度调制(Offset Quadrature Amplitude Modulation, OQAM)信号,因此具有更好的对抗子载波间干扰的性能。

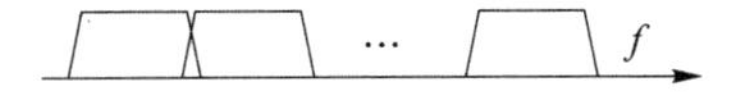

图 4-9 SMT 调制方式示意图

对比以上 3 种不同的 FBMC 实现方式,FMT 使用无频谱混叠方式调制信号,虽能有效地对抗频偏,但频谱利用率相对较低。而 CMT 和 SMT 均使用了能够节省带宽资源的有频谱混叠的正交调制方式,两者分别采用 PAM 和 OQAM 作为系统的基带调制方式。OQAM 是专门为 FBMC 干扰滤波器设计的 QAM 正交优化调制方式,相比于 PAM 方式,OQAM 的符号速率更高,抗噪声能力更好,抗载波干扰能力更强[13]。

2. FBMC/OQAM 系统原理

FBMC 在发送端和接收端分别使用两个滤波器组实现信号的多载波调制和解调,如图 4-10 所示。综合滤波器组和分析滤波器组均由 M 个并行的经载波调制后的原型滤波器组成。

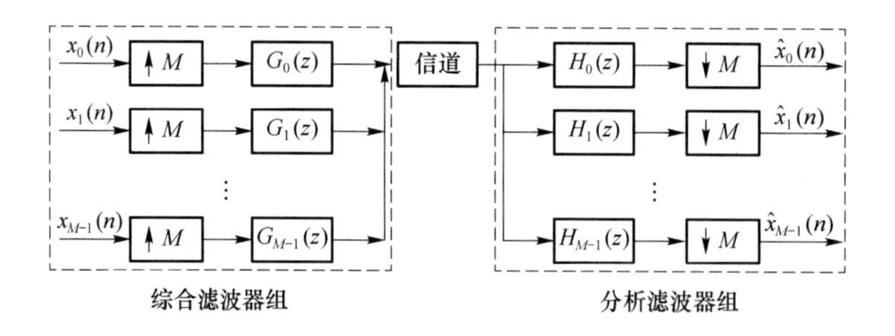

图 4-10　滤波器组多载波系统收发端示意图[14]

分析滤波器组[14]：

$$h_k(n)=h_f(n)W_M^{-nk}\mathrm{e}^{-\mathrm{j}2\pi(L_f-1)/2} \tag{4-19}$$

合成滤波器组[14]：

$$g_k(n)=h_f^*(L_f-n-1)W_M^{-kn}\mathrm{e}^{-\mathrm{j}2\pi(L_f-1)/2} \tag{4-20}$$

其中，h_f 表示原型函数，$W_M^{-nk}=\mathrm{e}^{\mathrm{j}2\pi nk/M}$ 表示频移系数，$L_f=KM$ 表示滤波器长度，M 表示滤波器个数，K 为重叠因子。

滤波器组中存在以下 3 种失真[15]：

① 由于综合滤波器组和分析滤波器组之间存在频带的混叠，且抽样频率无法满足奈奎斯特采样定理，则会导致混叠失真现象；

② 若两个滤波器组的频带在通带内不是全通函数，且相频特性非线性，则会造成幅度及相位失真；

③ 子带信号处理也会产生误差，如编码量化误差。

3. FBMC/OQAM 数字实现

图 4-11 为 FBMC/OQAM 调制系统的框图。在发送端，输入比特流在经过综合滤波器组处理并进行数模转换后发送；在接收端，接收到的模拟信号经过模数转换和分析滤波器组处理后得到输出比特流。

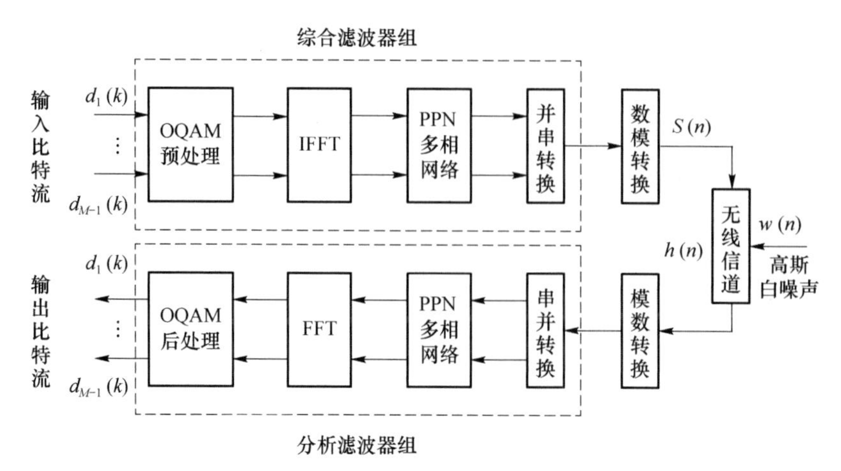

图 4-11　FBMC/OQAM 系统框图[14]

图 4-11 中,输入比特流在综合滤波器组中的处理过程包括:OQAM 模块将二进制序列映射为多载波符号,IFFT 模块和 PPN 多相网络将符号映射到子载波上并进行并串转换。接收端的分析滤波器组进行相应的逆处理,即可输出原始的比特序列。

(1) OQAM 调制技术

在 OFDM 系统中,采用 QAM 作为基带调制方式,而 FBMC 使用 OQAM 调制方式。QAM 调制经正交优化后即为 OQAM 形式,如图 4-12 所示,首先分离经 QAM 映射后复数信号,将两者错开半个符号周期交替传输[15]。

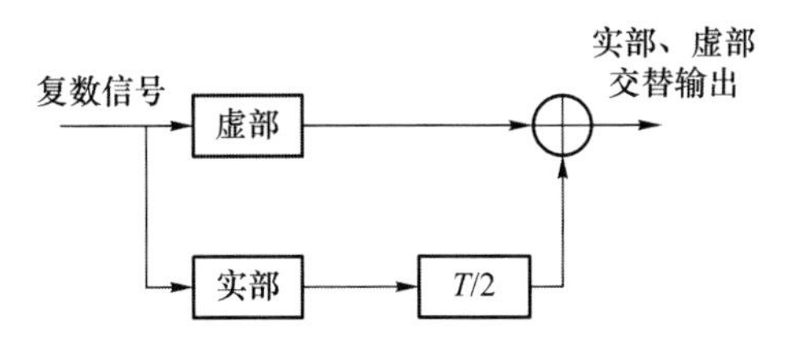

图 4-12 QAM 调制框图

QAM 和 OQAM 信号的时频分布图分别如图 4-13 和图 4-14 所示。QAM 信号的同相和正交分量重叠,而 OQAM 信号交错分布。其中,T 表示时间,F 表示频率。

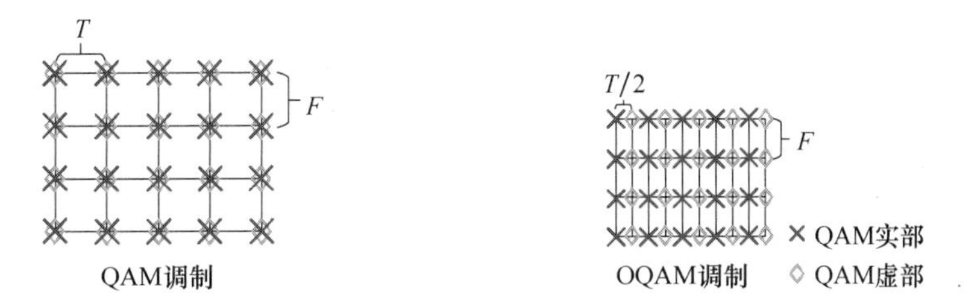

图 4-13 QAM 信号时频分布示意图[15] 图 4-14 OQAM 信号时频分布示意图[15]

(2) 滤波器组原理

发送端的综合滤波器组和接收端的分析滤波器组分别如图 4-15 和图 4-16 所示。

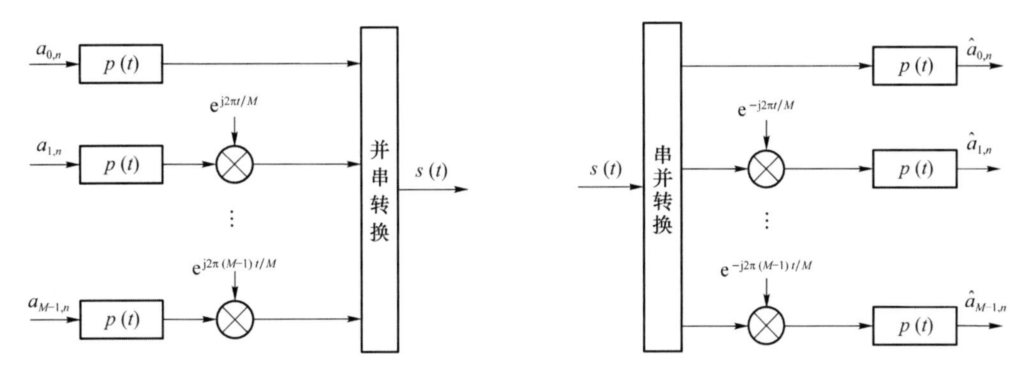

图 4-15 发送端滤波器框图[14] 图 4-16 接收端滤波器框图[14]

在发送端,基带信号经综合滤波器组处理后的输出为[14]:

$$S(t)=\sum_{n=0}^{N-1}\sum_{m=0}^{M-1}g_{m,n}(t)a_{m,n} \tag{4-21}$$

其中，$a_{m,n}$表示经星座映射后的信号，$g_{m,n}(t)$表示综合滤波器组函数，

$$g_{m,n}(t)=p(t-nT_0)\mathrm{e}^{\frac{\mathrm{j}2\pi mt}{M}} \tag{4-22}$$

式(4-22)中，原型滤波器 $p(t)$为与零频带相对应的滤波器，经频移后可以得到其余频带的滤波器。

因此，有学者提出 PHYDAYS 滤波器[12]。PHYDAYS 滤波器的频域抽头系数如表 4-1 所示，其中 K 表示重叠因子数，即滤波器中相互重叠的抽头系数个数。滤波器的频域表达式为：

$$P(f)=\sum_{k=-(K-1)}^{K-1}H_k\frac{\sin\left(\pi\left(f-\frac{k}{MK}\right)MK\right)}{MK\sin\left(\pi\left(f-\frac{k}{MK}\right)\right)} \tag{4-23}$$

经 IFFT 运算后的时域信号表示为：

$$p(t)=1+2\sum_{k=1}^{K-1}H_k\cos\left(2\pi\frac{kt}{KT_0}\right) \tag{4-24}$$

表 4-1 PHYDAYS 滤波器频域系数[14,15]

K	H_0	H_1	H_2	H_3	H_4	H_5	H_6	H_7
2	1	0.707 1	—	—	—	—	—	—
3	1	0.911 4	0.411 4	—	—	—	—	—
4	1	0.972 0	0.707 1	0.235 1	—	—	—	—
8	1	0.999 3	0.982 0	0.894 3	0.707 1	0.447 6	0.188 7	0.036 7

4. FBMC 系统的优缺点

FBMC 具有以下优点[12,14,16]：

① 能够根据实际设计原型滤波器的响应，由于各个子载波无需循环前缀，具有高时频效率。

② 具有良好的抵抗窄带干扰的能力。FBMC 系统各载波不再必须重叠保持正交，窄带干扰仅会影响频域上重叠的子载波。

③ 各子载波的带宽和交叠程度能够灵活地进行控制，从而控制子载波间的干扰。

④ 可以单独在各个子载波上进行同步、信道估计以及检测操作，且无须在各个子载波间进行同步。上行链路各用户之间难以实现精确的同步，因此 FBMC 特别适合用于上行链路。

FBMC 技术也存在一些不足[16]：

① FBMC 系统中各子载波之间没有正交性，存在子载波间干扰。

② 由于 FBMC 系统采用了非矩形波形，因此在时域存在符号间干扰，需采用相应的干扰消除技术。

4.1.4 通用滤波多载波技术

OFDM技术要求高同步性能，且频谱资源不灵活。FBMC技术中滤波器复杂度较高，长度较长，且无法与MIMO技术兼容。为结合两者的优点，避免其中的不足，贝尔实验室的Vakilian等人于2013年首次提出了通用滤波多载波（Universal Filtered Multi-Carrier，UFMC）技术。由于UFMC对一组连续的子载波进行滤波，而FBMC是对每个子载波都进行滤波，因此，UFMC实现复杂度低于FBMC。且在对一组连续子载波滤波后能够明显地减小相邻子带间的干扰，子载波间对抗干扰的鲁棒性较好，能够更好地利用碎片化频谱[17-20]。

1. UFMC系统原理

在LTE系统中，OFDM使用循环前缀抑制多径信道造成的ISI，但也降低了频带利用率。FBMC使用优化滤波器组代替，以降低带外衰减。但由于其系统帧长度较长，不适合传输对时延要求高或短数据包类业务。而UFMC是对一组连续的子载波进行滤波，可以根据实际需求配置子载波个数，从而增大或缩短滤波器的长度，能够较为灵活地支持不同的帧结构，从而降低系统实现的复杂度。一种特殊情况是当UFMC中选取的一组连续子载波中的子载波数为1时，即为FBMC[17]。图4-17中展示了3种技术的不同滤波方式。

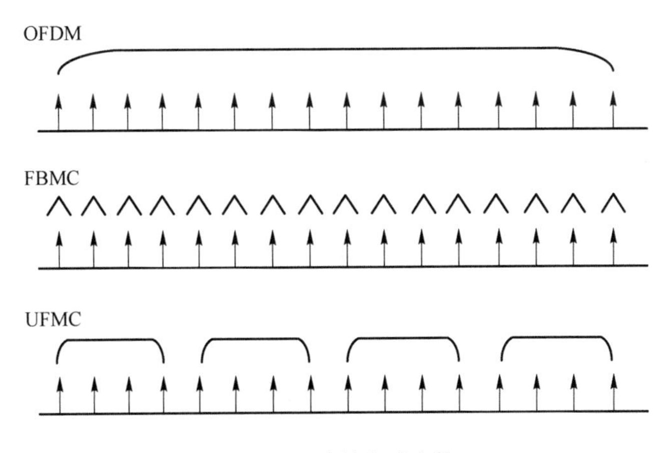

图4-17　滤波方式比较

如图4-18所示为UFMC系统框图。首先，将信源产生的串行数据经符号映射为频域的QAM或QPSK，然后进行串并转换，将其映射到多个并行子带上，每个子带都包含若干个子载波，且互不相同。为了防止各子带间发生频谱重叠，在相邻子带间插入若干个保护子载波。接下来，按子带进行N点IFFT变换后，送入长度为L的滤波器进行处理，滤波后叠加各子带数据，得到一个长度为$N+L-1$的时域符号，最后将调制完成的UFMC符号通过数模转换后射频发送。

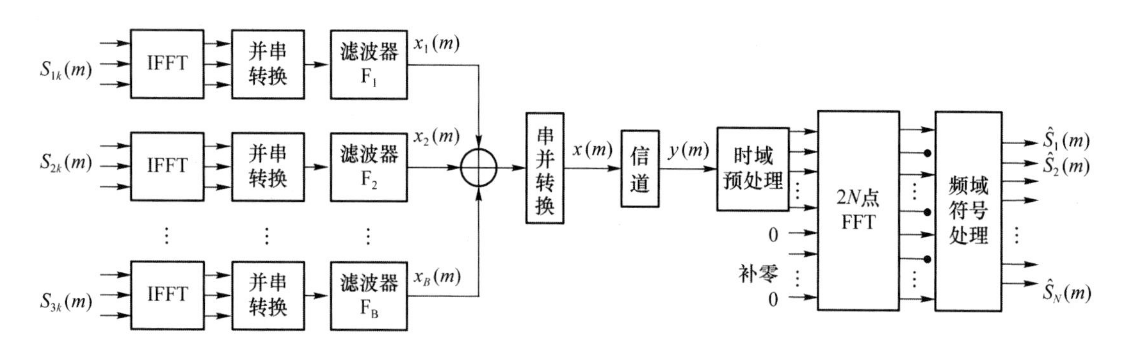

图 4 18　UFMC 系统框图[30]

接收端接收的信号首先经过模数转换、滤波等处理后得到 IQ 两路数字基带信号，然后进行时频同步，确定帧和 FFT 窗口位置并估计和补偿频偏。UFMC 的发送符号长度为 $N+L-1$，在子带滤波器的影响下，接收机需要进行 $2N$ 点 FFT 才能实现将其完整转化为频域信号，并删除奇数子载波上的数据得到一个 N 点的频域符号，随后进行残余频偏和相差的补偿。最后进行解映射和解码操作，获得原始数据流[20]。

2. UFMC 的数学描述

串行数据经符号映射后的 QAM 符号为 $\{\widetilde{X}_i\}_{i\in[0,K-1]}$。经串并转换映射到 Q 个子带上，共 K 个子载波，其中第 q 个子带包含连续的 K_q 个子载波。假设各子带中包含数量相同的子载波，即 $K_qQ=K$。第 q 个子带经 N 点 IDFT 处理后的时域信号为[18]：

$$S_q(n)=\frac{1}{N}\sum_{k=0}^{N}S_q(k)\mathrm{e}^{\mathrm{j}2\pi kn/N}=\frac{1}{N}\sum_{k=1}^{K_q}S_q(k)\mathrm{e}^{\mathrm{j}2\pi kn/N},\quad n=0,\cdots,N-1 \tag{4-25}$$

在 UFMC 系统中，将每个子带通过长度为 L 的滤波器，以切比雪夫滤波器 $f=[f(0),f(1),\cdots,f(L_f)]$[19]为例，滤波后的子带 q 的时域信号可表示为线性卷积形式：

$$x_q(n)=s_q(n)*f_q(n) \tag{4-26}$$

将 q 的时域信号叠加得到 UFMC 发射信号，

$$\begin{aligned}x(n)&=\sum_{q=0}^{Q}x_q(n)=\sum_{q=0}^{Q}s_q(n)*f_q(n)=\sum_{q=0}^{Q}\sum_{l=-\infty}^{x}s_q(l)f_q(n-l)\\&=\sum_{q=0}^{Q}\sum_{l=-\infty}^{x}\frac{1}{N}\sum_{k=l}^{K_q}s_q(k)\mathrm{e}^{\mathrm{j}2\pi kl/N}f(n-l)\end{aligned} \tag{4-27}$$

式(4-27)中子带 q 的第 k 个子载波表示为 $S_q(k)$，对 q 做 N 点 IDFT。

在接收端，对接收到的信号 $y(n)$ 进行时频同步、加窗和串并转换等时域预处理操作，然后补零做 $2N$ 点 FFT，仅保留其中的奇数项进行子载波均衡等频域符号处理，将得到的频域符号 $S_1(n)$ 进行解映射操作得到原始比特数据。

假设信道为理想 AWGN 信道，信号传输时会因多普勒效应和振荡器不稳定而导致失真。存在载波频偏(Carrier Frequency Offset, CFO)的 UFMC 系统接收端接收信号表示为[18]：

$$y(n)=\sum_{q=1}^{Q}c_q x_q(n)+\eta=\sum_{q=1}^{Q}c_q(s_q(n)*f_q(n))+\eta \tag{4-28}$$

$$c_q(n)=\mathrm{e}^{\mathrm{j}2\pi\varepsilon_q n/N},\quad k=0,1,2,\cdots,N+L-2 \tag{4-29}$$

其中，c_q 为子带 q 的 CFO 的时域表达式，ε_q 为归一化 CFO。

将信号 $r(n)$进行补零操作后，做 $2N$ 点 FFT 将其转换为频域信号，

$$Y(k)=\mathrm{FFT}[y(n)]=\sum_{n=0}^{2N-1}\left[\sum_{q=1}^{2N-1}c_q(s_q(n)*f_q(n))\right]\mathrm{e}^{-\mathrm{j}\frac{2\pi}{2N}kn}+W(k) \tag{4-30}$$

根据式(4-30)，接收端恢复出的频域信号表示为式(4-31)：

$$\begin{aligned}Y(k)&=\sum_{q=1}^{Q}C_q(k)*\overline{S_q}(k)F_q(k)\\&=\sum_{q=1}^{k}\sum_{j=0}^{2N-1}\overline{S_q}(j)F_i(j)C_i(k-j)\\&=\sum_{j=0}^{2N-1}\overline{S_q}(j)F_q(j)C_q(k-j)+\sum_{q=1,j\neq 1}^{Q}\sum_{j=0}^{2N-1}\overline{S_q}(j)F_q(j)C_q(k-j)\end{aligned} \tag{4-31}$$

$$\begin{aligned}C_q(k)&=\sum_{n=0}^{N+L-2}c_i(n)\mathrm{e}^{-\mathrm{j}\frac{2\pi}{2N}kn}\\&=\frac{\sin\left[\frac{\pi}{2N}(2\varepsilon_q-k)(N+L-1)\right]}{2N\sin\left[\frac{\pi}{2N}(2\varepsilon_q-k)\right]}\mathrm{e}^{-\mathrm{j}\frac{\pi}{2N}(2\varepsilon_q-k)(N+L-2)}\end{aligned} \tag{4-32}$$

式(4-31)中恢复出的频域信号 $Y(k)$包含信号分量和干扰分量。由 FFT 性质可知，接收端接收的第 q 个子带的第 k 个子载波 $\widetilde{S}_q(k)$表示为：

$$\widetilde{S}_q(k)=\begin{cases}S_q\left(\dfrac{k}{2}\right), & k\text{ 为偶数}\\ \displaystyle\sum_{i=0}^{K_q-1}S_q(i)\frac{\sin\frac{\pi}{2}(2i-k)}{N\sin\frac{\pi}{2N}(2i-k)}\mathrm{e}^{\mathrm{j}\frac{\pi}{2}(2i-k)\left(1-\frac{1}{N}\right)}, & k\text{ 为奇数}\end{cases} \tag{4-33}$$

由式(4-33)可知，经 $2N$ 点 FFT 操作后，所有偶数子载波能够恢复出原始信号，奇数子载波中包含信号分量和 ICI 干扰分量。

因此，接收信号表达式为：

$$\begin{aligned}Y(k)=&\sum_{j=0}^{2N-1}C_q(k-j)\widetilde{S}_{q,k}(j)F(j)+\quad\cdots\text{Signal}\\&\sum_{j=0}^{2N-1}C_q(k-j)\widetilde{S}_{q,ICI_k}(j)F(j)+\quad\cdots\text{ICI}\\&\sum_{l=1,l\neq q}^{Q}\sum_{j=0}^{2N-1}C_q(k-j)\widetilde{S}_l(j)F_l(j)\quad\cdots\text{IBI}\end{aligned} \tag{4-34}$$

由式(4-34)可以看出，UFMC 由于存在 CFO，导致接收信号不仅受到同子带中的 ICI 干扰，还受到子带间的 IBI(Inter Band Interference)干扰。

3. UFMC 系统的优缺点

UFMC 的优点[18,19]：

① UFMC 中无 CP，频谱利用率高，且子带中的子载波数可根据实际需求灵活配置。

② UFMC 对每个子带进行滤波，可以有效地降低子带间干扰，支持异步传输模式。

③ UFMC 使用长度较短的滤波器，实现难度低，支持的短帧结构适合突发通信。

④ 由于 UFMC 中可以实现 QAM 星座映射，因此可以兼容 MIMO 技术。

UFMC 的缺点[20,21]：

① UFMC 不使用 CP，抗多径干扰能力较差，难以满足松散时间同步以节约功率的应用场景。

② UFMC 会对系统中的噪声功率进行放大，对时偏敏感。

③ 因为 UFMC 需要在发送端按子带进行滤波，在发送端做 $2N$ 点 FFT，收发两端的对称性差，造成较高的系统实现复杂度。

4.1.5 广义频分复用多载波技术

Gerhard Fettweis 等研究人员于 2009 年提出了广义频分复用（Generalized Frequency Division Multiplexing，GFDM）多载波技术[22]。GFDM 通过划分时域时隙和频域子载波，将数据符号调制到二维的时频块上进行传输，且使用参数可调的成型滤波器。当 GFDM 的时隙数为 1 时，GFDM 变为 OFDM；当 GFDM 的子载波数为 1 且成型滤波器为 Dirichlet 脉冲时，GFDM 变为 SC-FDE[23]。

1. GFDM 系统结构

作为一种新型的非正交多载波技术，GFDM 等间隔地将时隙划分为 M 个子时隙（子符号），同样地，等间隔将时隙 m 的带宽划分为 K 个子载波。GFDM 数据符号通过二维时频域的结构块传输，为减少带外辐射，可选用可调参的成型滤波器。GFDM 技术能够有效利用碎片化频谱，对系统同步性能要求不严格，具有较强的灵活性。

如图 4-19 所示为 GFDM 系统框图。在发送端，将信道编码和符号映射后的复数符号序列进行串并转换，然后进行 GFDM 调制以及添加 CP 操作。在接收端，接收到的信号首先经过时频同步模块消除时延和频偏的影响，然后去除 CP、信道均衡以及 GFDM 解调后进行并串转换，将复数据符号流进行星座图符号判决和信道译码，最终得到原始的二进制比特流[23]。

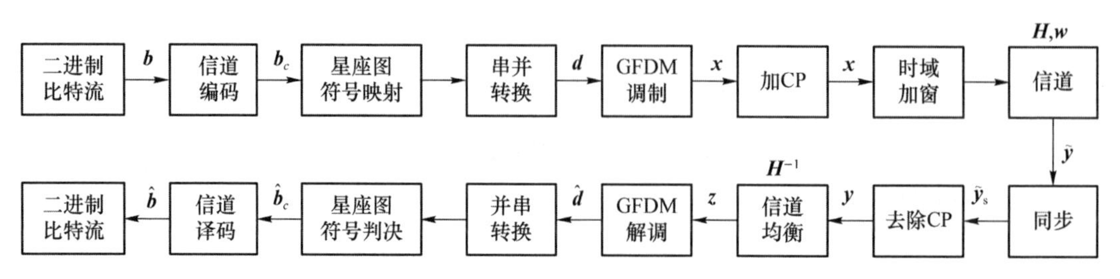

图 4-19　GFDM 系统框图[23]

2. GFDM 数学模型

GFDM 调制原理如图 4-20 所示。

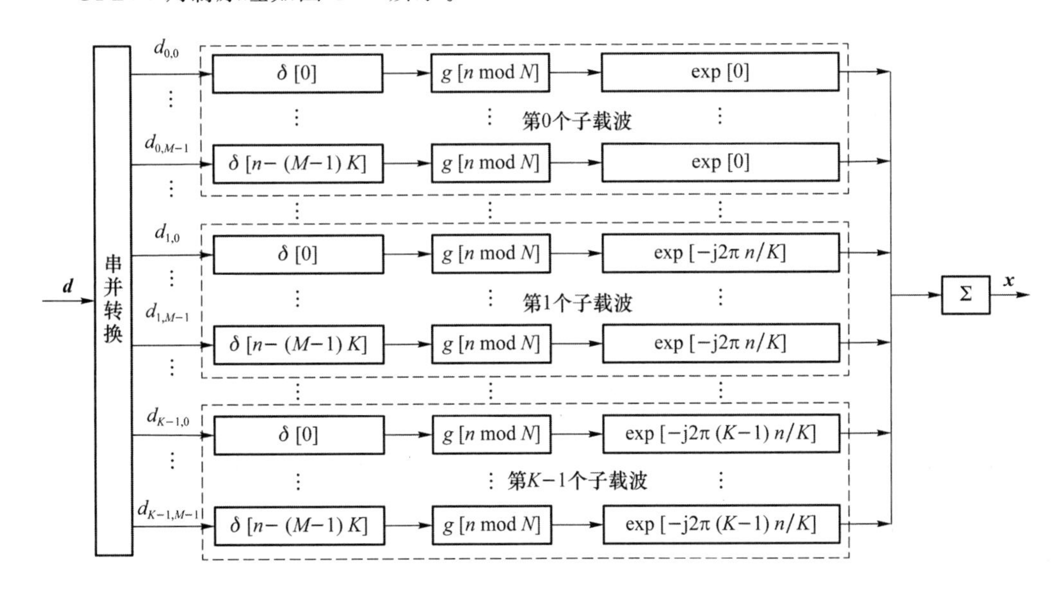

图 4-20　GFDM 调制原理[23]

在 GFDM 发送端，将信源产生比特序列 $b(n)$进行星座映射后，得到长度为 KM 的复符号序列 $d(n)=[d_0,d_1,\cdots,d_{KM-1}]^{\mathrm{T}}$，经串并变换将其转换为 M 组并行的 K 路复符号序列。对每路复数据符号序列分别做采样因子为 N 的上采样[24]，得到 $d_k^K[n]=\sum_{m=0}^{M-1}d_k[m]\delta[n-mk]$，$n=0,\cdots,KM-1$。上采样后得到 $K\times MK$ 的数据块，对每路复数据符号 $d_{k,m}$与对应的脉冲成形滤波器 $g_{TX}[n]$做循环卷积，表示为：

$$g_{k,m}[n]=g_{TX}[(n-mK)\bmod MK]\mathrm{e}^{(\mathrm{j}2\pi kn/K)} \tag{4-35}$$

由原型滤波器 $\boldsymbol{g}_{TX}=(g[0],g[1],\cdots,g[N-1])^{\mathrm{T}}$ 进行时频移位得到 $\boldsymbol{g}_{k,m}=(g_{k,m}[0],g_{k,m}[1],\cdots,g_{k,m}[MK-1])^{\mathrm{T}}$。基带信号可以表示为：

$$x[n]=\sum_{m=0}^{M-1}\sum_{k=0}^{K-1}d_k[m]g_{k,m}[n],\quad n\in S \tag{4-36}$$

第 k 个子载波上第 m 个子符号的成形滤波器的系数为 $g_{k,m}[n]$。

在 GFDM 中，添加了长度 L_{CP}大于无线信道的最大时延 $\tau_{\max}$的 CP，以抵抗多径效应引起的 ISI。添加 CP 后的信号记为 $\tilde{x}[n]$。

在接收端，接收到的信号 $\tilde{r}_h[n]$经去除 CP 操作后得到 $r_h[n]$：

$$r_h[n]=x[n]\otimes\bar{h}[n]+v[n] \tag{4-37}$$

其中，$\bar{h}[n]=\sum_{u=0}^{\tau_{\max}/T_{\mathrm{sample}}-1}h[u]\delta[u-n]$，$h[u]$为等效离散时间基带无线信道冲激响应，$n\in[0,MK-1]$。高斯白噪声服从高斯分布 $v[n]\sim\mathrm{CN}(0,\delta_n^2)$。经时域均衡后信号$r[n]$

表示为：

$$r[n]=x[n]+\text{IFFT}\left[\frac{\text{FFT}[w[n]]}{\text{FFT}[\bar{h}[n]]}\right] \tag{4-38}$$

然后进行 GFDM 解调，与接收滤波器 $g_{RX}[n]$ 做圆周卷积和下采样后得到：

$$\hat{d}_k[m]=(r[n']\mathrm{e}^{-\mathrm{j}2\pi n'k/K})\otimes g_{RX}^*[-n']\big|_{n=0} \tag{4-39}$$

再经并串转换和星座映射即可恢复出原始的二进制比特序列 $\hat{b}$。

3. GFDM 系统的优缺点

GFDM 系统的优点[23]：

① GFDM 中有 CP，可以有效地对抗多径干扰。

② 能利用 IFFT/FFT 技术实现，系统实现难度低。

③ 循环滤波器的使用大大增加了主瓣带外衰减速率，较 OFDM 具有更低的带外辐射，频谱利用率更高。

④ 能够根据所需波形特性进行滤波处理，帧结构设计灵活。

GFDM 系统的缺点[24,25]：

① GFDM 作为多载波系统面临 PAPR 高的问题。为防止功率放大后 GFDM 信号产生非线性畸变，必须增大高功率放大器（High Power Amplifier，HPA）功耗，保留一定的回退功率。

② 各子载波无须正交，因此系统中存在固有的 ICI 和 ISI，接收机处理相对复杂。

4.2 卫星功放特性及其对多载波波形的影响

目前主流的高功率放大器主要包括固态功率放大器（Solid State Power Amplifier，SSPA）以及行波管功率放大器（Traveling Wave Tube Amplifier，TWTA），固态功率放大器通过合成网络将输出功率合并。行波管放大器能够达到 500 MHz 带宽，在工作带宽范围内群时延基本相同。TWTA 在高功率（>100W）下，较 SSPA 在尺寸、成本和效率方面更具优势，但是线性度较差；在低功率区工作时，SSPA 的各方面性能均优于 TWTA[26]。

若当前时刻的输出与之前时刻无关，为无记忆效应功率放大器，若与之前时刻相关，则为有记忆功率放大器。若功放带宽远大于信号带宽，则可看作无记忆效应。在理想情况下，无记忆功率放大器只会带来调幅-调幅（AM-AM）失真，但是实际使用的功率放大器总存在一定的记忆性，会包含 AM-AM 失真和调幅-调相（AM-PM）失真，属于“准无记忆模型”[27]。常用的无记忆模型有 Saleh 模型、Rapp 模型和多项式模型。

记忆功率放大器的行为模型比无记忆模型更复杂，因为其不仅要表示功放的非线性特性，还需要表示记忆效应。常用的有记忆模型有 Volterra 模型、Wiener 模型、记忆多项式模型等，这里不作重点介绍。

4.2.1 典型无记忆效应功放模型

1. Saleh 模型

在卫星通信系统中常用的行波管高频放大器（TWTA）可以用 Saleh 模型[28]表示，其幅度特性 $A(s)$ 和相位特性 $\Phi(s)$ 为：

$$A(s)=\frac{\alpha_1 s}{1+\beta_1 s^2} \tag{4-40}$$

$$\Phi(s)=\frac{\alpha_2 s^2}{1+\beta_2 s^2} \tag{4-41}$$

其中，s 表示输入信号的幅度，α_1、β_1、α_2、β_2 为可调参数，可以根据实际的功放特性进行调节。Saleh 模型较为简单，比较适用于非线性较弱的功放建模。

2. Rapp 模型

Rapp 模型[29]的提出主要是为了固态功率放大器（SSPA），建模时因相位失真较小可以忽略，因此，其 AM-AM 变换和 AM-PM 变换可以分别表示为：

$$A(s)=\frac{s}{[1+(s/V_{\text{sat}})]^{1/2p}} \tag{4-42}$$

$$\Phi(s)\approx 0 \tag{4-43}$$

式(4-42)中，V_{sat} 是放大器的饱和输出电压，p 是光滑因子，功率放大器的线性化程度与 p 的取值有关，p 取值越大该模型的线性度越好，但该模型只能实现一定范围内的 SSPA 特性建模。

4.2.2 功放非线性对多载波波形的影响

当卫星移动通信系统中的信号具有较高的峰均比时，非线性功放会导致信号畸变严重，影响系统的误码率性能。传统卫星移动通信系统的地球站上行链路通常采用 TWTA 或 Klystron 放大器，而星上载荷在高频段（Ku 或 Ka）高功率（200～300 W）场景中一般采用 TWTA 放大器，在低频段（小于 10 GHz）低功率（10～20 W）场景采用 SSPA 放大器。星载功率放大器通常工作在饱和点附近，从而使星上的功率资源得到充分利用。而根据功放的 AM-AM 特性和 AM-PM 特性，经功率放大后的输入信号可能会产生较为严重的非线性失真，主要有以下几种类型[30]。

(1) 幅度畸变

AM-AM 转换特性会导致幅度畸变，如图 4-21 所示。输入信号包络产生的较大起伏会导致各个采样点上的输出信号功率增益有所不同。若对有用信息采用幅度调制方式（如 M-QAM 调制方式等），则幅度的畸变会造成误码率性能恶化。

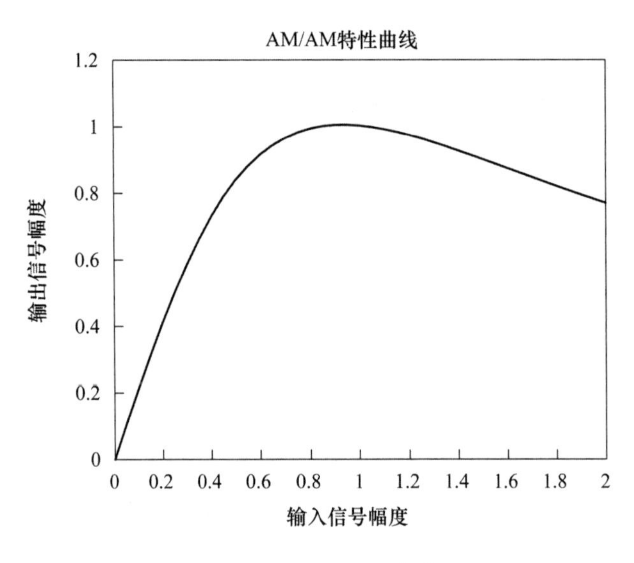

图 4-21　AM/AM 曲线

（2）相位畸变

相位畸变由 AM-PM 转换特性导致，如图 4-22 所示。若输入信号包络起伏较大，经过功放后会导致各个采样点上的相位偏移不同。若采用相位调制方式（如 M-PSK 等），则相位畸变也会严重影响系统的误码率性能。

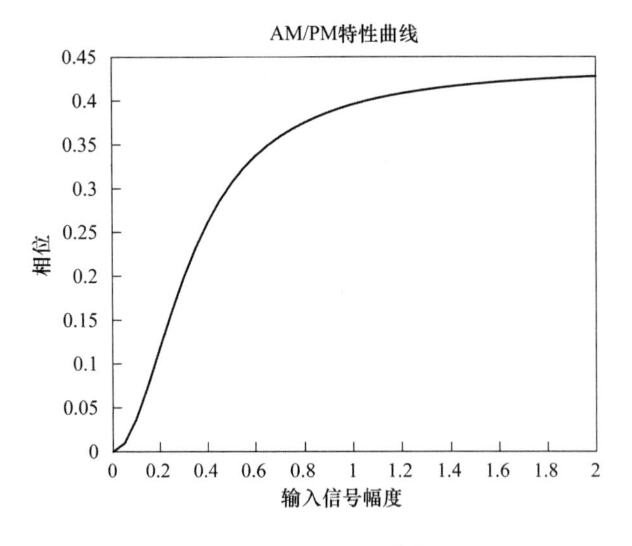

图 4-22　AM/PM 曲线

（3）频谱再生

非线性功放会影响发送信号在频域的带外泄露特性，从而影响发送信号对频域相邻信道干扰程度。

（4）交调效应

当功率放大器同时放大多个载波时，杂散辐射频率上会产生多个交调载波，进而影响工作在交调载波频率上的其他通信系统的性能。

由上可知，非线性失真将会严重影响卫星通信系统的传输性能。一般来说，非线性功放的模型可以表示为[31]：

$$x_{\text{out}}(n)=\sum_{p=0}^{(P-1)/2}\sum_{m=0}^{M}r_{p,m}\mid x_{\text{in}}(n-m)\mid^{p}x_{\text{in}}(n-m) \tag{4-44}$$

其中，$x_{\text{in}}(n)$为功率放大器的输入信号，$x_{\text{out}}(n)$为输出信号，P 代表非线性阶数，M 是记忆长度，$r_{p,m}$是对应的系数。

由式(4-44)可知，功率放大器的建模较为复杂，为了简化分析过程，可以假设功放模型是无记忆的[32]，SSPA 功放和 TWTA 功放简化后的模型如下所示。功率放大器的输入信号可以表示为：

$$x_{\text{in}}(n)=A(n)\exp[\mathrm{j}\phi(n)] \tag{4-45}$$

其中，$A(n)$及 $\phi(n)$分别为信号在离散时间采样点上的幅度及相位。则输出可表示为：

$$x_{\text{out}}(n)=Q[A(n)]\exp[\mathrm{j}\{\phi(n)+P[\phi(n)]\}] \tag{4-46}$$

其中，$Q(\cdot)$和 $P(\cdot)$分别是 AM-AM 和 AM-PM 转换特性函数。

基于 Saleh 模型，TWTA 功放的 AM-AM 和 AM-PM 转换特性函数可表示为：

$$\left.\begin{aligned}Q(A(n))&=\frac{\alpha_0 A(n)}{1+(A(n)/A_{\text{sat}})^2}\\P(A(n))&=\frac{\alpha_\phi A^2(n)}{1+\beta_\phi A^2(n)}\end{aligned}\right\} \tag{4-47}$$

基于 Rapp 模型，SSPA 功放的 AM-AM 和 AM-PM 转换特性函数可表示为：

$$\left.\begin{aligned}Q(A(n))&=\frac{\alpha_0 A(n)}{[1+(A(n)/A_{\text{sat}})^{2p}]^{\frac{1}{2p}}}\\P(A(n))&=0\end{aligned}\right\} \tag{4-48}$$

其中，α_0 是放大器增益，A_{sat}是输入饱和等级，p 影响饱和区 AM/AM 的转换尖锐度，从式(4-48)中可知 SSPA 模型的 AM-PM 转换特性函数为零，即幅度的变化对相位不会造成影响。

对比可知，TWTA 功放的 AM-PM 转换特性函数不为零，且受系数 α_ϕ 和 β_φ 的影响。因此 TWTA 功放较 SSPA 功放具有更高的非线性程度。

4.3 适用于卫星通信的恒包络/准恒包络多载波波形

4.3.1 恒包络正交频分复用技术

正交频分复用(OFDM)技术是高速率无线通信领域中的最佳传输技术之一，其缺点是高峰均比，因此系统需要较大的输入功率来补偿功放引起的非线性问题。针对 OFDM 的高峰均比问题，研究学者提出了许多降低 PAPR 的技术方案，比如恒包络 OFDM

(Constant Envelope OFDM, CE-OFDM)技术[33],该技术将角度调制技术与传统的OFDM相结合,通过将OFDM信号调制到载波信号的相位中得到恒包络信号,因此CE-OFDM信号的PAPR为0 dB。对于CE-OFDM技术来说,功率放大器可以工作在非线性区域,即功率放大器的效率可达到最大化,同时,CE-OFDM具有抗干扰性好、高吞吐量以及自适应信道变化等特点,因而CE-OFDM得到了广泛关注和应用。

1. CE-OFDM 系统结构

传统的OFDM技术属于幅度调制,叠加各路子载波信号会引起高PAPR。而CE-OFDM技术是在OFDM信号的基础上再进行相位调制和解调实现恒包络技术,此时通信信息包含在相位之中。恒包络OFDM的信号处理框图如图4-23所示,相比于传统OFDM增加了相位调制和相位解调模块。

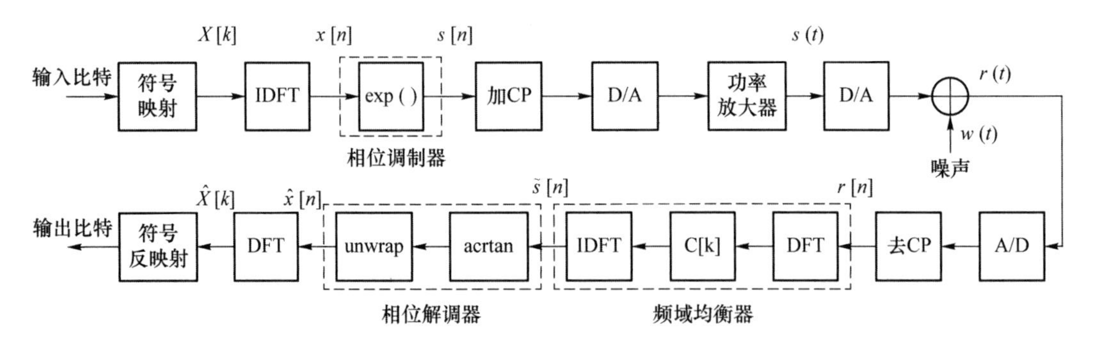

图 4-23 CE-OFDM信号处理流程[33]

在发射端,长度为N的比特流经过符号映射得到数据符号$X[k]$,再做N点的离散傅里叶变换变成离散时间采样点序列$x[n]$,此时$x[n]$的峰均比较大,通过相位调制后得到恒包络序列$s[n]$,峰均比为0 dB,然后将添加CP后的序列经过D/A转换和功率放大送入信道。

接收端的接收信号$r(t)$经A/D转换和去除CP得到序列$r[n]$,再经过频域均衡器消除信道中的符号间干扰,此时序列$\tilde{s}[n]$经过相位解调器后获得OFDM信号$\hat{x}[n]$,其中相位解调器由相位反正切(arctan)模块和相位解卷绕(unwrap)模块组成,前者用于计算$\tilde{s}[n]$的相位值θ,后者用于消除相位在临界处出现的"跳变"现象,获取连续的相位值,同时解决相位模糊的问题,最后通过DFT变换和符号反映射就可以得到二进制比特流。

2. CE-OFDM 技术数学模型

恒包络的基带表达式为[34]:

$$S(t)=A^{\mathrm{j}\varphi(t)} \tag{4-49}$$

其中,A表示信号幅度,$\varphi(t)$表示信号相位,对于恒包络信号有$|S(t)|^2=A^2$,即信号的瞬时功率恒定,此时信号的峰均比为0 dB。

CE-OFDM就是将具有高峰均比的OFDM信号的实部带入式(4-49)中,其中,基带

OFDM 信号可以表示为：

$$m(t)=\sum_{i}\sum_{k=1}^{K}a_{i,k}q_{k}(t-iT) \tag{4-50}$$

其中，$a_{i,k}$表示位于第 i 个 OFDM 符号中第 k 个子载波，$q_k(t-iT)$表示该第 i 个 OFDM 符号中第 k 个子载波的波形。将 OFDM 符号进行相位调制，

$$\varphi(t)=\theta_i+2\pi hC_Nm(t) \tag{4-51}$$

$$C_N=\sqrt{\frac{2}{N\sigma^2}} \tag{4-52}$$

其中，$2\pi h$ 为调制系数，C_N 为归一化功率系数，σ^2 为数据符号的方差，θ_i 为存储的补偿相位，θ_i 的引入可以避免相位跳变，实现连续的相位调制。

在式(4-50)中，正交子载波可以采用以下形式。

① 半波-余弦子载波：

$$q_k(t)=\begin{cases}\cos(\pi kt/T_B), & 0\leqslant t<T_B\\ 0, & \text{其他}\end{cases} \tag{4-53}$$

② 半波-正弦子载波：

$$q_k(t)=\begin{cases}\sin(\pi kt/T_B), & 0\leqslant t<T_B\\ 0, & \text{其他}\end{cases} \tag{4-54}$$

③ 全波-正余弦子载波：

$$q_k(t)=\begin{cases}\cos(2\pi kt/T_B), & 0\leqslant t<T_B;k\leqslant N/2\\ \sin(2\pi kt/T_B), & 0\leqslant t<T_B;k>N/2\\ 0, & \text{其他}\end{cases} \tag{4-55}$$

3. CE-OFDM 系统优缺点

CE-OFDM 系统的优点[35]：

① 可以有效地抵抗多径效应和符号间干扰。

② CE-OFDM 不存在 OFDM 中的高峰均比问题，将 PAPR 降为 0 dB。

③ CE-OFDM 可以使功率放大器在工作时达到最大效率。

CE-OFDM 系统的缺点[35]：

CE-OFDM 输入实数信号，有 1/2 子载波承载了共轭冗余信号，造成 CE-OFDM 的频谱效率仅为 OFDM 的 50%。

4.3.2 准恒包络正交频分复用技术

OFDM 技术具有很好的频谱利用率，并且能够抵抗多径衰落和码间干扰，但同时具有很高的 PAPR，因此需要采用较大的输入功率回退值来避免卫星功放工作在非线性区。CE-OFDM 技术可以解决高 PAPR 的问题，该技术是将 OFDM 信号调制在恒包络信号的相位上，可以认为是将 OFDM 信号映射到单位圆上，该信号的 PAPR 为 0 dB，因此，卫星

的非线性功放可工作在饱和点附近，能量利用率较高。但是，CE-OFDM 技术在频域子载波上承载的数据符号需具有共轭对称结构，CE-OFDM 的频谱利用率较低。为保证系统频谱利用率的同时有效地降低信号的 PAPR，提高系统抗多径衰落的能力，提出了准恒包络 OFDM(Quasi-Constant Envelope OFDM, QCE-OFDM)技术[36]。

1. QCE-OFDM 系统结构

QCE-OFDM 信号的生成过程如图 4-24 所示。在发射端，首先将两路相互独立的信号经过符号映射、共轭对称序列映射、IDFT 及相位调制，生成两路信号。然后，将两者合并后进行添加 CP 的操作，并且在 D/A 转换、功率放大后发送到信道。接收端首先去除接收信号的 CP，然后通过频域信道均衡来消除因多径效应造成的信号畸变。在图 4-24 中虚线框内为基于泰勒级数展开的联合解调结构[37]。

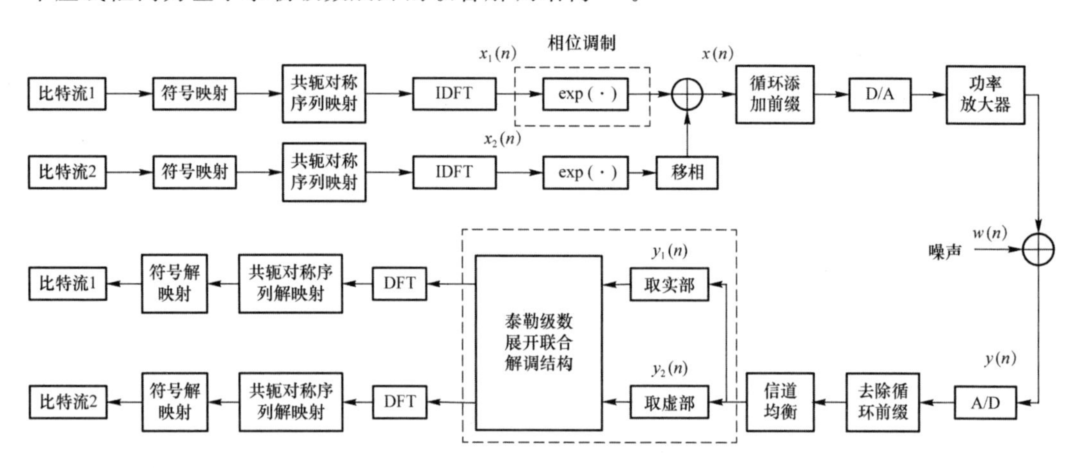

图 4-24　QCE-OFDM 系统技术模型[37]

2. QCE-OFDM 数学模型

(1) 发射端

信号 1 和信号 2 分别经过 IFFT 模块后的输出为一个实数 ODFM 信号，经过相位调制后信号可以表示为[37]：

$$\left.\begin{aligned} x_1(n) &= A_1 \mathrm{e}^{\mathrm{j}2\pi h_1 s_1(n)} \\ x_2(n) &= A_2 \mathrm{e}^{\mathrm{j}2\pi h_2 s_2(n)} \end{aligned}\right\} \tag{4-56}$$

其中，A_1、A_2 和 $2\pi h_1$、$2\pi h_2$ 分别表示相应数据流的幅度和调制指数，$x_1(n)$ 和 $x_2(n)$ 表示两路 CE-OFDM 信号，每一路 CE-OFDM 信号的频谱利用率为 OFDM 的 50%。

将 $x_2(n)$ 经过移相后与 $x_1(n)$ 相加得到发送 QCE-OFDM 信号 $x(n)$：

$$x(n) = x_1(n) - \mathrm{j}x_2(n) \tag{4-57}$$

因此，$x(n)$ 可认为是由双流 CE-OFDM 信号经移相复用结构叠加得到的，在 $2N_{\mathrm{sym}}$ 个子载波上传输了 $2N_{\mathrm{sym}}$ 个符号。因此，QCE-OFDM 波形的频谱利用率相比于 CE-OFDM 将提高 1 倍。

在 QCE-OFDM 技术中，发送信号 $x(n)$ 的功率可以表示为：

$$\begin{aligned}|x(n)|^2 &= |x_1(n)-\mathrm{j}x_2(n)|^2 \\ &= |[A_1\cos 2\pi h_1 s_1(n)+A_2\sin 2\pi h_2 s_2(n)]+\mathrm{j}[A_1\sin 2\pi h_1 s_1(n)+A_2\cos 2\pi h_2 s_2(n)]|^2 \\ &= A_1^2+A_2^2+2A_1A_2\sin(2\pi h_2 s_2(n)-2\pi h_1 s_2(n))\end{aligned} \tag{4-58}$$

可以看出 $x(n)$ 的包络中含有正弦函数 $\sin(2\pi h_2 s_2(n)-2\pi h_1 s_1(n))$，根据正弦函数的统计特性可以知道 $x(n)$ 在统计上的 PAPR 是 3 dB，QCE-OFDM 技术有较低的峰均比。此外，还可以通过调整每个流的调制指数（$2\pi h_1$ 与 $2\pi h_2$）来调整基带信号的 PAPR。

（2）接收端

假设信道状态理想，并且接收端已经通过信道均衡消除多径效应的影响。在信道均衡模块之后，接收端信号模型可以表示为[37]：

$$\begin{aligned}y(n) &= x(n)+w(n) \\ &= [A_1\cos 2\pi h_1 s_1(n)+A_2\sin 2\pi h_2 s_2(n)] \\ &\quad +\mathrm{j}[A_1\sin 2\pi h_1 s_1(n)+A_2\cos 2\pi h_2 s_2(n)]+w(n)\end{aligned} \tag{4-59}$$

其中，$w(n)$ 表示加性高斯白噪声，其均值为 0，方差为 σ_w^2。此处分别对 $y(n)$ 取实部和虚部可以将该信号分为以下两路：

$$\left.\begin{aligned}y_1(n) &= \mathrm{Im}\{y(n)\} = A_1\sin 2\pi h_1 s_1(n)-A_2\cos 2\pi h_2 s_2(n)+\mathrm{Im}\{w(n)\} \\ y_2(n) &= \mathrm{Re}\{y(n)\} = A_1\cos 2\pi h_1 s_1(n)+A_2\sin 2\pi h_2 s_2(n)+\mathrm{Re}\{w(n)\}\end{aligned}\right\} \tag{4-60}$$

由于余弦函数和正弦函数可以通过泰勒级数进行展开，因此 $y_1(n)$ 和 $y_2(n)$ 在泰勒展开后的信号形式可以分别表示为：

$$\begin{aligned}y_1(n) = {} & A_1\sum_{m=0}^{\infty}\frac{(-1)^m}{(2m+1)!}[2\pi h_1 s_1(n)]^{2m+1} - \\ & A_2\sum_{m=0}^{\infty}\frac{(-1)^m}{(2m)!}[2\pi h_2 s_2(n)]^{2m}+\mathrm{Im}\{w(n)\}\end{aligned} \tag{4-61}$$

$$\begin{aligned}y_2(n) = {} & A_1\sum_{m=0}^{\infty}\frac{(-1)^m}{(2m)!}[2\pi h_1 s_1(n)]^{2m} + \\ & A_2\sum_{m=0}^{\infty}\frac{(-1)^m}{(2m+1)!}[2\pi h_2 s_2(n)]^{2m+1}+\mathrm{Re}\{w(n)\}\end{aligned} \tag{4-62}$$

$y_1(n)$ 和 $y_2(n)$ 中均含有 $2\pi h_1 s_1(n)$ 及 $2\pi h_2 s_2(n)$ 的幂次项。本章参考文献[38]中给出了当两路信号调制指数都小于 1 时的数据解调方法。但是，DSTRS 结构在接收端解调过程中忽略了高阶幂次项对信号的影响，当 QCE-OFDM 系统采用高调制指数和高阶调制方式时，DSTRS 结构的 BER 性能受限。

3. QCE-OFDM 技术优点

QCE-OFDM 技术结合了传统 OFDM 技术与 CE-OFDM 的优点，通过在发射端将两路 CE-OFDM 信号移相合并为一路并对信号泰勒级数展开从而实现解调，QCE-OFDM 的频谱效率得以提升至与 OFDM 相同，同时保证了基带信号的 PAPR 低于 3 dB。采用互补累计分布函数（Complementary Cumulative Distribution Function，CCDF）研究信号的 PAPR，信号的瞬时功率与均值功率比的互补累计分布函数 CCDF 可以表示为[36]：

$$P\left(\frac{|x(t)|^2}{P_s}>\alpha\right)\approx\exp(-\alpha) \tag{4-63}$$

其中，P_s 表示信号的平均功率。

通常采用输入信号功率回退的方法抑制非线性功放引起的信号畸变，功率回退值(Input Backoff, IBO)定义为：

$$\text{IBO}=\frac{A_{\text{sat}}^2}{P_{\text{in}}} \tag{4-64}$$

其中，A_{sat}表示输入饱和等级，$P_{\text{in}}=E\{|x_{\text{in}}(n)|^2\}=E\{A^2(n)\}$表示输入信号平均功率。如图 4-25 所示，当调制指数增大时，PAPR 也会增大，但是 QCE-OFDM 系统的 PAPR 始终小于 3 dB，因此，QCE-OFDM 系统具有峰均比低的优点[36]。

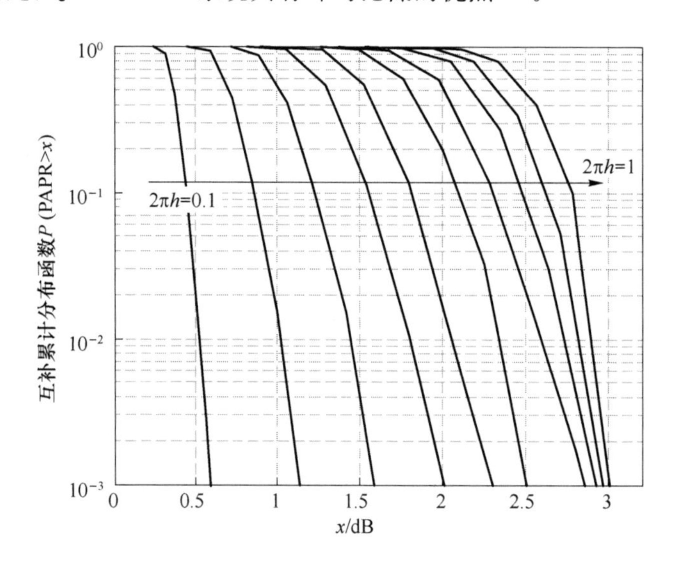

图 4-25　QCE-OFDM 系统 PAPR 性能[36]

此外，将频谱利用效率定义为每帧中正确传输的比特数除以帧长再除以系统带宽，其表达式为[36]：

$$\text{SE}_{2\pi h}=\frac{N_{\text{bit}}\cdot(1-\text{BER}_{2\pi h})}{T\cdot N_{\text{sub}}\cdot f_s}=\frac{N_{\text{bit}}\cdot(1-\text{BER}_{2\pi h})}{N_{\text{sub}}} \tag{4-65}$$

其中，$T=NT_{\text{sa}}=1/f_s$ 为帧长，T_{sa}为采样间隔，F_{sa}为采样速率，N 为 IDFT 点数，f_s 为子载波间隔，N_{bit} 为每帧中正确传输的比特数，$\text{BER}_{2\pi h}$ 为调制指数对应的 BER，$N_{\text{sub}}=2N_{\text{sym}}+2$为有用子载波个数。因此 $\text{SE}_{2\pi h}$的单位为 bit · s^{-1} · Hz^{-1}。由式(4-65)可见，由于 QCE-OFDM 系统的 BER 随着调制指数的增大而减小，因此 QCE-OFDM 系统的频谱利用效率随着调制指数的增大而提高。在图 4-26 中给出了 QCE-OFDM 系统在不同调制指数下的频谱利用效率曲线。

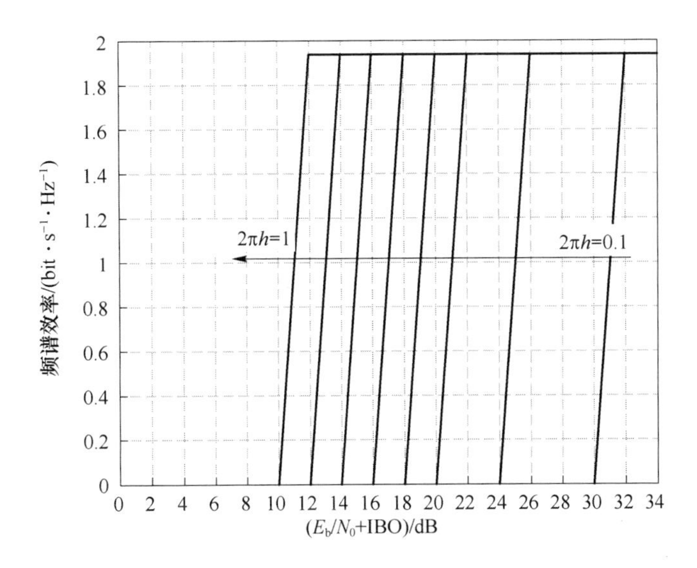

图 4-26 QCE-OFDM 系统频谱利用效率[36]

4.4 毫米波频段星地融合通信波形设计面临的问题

4.4.1 毫米波频段的特点

目前，卫星通信使用的频段逐步由低频段向高频段转变。低频段天线波束较宽，对方向性要求不严格，适用于移动通信和低速率通信。高频段意味着更大的带宽，更加适用于高速率通信，但也会增大信号的传播损耗，降低通信链路质量。目前应用广泛的频段包括 S 频段(2～4 GHz)、C 频段(4～8 GHz)、Ku 频段(12～18 GHz)和 Ka 频段(26.5～40 GHz)。但随着通信业务多样性的发展，C 频段和 Ku 频段由于频谱饱和已经难以满足新业务的需求，需要对高频段进行开发利用。此外，地面通信系统常用的 6 GHz 以下频段也已十分拥挤，地面 5G 移动通信也开始采用 C 频段以及毫米波频段资源。

在 30～300 GHz 范围内的频段称为极高频(Extremely High Frequency，EHF)或毫米波频段，拥有极高的频率和带宽，能够有效地解决当前频谱拥挤的问题。毫米波频段的传输速率较高、系统容量较大，适合传输多媒体业务和宽带业务[39]，并且具有波束窄、天线尺寸小的特点，抗干扰能力强，可用在保密性高的通信业务中，如美国的军事通信 Milstar 系统和英国的 Skynet 系统[40]。但相比于 C 频段和 Ku 频段，EHF 更易受气象因素的影响，从而造成信道质量的恶化。EHF 中目前应用最广的为 Ka 频段，工作在 Ka 频段的高通量卫星(High-Throughput Satellite，HTS)能够为陆海空提供宽带通信。随着卫星宽带网络接入、地面移动网络回程和物联网等数据连接业务的发展，Ka 频段的资源也日渐紧张，需要向更高的 Q/V 频段寻求发展。

Q 频段位于 EHF 频段的 30～50 GHz，V 频段位于 EHF 频段的 50～75 GHz。相比

于 Ku/Ka 频段,Q/V 频段波长(4～9.1mm)更短,能够在保证增益的情况下减小设备体积。Q/V 频段波束更窄,增益更高,保密性更强,且拥有超过 10 GHz 可用带宽,适用于宽带业务的传输。与特高频(UHF)和超高频(SHF)相比,Q/V 频段具有更小的电离层闪烁和多径衰落,但相对于低频段却面临更严重的大气衰减,设计星地链路时必须避开 60 GHz衰减峰(可达 15 dB/km)[41],首选衰减小的 35 GHz、45 GHz“大气窗口”。此外,Q/V 频段有明显的雨衰效应,当降水量达到 50mm/h 以上时,处于 60 GHz 频段的信号的衰减大于 10 dB/km[42]。但目前 Q/V 频段星上射频与天线等产品还不够成熟,市场上可用载荷种类少,成本高。

EHF 中的 W 频段(75～110 GHz)提供了一个衰减效应小的“大气窗口”(值约为 0.05 dB/km),支持大带宽的高速传输业务,由于 W 频段目前使用较少,因此干扰电平非常低。此外,W 频段的点波束具有良好的抗干扰性能,具有更好的定向性,能够有效地减小相邻卫星间的干扰,高效的频率复用可以充分利用频谱资源。因此,W 频段与 Q/V 频段一样被认为是高频段的良好选择。但其也存在一些弊端,如高频造成严重的路径损耗、存在非线性畸变和非线性失真等。

EHF 系统的另一个关注点在于射频硬件设备的小型化。由于放大器、振荡器和多普勒效应都会导致 W 频段的卫星/地面链路信号恶化,需要足够大的高功率放大器(High Power Amplifier,HPA)来克服高路径损失。HPA 的饱和特性会引起非线性失真,射频放大器电路的非理想带通特性会引起带通失真,两种由 HPA 带来的失真均会对接收信号造成严重的影响。非线性的 AM/AM 失真会使调制信号包络产生明显变化,非线性的 AM/PM 失真会造成随输入信号振幅变化而变化的相移,因此需要配备具有低回退值的高功率放大器。

4.4.2 波形设计

OFDM 系统的频带利用率高、抗多径性能好,能有效地对抗多径传播引起的信道频率选择性的影响,但是频率选择性不是高频通信需要考虑的主要因素。此外,OFDM 技术具有较高峰均比,在实际通信系统中,高 PAPR 信号经过功率放大器会产生严重的非线性失真,因此需要使用功率回退来避免产生频谱展宽、互调失真等现象,但是功率回退会导致能量利用率降低[43]。

SC-FDMA 相比于 OFDM 增加了 DFT 预编码器,具有更低的 PAPR,因此对于功放的非线性畸变的敏感程度低于 OFDM,但是 SC-FDMA 的 PAPR 依旧存在,仍然需要功率回退来改善非线性失真,这限制了 SC-FDMA 在高频卫星/地面通信中的应用。在 EHF 频段,由于自由空间路径损耗、大气和雨衰、天线和解调损耗的影响,传输功率严重受限,为了提升功率效率,要求功率放大器非常接近饱和点。而具有恒包络的多载波调制信号对于非线性畸变具有良好的鲁棒性,即 CE-OFDM[43] 和 CE-SC-FDMA[44]。

恒包络多载波系统是将实值多载波信号进行非线性相位调制,因此所传输信号为恒包络,对应的 PAPR 是 0 dB,并且 CE-OFDM 和 CE-SC-FDMA 可以抵抗频率选择性衰落。因此,恒包络多载波调制可能是 EHF 宽带星地融合通信的一个替代解决方案,因为它们具有多载波调制特性,同时能够避免非线性畸变和功率回退带来的不利影响。但是,现有恒包络多载波技术 CE-OFDM 和 CE-SC-FDMA 频谱利用率较低,具有高谱效、低 PAPR 特点的新型波形设计对于 EHF 频段星地融合通信具有重要意义。

4.4.3 I/Q 不平衡

在正交支路混频时,基带信号同相支路(In-Phase Branch)和正交支路(Quadrature-Phase Branch)出现幅度不平衡和相位不平衡的情况,称为 I/Q 不平衡。幅度不平衡是指 I/Q 两路信号的振幅不同,在星座图中表现为,I/Q 两路星座点的横坐标与纵坐标模值不相同。相位不平衡是指 I/Q 两路信号的相位差不是 90°,即 I/Q 之间的相位发生偏差,此时各个星座点的能量不再相等[45]。

I/Q 不平衡可以分为与频率无关(频率独立)和频率相关(频率相关)两种情况[46]。

① I/Q 不平衡与频率无关是指由发射机、接收机本地振荡器、混频器所造成的失真,此类 I/Q 不平衡相关的参数与频率无关。

② I/Q 不平衡与频率有关是指由于低通滤波器、放大器等与频率特性有关的射频器件造成同相和正交支路上幅度差异和相位偏差。

在直接变频接收机中,I/Q 不平衡尤为严重,这是由于直接变频结构中正交调制/解调器具有较高的本地频率。特别是在毫米波的通信系统中,I/Q 两路的本振信号的频率非常高,使得信号的幅度和相位更加难以匹配。

I/Q 不平衡模型可进行简化,如图 4-27 所示。

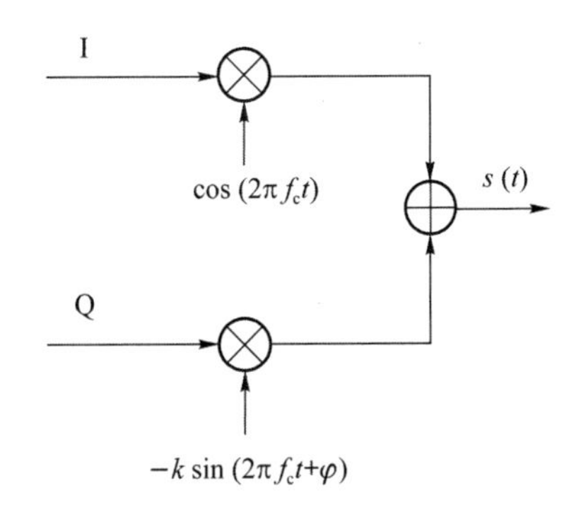

图 4-27 发送端 I/Q 不平衡简化模型[45]

此时,发送端射频信号可等效表示为:

$$s(t)=x_{\mathrm{I}}(t)\cos(2\pi f_{\mathrm{c}}t)-\mathrm{j}x_{\mathrm{Q}}(t)k\sin(2\pi f_{\mathrm{c}}t+\varphi) \tag{4-66}$$

其中,$x_{\mathrm{I}}(t)$表示同相支路信号,$x_{\mathrm{Q}}(t)$表示正交支路信号,f_{c} 为载波频率,k 为幅度不平衡因子,φ 为相位不平衡因子。

此时,用 α_1 和 β_1 表示发送端 I/Q 不平衡因子:

$$\alpha_1=\frac{1+k\mathrm{e}^{-\mathrm{j}\varphi}}{2} \tag{4-67}$$

$$\beta_1=\frac{1-k\mathrm{e}^{\mathrm{j}\varphi}}{2} \tag{4-68}$$

通常$|\alpha_1|$和$|\beta_1|$的取值分布于 1 和 0 附近，幅度不平衡 ε_1 的度量通常用 dB 表示为[45]：

$$\varepsilon_1=\frac{10^{l_1/20}-1}{10^{l_1/20}+1} \tag{4-69}$$

经信道传输，接收的带通信号可表示为：

$$r(t)=s(t)\otimes h(t)+w(t) \tag{4-70}$$

其中，h 表示信道，$w(t)$表示加性高斯白噪声。

令 $\tilde{r}(t)=r_{\mathrm{I}}(t)+\mathrm{j}r_{\mathrm{Q}}(t)$为 $r(t)$的复基带信号，则 $r(t)$可以表示为：

$$r(t)=r_{\mathrm{I}}(t)\cos(2\pi f_c t)-r_{\mathrm{Q}}(t)\sin(2\pi f_c t) \tag{4-71}$$

因此，$r(t)$的等效基带信号表示为：

$$\tilde{r}(t)=\tilde{s}(t)\otimes\tilde{h}(t)+\tilde{w}(t) \tag{4-72}$$

其中，$\tilde{h}(t)$是等效复基带信道冲激响应，$\tilde{w}(t)$是复基带的高斯白噪声。

接收端受到 I/Q 不平衡干扰的复基带信号，其实部和虚部可以分别表示为[45]：

$$\tilde{y}(t)=y_{\mathrm{I}}(t)+\mathrm{j}y_{\mathrm{Q}}(t) \tag{4-73}$$

$$\begin{aligned}y_{\mathrm{I}}(t)&=\mathrm{lpf}\{2(I+\varepsilon_2)\sin(2\pi f_c t+\Delta\phi_2)r(t)\}\\&=(1+\varepsilon_2)\cos(\Delta\phi_2)r_{\mathrm{I}}(t)+(1+\varepsilon_2)\sin(\Delta\phi_2)r_{\mathrm{Q}}(t)\end{aligned} \tag{4-74}$$

$$\begin{aligned}y_{\mathrm{Q}}(t)&=\mathrm{lpf}\{-2(I-\varepsilon_2)\sin(2\pi f_c t-\Delta\phi_2)r(t)\}\\&=(1-\varepsilon_2)\sin(\Delta\phi_2)r_{\mathrm{I}}(t)+(1-\varepsilon_2)\cos(\Delta\phi_2)r_{\mathrm{Q}}(t)\end{aligned} \tag{4-75}$$

其中，lpf 表示低通滤波器，ε_2 和 $\Delta\phi_2$ 分别表示在接收端引入的幅度不平衡和相位不平衡。最后，整理得到：

$$\tilde{y}(t)=\alpha_2\tilde{r}(t)+\beta_2\tilde{r}^*(t) \tag{4-76}$$

其中，

$$\alpha_2=\cos(\Delta\phi_2)-\mathrm{j}\varepsilon_2\sin(\Delta\phi_2) \tag{4-77}$$

$$\beta_2=\varepsilon_2\cos(\Delta\phi_2)+\mathrm{j}\sin(\Delta\phi_2) \tag{4-78}$$

同理，α_2 和 β_2 被定义为接收端的 I/Q 不平衡参数，可用 l_2 表示用 dB 定义的接收端的幅度不平衡，且 $\varepsilon_2=\frac{10^{l_2/20}-1}{10^{l_2/20}+1}$。

4.4.4 相位噪声

在无线通信系统中，可以使用混频器来实现基带信号到射频信号的转换，频率转换在理想情况下不会损伤信号，但是相位噪声通常来自于系统的调制解调器、混频器、分频器、上下变频器、本地振荡器(Local Oscillator，LO)等涉及频率处理的器件，此外，也会受到多普勒效应、多径衰落、射频前端的非线性以及高斯白噪声等系统因素的影响。其中，本振相位与理想载波相位的差值将造成相位噪声，相位噪声会导致信号频域发生扩展，通信链路的可靠性降低，因此，频率源器件的性能直接影响通信系统的质量，相位噪声则是衡量频率源性能的重要指标[47]。

在理想条件下，本地振荡器产生的信号为：

$$y(t)=A\cos(2\pi f_c t) \tag{4-79}$$

考虑相位噪声的影响，振荡器的输出为：

$$y(t)=A\cos[2\pi f_c t+\varphi(t)] \tag{4-80}$$

其中，A 表示输出信号的幅度，f_c 表示振荡器的载波中心频率，$\varphi(t)$表示相位噪声。

当 $\varphi(t)$很小时，$y(t)$可表示为：

$$y(t)\approx A\cos(2\pi f_c t)-A\varphi(t)\sin(2\pi f t_c) \tag{4-81}$$

则 $y(t)$的自相关函数 $R_y(\tau)$可以表示为：

$$\begin{aligned} R_y(\tau) &= \lim_{T\to\infty}\frac{1}{T}\int_{-T/2}^{T/2}E[y(t)y(t+\tau)]\mathrm{d}t \\ &= \frac{A^2}{2}\cos(2\pi f_c\tau)+\frac{A^2}{2}R_\varphi\cos(2\pi f_c\tau) \end{aligned} \tag{4-82}$$

其中，$R_\varphi(\tau)$表示相位噪声的自相关函数。因此，相位噪声的双边功率谱密度可以表示为：

$$W_\varphi(f)=\mathrm{DET}\left[\frac{A^2}{2}R_\varphi(\tau)\cos(2\pi f_c\tau)\right]=\frac{A^2}{4}[\delta_\varphi(f-f_c)+\delta_\varphi(f+f_c)]$$

输出信号的双边带功率谱密度可以表示为：

$$\begin{aligned} W_y(f) &= \mathrm{DFT}[R_y(\tau)] \\ &= \frac{A^2}{4}[\delta(f-f_c)+\delta(f+f_c)+\delta_\varphi(f-f_c)+\delta_\varphi(f+f_c)] \end{aligned} \tag{4-83}$$

在工程上通常使用单边带噪声载波功率比来表示相位噪声的大小，从而衡量本地振荡器输出信号频率的不稳定性。单边带噪声载波功率比定义为距离中心载波一定频率处在 1 Hz 带宽内信号功率与载波功率的比值，单位为 dBc/Hz，公式表示为[46]：

$$\mathrm{PSD}(f)=10\lg\left(\frac{P_n(f_c+\Delta f,1\ \mathrm{Hz})}{P_s}\right) \tag{4-84}$$

考虑到 EHF 频段中高频载波调制更容易受到相位噪声的影响，IEEE 802.15.3c 和 IEEE 802.11ad 标准对 60 GHz 的相位噪声进行了研究，相位噪声模型公式表示为[46]：

$$\mathrm{PSD}(f)=\mathrm{PSD}(0)\frac{1+(f/f_z)^2}{1+(f/f_p)^2} \tag{4-85}$$

其中：PSD(0)是一个可变的常数，表示未发生频率偏移时的相位噪声功率谱密度 dBc/Hz；f 代表偏离载波中心频率的大小；f_z 代表零点频率；f_p 代表极点频率，单位是 MHz。

4.4.5 功放非线性

功率放大器在无线通信中发挥着重要的作用，信号只有经过功率放大器才能满足射频传输的要求，但是当信号工作在功率放大器的饱和区时，会产生幅度畸变和相位畸变，信号会受到严重的非线性影响，因此需要通过功率回退的方法降低非线性的影响，提升线性度，即通过减小功率放大器的输出功率来改善系统性能。相比于功率回退，预失真技术主要使用预失真线性化器产生与功放非线性刚好相反的特性，因此，通过预失真技术能够避免非线性，还能够提升额外的功放效率，预失真技术可以分为模拟预失真技术和数字预失真技术。毫米波频段具有工作带宽大、传输速率高等优点。常用的毫米波高功率放大器有固态功率放大器和行波管功率放大器。当毫米波功率放大器进入饱和区工作时，强非线性的特性会给信号带来严重失真和较大的带外干扰，因此，要提升无线通信系统的性能，必须解决功放的非线性失真。

4.4.6 同步

在卫星/地面通信系统中，信号经过信道传输后会产生时间延迟，如果接收端估计的定时时刻与信号的起始位置不一致，就会引入符号定时误差，影响系统的通信性能。在毫米波通信系统中，只有实现准确的定时同步，才能正确地进行载波同步、信道估计以及数据解调等步骤，一旦出现同步误差或者同步产生失误，通信就会恶化甚至中断[48]。因此，帧/符号同步是接收端处理过程中必不可少的部分。目前常用的帧同步检测方法有能量检测、自相关检测和互相关检测。

此外，无线通信系统收发两端振荡器的载波频率不匹配和由于高速移动产生的多普勒效应都将导致接收信号存在一定的载波偏差。而载波频偏会旋转接收信号的星座图，在解调时会产生误码，导致系统的通信性能下降。

在 NGEO 系统中轨道高度和类型、地面站的位置和卫星的覆盖区域均能够对多普勒频移产生影响[49]。当地面站处于卫星与地心的连线上时，多普勒频移为零，并且多普勒频移会随着移动逐渐增大。当地面站固定时，低轨卫星运动造成的多普勒频移变化如图 4-28 所示。

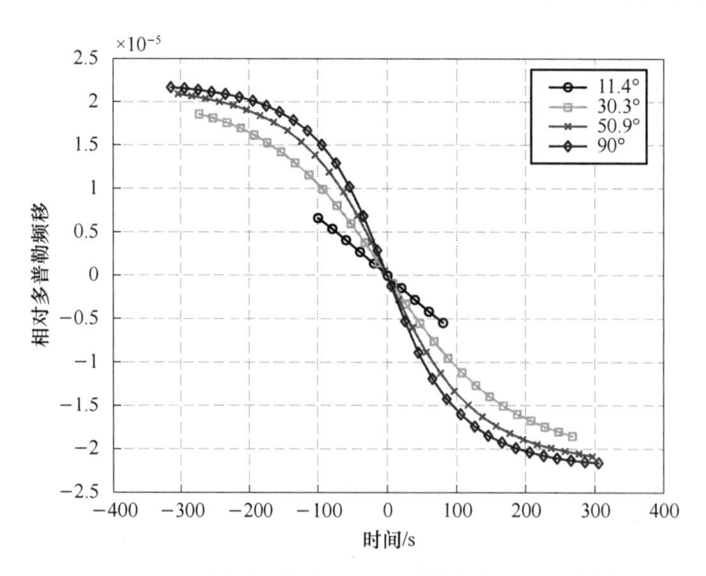

图 4-28　不同最大仰角时的多普勒频移特性曲线[49]

图 4-28 中轨道高度为 780 km，轨道倾角为 86.4°的圆轨道，最小可视仰角设置为 10°，卫星在其可见窗口内最大仰角分别为11.4°，30.3°，50.9°，90°时对应的多普勒特性曲线，能够看出多普勒变化范围会随着最大仰角的增大而逐渐变大。

多普勒频移与载波的频率和物体的相对运动速度有关，计算公式为：

$$f_d = \frac{v}{\lambda}\cos\theta = \frac{vf_c}{c}\cos\theta \tag{4-86}$$

其中，f_c 是载波频率，c 是光速，v 是两者之间的相对运动速度。毫米波频段中载波频率更高，产生的多普勒频移更加明显，因此需要进行采取相应的措施以保证星地融合通信系统的传输质量。

本章参考文献

[1] LEUNG P S K, FEHER K. FQPSK: a superior modulation technique for mobile and personal communications[J]. IEEE Trans. on Broadcasting, 1993, 39(2): 288-294.

[2] 崔高峰，李鹏绪，张尚宏，等. 天地一体化信息网络中卫星通信关键技术初探[J]. 电信网技术，2017(10)：1-6.

[3] 张琛. 多载波通信系统中的峰值平均功率比抑制技术研究[D]. 长沙：国防科学技术大学，2006.

[4] 杜伟. 高速 MAPSK 卫星通信系统关键技术研究与实现[D]. 北京：北京理工大学，2015.

[5] 王炜. SC-FDE 系统中的均衡技术研究[D]. 重庆：重庆大学，2014.

[6] 王竞. 单载波频域均衡 SC/FDE 与多载波 OFDM 的性能比较[D]. 上海：同济大学，2007.

[7] 孙少杰. OQPSK 调制单载波频域均衡技术研究[D]. 西安：西安电子科技大学，2017.

[8] 李飞. 无线通信系统新型多载波传输技术研究[D]. 北京：北京邮电大学，2019.

[9] 田野. 基于训练符号的 OFDM 同步技术研究[D]. 北京：北京交通大学，2007.

[10] 江涛. OFDM 无线通信系统中峰均功率比的研究[D]. 武汉：华中科技大学，2004.

[11] 宋伯炜. OFDM 无线宽带移动通信系统中信道估计与均衡技术研究[D]. 上海：上海交通大学，2005.

[12] 罗潇景. 基于滤波器组的多载波(FBMC)调制系统的研究及实现[D]. 成都：电子科技大学，2016.

[13] 宁勇强. 5G 新型多载波 FBMC 关键技术研究[D]. 北京：北京交通大学，2018.

[14] 王献炜. FBMC/OQAM 系统信道估计方法的研究[D]. 扬州：扬州大学，2020.

[15] 周娟红. OFDM 信号和 FBMC/OQAM 信号调制识别的研究[D]. 重庆：重庆邮电大学，2020.

[16] 芦世先. 降低 FBMC-OQAM 信号峰均功率比的无失真方法[D]. 武汉:华中科技大学,2013.
[17] 陈和力. UFMC 系统干扰抑制技术的研究与设计[D]. 重庆:重庆邮电大学,2018.
[18] 张雨. UFMC 系统中 PAPR 抑制技术研究[D]. 北京:北京邮电大学,2019.
[19] 徐雷. UFMC 系统中载波同步算法的研究与设计[D]. 重庆:重庆邮电大学,2018.
[20] 金洪善. 基于 FPGA 的 UFMC 基带系统的设计与实现[D]. 重庆:重庆邮电大学,2017.
[21] 王哲. 5G 毫米波 RF 硬件对波形的影响[D]. 重庆:重庆邮电大学,2019.
[22] FETTWEIS G, KRONDORF M, BITTNER S. GFDM-Generalized Frequency Division Multiplexing [C]//IEEE Vehicular Technology Conference, IEEE. Barcelona, 2009: 1-4.
[23] 杨阳. 卫星 GFDM 系统传输性能优化技术研究[D]. 成都:电子科技大学,2020.
[24] 邓炜锋. 广义频分复用(GFDM)系统 PAPR 抑制及干扰消除技术研究[D]. 北京:北京邮电大学,2019.
[25] 牛源. GFDM 调制检测算法研究[D]. 西安:西安电子科技大学,2019.
[26] 李大伟. 毫米波预失真线性化技术研究[D]. 成都:电子科技大学,2015.
[27] 侣秀杰. 记忆功率放大器数字预失真技术研究[D]. 大连:大连理工大学,2012.
[28] SALEH A. Frequency Independent and Frequency Dependent Nonlinear Model of TWT Amplifier[J]. IEEE Transactions on Communications, 1981, 29(11): 1715-1720.
[29] RAPP C . Effects of HPA-nonlinearity on 4-DPSK/OFDM-signal for a digital sound broadcasting system [C]//Proc of the Second European Conference on Satellite Communications. 1991.
[30] WANG C, CUI G F, WANG W D,et al. Joint Estimation of Carrier Frequency and Phase Offset Based on Pilot Symbols in Quasi-Constant Envelope OFDM Satellite Systems[J]. China Communications,2017,14(07):184-194.
[31] KIM J, KONSTANTINOU K. Digital predistortion of wideband signals based on power amplifier model with memory [J]. Electronics Letters, 2001, 37(23): 1417-1418.
[32] JERUCHIM M C, BALABAN P, SHANMUGAN K S. Simulation of communication systems: modeling, methodology and techniques [M]. Germany: Springer Science & Business Media, 2006.
[33] KIVIRANTA M, MMMEL A, CABRIC D, et al. Constant envelope multicarrier modulation: Performance evaluation in AWGN and fading channels [C]// MILCOM 2005 IEEE Military Communications Conference. IEEE,2005:807-813.
[34] THOMPSON S C, AHMED A U, PROAKIS J G, et al. Constant envelope OFDM phase modulation: spectral containment, signal space properties and performance[C]//Military Communications Conference: 2004. Milcom: IEEE,

2004：1129-1135.

[35] 韩元元. 恒包络 OFDM 的关键技术研究[D]. 南京：南京理工大学，2010.

[36] 王程. 卫星移动通信系统多载波传输技术研究[D]. 北京：北京邮电大学，2017.

[37] 陆阳，张东磊，王婷婷. 基于准恒包络正交频分复用的临近空间通信抗衰落技术[J]. 电信科学，2019，35(01)：113-120.

[38] AHMED A U, ZEIDLER J R. Novel Low-Complexity Receivers for Constant Envelope OFDM[J]. IEEE Transactions on Signal Processing, 2015, 63(17): 4572-4582.

[39] 郝才勇. Q/V 频段 NGSO 卫星通信进展[J]. 中国无线电，2018，276(08)：39-41，46.

[40] 刘清波，王权，张德鹏，等. Q/V 频段卫星通信技术特点与应用[C]//中国通信学会卫星通信委员会、中国宇航学会卫星应用专业委员会. 第十五届卫星通信学术年会论文集. 中国通信学会卫星通信委员会、中国宇航学会卫星应用专业委员会：中国通信学会，2019：10.

[41] YONG S K, CHONG C C. An Overview of Multigigabit Wireless through Millimeter Wave Technology: Potentials and Technical Challenges[J]. Eurasip Journal on Wireless Communications & Networking, 2007, 2007(1):1-10.

[42] GIANNETTI F, LUISE M, REGGIANNINI R. Mobile and Personal Communications in the 60 GHz Band: A Survey[J]. Wireless Personal Communications, 1999, 10(2):207-243.

[43] THOMPSON S C, AHMED, et al. Constant Envelope OFDM[J]. IEEE Transactions on Communications, 2008: 1300-1312.

[44] MULINDE R, RAHMAN T F, SACCHI C. Constant-Envelope SC-FDMA for nonlinear Satellite Channels[C]//Globecom 2013. IEEE, 2013.

[45] 刘静蕾. 60 GHz 通信系统中 IQ 不平衡的影响分析与补偿算法研究[D]. 成都：电子科技大学，2014.

[46] 王哲. 5G 毫米波 RF 硬件对波形的影响[D]. 重庆：重庆邮电大学，2019.

[47] 虞钊. 相位噪声对 CE-OFDM 卫星通信系统的影响与抑制研究[D]. 北京：北京邮电大学，2018.

[48] 袁雨晨. 高速移动环境下毫米波通信系统性能研究[D]. 成都：电子科技大学，2019.

[49] 赵月. 毫米波星间链路载波同步算法研究[D]. 北京：北京邮电大学，2020.

第5章 星地融合多址接入技术

5.1 多址接入技术概述

多址接入技术是无线通信接入网的核心技术之一，主要用来解决多用户接入问题，以把有限的资源分配给多个用户使用，实现按需、有序、可靠的多用户接入服务。无论是卫星通信系统，还是地面通信系统，为了使多个终端用户可以共享系统可用的接入资源，满足用户的接入服务需求，需要尽可能地减小多用户终端之间的信号干扰。因此，合理的资源分割及资源分配方式是实现高效多址接入的关键。其中，资源分割方式是指资源在不同维度上的分割方式，如正交域、非正交域等；而资源分配方式是指系统分配或用户占用资源的方式等。

在资源分割方式方面，传统的地面和卫星通信系统接入方式均采用正交多址接入技术[1,2](Orthogonal Multiple Access，OMA)。正交多址接入技术是在不同的维度上(如时域、频域、码域、空域等)分割来为多个用户服务，主要为频分多址(Frequency Division Multiple Access, FDMA)、时分多址(Time Division Multiple Access, TDMA)和码分多址(Code Division Multiple Access, CDMA)技术等。目前正在运营的主要卫星系统中，轨道通信[2,4](Orbcomm)系统的多址接入方式采用的是 TDMA；铱星(Iridium)系统采用了 TDMA/FDMA ；全球星(Globalstar)、奥德赛(Odyssey)系统[3]则采用了 CDMA。在地面通信系统中，除上述几种常用的多址接入方式外，还采用了正交频分多址接入和空分多址接入技术。此外，在海量设备接入互联网，实现万物互联的需求下，正交多址接入技术接入用户数、系统容量和资源利用率受限，不能满足低时延，高通信质量和高用户公平性等需求。因此，5G 及其后续演进系统都把新型非正交多址接入技术[4-6](Non-Orthogonal Multiple Access，NOMA)作为关键技术之一。NOMA 技术的目的是提高系统的频谱资源利用率，同时为海量接入设备的大连接提供可能。

在资源分配方式方面，现有分配策略主要有预分配、按需分配[7]、动态分配、随机分配[3]等，具体如下。

(1) 预分配(PA)

① 固定预分配(FPA):预先给每个用户分配固定的资源,每个用户只能在分配的资源上通信,不能占用其他资源。

② 按时预分配(TPA):根据业务量随时间变化的规律,预先做几次固定的调整,如根据白天和夜间的通话频率等进行调整。

(2) 按需分配(DA)

根据不同用户的需求,利用随机接入请求来分配有限的资源,信道分配可变,可提高系统的资源利用率,但是遇到突发请求较多的突发业务,用户频繁请求资源分配,工作效率降低[7]。

(3) 动态分配

根据用户终端的请求,将资源实时动态地分配给用户或移动通信终端。

(4) 随机分配

用户不需要调度,可以随机竞争占用信道资源,这种分配方式接入灵活,不受网络规模的限制,但高负载情况下系统性能较差。

现有地面/卫星系统主要采用“按需分配”或“动态分配”方式,即用户在使用资源之前先发起资源请求,然后由接入点为其分配合适的资源。这种分配方式通过协调不同用户发送数据的时间/频带等资源,可以有效地避免多用户间的干扰,但接入点和用户之间的信令交互过程也会带来较大的接入时延,并且用户需要具备完整的下行数据同步、解调等能力。相反地,“随机分配”方式不需要与接入点事先沟通,便可在任意时刻传输数据,可有效地降低接入时延,但用户间数据包容易产生碰撞,接入效率较低。最早提出的随机接入技术是基于 ALOHA 协议,典型的随机接入技术有纯 ALOHA、时隙 ALOHA (Slotted ALOHA,SA)、分集时隙 ALOHA(Diversity Slotted ALOHA , DSA)等接入方案。现有系统主要在部分特殊过程(如随机接入过程)或特定系统中(如天基物联网系统)采用“随机分配”方式。近年来,随着卫星通信需求的不断增加,以及星地融合技术的发展,“随机接入”方式因具备较低的接入时延而重新受到人们的重视,相关研究主要集中在提升随机接入技术有效吞吐量等方面。此外,还有一些混合的接入技术综合考虑了两种接入方式的优点,如随机-按需混合接入等。

在通常情况下,星地融合多址接入方式主要有两种,如图 5-1 所示,一是终端直接与卫星通信,二是终端通过地面基站转发与卫星通信。星地融合高效多址接入技术需要综合考虑频谱资源利用率、接入时延、容量、抗干扰以及终端的功率消耗等因素。本章将分别从正交多址接入技术、非正交多址接入技术、随机接入多址技术、多星协同接入技术和星地随机-按需混合多址接入技术等来介绍。

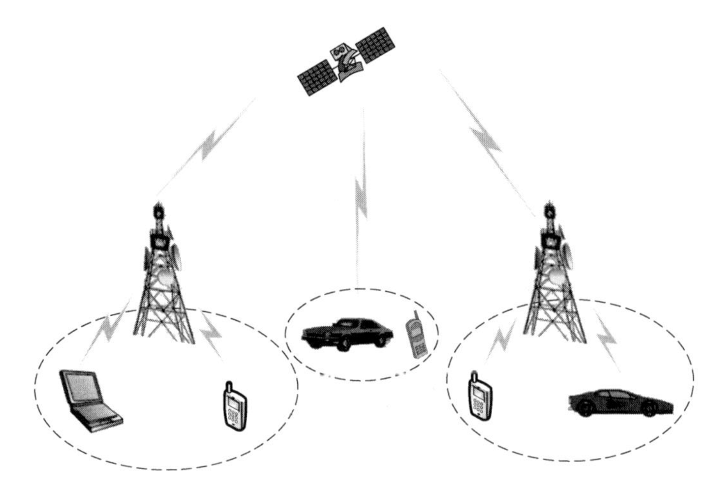

图 5-1　星地融合多址接入技术场景

5.2　正交多址接入技术

5.2.1　频分多址接入技术

频分多址接入(FDMA)技术[2]是在频域上进行分割,把总带宽分割成若干个互不重叠的子信道,且不同子信道之间是相互正交的,相邻子信道之间有保护带分离。如图 5-2 所示,每一个子信道只能被一个用户所占用,当多个用户同时通信时,不同用户必须使用不同的子信道,各用户之间互不干扰,接收端则通过利用子信道之间的正交性,通过滤波器滤除带外干扰,将原始数据解调出来[8]。FDMA 技术具有较高的频谱资源利用率。

用户之间通过频分多址进行通信如图 5-2 所示,假设用户 1 和用户 2 分别使用子信道 f_1 和 f_n 进行通信,每个子信道之间设置了保护带,保护带宽是为了防止相邻信道干扰。但保护带宽不能随意设置,保护带宽若设置得过宽,会降低系统的频谱利用率,保护带宽若设置得过窄,会给硬件的实施带来困难[8]。

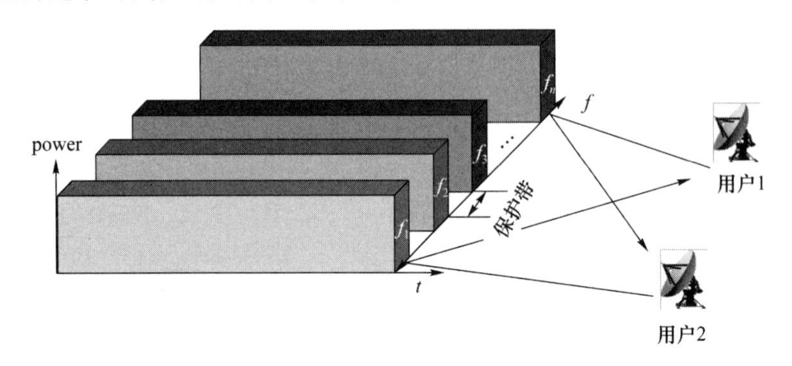

图 5-2　频分多址 FDMA 通信示意图

频分多址技术成熟，实现简单，成本较低，可靠性高，是地面移动通信系统和卫星通信系统发展早期阶段最主要的多址技术之一，到目前仍然是使用范围最广的，频分多址主要有以下两种实现方式[8]：单路单载波频分多址（SCPC/FDMA）和多路单载波频分多址（MCPC/FDMA）。下面介绍这两种多址接入方式。

（1）SCPC/FDMA

SCPC/FDMA 只能传输 1 路电话业务或者 1 路数据业务，在每 1 路载波上，SCPC/FDMA 在频率分配的方式上可以采用预分配方式和按需分配方式，当采用按需分配方式时需要根据用户的请求，有话音业务到来时打开数据传输通道，没有话音业务时关闭通道，可大大地提高信道的利用率[2]。SCPC 有以下一些特点[8]：

① SCPC 适合用户数量较多每个用户的通信业务少的场景；

② 可通过一些技术来提高系统的灵活性，如按需动态分配技术、话音激活技术等，从而充分利用资源，提高资源的利用率；

③ SCPC/FDMA 也存在一定的局限性，每 1 路载波只能发送 1 路业务，只适用于数据业务量较少的场景，对于业务量大的场景并不适用。

（2）MCPC/FDMA

MCPC/FDMA 是指多路业务信息在同一个载波上传输。MCPC/FDMA 通常适用于群路话音、群路视频、话音视频等综合业务[2]。MCPC/FDMA 也可以使用预分配或者按需分配方式，通过时分复用把多路数字基带信号复用在一起，调制到一个载波上发送。相比于 SCPC/FDMA，MCPC/FDMA 适用于业务量较大的点对点通信或者点对多点的场景[8]。

虽然频分多址技术实现简单，成本较低，技术成熟，应用范围广，但其仍然存在一些关键性问题[2,8]。

（1）功率控制问题

功率控制问题对卫星通信系统十分重要，如果发射功率过大，不仅会占用卫星发给其他用户的功率资源，而且会使发射信号进入非线性区，导致接收到信号不能正确解调；如果发射功率过小，不能满足所有通信链路的通信质量。因此需对发射功率进行控制。

（2）保护频带设置问题

载波偏移会使该信道的频谱落入相邻信道，导致频谱混叠，从而引起相邻子信道的干扰，保护频带的设置是为了避免这一干扰问题。因此需要合理地在各子信道之间设置一定的间隔作为保护频带。若保护频带设置得过宽，会降低系统的频带利用率；若保护频带设置得过窄，为严格控制邻信道干扰问题，则会给硬件实施造成困难。

（3）互调干扰问题

互调干扰是由于功放的非线性引起的。FDMA 是多载波系统，为满足通信质量，大多数的发射机都会使用高功率放大器，因此当发射机同时对多载波信号放大时，会让放大器工作在饱和状态，进入了功放的非线性区，产生大量的互调分量。

5.2.2 时分多址接入技术

时分多址接入（TDMA）技术是在时域上进行分割，如图 5-3 所示，在时间上划分成多个时隙，且每个时隙不互相重叠，所有的用户使用相同的载波频率在不同的时隙上通信。由于不同用户占用的是整个频带，因此 TDMA 不存在波间的干扰问题，但是为保证每个用户发送的信号在时间上不发生重叠，需要添加同步机制控制，只有同步上的用户才能无冲突地发送和接收信号。

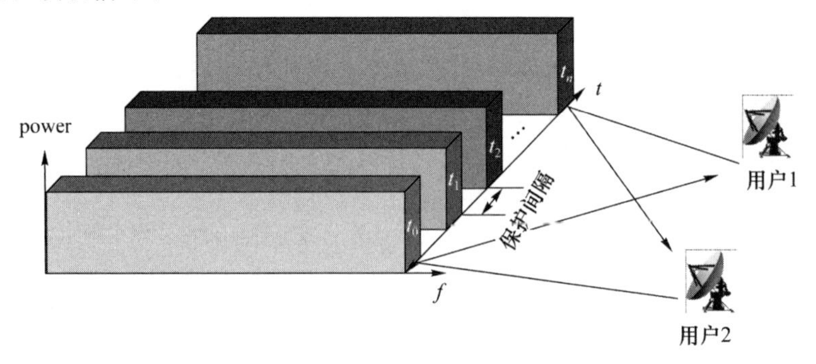

图 5-3　TDMA 原理图

时分多址接入系统需要设置同步信号作为参考突发信号，其他用户需要将此同步信号作为时间基准，在规定的时隙内发送业务信号，并确保每个用户根据指定的时间顺序依次发送业务信号，各用户不能在同一时间上发送。每个接收机都可以检测该信道上的所有突发信号，不同用户根据检测到的突发信号在规定的时隙进行通信[8]。在 TDMA 系统中，在每个规定的时隙内只能进行 1 路信号的发送，因此需要合理地设计帧结构和精确的时间同步算法，确保在接收端各用户的到达时间不存在重叠，而且需要确保接收端能够辨别发送用户，实现复杂度较高。

TDMA 系统需要合理地设计帧结构，即设计 TDMA 帧。TDMA 帧是发送或接收信号的基本时间周期。一般地，TDMA 通信系统还定义了超帧结构。1 个超帧由多个帧组成，1 个帧由多个时隙构成。TDMA 帧结构[2]如图 5-4 所示。TDMA 帧结构主要包括参考时隙和信令时隙等。信令时隙又包括保护时间、导频、业务、独特字等，其中保护时间是为了防止各用户之间发生重叠；导频用来完成定时同步，通过信道估计恢复载波；独特字表示突发类型是信令还是业务等，此外相位模糊还可以通过独特字解调。

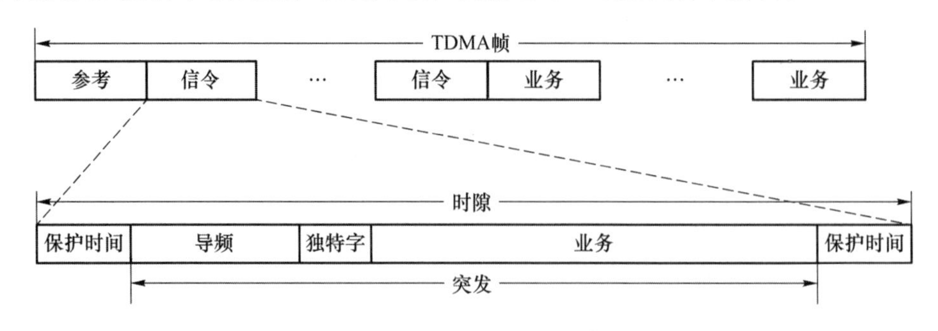

图 5-4　TDMA 帧结构[8]

TDMA 帧周期一般根据链路的传输效率和业务服务质量等需求进行设计。例如，话音业务的传输时延一般在 400 ms 以内，高轨卫星通信链路的往返时延一般在 280 ms 内，如果信号的处理时延和收发编解码所用的时延为 30 ms 左右，那么 TDMA 帧长应设计为 40 ms 左右[8]。实际的帧周期的范围一般可在 10～160 ms 之间选择，此外为保证通信质量，TDMA 帧内也需传输同步信号、控制命令、保护间隔、前导码等信息，这些也需要占用一定的系统资源[2,8]。

相比于 FDMA，TDMA 的优势[2,9]之处有：

① 多用户可以共享一个载波频率，不会产生强信号对弱信号的抑制问题，因此功率控制要求较低。

② TDMA 技术占用整个频带带宽，属于单载波传输，各用户只需在不同的时隙发送信息，保证信号不发生时间上的重叠，对载波频率没有限制，也不需要设置保护频带，因此系统的频带利用率高。

③ 由于 TDMA 系统是单载波特性，因此不存在互调干扰问题，可以充分利用发射机功率。

④ 各用户通信时隙可根据用户需求按需分配，也可以自适应动态分配。

此外 TDMA 也存在一些问题，TDMA 系统需要严格的时间同步，以确保各用户在各自的时隙内发送数据，为了不发生时间上的重叠，同步算法必须精确，对定时设备要求苛刻，实现复杂。

5.2.3　码分多址接入技术

码分多址接入（CDMA）技术是根据不同的正交码序列来区分不同的用户，即给不同用户分配不同的正交的伪随机序列码，称地址码，可以在同频同时发送。由于每个用户使用的伪随机序列码不同，因此接收端可以根据码序列较强的自相关性和较弱的互相关性分辨出不同的用户，即接收端使用与发端相同的伪随机序列码，通过相关运算解出该用户的发送信息，相反如果接收端未知发端发送的伪随机序列码，则不能解出该用户发送的信息。CDMA 技术常与扩频和跳频技术相结合，提高系统的抗干扰能力。下面介绍直接序列扩频多址技术和跳频扩频多址技术。

1. 直接序列扩频码分多址技术

直接序列扩频所发送的带宽比实际信号带宽高若干个数量级，因此称为“扩频”。直接序列扩频码分多址系统的组成框图如图 5-5 所示，假设有 n 个不同的用户，则需要 n 个地址码，信号源 $m_i(t)$ 与扩频序列 $c_i(t)$ 相乘，得到扩频后的码流 $x_i(t)$，$x_i(t)$ 的频谱被展宽，经过调制后得到调制符号 $s_i(t)$，将 $s_i(t)$ 送入信道。接收端是发送端的逆过程，接收信号先与本地振荡信号进行混频降低到中频，再进行解扩，即 $s_i'(t)$ 与发送端同样的码序列相乘得到 $x_i'(t)$，解扩后的序列进行信号解调得到发送序列。发送接收频谱图如图 5-6 所示，可见，发送信号乘扩频序列之后，发送信号频谱展宽，信号仿佛被“隐藏”起来，不易被截获。如果接收端未知发送的码序列，则很难恢复出原始信号，从而达到抗干扰的效果。

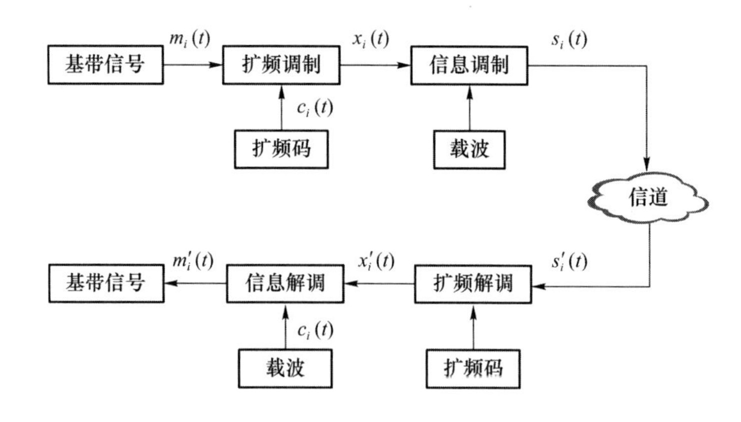

图 5-5　直接序列扩频码分多址系统的组成框图[8]

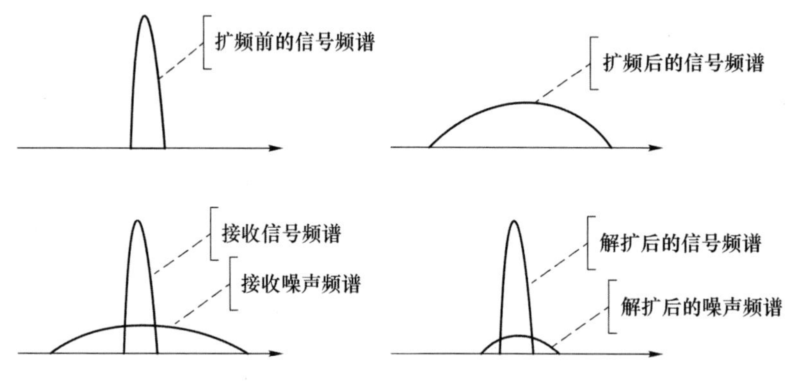

图 5-6　直接序列扩频频谱示意图

2. 跳频扩频多址技术

跳频扩频码分多址系统的组成框图如图 5-7 所示。在发送端，首先对基带信号调制，然后再与频率合成器输出的频率进行混频，其中频率合成器通过伪随机序列码控制其频率的输出，因此频率合成器输出的跳频信号的载波频率会随着伪随机序列变化。在接收端，跳频信号先通过宽带滤波器，滤除带外干扰，然后通过与发端一致的伪随机序列码控制频率合成器的输出频率进行混频从而解出发送的信号，若收端未知发端产生跳频序列的伪随机序列码，接收端不知道跳频的规律，解出来的只能是噪声。

跳频扩频多址接入技术提供了一定的安全保证，根据跳频速率，跳频扩频系统可分为快跳频系统和慢跳频系统，当跳频的速率大于信息传输速率时，称为快跳频系统，当跳频的速率小于信息传输速率时，称为慢跳频系统。前面介绍 FDMA 系统的载波频率是固定不变的，用户只能在固定的载波上传输信息，而跳频扩频多址接入技术的载波是随着伪随机序列码不断变化的。跳频扩频多址接入技术有抗干扰、抗截获以及通信保密等特点，因此一般用于军事通信[8]。

CDMA 方式的主要优势[2,8,10]如下。

① CDMA 以扩频技术为基础，因此它具有扩频技术的优势：

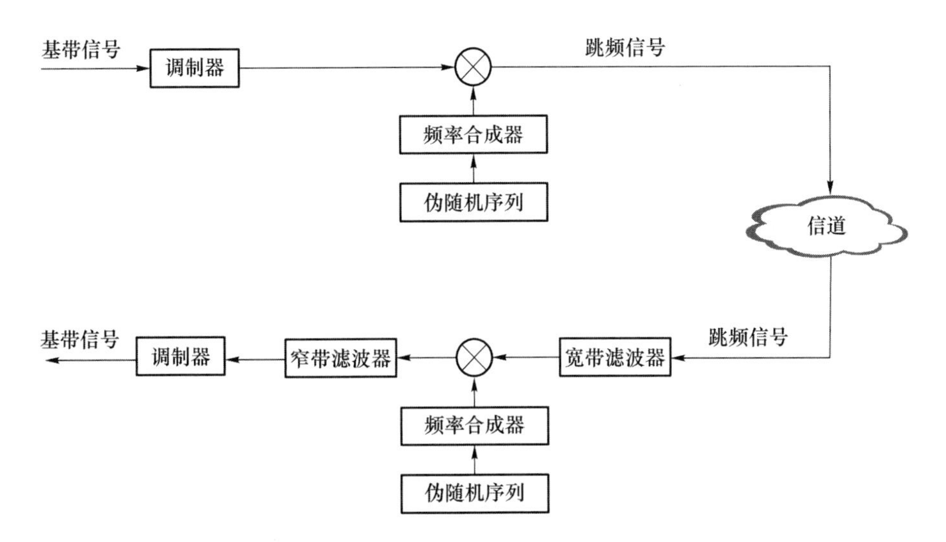

图 5-7 跳频扩频码分多址系统的组成框图[8]

a. 具有较强的抗干扰能力。

b. 安全保密性好。CDMA 扩频后其功率谱密度较低,发射信号仿佛被噪声"覆盖",此外如果接收端未知 PN 码序列,难以找到发射信号的规律,很难将发射信号正确地解调出来,因此其具有较强的防截获能力。

c. 具有抗多径衰落的能力。扩频调制技术可以通过伪随机序列码将不同路径上的信号分开,在时间和相位上重新对齐从而提高信号幅度,因此多径传输对 CDMA 系统的影响较小。与 FDMA 和 TDMA 相比,CDMA 更适合于衰落信道。

② CDMA 具有软容量特性。在 FDMA 和 TDMA 的通信系统中,当系统的频率资源或时隙资源都被分配完时,系统可容纳的用户数量无法再增加。而 CDMA 系统中时频资源占满后,仍然可以增加少量的用户。只是用户数增加时,会线性增加本底噪声,系统的性能会有所下降。因此在 CDMA 系统中,系统的容量达到饱和状态之后,仍可以增加少量的用户。

③ 易于扩容。CDMA 系统的各用户间采用的是相同的频率,与 FDMA 不同,CDMA 不需要分配频率。当系统扩展时,不需要为了安排新的频率对现有系统进行重新分配,扩容方便。

CDMA 存在以下缺陷:

① 自干扰问题。在实际的信道环境中,由于环境等因素的影响,用户之间的扩频序列码不是完全正交的,会存在自干扰问题。CDMA 系统解扩时,接收机中的信号除该用户的信息外还会有其他用户的部分发射信号的信息影响判决。

② 远近效应。远近效应指的是基站收到的各用户的信号功率不相等时,信号功率强的用户会影响信号功率弱的用户,导致信号功率弱的用户不能被基站接收。为了解决此问题,需要对各用户的发送信号进行严格的功率控制,但系统采用闭环功控会引入额外的信令交互,增加终端功耗,降低接入效率。

3. 混合扩频技术

除跳频和扩频系统外,CDMA 还有一些混合扩频技术。

(1) 混合 FDMA/CDMA(FCDMA)

FCDMA 系统是将带宽划分成多个子信道,每个子信道都可以认为是窄带的 CDMA 系统。这种混合系统的带宽不一定是连续的,还可以根据各用户的需求分配子信道。

(2) 混合直接序列/跳频多址(DS/FHMA)

这种混合多址技术首先做直接序列扩频运算,然后让其中心频率跟随伪随机码的变化而跳变。该技术的优点是可以有效地避免远近效应;缺点是 DS/FHMA 系统的接收机跳频信号同步很难实现。

(3) 时分 CDMA(TCDMA)

TCDMA 系统给不同用户分配不同的扩频码序列,每个特定的时隙只有一个 CDMA 系统的用户发射信号,当发生切换时,该用户的扩频码会更新为新的扩频码,因此 TCDMA 系统不存在远近效应的问题。

(4) 时分跳频(TDFH)

该技术是指用户在一个新的 TDMA 帧开始跳到一个新的频率,TDFH 可以有效地避免在某个特定信道上的严重衰落或者碰撞问题。

5.2.4 空分多址接入技术

空分多址接入(SDMA)技术是一种新型的多址接入技术,通过空间的划分区分不同的用户,即系统可以通过不同的波束区分用户或者覆盖不同区域的用户。以卫星通信为例,SDMA 原理图如图 5-8 所示,卫星上配有多根天线,每根天线的波束覆盖不同区域的用户,所有波束覆盖的用户都可以在同一频率和同一时隙下发送数据包,卫星将用户的信息重新排列,将发往同一用户的信息编成一个新的信号,发送给该用户。

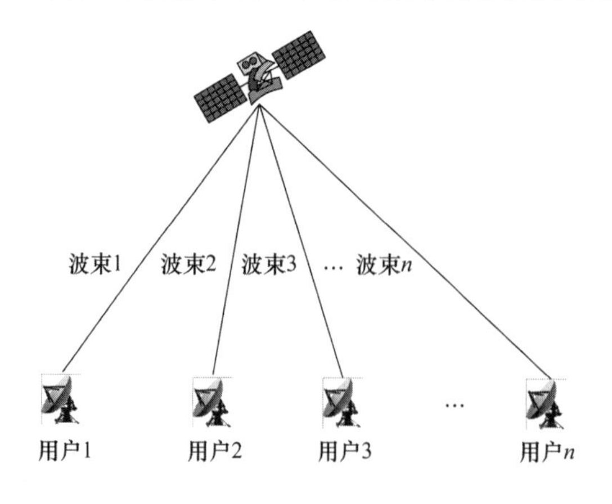

图 5-8　SDMA 原理图

空分多址接入技术的优势[2]有:

① 可提高系统的频谱利用率。SDMA 可以通过空分复用等方式充分地利用系统的频谱资源,提高频谱利用率。此外,在相同的时隙或相同的子载波内可以传输多路信号,使信道容量得到一定的提升。

② 可降低共信道干扰。SDMA 技术有空间滤波的作用,每个用户使用特定的波束,各个用户发射的信号在空间上互不干扰,信道可靠性高。

SDMA 技术也存在一些挑战:为了可以使不同波束覆盖区域的用户进行通信,需要更为复杂的信号处理技术,会使基带或射频信号处理负荷加重。此外,SDMA 通常不单独使用,一般与其他多址技术结合使用。

5.2.5 按需分配多址接入

按需分配多址接入(DAMA)是一种按需动态的分配方式,其分配流程如图 5-9 所示。首先各用户根据自己的需求向系统请求资源,系统接收到来自用户的请求之后,给每个请求用户分配时隙,并将分配时隙的结果通过下行链路告知给用户,最后用户在分配好的时隙上进行数据传输,建立通信业务。

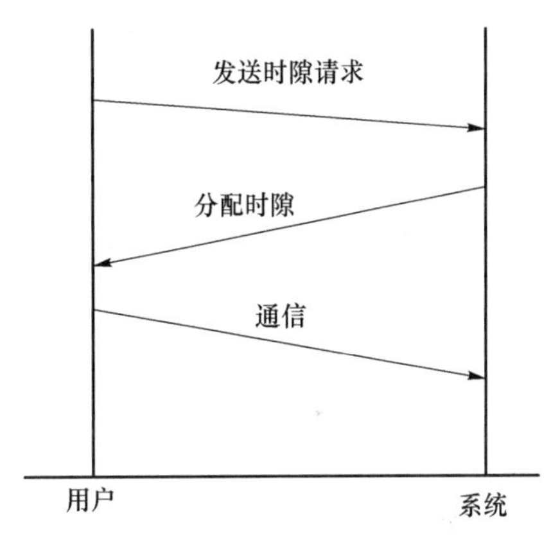

图 5-9 DAMA 通信示意图

DAMA 技术存在请求过程和时隙分配引起的时延问题,因此 DAMA 一般不会单独使用,而是与一些多址接入方式混合使用,如混合自由/按需分配策略(CFDAMA)、突发目标按需分配多址接入(BTDAMA)。CFDAMA 技术主要实现思路是在执行了按需分配的策略之后,如果时隙没有被全部占用还存在空余的时隙,则可在空余的时隙上执行自由分配的策略,这种策略比 DAMA 更能够充分利用系统资源。BTDAMA 是 DAMA 的改进方案,BTDAMA 支持 ON/OFF 类型的数据传输,因此 BTDAMA 必须合理设计帧结构和精度较高的调度算法。ON 状态表示有信道分配需求,业务将以恒定速率持续到达,OFF 状态表示没有信道分配需求,认为业务没有到达。

5.3 非正交多址接入技术

传统的 OMA 技术通常从频域、时域或码域等维度进行分割,不同用户分配到的无线资源互不重叠,大大降低了资源的利用率。与 OMA 相比,非正交多址接入(NOMA)技术在发送端增加了功率域[11](PD-NOMA)或码域[12](CD-NOMA),使其没有了正交性,NOMA 技术可以使不同的用户在同一频率和同一时刻上发送数据,在一定程度上可以提高频率资源的利用率。但多用户同时同频发送会主动引入多用户间的干扰,接收端则需要使用串行干扰消除(SIC)或最大似然检测(ML)等[12]类似的方法将多用户区别开,完成正确解调。

(1) 功率域 NOMA

功率域 NOMA 技术是 OMA 技术的一种扩展,在 OMA 技术的基础上增加功率域划分,利用不同用户在不同路径上的损耗不同,通过功率分配算法给每个用户分配功率,信号强的用户分配较小的发射功率,信号弱的用户分配较大的发射功率,最后将不同用户信号叠加发送出去。在接收端首先为分配功率较大的用户解调,其次通过串行干扰消除技术为分配功率较小的用户消除多用户间的干扰,然后解调出发送功率较小的用户信号。功率域 NOMA 技术可以在相同的时频资源上复用多个用户,PD-NOMA 资源分配原理示意图如图 5 10 所示,User1 和 User2 可以在同一时隙和同一频带上以不同的发送功率发送。与 OMA 相比,PD-NOMA 提高了资源利用率,但同时为了区分不同用户引入了 SIC,增加了接收机的复杂度[13]。

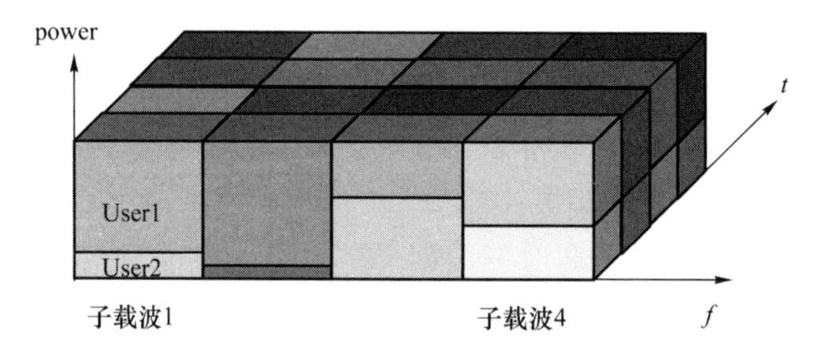

图 5-10　功率域原理图

(2) 码域 NOMA

码域 NOMA 与功率域 NOMA 不同的是,码域 NOMA 是给不同的用户分配不同的码序列,与 CDMA 类似,但是又有区别,码域 NOMA 技术的码序列是短序列且不是正交的,这在接收端解调时就不能完全消除干扰用户的影响,因此会引入多用户之间的干扰,接收端需要首先通过 SIC 算法消除多用户之间的干扰再进行多用户的解调。目前,比较成熟的码域 NOMA 技术有:稀疏码分多址接入[14-16](SCMA)、图样分割多址接入[17,18](PDMA)、多用户共享接入[19,20](MUSA)等技术。下面主要介绍这三种接入技术。

5.3.1　多用户共享接入

多用户共享接入(MUSA)是指给不同的用户分配不同的复数域序列,这些序列有较低的互相关特性。MUSA 的原理如图 5-11 所示,以 2 个用户为例,给每个用户分配不同的码元序列 c_1 和 c_2,每个用户发送的符号与其各自的码元序列相乘,得到扩展后的序列,将各用户扩展后的序列叠加发送出去。由于 MUSA 采用的复数域序列是非正交的,将各用户发送的调制符号扩展后也是非正交的,叠加后在同一时频资源上发送会引起用户间的多址干扰。接收端收到多用户叠加的数据后首先通过线性检测算法(如 MMSE)来检测待解调数据,得到用户初始估计数据,再利用 SIC 算法依次对每个用户数据处理,SIC 算法每次只能解调出一个用户的数据,当解调此用户的数据时,其他用户的数据被当作干扰,若得到的是该用户的初始估计,那么就认为该用户的数据被检测到了。否则,SIC 会进一步执行干扰重构消除[19]，SIC算法也因此得名。SIC算法一般需进行多次迭代才能逐步恢复出所有用户的原始数据。

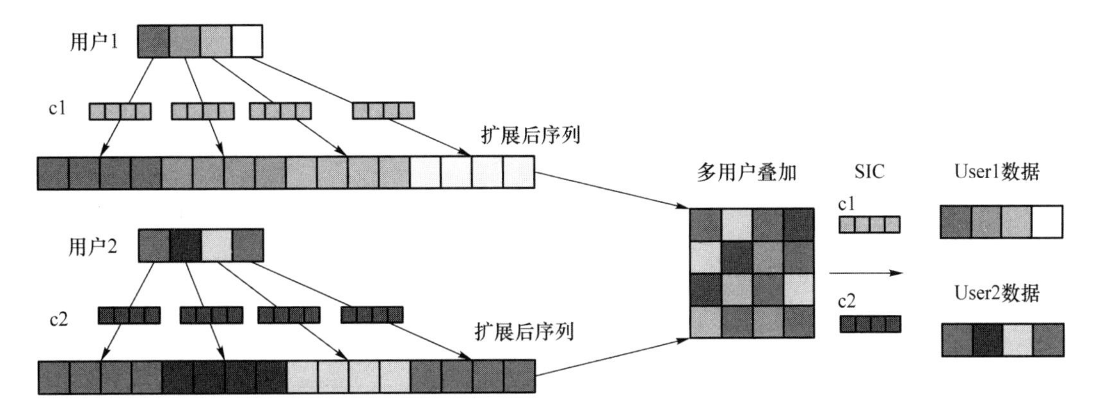

图 5-11 MUSA 系统原理图[19,20]

MUSA 系统中通过定义用户过载率来衡量 MUSA 系统用户接入情况[19,20]，其公式如下所示：

$$\mathrm{OR}=\frac{K}{L} \tag{5-1}$$

其中，K 为接入的用户数，L 表示为复数序列的长度，用户扩展后的序列需要占用更多的资源，扩展后占用的资源(序列的长度)是扩展前的 L 倍。过载性体现在用户的数量要大于扩展序列的长度 L，即过载率一般大于 100%。较长的扩展序列虽然会增加用户的接入数量，但也给系统带来高的处理延时和计算复杂度。因此 MUSA 系统设计的序列不宜过长。MUSA 中常用的复数域多元码序列有两种：一种为复数二元码集合，$\{1+i,-1+i,-1-i,1-i\}$，集合中有 4 个元素，可构成扩展序列的个数为 4^L；另一种为复数三元码集合，$\{0,1,1+i,i,-1+i,-1,-1-i,-i,1-i\}$，集合中有 9 个元素，可构成的序列个数为 9^L。用户可随机地选择可扩展的序列。

MUSA 的特点[12,19]如下：

① 免调度。MUSA 接入技术不需要申请资源等复杂的操作，各用户可以随时发送数据，系统实现简单，大大降低终端的能耗。

② 低速率下用户过载率较高。由于 MUSA 是通过复数域序列实现多用户在相同的时频资源上传输，接入的用户数与复数序列的长度密切相关，复数域序列越长，可以接入用户总数量就越多，MUSA 接入技术在低的传输速率下的过载率较高。

③ 扩展序列短且有低互相关特性。与 CDMA 不同，MUSA 的序列长度更短，扩展序列的长度影响着接收机的算法复杂度。虽然 MUSA 的序列很短，但是互相关性也很低，适合用在大量用户接入的场景。

5.3.2 稀疏码分多址接入

稀疏码分多址接入(SCMA)技术也属于码域 NOMA，其关键技术是多维调制和低密度签名，不同用户分配不同的稀疏码本，且各个码本之间是非正交的，SCMA 就是通过码本的稀疏性对多用户联合检测。SCMA 的收发流程如图 5-12 所示，发送端将不同用户数据经过信道编码、SCMA 编码后直接将数据映射到资源网格上，经过 IFFT 变换，加 CP 后生成发送数据，最后将多用户发送数据叠加，通过天线发送出去。与 LTE 上行发送信道不同的是，使用 SCMA 编码取代了调制、加扰和 DFT 变换模块。接收端的过程是发送端的逆过程，接收端经过去 CP、FFT、解资源映射、SCMA 解码分离不同的用户，再分别对不同用户的数据进行信道译码，解出各用户发送的数据。SCMA 的译码方法常采用消息传递算法 MPA 检测多用户[15]，系统的算法复杂度较低。

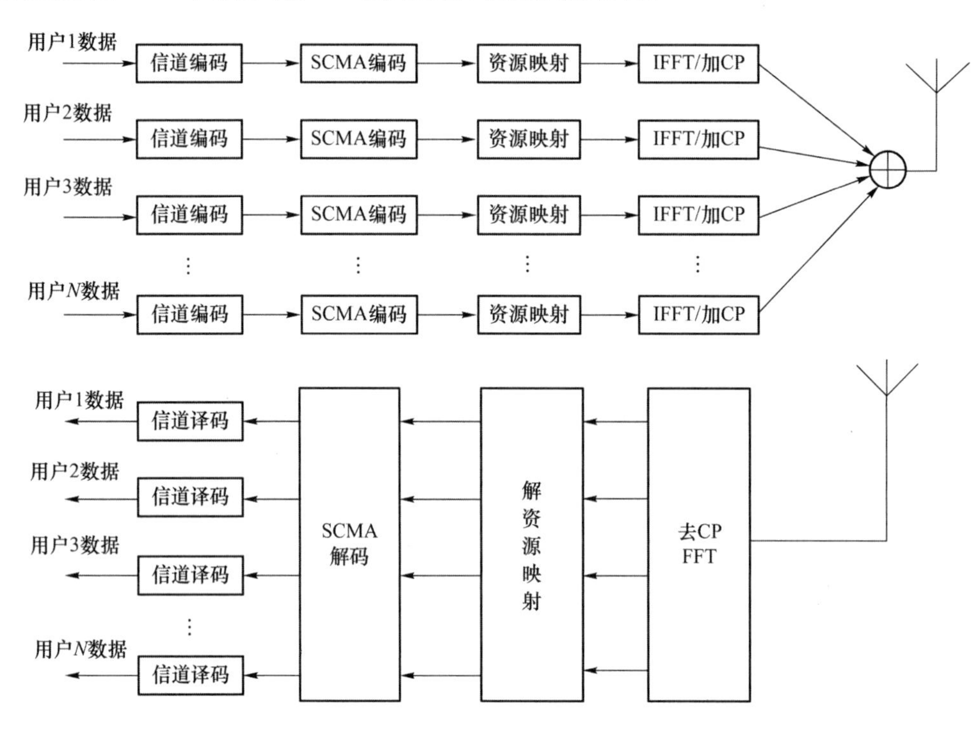

图 5-12　SCMA 上行收发模型[12]

SCMA 有两种关键技术：低密度扩频技术和多维调制技术。低密度扩频技术的主要思想是使用 SCMA 码本把单个子载波的用户数据扩展到多个子载波上，并且每个子载波上可以有 1 个或者多个用户的数据，不能有全部用户的数据，假设该 SCMA 系统有 $N+K$ 个用户、K 个子载波，相当于 $N+K$ 个用户共用 K 个子载波，实现了用户过载，也正因如此，每个用户之间是不可能完全正交的，存在单个子载波上的数据不是某一个用户的数据，而是会存在其他用户数据的干扰，需要进行多用户解调，因此需要多维调制技术来解决这一问题。多维调制技术除了调制幅度和相位之外，还实现了使不同用户的星座点之间的欧氏距离变得更大了，由此大大增加了多用户检测和抗干扰性能。SCMA 系统会给每个用户分配不同的 SCMA 码本，接收端可以根据不同用户的码本通过多维调制技术将数据解调出来。

(1) SCMA 编码原理

在低密度签名系统(LDS)中,各用户发送的信号经过信道编码、调制、乘扩频序列后叠加在一起发送;在 SCMA 系统中,经过信道编码后的数据直接根据 SCMA 的码本映射到 K 维的发送序列中,其中 K 维发送序列表示为 K 维稀疏码字,组成码字的空间称为用户的码本。

SCMA 的编码器定义[15]为:

$$f: B^{\log_2 M} \rightarrow X \tag{5-2}$$

其中,B 表示每个用户原始比特数据,M 表示码本的大小,X 为 SCMA 编码后生成的 K 维稀疏码字。SCMA 编码器将每$\log_2 M$ 个比特映射为一个 K 维稀疏码字,码字的维度 K 一般等于子载波数,而且每个码字中非零实体的数量 N 小于码本维度 K,即 $N<K$,因此码字的稀疏性由此得来。

SCMA 编码过程如图 5-13 所示,SCMA 编码器的主要思想是根据用户输入的比特数据选择不同的 SCMA 码本。例如,图 5-13 中有 6 个用户发送数据,共占用 4 个子载波,每个用户首先经过 SCMA 编码,然后将编码后的数据叠加,再映射到物理资源块上发送出去。所有用户占用的时频资源相同,4 个子载波上发送 6 个用户的数据,显然各用户之间是非正交的,也正是其非正交的特性,实现了用户过载,过载率为 150%,提高系统的频带资源利用率。

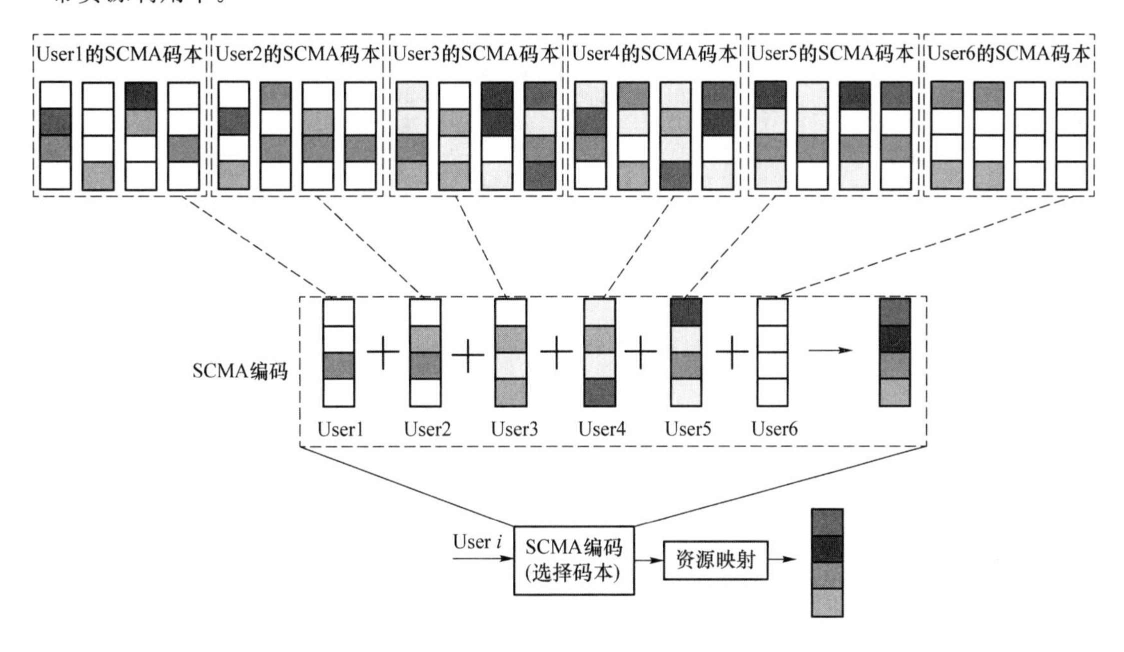

图 5-13 SCMA 编码原理[12]

(2) SCMA 码本设计[12]

SCMA 码本设计是 SCMA 系统的关键问题,码本设计与接收机的复杂度是密切相关的,码本设计主要包括映射矩阵的设计和多维星座生成,映射矩阵的设计决定了各用户占用时频资源的情况,多维星座图的设计表示用户数据到复数星座矩阵的映射关系。

SCMA 系统中各用户可以共享相同的时频资源。如果用户的数据量多于码本的长度，那么系统就会超载。由于 SCMA 系统拥有每个用户的码本，因此可以通过多维星座调制技术进行多用户检测，将不同用户的数据解调出来。

SCMA 码本的设计更加灵活且可配置，可以根据不同的应用场景生成不同的 SCMA 码本，以满足不同场景的需求。SCMA 一般可以应用在吞吐量高的场景，海量接入场景等。

5.3.3 图样分割多址接入

图样分割多址接入（PDMA）技术[12]的主要思想是给不同的用户分配不同的分集图样，PDMA 是一种基于图样的多址接入技术，需要发送端和接收端联合设计，实现功率域、空域和码域等多维度资源联合，属于非正交多址接入技术，将经过 PDMA 编码的用户叠加起来发送，以此可以获得更高的多用户复用和分集增益。接收端可通过 SIC 检测算法检测出各用户。PDMA 多用户图样映射的图样设计如图 5-14 所示，仍假设有 6 个用户、4 个子载波，6 个用户叠加在 4 个子载波上实现 150%的系统过载率，每个用户的填充颜色空白的子载波不映射到 RE 上，每个用户填充颜色的数量相当于发送的分集度，如 User1 的分集度为 4，User2 的分集度为 2。

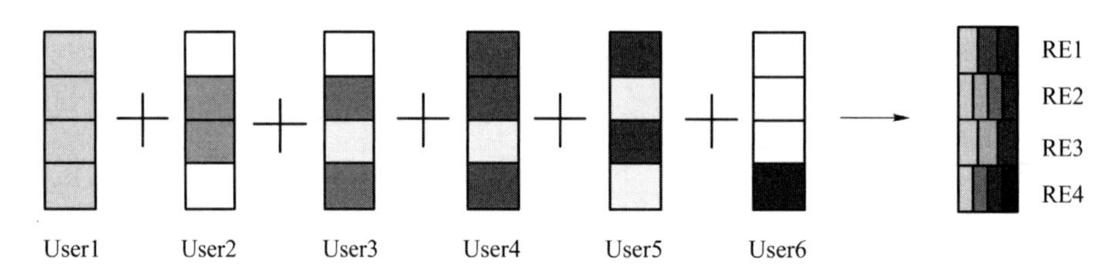

图 5-14　6 个用户在 4 个 RE 上的图样[18,21]

本例中的 PDMA 的图样矩阵为：

$$\boldsymbol{G}=\begin{bmatrix}1 & 0 & 0 & 1 & 1 & 0\\ 1 & 1 & 1 & 1 & 0 & 0\\ 1 & 1 & 0 & 0 & 1 & 0\\ 1 & 0 & 1 & 1 & 0 & 1\end{bmatrix} \tag{5-3}$$

接收机的复杂度可由图样矩阵中 1 的个数来决定，1 的个数越多表示用户分集度越高，接收机的接收算法就越复杂。根据 PDMA 的图样矩阵（式(5-3)）可以看出 User1 的分集度是 4，在 6 个用户中分集度是最高的，所以在 4 个 RE 上均映射了 User1 的数据，User2 的分集度是 2，映射到 RE2 和 RE3 上，依此类推，6 个用户按照图样分别映射到不同的 RE 上，最后将 6 个用户映射后的数据叠加，在同时同频的资源里发送。由于分集度高的用户其传输的可靠性也高，因此分集度高的用户可以先解调。但是不能为了提高可靠性而将每个用户的分集度设为很高。发送端应该合理地设计 PDMA 的图样和用户过载率，在使得系统性能达到要求的情况下，实现低的接收机算法。PDMA 的系统模型如图 5-15 所示。

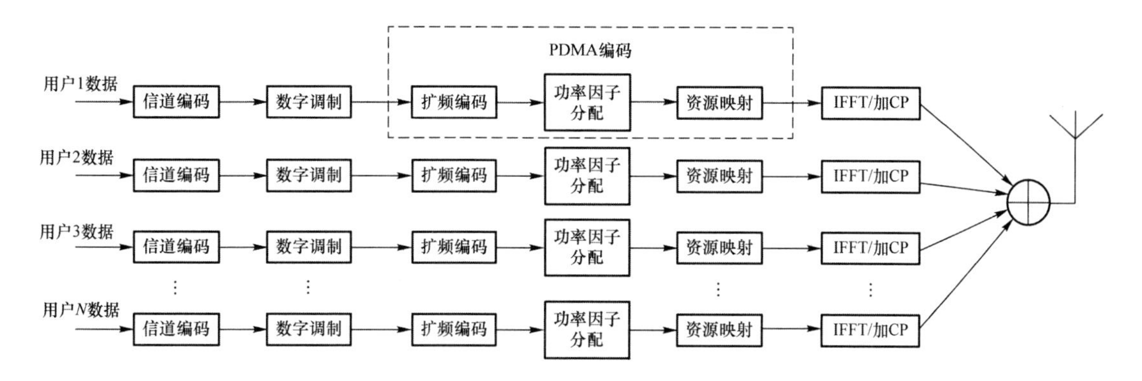

图 5-15 PDMA 的系统模型

PDMA 发送端的关键技术主要有 3 种:图样设计、图样分配和功率优化。

(1) 图样设计

PDMA 的图样设计需要考虑两大原则[22]:

① 为了提高多用户的接入能力和提高频谱利用率,可以在一个 PDMA 系统中设计多种分集度的图样,不同分集度的组数越多越好,从而获得较高的复用能力。但是接收机的复杂度与图样矩阵中非 0 个数呈指数的关系,因此在满足系统需求的情况下要尽可能地减少图样的个数。

② 使相同分集组内的干扰尽可能的小,即不同图样序列的重叠部分最小,减小使用同一资源的用户数量,达到好的干扰消除效果。

(2) 图样分配[22]

发送端图样的分集度有多种可能,不同的分集度承载不同的业务能力,用户的分集度高表示该用户的业务能力要求高,分集度低表示业务能力要求低,但是站在用户公平性的角度,想要保证每个用户的公平性,需加入公平性原则,将分集度较高的图样分配给信道质量较差的用户,将分集度较低的图样分配给信道质量较好的用户。针对上行的 PDMA 系统,在对延时有严格要求的场景下,可以使用免调度方案。比如车联网,请求调度必然会引起较大的延时;在上行以短包业务为主的场景中,信令开销对系统性能有很大的影响,免调度方案可以降低时延和信令开销,但同时接收机的复杂度也相应提高。

(3) 功率优化

PDMA 是多维度(时间、频率、功率、码域)联合设计的一种多址接入方案,根据用户需求给不同用户分配不同的功率优化方案,从而为各用户分配功率。发送端合理的功率优化方案会在一定程度上提高接收机的解调性能。

5.4 基于 ALOHA 的随机多址接入技术

ALOHA 是夏威夷大学提出的一种多址接入技术,用来解决夏威夷群岛间的通信问题[23]。近年来,海量物联网业务接入需求日益增长,传统的正交多址接入技术即使使用动态分配的方式仍不能满足海量物联网用户接入的需求[24],同时基于“请求”的正交多址接入技术效率较低，而随机多址接入技术具有实现简单、可有效减少控制信令开销等优点。本节主要介绍几种基本的随机接入多址技术，纯 ALOHA、S-ALOHA、DSA、CRDSA 和 ACRDA。

5.4.1 纯 ALOHA 方式

纯 ALOHA 方式是最基本的随机接入多址方式，其主要思想是不同用户在同一频段上随机地向系统接入点发送数据分组，ALOHA 系统不需要定时同步，不同用户发送数据包时的工作原理图如图 5-16 所示。各用户发送数据的时间完全是随机的，因此也会存在碰撞的问题，多用户之间发生碰撞，则需要等待一定的时间之后重新发送数据直到发送成功为止。

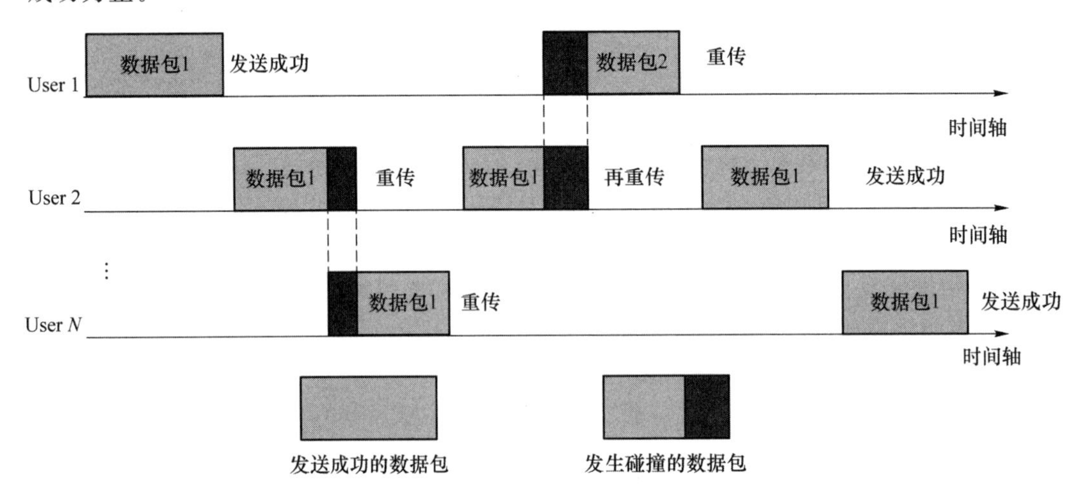

图 5-16　ALOHA 原理图[7]

从 ALOHA 原理图中可以看出，纯 ALOHA 多址接入方式适用于用户数量和发送数据包较少的场景，用户数量越多，发生碰撞的概率就越大，需要重传的数据包越多，系统越容易进入恶性循环。ALOHA 的最大信道利用率为 0.184[1,8]，也就是说当业务量较低时，系统的信道利用率也会随着业务量的增加而增加；但是当业务量增加到一定程度时，碰撞就会变得很频繁，需要重传的次数变多，从而引起更多的碰撞，致使通信质量下降，说明 ALOHA 系统是不稳定的。

5.4.2 S-ALOHA 方式

为了解决纯 ALOHA 技术的碰撞问题，时隙-ALOHA(S-ALOHA)被提出，S-ALOHA 在纯 ALOHA 的基础上增加了时隙的划分，在以系统接入点为参考点的时间轴上划分多个时隙，各用户发送的数据分组信号必须在指定的时隙内传输，每一个分组只能占用一个时隙，如果有两个或者两个以上的分组落入同一个时隙就会发生碰撞。由于 S-ALOHA 系统引入了时隙的概念，因此需要系统时钟作为参考点，决定分组发送时间，而且每个用户的发射控制单元必须与该系统时钟保持同步。这种接入方式在一定程度上降低了碰撞的概率,只有在一个时隙内落入多个分组数据才会发生碰撞。缺点是 S-ALOHA 系统需要严格的定时和时间同步,而且保证每个数据分组有固定的持续时间。S-ALHOA 虽然信道利用率较纯 ALHOA 提高了一倍,但是仍然存在系统不稳定的问题。S-ALHOA 的工作原理如图 5-17 所示。

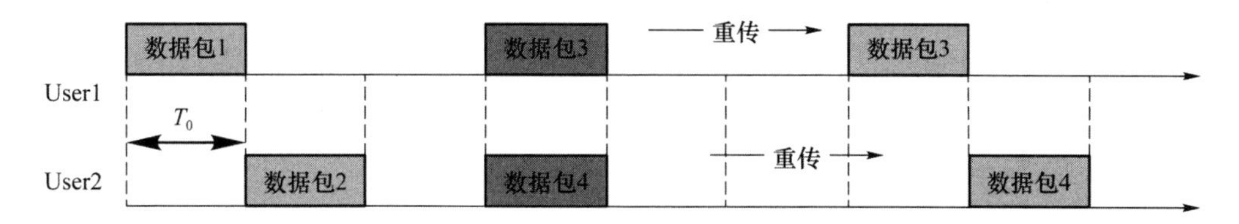

图 5-17 S-ALHOA 工作原理[7]

User1 和 User2 分别在不同的时隙发送数据包,即数据包 1 和数据包 2,两个数据包之间没有发生重叠,因此数据包 1 和数据包 2 没有发生碰撞;而数据包 3 和数据包 4 在相同的时隙内发送,对于 S-ALOHA 是完全发生碰撞,在此情况下,重传的机制与纯 ALOHA 相同,两用户会在之后随机的一个时隙再次重新发送数据包 3 和数据包 4,直到完全成功接收为止。

假设用户发送的数据包满足泊松分布,S-ALOHA 数据包传输成功的概率[7]表示为:

$$P_{\mathrm{dec}}=\mathrm{e}^{-\lambda t} \tag{5-4}$$

吞吐量表示为:

$$S=\lambda \mathrm{e}^{-\lambda} \tag{5-5}$$

5.4.3 DSA

分集时隙(Divesity Slotted ALOHA,DSA)协议是根据 S-ALOHA 协议扩展而来的,也有时隙的概念,其基本原理为:当用户发送数据包时,首先将该数据包复制 k 份,然后用户终端随机选择不同的时隙发送复制包,DSA 的工作原理如图 5-18 所示,User1 的第 1 个数据包发送成功了,即使其复制包发生碰撞也不需要重传了,User2 的第 1 个数据包发生了碰撞,其复制包被正确接收了,因此数据包 2 也不需要重传。综上所述,接收端接收到该用户的任何一个数据包就认为接收成功,为了避免数据接收重复,接收端一旦接收成功若干复制包中的一个,就会拒绝其他复制包,根据这些复制包的发送特点 DSA 可分为频域分集和时域分集[2,25]。

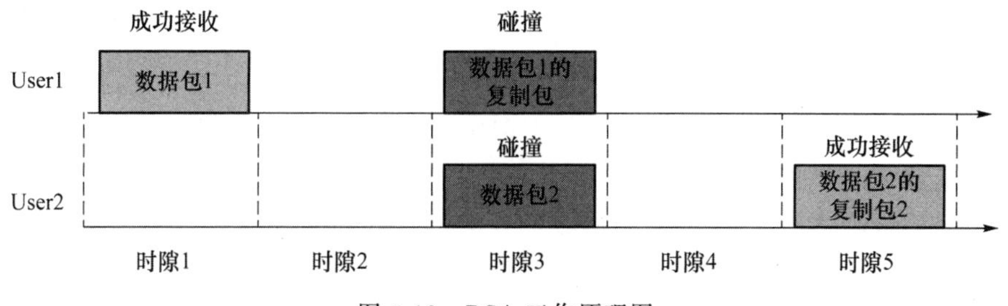

图 5-18 DSA 工作原理图

（1）频域分集

频域分集指的是用户发送数据包时，会在所有子信道中选择若干个子信道发送该包的复制包，在接收端只要能成功解调任一信道上的数据包则认为接收成功。

（2）时域分集

时域分集指的是每个用户发送的复制包之间需要经过一定的时间间隔。假设用户的传输往返时延为 T，数据包的持续时间固定为 t，用户发送数据包后会等待 T 时间，如果发送端在这期间接收到确认，则认为该数据包发送成功，否则随机地等待一个时间 R 重新发送数据包，平均随机重传时间 $\overline{R}$ 一般比数据包持续时间 t 大 5～10 倍[2]，但是比传输往返时间小很多，因此数据包之间传输可以认为是相互独立的。

假设用户发送的数据包数量服从参数为 λ 的泊松分布，数据包持续时间固定为 t，那么平均每个时隙上的总流量为 $G=\lambda t$。如果用户产生复制包的数量为 k，并且每个复制包的传输是独立的，可得到复制包的传输数量服从参数为 λk 的泊松分布，因此平均每个时隙上的总流量为 $\lambda kt=kG$。得到一个复制包发送成功的概率为：

$$P_s'=\exp(-kG) \tag{5-6}$$

那么，k 个数据包发送成功的概率为：

$$P_s=1-(1-P_s')^k \tag{5-7}$$

5.4.4 CRDSA

竞争解决分集时隙 CRDSA[26] 是在 DSA 技术的基础上进一步衍生技术，DSA 包括时域分集和频域分集。对于时域分集，DSA 本质和纯 ALOHA 以及 S-ALOHA 相似，其随机接入方式是单载波的形式，用户需要在发送端节点选择两个或多个不同的时隙发送复制包；对于频域分集，DSA 的随机接入方式是多载波的形式，即发送端节点可以选择在相同时隙不同载波信道上发送复制包，而 CRDSA 属于时域 DSA 的思想。

CRDSA 的主要思想与 DSA 类似，通过增加随机接入负载来提高系统的成功接入率。负载的增加会使发生冲突的概率增加，从而增加丢包率。因此 CRDSA 在 DSA 的基础上进行了改进，通过迭代干扰消除技术，有效地解决了大多数 DSA 中存在的数据包碰撞问题，这在一定程度上降低了数据包传输时延，减小了丢包率，并且获得了比 SA 和 DSA 更高的吞吐量[25]。

假设接入网络链路是单载波，终端一旦接入网络即保证 TDMA 时隙同步，并假设解调器位于系统接入点上，不同的终端可以共享系统的资源。终端发射功率由一个基于闭环算法的功率控制机制进行选择性控制。

如图 5-19 所示的帧结构，用户需要在一个帧中随机选择两个时隙发送数据包，并且在这两个时隙发送的数据包相同，每个数据包中都包含另一个相同数据包的位置信息，即每个数据包都知道与它相同数据包的位置，反之亦然。CRDSA 算法就是利用这一点，首先有一个成功接收的消息包，然后根据这个数据包消除在其他时隙位置上由它的复制包所引起的干扰，消除干扰后可恢复该时隙上的数据包，依此类推迭代使用可以解出大多数最初由于碰撞而丢弃的数据包。图 5-19 中 PK1 和 PK2 在一个时隙内发生了碰撞是不能先进行解调的，而第 5 个时隙的 PK3，没有发生碰撞，可以被解调出来，PK3 解出来后，可以解时隙 4 的 PK2，此时 PK3 认为是干扰，需要消除，进而解出 PK2，依次进行迭代运算，尽可能地解出更多的数据包 PK1、PK6。当然并不是所有的数据包在每次迭代后都可以解出，例如时隙 6 和时隙 8 的 PK4 和 PK5 形成了一个闭环，最终不能被解调出。

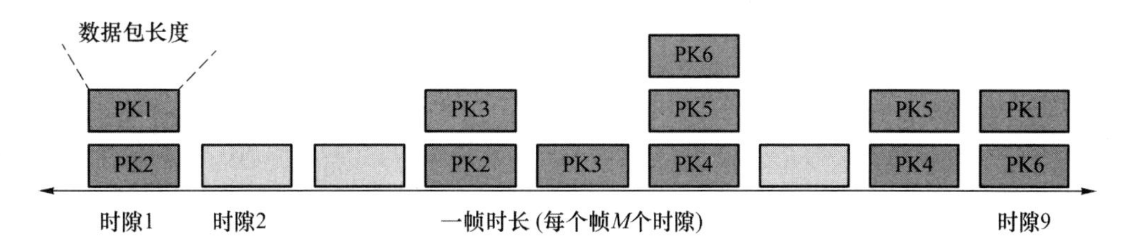

图 5-19　CRDSA 原理图[26]

5.4.5　ACRDA

基于 CRDSA 协议，异步冲突解决分集[27]（Asynchronous Contention Resolution Diversity ALOHA，ACRDA）是 Riccardo 等人提出的一个纯异步系统。与 CRDSA 不同的是，ACRDA 不需要发射机之间保持时隙或帧的同步，时隙和帧边界在发射机之间是完全异步的，只在发射机本地定义了时隙和帧的边界。除此之外，ACRDA 也不需要使用扩频技术。ACRDA 的工作原理如图 5-20 所示。

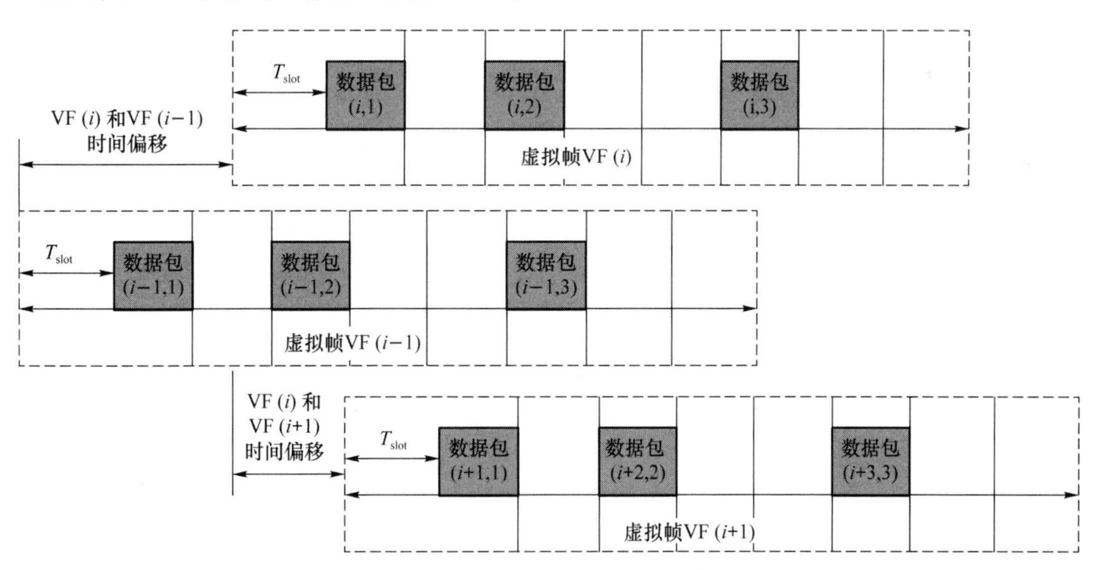

图 5-20　ACRDA 的工作原理[27]

在 ACRDA 中，与 CRDSA 类似，用户利用了数据包的副本和相关的位置信令，但在每个虚拟帧之间不需保持时隙同步。ACRDA 系统中终端本地的时隙和帧定义为虚拟时隙和虚拟帧。对每个发射机有效的局部帧被定义为虚拟帧 VF，每个虚拟帧由若干个时隙 N_{slot} 组成，设每个时隙的持续时间相同，记为 T_{slot}，因此一个帧的持续时间为 $T_{frame}=$

$N_{slot}\times T_{slot}$。由于 ACRDA 的异步特性，不同终端之间的时间是不同步的，因此，虚拟帧 VF($i-1$)、VF(i)、VF($i+1$)之间的时间偏移量可以是任意的。对于任意一台终端，虚拟帧 VF 将以随机时间偏移开始，该随机时间偏移是由随机接入拥塞控制机制决定的。在理想情况下，共享信道中的所有终端定义的时隙和帧的持续时间是相同的。但是在运动的情况下，会发生多普勒频移的现象，多普勒效应对时钟频率偏移估计的准确度产生影响。但是每个 VF 内仍能保持准确的副本定位过程，因为接入点解调器将为每个终端提取其自己的时钟参考。

在发送端，ACRDA 的工作原理与 CRDSA 基本相似，在 ACRDA 中的复制包和位置信息需要一同编码，只不过此时的位置信息为各数据包副本之间相对的虚拟时隙偏移个数。

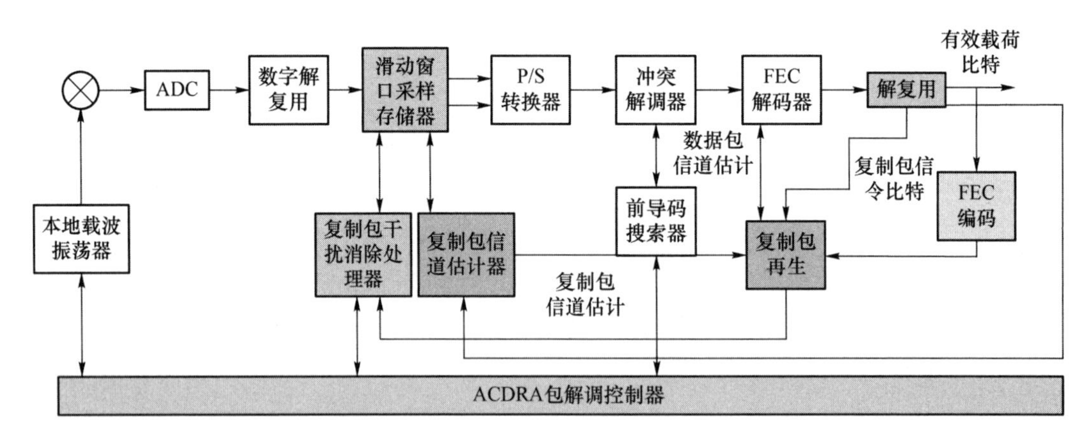

图 5-21　ACRDA 解调流程[27]

如图 5-21 所示，在接收端 ACRDA 结合了 CRDSA 和扩频增强 ALOHA(E-SSA)的特点：一方面，采用基于 E-SSA 窗口的存储器即滑动检测窗来处理收到的异步到达的包副本；另一方面，对于给定的接收方存储位置，借鉴了 CRDSA 的解调器来进行副本包消除操作。此外，由于 ACRDA 是异步随机接入技术，接收到的数据包可能会发生部分重叠，因此也可以通过 FEC 编码技术来恢复受到碰撞的数据包。

5.5　多星协同随机多址接入技术

5.5.1　多星协同随机多址接入问题分析

卫星物联网系统具有终端数据多、业务突发性强、数据量较少等特点，根据 5.2 节和 5.3 节的介绍，未来卫星通信系统中 OMA 与 NOMA 技术相比于 ALOHA 技术不太具有优势。5.4 节介绍的基于 ALOHA 的随机接入技术大致分为需要时隙同步和不需要时隙同步两大类。虽然这些接入算法在一定程度上能获得较优的性能，但是也会存在一些问题，不能直接应用到未来的卫星通信系统。ALOHA 是基于竞争的随机接入技术，用户在接入过程中会发生碰撞，导致丢包率增加。时间同步的随机接入方案需要严格的整网同步，实现难度大，而且时间同步需要占用信令资源，产生开销，此外时间同步算法计算也会带来较大的时延。在未来卫星通信系统中，用户接入量大，时间同步实现更加复杂，因此异步随机接入方案更适合用在未来卫星通信系统中[7]。

异步随机接入多址技术包括扩频 ALOHA 和非扩频 ALOHA 两类，5.4.4 小节介绍非扩频的 ALOHA 技术。非扩频 ALOHA 技术相比于扩频技术实现简单，复杂度更低。因为它不需要解扩译码等技术，而且非扩频的 ALOHA 通过时间分集，可以将多个复制包和原数据包在一个帧内发送，接收端通过干扰消除技术依次迭代解出数据。但是复制多个数据包是在终端进行的，增加了终端的负担，使终端功率消耗较大。

此外，目前的接入技术大多都集中在单颗卫星的场景，但是在未来卫星通信系统中，多颗卫星需要协同工作，多个卫星可以同时覆盖同一终端，针对此场景有学者提出了多星协同异步随机接入技术[7]（Asynchronous Cooperative ALOHA，ACA），即利用多个卫星资源，在不增加终端信令和开销的条件下，仍能保证系统较高的吞吐量。本章将主要介绍多星协同异步随机接入的系统模型及问题建模过程。

1. 系统模型

本小节主要考虑卫星物联网通信网络的场景[7]，如图 5-22 所示，它的通信机制是卫星物联网终端（Satellite Terminals，STs）将数据发送给卫星，卫星通过独立回传链路将收到的数据转发至信关站进行分析和处理，最后信关站将处理好的结果返回给卫星，通过卫星转发传送到终端。基于此系统模型，做了以下几点假设：

① 假设 STs 都在卫星的覆盖范围之内且每个 STs 发送的数据都会被其覆盖的卫星接收到；

② 所有的卫星都受同一个信关站控制；

③ 数据包在回传的过程中不会发生错误。

因为每个卫星终端到达各接收卫星的距离不同，因此同一个卫星终端发送的数据到达不同卫星的传输时延也不相同，存在时延差。这种差异化的传播时延称为空天异构时延[7]。由于低轨卫星相对地面是高速运动的，因此空天异构时延也在不断变化。

假设每个数据包的长度固定不变，传输时间为 τ，系统整体业务到达概率在一个数据包内服从参数为 λ 的泊松分布（Poisson Distribution）。G 表示系统归一化负载，

$$G=\lambda \log_2 M/N_{\text{rev}} \tag{5-8}$$

其中，N_{rev} 表示接收信号的卫星数量，M 为调制阶数，G 的单位是比特·符号$^{-1}$·接收机$^{-1}$（bit·symbol^{-1}·receiver^{-1}）。通过空间分集的思想，与前面介绍随机接入不同的是终端发送数据包时只需要发送一个原始数据包，不需要发送其复制包，就可以直接被多颗卫星接收；由于卫星的轨道高度不同，到终端的距离不一致，因此卫星接收数据的时间是存在差异的，记各卫星接收数据的时间窗为$[t,t+\Delta t]$，其中 t 是数据包到达卫星节点的最小传播时延，Δt 是数据包到达不同卫星节点的最大传输时延差，Δt 最高可达几百毫秒[7]（例如，LEO 和 GEO 之间的时延差），但是在实际系统中，数据包的传输时间 $\tau\approx 1$ ms，因此假设 $\Delta t>\tau$。

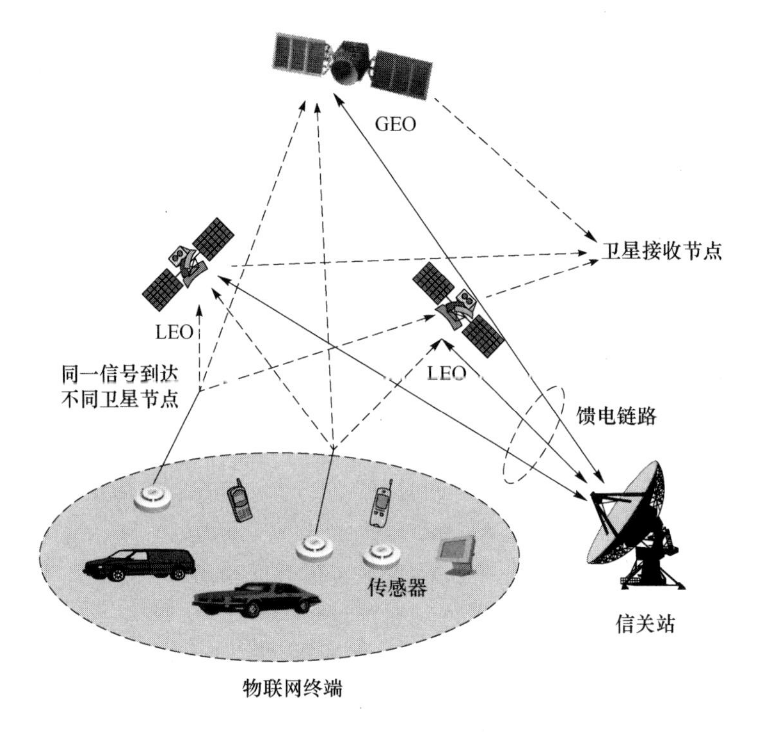

图 5-22 卫星物联网通信场景示意图

2. 问题建模与分析

多址接入技术衡量的重要指标之一为吞吐量，通过上述的系统模型，这里主要分析系统的吞吐量，多星异步随机接入系统的归一化吞吐量为：

$$T(G)=G[1-\mathrm{PLR}(G)] \tag{5-9}$$

其中，T 为系统归一化吞吐量，PLR(G)为在当前归一化负载 G 下的系统丢包率。可见系统的吞吐量和丢包率密切相关。

对于异步随机接入系统，在传输过程中数据包之间可能会发生碰撞问题，可以把卫星节点收到的数据包与其他某一个特定的数据包发生碰撞部分当作是干扰，称为干扰比例(Interference Ratio)，显然干扰比例是可变的。因此对于一个特定的数据包而言，平均干扰比例很大程度上会受数据包发生碰撞概率的影响，可表示为发生碰撞数据包数量的函数，近似服从 Irwin-Hall 分布[28]。假设某一特定的数据包与 m 个数据包发生了碰撞，那么干扰比例的概率密度函数(Probability Density Function, PDF)可表示为：

$$f_X(\chi,m)=\frac{1}{2(m-1)!}\sum_{n=0}^{m}(-1)^n\binom{m}{n}(\chi-n)^{m-1}\mathrm{Sgn}(\chi-n) \tag{5-10}$$

其中，χ 表示干扰比例，其范围为 $0\leqslant\chi\leqslant1$($\chi=0$ 表示没有干扰，$\chi=1$ 表示两数据包完全发生碰撞，即在时间上完全重叠，依此类推)。Sgn(·)为指示函数：

$$\mathrm{Sgn}(x)=\begin{cases}1, & x>0\\ 0, & x=0\\ -1, & x<0\end{cases} \tag{5-11}$$

在多颗卫星节点作为接收机的场景中，数据包碰撞的情况大致分为两种：① 所有接收机都没能完全正确接收到某一数据包，即该数据包在所有的接收机处都与其他数据包发生了碰撞；② 存在某一个接收机可以正确接收到该数据包，即某一个数据包到达某一接收节点没有发生碰撞。

情况① 被称作"死锁"现象（Loop Phenomenon），"死锁"现象的示意图如图 5-23 所示。接收节点 1 和接收节点 2 收到的数据包均发生了不同程度上的碰撞，使接收机无法根据迭代干扰消除技术消除碰撞部分带来的干扰，从而削弱了空间分集带来的增益。

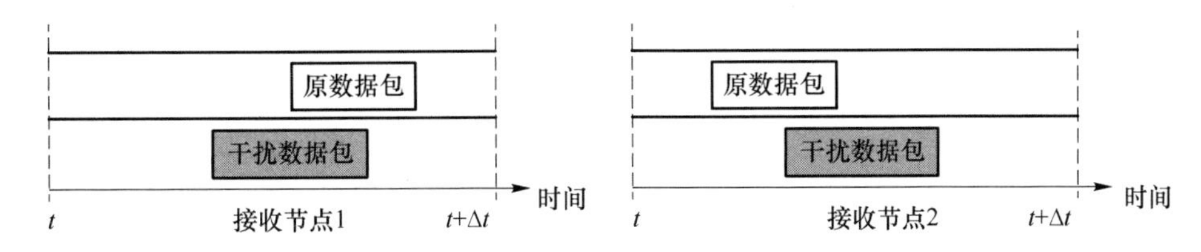

图 5-23 "死锁"现象示意图[7]

情况② 因为存在某一接收机可以正确接收到数据包，因此与 5.4.4 小节的 CRDSA 类似，情况② 可以利用迭代干扰消除算法将发生碰撞的数据包恢复出来，但与 CRDSA 有本质上的区别，多星协作的随机接入方法主要利用了多星接收，同一数据包到达不同卫星接收机的时间窗口位置不同，因此对迭代干扰消除技术的要求也会更高，对多星协同随机接入来说是一个新的挑战。根据以上问题建模和分析，将在 5.5.2 小节详细介绍多星协同随机接入方案以及从理论上分析该方案的性能，并在 5.5.3 小节给出该方案的吞吐量和丢包率仿真性能分析。

5.5.2 多星协同随机接入方案

根据 5.5.1 小节所提出的系统模型以及分析结果，多星异步接收不需要时间同步，也不存在时隙的概念，多用户数据包协同检测技术是其关键技术之一。多用户协同检测指的是利用卫星物联网系统中各卫星节点在地面信关站可互联互通的优势和多节点接收的信息差异达到用户数据包检测的目的。但是在多节点多用户的协同检测技术中传统的干扰消除技术就不适用了。基于空天异构时延的多星协同异步随机接入方案可在不增加额外信令和开销的情况下，实现多用户检测，降低丢包率，提升吞吐量。

1. ACA 方案收发端工作流程

（1）ACA 发射端工作流程

ACA 的发送端工作流程如图 5-24 所示，数据首先经过信道编码（编码速率为 r）、数据调制（调制指数为 M）得到调制数据，然后与由前导码构成的包头一起组成数据包（持续时间固定为 τ）发送。前导序列主要用来进行数据的捕获和信道估计。ACA 发送的数据包不需要进行复制，并且覆盖该终端的所有卫星都会接收到这个数据包。

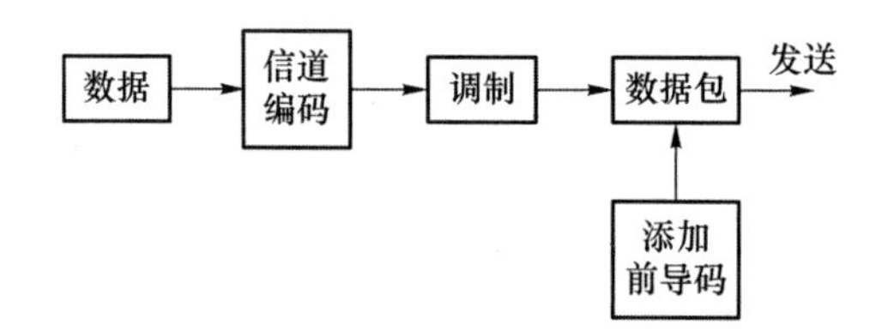

图 5-24　ACA 发送流程

(2) ACA 接收端工作流程

ACA 接收端的处理过程主要是在信关站中进行。每个接收节点(卫星)都对应了一个滑动检测窗口,假设当前滑动检测窗口范围为$[W_s,W_e]$,且滑动窗口的大小 $W=W_e-W_s$ 不小于最大传播时差,即 $W\geqslant\Delta t$,以保证在接收窗口内可以收到所有有用信号,从而可以高效地解调出信号。在接收窗口范围内收到信号后,经过滤波,采样等处理后存储到本地,假设本地的存储空间足够大可以存储当前接收窗口内所有数据。当将该滑动窗口内接收到的信号全部处理完毕之后,滑动窗口整体向后移动 ΔW,同时还会删除 ΔW 窗口内存储的信号,释放空间,存储下一段 ΔW 内的数据。

2. ACA 数据包检测方案

前面提到 ACA 数据包检测的关键技术之一是多用户数据包检测,因此本节将对 ACA 的检测方案进行介绍。图 5-25 为数据包检测以及冲突解决示意图,以两颗卫星节点接收信号为例,主要包括以下 4 个步骤。

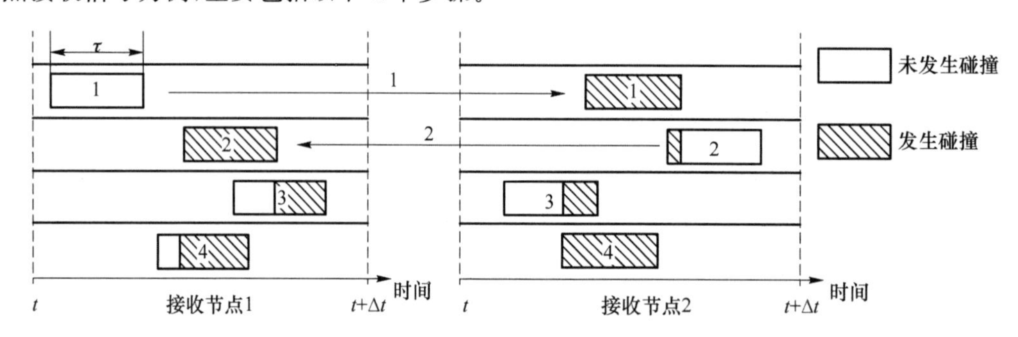

图 5-25　ACA 跨节点协同干扰消除示意图[7]

(1) 未碰撞数据包检测

未发生碰撞的数据包如图 5-25 中的第 1 个接收节点的第 1 个数据包。信关站的接收机会收到每颗卫星的数据包,然后通过相关运算并行地检测每颗卫星接收的数据包的前导码,一旦出现峰值,就认为数据包的前导序列检测成功,也就相当于确定了该数据包的位置,可以对该数据包进行解调。数据包解调可以利用功率的差异性,从功率最强的数据包开始,具体的解调过程主要包括信道估计、解数据调制、解信道编码等过程。数据解调完成后需要对解调出的数据进行 CRC 校验,如果接收到的数据完全正确,则校验通过,认为数据包 1 没有发生任何碰撞,接收成功。

(2) 协同与重构

假设在接收节点 i 处已经成功检测出某一数据包,那么其他协作节点 $j(j\neq i)$ 将会收

到接收节点 i 发送的关于该数据包的原始信息，然后根据信道信息对原始信息重新进行编码调制等操作，生成新的数据包，记为 Pk_{reg}，这里信道信息表示从终端到该卫星节点再到信关站过程中的信息。如图 5-25 所示，接收节点 1 的数据包 1 没有发生碰撞，可以被成功检测到，接收节点 1 将其原始信息发送给接收节点 2，接接收节点 2 会对原始信息进行重新编码调制生成数据包。

(3) 干扰位置确定

某一数据包被接收节点 i 成功检测，即没有发生碰撞，记该数据包为 $Pk_{S,i}$，根据前文的假设，其他覆盖的协作节点 j 也会收到该数据包，记节点 j 收到该数据包为 $Pk_{S,j}$。由于多星协同这一方案是异步的，没有时隙的概念，也没有时间同步，因此接收节点 j 收到的数据包 $Pk_{S,j}$ 不能进行时间同步，无法找到该数据包的位置，不能进行干扰消除的操作。因此根据步骤(2) 的协同与重构接收节点 j 可以得到重构的数据包 Pk_{reg}，由于 Pk_{reg} 和 $Pk_{S,j}$ 使用相同的编码和调制，因此就有良好的相关性。数据包 $Pk_{S,j}$ 位置的确定就是根据 Pk_{reg} 和接收节点 j 窗口内的所有信号做滑动相关，找到峰值，峰值所在的位置为 $Pk_{S,j}$ 的中心位置。滑动相关检测技术可以通过快速傅里叶变换(FFT)降低算法的复杂度。

(4) 协同干扰消除

当确定了干扰包 $Pk_{S,j}$ 的位置之后，就可以通过干扰消除技术消除干扰，该接收节点中原本发生碰撞的数据包能成功被解调出来。如图 5-25 所示的接收节点 2 的数据包 2，该数据包只与数据包 1 发生碰撞，一旦数据包 1 引入的干扰已知，那么数据包 2 就可以被成功解调，依此类推。当然也会存在发生碰撞的数据包的干扰不能完全被消除的情况，例如图 5-25 的数据包 3 和数据包 4。但由于方案的异步性，干扰不能完全消除的概率较低，且消息间可能只是一小部分发生了碰撞。因此编码方式可以使用低速率的前向纠错码，进一步提升该方案的性能。

3. ACA 方案理论分析

本节的理论分析主要针对 5.5.1 小节中提到的两种情况：一是数据包发生了“死锁”现象，即所有的接收机都不能正确接收该数据包；二是存在某一数据包在某一接收机处未发生碰撞。针对这两种情况，下面分别详细推导了 ACA 的吞吐量和丢包率。

(1)“死锁”现象的丢包率

根据 5.5.1 小节的系统模型分析，在一个数据包传输时间 τ 内，系统整体业务到达率服从参数为 λ 的泊松分布。因此 k 个数据包在 τ 时间内同时到达的概率为：

$$f(k;\lambda\tau)=\frac{(\lambda\tau)^k\exp(-\lambda\tau)}{k!} \tag{5-12}$$

由上式可得，每个接收机的接收窗口有 k 个数据包同时到达的概率为 $f(k;\lambda\Delta t)$，其中 Δt 表示为某一数据包到达不同接收节点(卫星)的最大传播时延差，并且 Δt 是 τ 的整数倍，记为 $\Delta t=N\tau, N>1$。对于任意一个接收节点，假设在接收窗口内到达的 k 个数据包中，有 l 个数据包与某一特定数据包发生了碰撞，其概率服从参数为$(k-1,l)$的二项分布，其表达式为：

$$P_{\text{loop}}^{K}(l;k,p)=\binom{k-1}{l}\cdot p^l\cdot(1-p)^{k-l-1} \tag{5-13}$$

其中，p 表示各数据包间发生碰撞的概率。如果在时间 $[t,t+N\tau]$ 内有足够多的数据包到达某一接收节点，那么可认为到达的数据包在该时间内服从均匀分布，假设某接收机在 t_0 时刻收到某一数据包，$t_0\in[t,t+N\tau]$。根据不同数据包到达时刻的不同，将时间范围 $[t,t+N\tau]$ 分成 3 个部分，分别为 $t\leqslant t_0<t+\tau$，$t+\tau\leqslant t_0<N\tau-\tau$，$N\tau-\tau\leqslant t_0<N\tau$；$p_1$，$p_2$ 和 p_3 分别对应 3 个时间范围内的碰撞概率，其具体表达式为：

$$\begin{cases} p_1=\int_t^{t+\tau}\dfrac{t_0-t+\tau}{N\tau}\mathrm{d}t_0, & t\leqslant t_0<t+\tau \\ p_2=\dfrac{2\tau}{N\tau}, & t+\tau\leqslant t_0<N\tau-\tau \\ p_3=p_1, & N\tau-\tau\leqslant t_0<N\tau \end{cases} \tag{5-14}$$

因此根据全概率表达公式，在时间范围 $[t,t+N\tau]$ 内碰撞概率 p 表示为：

$$p=p_1\frac{\tau}{N\tau}+p_2\frac{N\tau-2\tau}{N\tau}+p_3\frac{\tau}{N\tau}=\frac{2N-1}{N^2} \tag{5-15}$$

从上式可以得出碰撞概率 p 与 N 的关系，p 随 N 的增大而减小，即当 N 越大，Δt 越大，数据包到达不同的接收节点的传播时延差越大，$N\sim\infty$，$p\approx 2/N$，碰撞的概率就越小。

以上介绍的是针对单一接收节点，进一步，针对所有接收节点，l 个数据包与某一特定数据包发生碰撞的概率为：

$$P_{\text{loop}}^{K,N_{\text{rev}}}(l;k,p,N_{\text{rev}})=P_{\text{loop}}^{K}(l;k,p^{N_{\text{rev}}})\cdot\left[1\Big/\binom{k-1}{l}\right]^{N_{\text{rev}}-1} \tag{5-16}$$

其中，N_{rev} 是接收节点的数量。如果在每个接收节点处都有 l 个数据包与某一特定数据包发生碰撞，那么其碰撞概率为：

$$P_{\text{loop}}(l)=\sum_{k=1}^{\infty}P_{\text{loop}}^{K,N_{\text{rev}}}(l;k,p,N_{\text{rev}})\cdot f(k;\lambda N\tau) \tag{5-17}$$

因此，在发生“死锁”现象的情况下，得到系统的丢包率如下所示：

$$\text{PLR}_{\text{Loop}}=\sum_{l=1}^{\infty}[\text{PLR}_{\text{loop}}(l)]^{N_{\text{rev}}}P_{\text{loop}}(l) \tag{5-18}$$

其中，$\text{PLR}_{\text{loop}}(l)$ 表示死锁数量为 l 时的丢包率，因此 $\text{PLR}_{\text{loop}}(l)$ 可以被近似表示为：

$$\text{PLR}_{\text{loop}}(l)\approx\int_0^{\infty}f_{\text{PER}}(\text{SINR})\cdot f_X(\chi,l)\mathrm{d}\chi \tag{5-19}$$

其中，$f_X(\chi,l)$ 是 5.5.1 小节提到的干扰比例的概率密度函数(PDF)，$f_{\text{PER}}(\cdot)$ 是误包率函数(Packet Error Rate，PER)，它与调制方式以及信干噪比(Signal to Interference Plus Noise Ratio，SINR)密切相关。假设每个到达接收节点的数据包都具有相同的功率 P 且噪声功率为 N，那么信干噪比 SINR 为：

$$\text{SINR}=\frac{P}{\chi P+N} \tag{5-20}$$

(2) 某一接收机成功接收到某一数据包的系统丢包率

基于这种情况，在滑动窗口内，接收机可以利用跨节点干扰消除技术，通过多次迭代，恢复已碰撞的数据包。进行 N_{iter} 次迭代后，可根据本章参考文献[7]得到系统丢包率模型，其表达式为：

$$\mathrm{PLR}_{N_{\mathrm{iter}}} = \sum_{l=0}^{\infty} P_{\mathrm{loss}}^{N_{\mathrm{iter}}}(l) \cdot P_{\mathrm{coll}}(l) \tag{5-21}$$

其中，在有 l 个数据包与某一特定数据包发生碰撞的条件下，$P_{\mathrm{loss}}^{N_{\mathrm{iter}}}$ 表示进行 N_{iter} 次迭代干扰消除算法后的丢包率；$P_{\mathrm{coll}}(l)$ 表示碰撞的概率。根据式(5-17)推导 $P_{\mathrm{coll}}(l)$ 的公式如下所示：

$$P_{\mathrm{coll}}(l) = \sum_{l=0}^{k} P_{\mathrm{loop}}^{K}(l;k,p) \cdot f(k;\lambda N\tau) \tag{5-22}$$

在检测窗口内，式(5-22)中的 k 表示数据包的总数。由于迭代干扰消除算法在每个接收机的处理过程是相互独立的，因此在其他接收机内，可认为数据包发生碰撞导致的丢包率是一样，均记为 $\mathrm{PLR}_{N_{\mathrm{iter}}}$。一旦在接收机内有某些数据包被成功接收，那么对于其他的接收机而言，每一次的干扰消除之后，都可以将该数据包当作是干扰进行消除，因此 $P_{\mathrm{loss}}^{N_{\mathrm{iter}}}$ 的表达式如下所示：

$$P_{\mathrm{loss}}^{N_{\mathrm{iter}}}(l) = \sum_{r=0}^{l} P_{\mathrm{loss}}^{R}(r) f_R(r;l,q) \tag{5-23}$$

其中，f_R 表示二项分布函数，r 是在迭代 N_{iter} 次后剩余的干扰数据包数量，l 为总干扰数据包数量，也是二项分布实验次数，$q=(\mathrm{PLR}_{N_{\mathrm{iter}}-1})^{N_{\mathrm{rev}}-1}$ 为实验成功的概率(即上一轮干扰消除后得到的丢包率)。可以用递归函数表示迭代干扰消除过程，当 $N_{\mathrm{iter}}=0$ 时，$\mathrm{PLR}_{N_{\mathrm{iter}}}=1$，并作为初始值。当干扰消除执行 N_{iter} 轮后，仍有 r 个剩余的数据包与该数据包发生碰撞，$P_{\mathrm{loss}}^{R}(r)$ 表示此时该数据包接收失败的概率。根据式(5-19)，$P_{\mathrm{loss}}^{R}(r)$ 近似为：

$$P_{\mathrm{loss}}^{R}(r) \approx \int_{0}^{\infty} f_{\mathrm{PER}}(\mathrm{SINR}) \cdot f_X(\chi,r) \cdot \mathrm{d}\chi \tag{5-24}$$

综上，ACA 方案的丢包率如下：

$$\begin{aligned}\mathrm{PLR} &\approx \mathrm{PLR}_{\mathrm{Loop}} + (\mathrm{PLR}_{N_{\mathrm{iter}}})^{N_{\mathrm{rev}}} \cdot P_{\mathrm{loop}}(0) \\ &= \sum_{l=1}^{\infty} [\mathrm{PLR}_{\mathrm{loop}}(l)]^{N_{\mathrm{rev}}} \cdot P_{\mathrm{loop}}(l) + (\mathrm{PLR}_{N_{\mathrm{iter}}})^{N_{\mathrm{rev}}} \cdot P_{\mathrm{loop}}(0)\end{aligned} \tag{5-25}$$

以上分析了 ACA 方案在两种情况下的丢包率的推导过程，当丢包率已知时，可以根据吞吐量计算公式推导出吞吐量与丢包率的关系。

5.5.3 性能分析

本小节主要介绍 ACA 方案的性能仿真分析，主要针对吞吐量和丢包率这两个性能指标。首先仿真了接收节点(卫星)数量为 2 和 3 情况下，ACA 算法的仿真性能，并进行对比分析；其次在功率控制为理想和非理想的状态下(理想情况是指所有数据包到达接收机的功率都相等，非理想情况是所有的数据包到达接收机的功率存在一定的波动)，分别实现了 CRDSA 和 ACRDA 两个随机接入算法，然后分析加入了 FEC 编码时每个方案的仿真性能，并与 ACA 方案算法进行对比分析，验证理论的正确性。为了使仿真对比性能更加公平，CRDSA 和 ACRDA 方案发送数据包的数量也设置为 2 和 3 的情况。

1. 仿真参数和仿真场景的设置

本方案认为业务数据的生成服从参数为 λ 的泊松分布，每个数据包的生成大小一致为 100 bit，当不采用信道编码时，对生成的 bit 数据直接进行调制，调制方式采用 QPSK，将调制后的数据进行功率控制，使数据包到达接收机的功率服从均值为 0，标准差为 σ dB 的对数正态分布。数据包发送经过加性高斯白噪声信道（Additive White Gaussian Noise，AWGN）。当采用信道编码时，生成的 bit 数据先经过码率为 1/2 的信道编码，再通过 QPSK 调制，功率控制发送数据包。对于使用信道编码的情况，在接收端需要进行信道译码，信道译码的译码门限由 Shannon 界限 $r\log_2 M=\log_2(1+\text{SINR})$ 近似得到[22]，M 为调制指数，因此，经计算译码门限为 $\text{SINR}_{\text{th,dB}}=10\lg(M^r-1)$，如果接收数据包的 SINR 超过了译码门限，则认为数据包正确接收，否则认为数据包丢失。对于 ACA 方案，仿真参数如表 5-1 所示。

表 5-1　多星协同检测仿真参数设置[22]

参数名称	取　值
接收节点（卫星）数	2 和 3
数据包固定比特长度	100 bit
调试方式	QPSK
调制指数	4
信道编码速率	$r=1/2$
数据包到达功率波动均值	0 dB
数据包到达功率波动标准差	0～3 dB
信道类型	加性高斯白噪声 AWGN
业务到达率	$\lambda\in[0,1]$，步长 0.05
E_s/N_0	10 dB
最大传播时延差	$\Delta t=50\tau$
最大迭代次数	$N_{\text{iter}}^{\max}=15$

2. 仿真性能分析

(1) ACA 方案在接收节点为 2 和 3 情况下的理论与仿真性能对比

在仿真参数设置中，首先在无信道编码和理想功率控制的情况下，分别仿真了 2 个接收节点（ACA-2Rx）和 3 个接收节点（ACA-3Rx）ACA 方案算法的协同检测性能。图 5-26 反映了吞吐量在理论和实际中的仿真性能；图 5-27 反映了丢包率在仿真和实际情况下的性能。根据结果图可以看出，无论使用几个接收机，ACA 方案在理论上与仿真情况下的吞吐量和丢包率的数据趋势基本一致，而且系统的吞吐量和丢包率都是在归一化负载较轻的情况下线性增长，当到达一定程度时，又呈下降的趋势，这是因为归一化负载轻的情况下，各数据包之间的碰撞没有频繁发生，迭代干扰消除算法可以有效使用；负载较重时，数据包之间的碰撞频繁发生，会使“死锁”现象也不断发生，迭代干扰消除算法失去了作用，系统的性能会下降；当系统负载数达到 2bit · symbol^{-1} · receiver^{-1}，趋于满负载时，ACA-2Rx 与 ACA-3Rx 的归一化吞吐量接近，这是因为在负载较高的情况下，每个检测窗口内几乎所有的数据包都发生了碰撞，此时的性能与纯 ALOHA 接近。验证了理论分析的正确性。

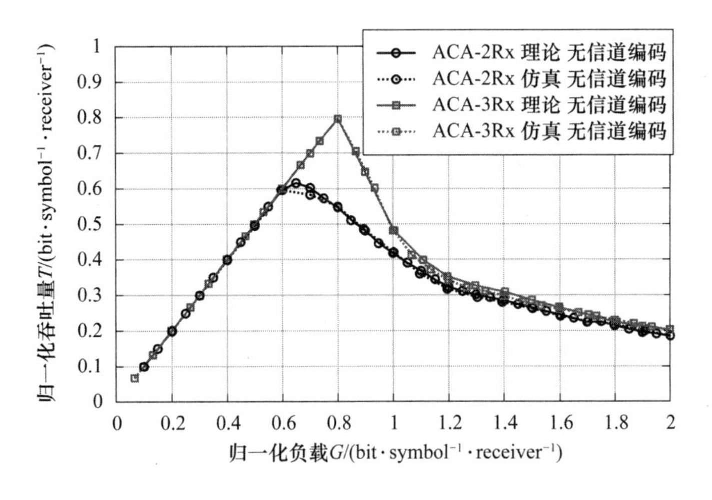

图 5-26 ACA 理论分析与实际仿真吞吐量性能对比[7]

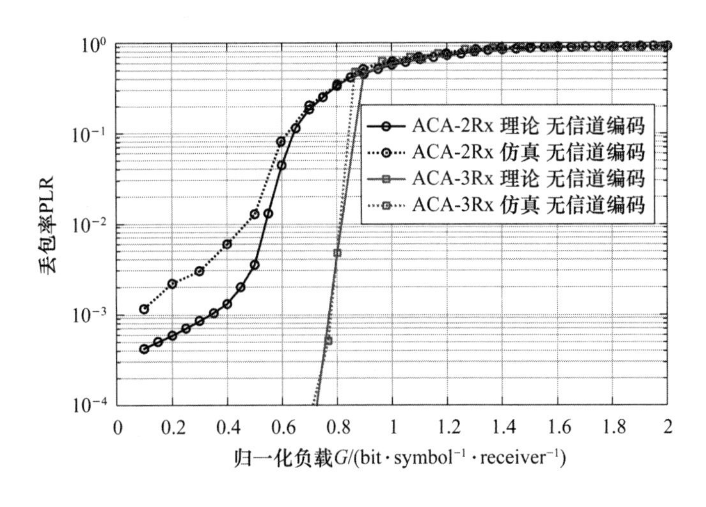

图 5-27 ACA 理论分析与实际仿真丢包率性能对比[7]

由图 5-26 可以看出，2 个接收节点比 3 个接收节点的吞吐量的性能要差，ACA-3Rx 获得的最大吞吐量约为 0.8bit · symbol^{-1} · receiver^{-1}，比 ACA-2Rx 的最大吞吐量高了大约 30%，在低负载情况下，ACA-3Rx 的丢包率性能也是比 ACA-2Rx 要好很多，丢包率越高，数据包错误重传的概率越大。这不仅会增加信道的传输时延，还会降低信道的利用率，因为多了一个接收节点，就会降低“死锁”现象发生，但同时接收节点越多，接收节点之间的协作就相对复杂，系统的复杂度就相对较高。因此在实际应用中也不是接收节点数越多越好，应合理地设计。

(2) ACA 与 CRDSA、ACRDA 方案在功率控制为理想情况下的性能对比分析

图 5-28 和图 5-29 分别表示无信道编码，在理想功率控制的情况下，ACA、CRDSA、ACRDA 的吞吐量和丢包率的性能对比分析。从总体趋势上看，图 5-28 的 3 种方法的吞吐量都是随着归一化负载的增加先增加后降低。而 ACA 方案的吞吐量性能介于 CRDSA 和 ACRDA 之间，优于 ACRDA，但是没有 CRDSA 性能好，原因是 CRDSA 是 DSA 演进的一种随机接入方案，与 DSA 一样引入了时隙同步，只能在每个时隙的起始位置发送数据包，减少碰撞的发生。相比于 ACRDA，ACA 方案引入了多星协同技术，多个卫星节点独立的接收数据包，在系统负载强度中等的情况下，可以降低"死锁"的发生。在丢包率不高于 10^{-2} 时，ACA-2Rx 和 ACA-3Rx 的吞吐量较 ACRDA 使用 2 个复制包(ACRDA-2Rep)和 ACRDA-3Rep 分别提升了约 128% 和 41%[7]。

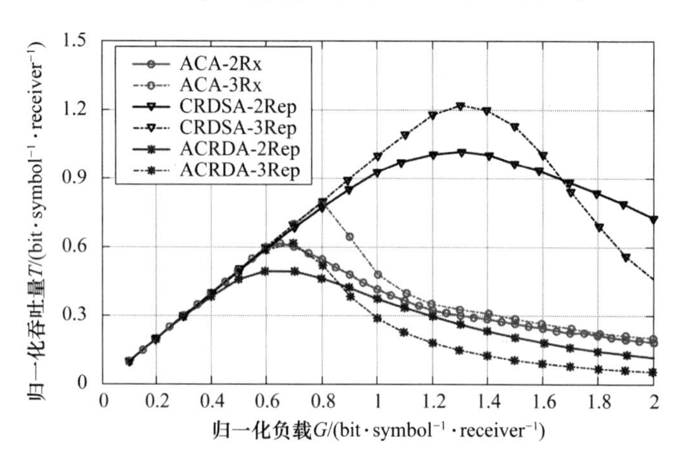

图 5-28　ACA、CRDSA 和 ACRDA 吞吐量性能对比[7]

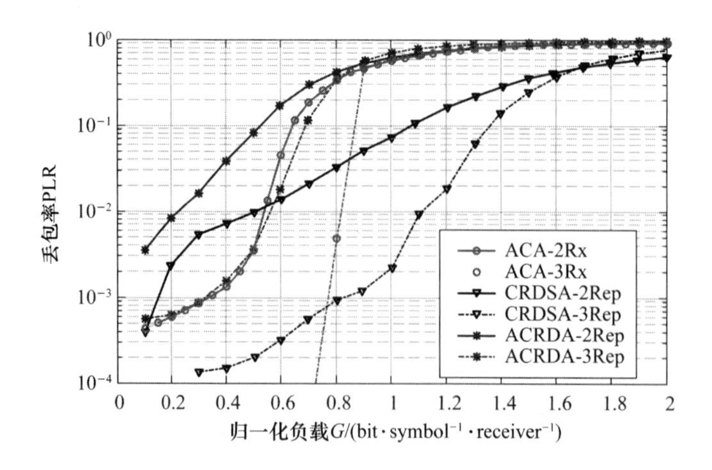

图 5-29　ACA、CRDSA 和 ACRDA 丢包率性能对比[7]

此外，当归一化负载较低时，ACA、CRDSA 和 ACRDA 3 种随机接入方案的分集指数为 3 的吞吐量和丢包率的性能都比分集指数为 2 的性能好；随着归一化负载的增加，CRDSA 和 ACRDA 发送 2 个复制包的性能优于发送 3 个复制包。为了解决碰撞问题，CRDSA 方案和 ACRDA 方案在一个帧中都需要发送多个复制包以达到分集效果。当负载较低时，数据包碰撞的概率较低，复制包多可以减小“死锁”现象发生的概率，但是当负载增加到一定程度时，额外的复制包使负载加重会引起更多的碰撞，使系统的性能恶化。然而 ACA 方案不会发生这种问题，因为 ACA 没有复制包的概念，ACA 方案是利用多个接收机协同独立接收数据包，每个接收机接收到的负载就是实际的负载情况。

(3) ACA 与 CRDSA、ACRDA 方案在使用 FEC 编码情况下的性能对比分析

图 5-30 和图 5-31 分别是加入了信道编码条件下，ACA 与 CRDSA、ACRDA 方案的吞吐量和丢包率的仿真性能。在以下仿真图中，没有仿真 CRDSA 在功率理想情况下的性能，因为 CRDSA 是基于时隙随机接入，这种接入方式会使数据包之间要么不发生碰撞，要么完全碰撞。针对 CRDSA 发生完全碰撞的情况，在功率为理想的情况下，接收机收到的数据包有完全相同的功率，此时即使加入了信道编码也很难恢复数据包的信息；在功率为非理想的情况下，CRDSA 可以通过 FEC 编码将功率较强的数据包恢复出来。

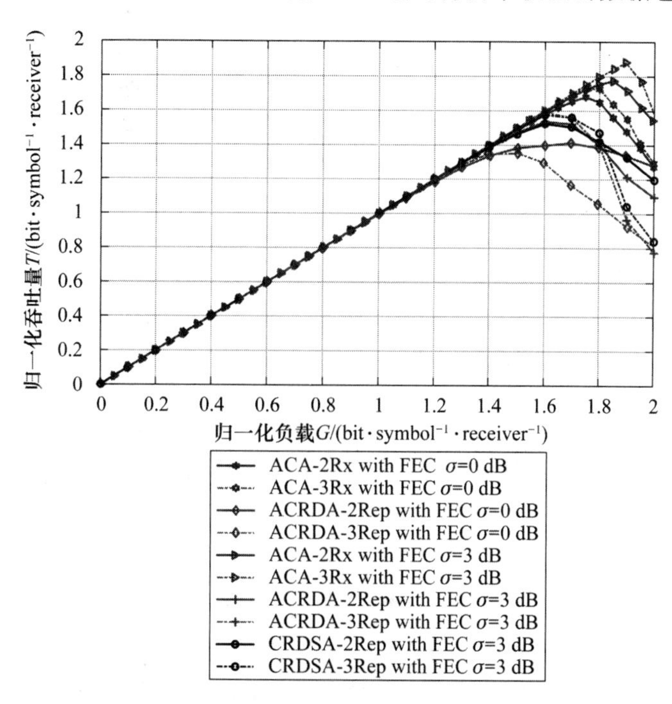

图 5-30 ACA 与 CRDSA 和 ACRDA 使用 FEC 编码时吞吐量性能对比[7]

由图 5-30 和图 5-31 可以看出，在使用了 FEC 编码后，无论是在功率理想还是非理想的情况下，ACA 方案的吞吐量都优于其他两种方案，且比没有使用 FEC 时的性能有所提升。在分集指数为 2 且丢包率不高于 10^{-2} 时，ACA 的最大吞吐量是 CRDSA 的 3 倍，比 ACRDA 提升了约 40%，在分集指数为 3 且丢包率不高于 10^{-2} 时，ACA 的最大吞吐量为1.75 bit·symbol^{-1}·receiver^{-1}，而 ACRDA 是 1.3 bit·symbol^{-1}·receiver^{-1}，CRDSA 是

1.1 bit・symbol^{-1}・receiver^{-1}。添加 FEC 编码后，ACA 方案的性能之所以有所提升，一是因为 FEC 编码能够将部分发生碰撞的数据包恢复出来，二是因为 FEC 译码的译码门限是通过 Shannon 界限得到的，仿真图中的译码门限为 0 dB。

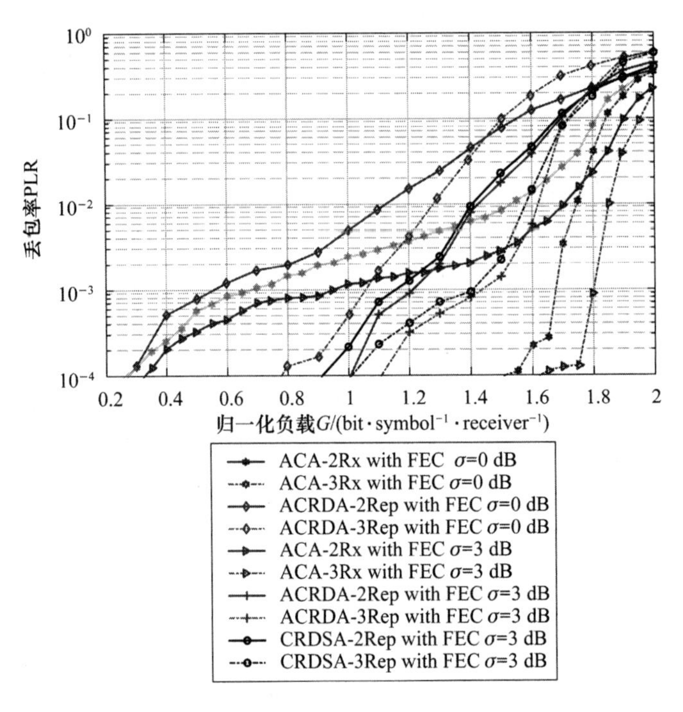

图 5-31 ACA 与 CRDSA 和 ACRDA 使用 FEC 编码时丢包率性能对比[7]

此外，当功率控制为非理想状态时(对应图中 $\sigma=3$ dB)，功率分集的引入在一定程度上提升了 3 个方案的性能。分集指数相同时，ACA 方案比其他两种方案性能要好，相比于 $\sigma=0$ dB 的情况，ACA 吞吐量进一步提升了 10%。

5.6 随机-按需混合多址接入技术

5.6.1 混合多址接入问题分析

将两种或者多种多址技术混合使用，形成了混合多址技术，如多频码分多址 MF-CDMA、多频时分多址 MF-TDMA、混合按需分配 CFDAMA[2] 等。在 GEO 卫星通信系统，大时延是 GEO 中关键的问题之一。因此在 GEO 通信系统中，多址接入的方式主要基于两类：一是基于按需分配 DAMA，二是基于 ALOHA 随机接入。5.2.5 小节介绍 DAMA 信道请求资源的过程，当请求到达时，需要动态分配资源，从而建立通信链接，可以看到 DAMA 存在时延较大的问题。混合按需分配 CFDAMA 是为了减少时隙请求，降低时延。CFDAMA 首先在一个时隙内根据用户需求按需分配，然后再对剩余的时隙进行自由分配，从而达到充分利用信道资源、有效利用空余时隙、降低系统时延的目的。但是 CFDAMA 算法当负载比较大时，成功发送数据的概率变小，新的数据请求会顺延到下一个时隙处理，因此这种算法在高负载情况下的时延也会越来越大。

基于 ALOHA 的接入方式在 5.4 节已详细介绍，纯 ALOHA 的信道最大利用率只有 18.4%，S-ALOHA 的信道最大利用率只有 37%，DSA、CRDSA 都基于 S-ALOHA，需要时间同步，ACRDA 虽然没有时间同步的概念，但是引入了迭代干扰消除机制，算法复杂度高，而且随着负载的增加，碰撞也会更加剧烈，系统性能较差。

因此，在星地融合通信系统中，结合 DAMA 和 RA 的特点，将两种接入方法相结合，在数据包发送前进行时延估计，分别分成 DAMA 队列和 RA 队列进行发送，我们称此技术为随机-按需混合多址接入技术。通常，星地随机-按需混合多址接入技术可同时适用于卫星通信系统和地面通信系统。本节将重点以 GEO 卫星系统为例，分析混合多址接入技术的优点。

5.6.2 随机-按需混合多址接入方案

(1) 多信道多接入模型

如图 5-32 所示，系统中的信道可由时间和频率表示的二维网格进行标识，在某个规定的时隙中，用户可以选择任一载波进行数据的收发，某个正在收发数据的节点可逐时隙从一个载波跳到另一个载波上，每个用户可以占用多个载波，但对时隙的占用数量不能大于载波拥有的时隙总数。而且同一载波上的用户的多址接入策略是相同的，不同载波可以根据情况选择多址方式。我们称这种信道模型为多信道多接入模型。

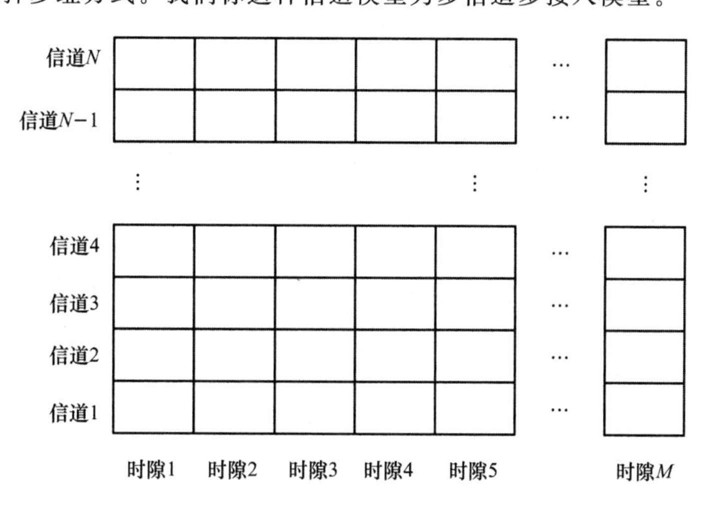

图 5-32 帧结构示意图

(2) 多址接入模型的目标函数

根据前面介绍，GEO 通信系统主要采用 DAMA 和 RA 的多址接入方式。将二者结合以求让它们各自发挥优势的接入方式，称为随机-按需分配的多址接入。为了获得更高的信道分配效率，按需分配的多址接入方式选取 CFDAMA，随机接入的多址方式选取 CRDSA。各信道的分配都是通过调度器来完成的，调度器包括信道分配表和用户请求表，信道分配表主要用来存放信道的分配状态，用户请求表用来存放发出接入请求的用户终端 ID。RA-DAMA 算法结合原理如图 5-33 所示，用户先发起接入请求，调度器根据不同用户所需的信道质量为其分配信道，DAMA 信道将分配一些对信道质量要求较高的用户，每条信道的用户数最多为当前活跃的用户总数除以系统信道数的商值；然后对剩下的用户进行二次分类，根据时延和吞吐量的估计值对剩下的用户进行再分类，把所有用户分配完毕。调度器会把分配完的用户从用户申请表中删除，并在调度器的信道分配表中对已分配的信道做标记。

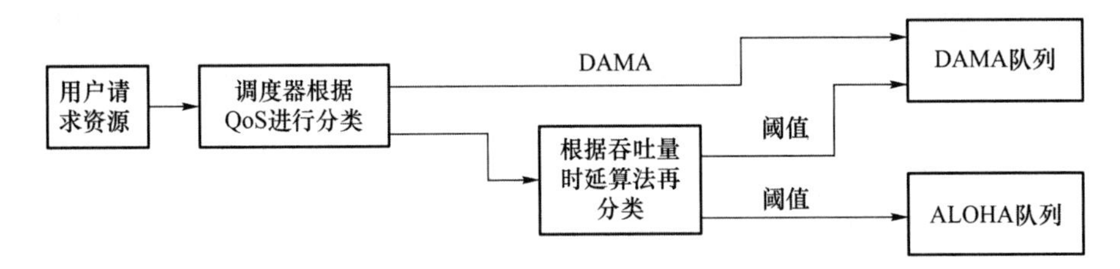

图 5-33　RA-DAMA 算法结合原理图

在 GEO 卫星通信系统中，吞吐量和延时是衡量接入系统的两个重要指标：吞吐量是单位时间内系统发送数据包的数量；系统的时延越低，数据传输速度就越快，单位时间内容纳的数据量就越多。但是在通信系统中，吞吐量和时延是一对矛盾体，当负载较重时，系统平均时延会增加，系统的吞吐量就会降低，系统的整体性能变差。因此结合 DAMA 和 RA 的优势，合理地分配 DAMA 和 RA 信道个数，从资源分配的角度，保证时延在上限值以下可以使系统吞吐量最大。

问题模型的目标函数如下：

$$\max(T), \quad T=GP_{S} \tag{5-26}$$

其中，T 为系统在每个时隙成功发送数据包的个数，G 为总的业务量（包括新产生的和重传的数据包），P_S 为数据包发送成功的概率。

（3）约束条件分析

假设 k 是 DAMA 信道数占总信道数的比例系数，D_{MAX} 为该系统容忍的最大延时，前面的问题就转化成了在 D_{MAX} 的前提下，如何动态地分配 k，使吞吐量最大。初步得到的约束条件为：

$$0\leqslant k\leqslant 1, \quad D\leqslant D_{MAX} \tag{5-27}$$

其中，D 为平均时延，即数据包从生成到接收的平均时间。假设 $k=0$，即所有用户都通过 CRDSA 方式接入，由图 5-28 可知，CRDSA 接入方式的吞吐量随着负载的增大先增大后减小。以 ALOHA 为基础的接入方式普遍存在高负载下性能较差的问题。假设 $k=1$，即所有用户全部以 DAMA 方式接入，P_S 的值最大可以达到 1，但会产生较大的时延。

（4）RA-DAMA 分配方案

假设在该系统模型中，用户只能以 DAMA 方式接入和 RA 方式接入，并且用户以哪种方式接入取决于调度器的调度，为了平衡时延和吞吐量，下面就来介绍信道分配策略。

第一步：系统首先进行初始化 $k=0$，设用户的信号到卫星调度器的往返时延为 R 个时隙。由于 DAMA 在发送过程中需要请求资源，因此在信道全为 RA 接入时系统的平均时延最小。

第二步：根据用户申请到的随机接入方式计算出吞吐量 T 和平均时延 D。

第三步：判断平均时延 D 是否大于系统容忍的最大时延 D_{MAX}，如果 $D \leqslant D_{\mathrm{MAX}}$，说明系统的时延还有一定的容纳空间，还能继续优化。此时，增加 DAMA 的信道个数；更新 k 的值；然后重新计算系统的吞吐量 T 和平均时延 D，再比较是否 $D \leqslant D_{\mathrm{MAX}}$，直到 D 达到 D_{MAX} 时停止增加 DAMA 的信道个数。在此过程中需要记录每次分配的吞吐量 T，找出当吞吐量最大时对应的 k 值，即为最优解。

（5）吞吐量分析

假设系统到达率为 $\Lambda=\lambda N$，其中 λ 是每个终端在每个时隙的到达率，N 是接入用户中未分配到请求的数量。设未分配的信道总数目为 N_{channel}，则分配 DAMA 的信道个数占总信道数 N_{channel} 的比例为 k，那么 DAMA 接入方式的信道总数为：

$$N_{\mathrm{DA}}=N_{\mathrm{channel}}k \tag{5-28}$$

剩余的未分配的信道用 RA 的接入方式，RA 的信道总数为：

$$N_{\mathrm{RA}}=N_{\mathrm{channel}}(1-k) \tag{5-29}$$

因为系统中每个信道可以采用不同的接入方式，所以信道之间可以认为是相互独立的，对于单个信道而言，每个信道的负载 G' 可以表示为：

$$G'=\lambda(N/N_{\mathrm{channel}}) \tag{5-30}$$

设数据包发送成功的概率为 P_{S}。因为 CRDSA 算法在接收端使用了迭代干扰消除技术，所以 P_{S} 与迭代次数 N_{iter} 和负载 G' 有关。当迭代次数为 N_{iter} 时，负载 G' 发送成功的概率表示为[2]：

$$P_{\mathrm{S}}=P_{\mathrm{pd}}(N_{\mathrm{iter}}\,|\,G') \tag{5-31}$$

设 $P'_{\mathrm{pd}}(N_{\mathrm{iter}}\,|\,G')$ 表示为用户发送两个复制包时，其中任意一个成功的概率，其具体表达式如下：

$$\begin{aligned}P_{\mathrm{pd}}(N_{\mathrm{iter}}\,|\,G') &= 1-(1-P'_{\mathrm{pd}}(N_{\mathrm{iter}}\,|\,G'))\cdot(1-P'_{\mathrm{pd}}(N_{\mathrm{iter}}\,|\,G'))\\ &= 1-(1-P'_{\mathrm{pd}}(N_{\mathrm{iter}}\,|\,G'))^2\end{aligned} \tag{5-32}$$

其中，$P'_{\mathrm{pd}}(N_{\mathrm{iter}}\,|\,G')$ 必须满足以下条件：

$$P'_{\mathrm{pd}}(N_{\mathrm{iter}}\,|\,G') \leqslant P'_{\mathrm{al}}(\,|\,G') + \sum_{i=1}^{\mathrm{GM}_{\mathrm{slots}}^{\mathrm{RA}}-1} P'_{\mathrm{int}}(i\,|\,G')\cdot[P'_{\mathrm{pd}}(N_{\mathrm{iter}}-1)\,|\,G']^{i} \tag{5-33}$$

在每个时隙内，$P'_{\mathrm{al}}(\,|\,G')$ 表示只存在一个数据包未发生碰撞的概率，$P'_{\mathrm{int}}(i\,|\,G')$ 表示进行 i 次迭代干扰消除后数据包可被成功解调的概率，$\mathrm{GM}_{\mathrm{slots}}^{\mathrm{RA}}-1$ 表示系统中存在的干扰数据包的最大数量，可见当 $P'_{\mathrm{pd}}(0)=0$ 时，有 $P_{\mathrm{pd}}(0)=0$。

设每个 RA 信道中归一化的吞吐量 T' 为：

$$T'=G'P_{\mathrm{pd}}(N_{\mathrm{iter}}\,|\,G') \tag{5-34}$$

那么，根据全概率公式，系统中所有 RA 信道的吞吐量 T_{RA} 为：

$$T_{RA}=\sum_{i=1}^{N_{cha}(1-k)}G'(i)P_{pd}(N_{iter}|G'(i)) \tag{5-35}$$

在 DA 信道中，P_S 最大可达到 1，所有 DA 信道的吞吐量 T_{DA} 为：

$$T_{DA}=\sum_{j=1}^{N_{cha}k}G'(j)P_S \tag{5-36}$$

因此，系统总的吞吐量为：

$$T=T_{RA}+T_{DA}=\sum_{i=1}^{N_{cha}(1-k)}G'(i)P_{pd}(N_{iter}|G'(i))+\sum_{j=1}^{N_{cha}k}G'(j)P_S \tag{5-37}$$

(6) 系统平均时延分析

设数据包的往返时延为 R（GEO 系统约为 270 ms），信道之间可以认为是互相独立的，因此系统的平均时延可以表示为总时延与成功接收的数据包的个数之比。在 CRDSA 信道中，设 $\overline{d}$ 为原数据包与复制包之间的随机时延，每个数据包的持续时间固定为 τ，$\overline{d}$ 大于 τ 但远小于 R。这就会存在两种情况。

一是至少有一个复制包可以被成功地接收，其概率表达式[28]为：

$$\overline{D}=\sum_{m=1}^{2}(1-P'_{pd}(N_{iter}|G')^{m-1}P'_{pd}(N_{iter}|G')[R+(m-1)\overline{d}]) \tag{5-38}$$

二是两个复制包都发送失败，其概率为：

$$[1-P'_{pd}(N_{iter}|G')](R+2\overline{d}+\overline{D}) \tag{5-39}$$

因此推导出 RA 信道上的平均时延为：

$$\overline{D_{RA}}=\frac{R}{P_{pd}(N_{iter}|G')}+\frac{\overline{d}[1-P'_{pd}(N_{iter}|G')]}{P'_{pd}(N_{iter}|G')} \tag{5-40}$$

在 DAMA 信道中，X 表示每一个帧中的时隙数，可推导出 DAMA 信道的平均时延为[2]：

$$\overline{D_{DA}}=\sum_{q=0}^{X}P_qE(D|q)+R \tag{5-41}$$

其中，P_q 为在目标队列中找到 q 个数据包的概率，$E(D|q)$为各个情况下的时延，可推出系统的总平均时延为：

$$D=\frac{\sum_{i=1}^{N_{cha}(1-k)}G'(i)P_{pd}(N_{iter}|G'(i))\overline{D_{RA}}+\sum_{j=1}^{N_{cha}k}G'(j)P_S\overline{D_{DA}}}{T} \tag{5-42}$$

5.6.3 性能分析

(1) 仿真参数设置

仿真采用的是 GEO 系统的多信道模型，具体参数的设置如表 5-2 所示，$N_{channel}=20$ 为系统中的未分配信道数，$N=2\ 000$ 为发送数据包的用户总数，λ 为数据包的到达率，服从泊松分布，λ 的范围为[0.1,2]，步长为 0.1packet·slot^{-1}。设每个时隙的持续时间为 5 ms，一个帧的持续时间为 500 ms，数据包的长度也为 5 ms，地面到卫星的往返时延差为 250 ms。

表 5-2 仿真参数设置[2]

参 数	参数值
仿真次数	20 000
未分配信道个数	$N_{channel}=20$
用户总数	$N=2\ 000$
时隙长度	5 ms
数据包长度	5 ms
单帧长度	500 ms
往返时延差	250 ms
系统达到率 λ	0.1～2(间隔为 0.1)
复制包随机延迟	5～10 个时隙长度

(2) 仿真结果

图 5-34 是在不同 k 值下系统的吞吐量随负载变化曲线。All CRDSA 和 All DAMA 分别表示所有的信道都用 CRDSA 接入方式和所有信道都用 DAMA 接入方式。从仿真图中可以看到，DAMA 信道占总信道的比例越大，系统的吞吐量也越大，归一化吞吐量最大可以达到 1packet·clot^{-1}。再结合图 5-35，DAMA 接入方式的延迟随着负载的增加而增加。这与理论分析的结论一致，虽然 DAMA 的吞吐量可以达到最大，但是也需要很大的延时，而 RA 接入方式在高负载时的吞吐量较小，但是时延也低。因此 RA-DAMA 相结合的随机接入方式可以使系统在一定的时延内达到最大的吞吐量。

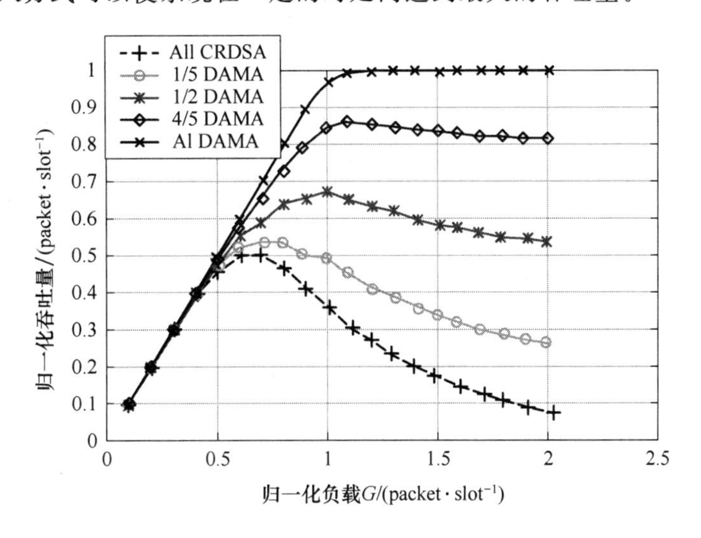

图 5-34 不同 k 值时吞吐量随负载的变化曲线[2]

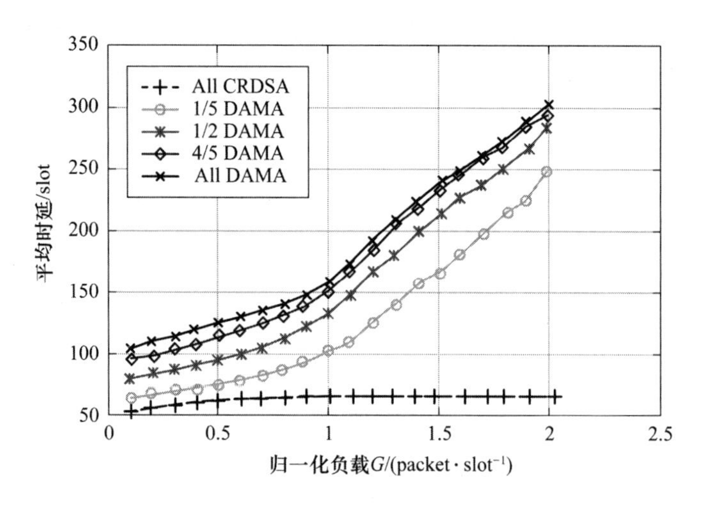

图 5-35　不同 k 值时时延随负载的变化曲线[2]

本章参考文献

[1]　马婵娟. 卫星网络多址接入技术研究[D]. 西安:西安电子科技大学,2019.

[2]　常瑞君. 适用于卫星通信系统的多址接入技术研究[D]. 北京:北京邮电大学,2017.

[3]　曲至诚. 天地融合低轨卫星物联网体系架构与关键技术[D]. 南京:南京邮电大学,2020.

[4]　SHAHAB M B, ABBAS R, SHIRVANIMOGHADDAM M, et al. Grant-free Non-orthogonal Multiple Access for IoT: A Survey. arXiv preprint arXiv:1910.06529, 2019.

[5]　戴国政. 5G 场景下非正交多址接入的研究[D]. 北京:北京邮电大学,2019.

[6]　董园园,张钰婕,李华,等. 面向 5G 的非正交多址接入技术[J]. 电信科学,2019,35(7):27-36. DOI: 10.11959/j.issn.1000-0801.2019188.

[7]　李鹏绪. 卫星物联网系统中多址接入技术研究[D]. 北京:北京邮电大学,2019.

[8]　汪春霆,张俊祥,潘申富,等. 卫星通信系统[M]. 北京:国防工业出版社,2012.9

[9]　李树鲁. 时分多址(TDMA)在点对多点无线通信系统中的应用[D]. 青岛:山东大学,2005.

[10]　冯少栋,吕晶,张更新,等. 宽带多媒体卫星通信系统中的多址接入技术(上)[J]. 卫星与网络,2010(08):66-68.

[11]　王钢,许尧,周若飞,等. 无线网络中的功率域非正交多址接入技术[J]. 无线电通信技术,2019,45(04):329-336.

[12]　小火车,好多鱼. 大话 5G[M]. 北京:电子工业出版社,2016.

[13]　李伟琪,王浩,贾子彦. 非正交多址接入通信系统性能分析[J]. 软件导刊,2019,18

(04):163-167.
[14] 李玉菱. 稀疏码多址接入技术研究[D]. 重庆:重庆邮电大学,2017.
[15] 黄刚. 面向 5G 的 SCMA 技术研究与实现[D]. 成都:电子科技大学,2017.
[16] TAHERZADEH M, NIKOPOUR H, BAYESTEH A et al. SCMA codebook design[C]. 2014 IEEE 80th Vehicular Technology Conference (VTC2014-Fall). IEEE, 2014: 1-5.
[17] 康绍莉,戴晓明,任斌. 面向 5G 的 PDMA 图样分割多址接入技术[J]. 电信网技术,2015(05): 43-47
[18] 张哲铭. 卫星物联网图样分割多址接入技术研究[D]. 哈尔滨:哈尔滨工业大学,2020.
[19] 左润东. 提升 MUSA 多用户检测性能的关键技术研究[D]. 哈尔滨:哈尔滨工业大学,2019.
[20] 武汉. 多用户共享接入及其关键技术研究[D]. 重庆:重庆邮电大学,2017.
[21] 任斌. 面向 5G 的图样分割非正交多址接入(PDMA)关键技术研究[D]. 北京:北京邮电大学,2017.
[22] 李胥希. 图样分割多址接入发送端关键技术研究[D]. 北京:北京邮电大学,2020.
[23] 梁钊. ALOHA 随机多址通信技术——从纯 ALOHA 到扩展 ALOHA[J]. 移动通信,1999(05):17-20.
[24] 韦芬芬. 低轨卫星物联网海量用户接入体制研究[D]. 南京:南京邮电大学,2019.
[25] 李阳. 卫星通信系统中基于 CRDSA 的增强接入技术研究[D]. 成都:电子科技大学,2019.
[26] 冯亚丽. 基于 CRDSA 的卫星随机接入与控制方案研究[D]. 西安:西安电子科技大学,2018.
[27] DE GAUDENZI R, DEL RÍO HERRERO O, ACAR G, et al. Asynchronous contention resolution diversity ALOHA: making CRDSA truly asynchronous[J]. IEEE Trans Wirel Commun 2014,13(11):6193-6206.
[28] CASINI E, DE GAUDENZI R, HERRERO O D R. Contention resolution diversity slotted ALOHA (CRDSA): An enhanced random access schemefor satellite access packet networks[J]. IEEE Transactions on Wireless Communications, 2007, 6(4): 1408-1419.

第6章 星地融合多波束高效传输技术

6.1 5G/6G多天线波束赋形

6.1.1 多天线波束赋形基本理论

传统的单入单出(Single Input Single Output,SISO)系统结构简单,由于香农信道容量限制,无论采用何种调制编码技术,其系统容量总是受限[1]。

多天线(Multiple Input Multiple Output,MIMO)技术指在发射端和接收端使用了多根天线用于发送和接收信号。多天线技术充分利用了空间域信道资源。而在MIMO系统传输过程中,数据在若干个并行通道中传输,通过复用时频资源来提高利用率。

与传统MIMO通过利用分集或复用增益提升传输效率的方法不同,波束赋形技术使用阵列天线对信号进行预处理,给每个阵元赋予不同权重的加权系数,从而产生具有指向性的波束[1]。对于5G/6G系统,通过波束赋形技术,可以获得期望信号,系统容量得到提升,同时干扰信号得到抑制。

大规模多输入多输出(Massive Multiple Input Multiple Output,Massive MIMO)[2-4]技术是5G的核心技术,其特点在于利用更大规模的天线,天线数量可达数百根到数千根。大量的天线使信号能量在发送和接收时更能集中到很小的区域,形成窄波束,同时系统向多个用户发送数据,系统的容量、频谱效率、链路质量、覆盖面积可以大幅度提升。

随着5G技术的商用,6G开始走入人们视野。相比5G技术,6G技术在时延、传输速率、连接密度、覆盖范围等方面有更高的要求。而多天线波束赋形技术仍旧是6G系统关键使能技术之一[5-8]。波束赋形的关键在于天线单元幅度和相位的管控,也就是天线权值的处理。根据波束赋形处理单元和方式的不同,波束赋形可分为以下三种。

(1) 数字波束赋形

数字波束赋形的结构如图6-1所示。这种结构一般用于基带处理的通道数与天线单元数一致的情况,每路数据需要单独的射频链路。

$$y = HF_{BB}s + n \tag{6-1}$$

在这种结构下，数字波束赋形通过控制相位和幅度来实现精度高、灵活、天线权值变换响应及时的波束赋形。而在 Massive MIMO 系统中，由于天线数量巨大，数字波束赋形每一个天线都需要连接一个独立的链路，这会使硬件的复杂度、设备尺寸、成本等大幅度增加。

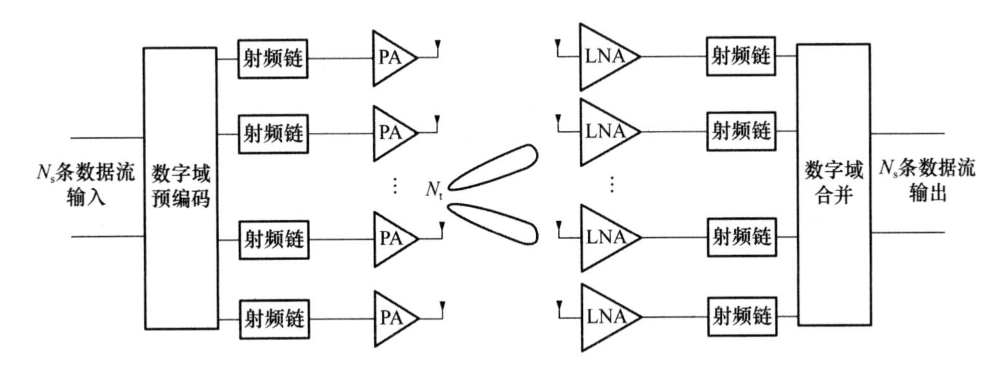

图 6-1 数字波束赋形[9]

(2) 模拟波束赋形

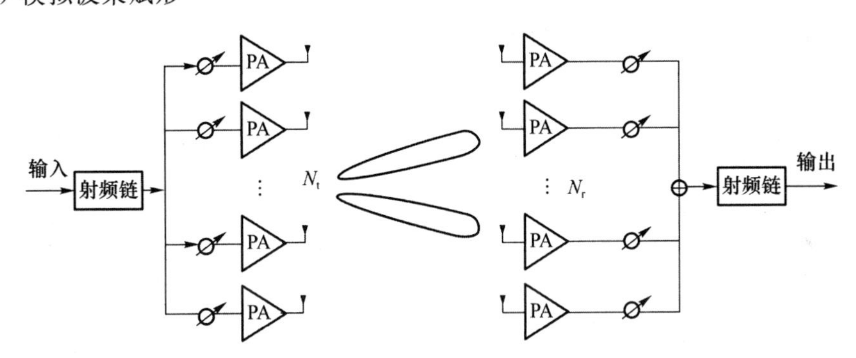

图 6-2 模拟波束赋形[9]

模拟波束赋形的结构如图 6-2 所示。这种结构一般通过移相器以及可变增益放大器生成定向波束，并且一个天线子阵列共用一个 RF 链的特点使系统硬件的复杂度大大降低。当发送信号为 s 时，用 F_{RF} 表示模拟波束赋形矩阵，可以得到接收天线处信号矢量表达式为：

$$y = HF_{RF}s + n \tag{6-2}$$

然而，模拟波束赋形天线完全靠硬件搭建，可同时支持的波束数量有限，对于多用户的场景支持能力弱。模拟波束赋形基带处理的通道数量远小于天线单元的数量，因此系统容量、精度、性能等都会受到一定的影响。

(3) 混合波束赋形

对于 5G 技术而言，天线数目太多导致数字波束赋形硬件复杂度过高，模拟波束赋形又受自身结构特点制约不具备空间自由度。如图 6-3 所示，通过采用模拟与和数字联合处理的混合波束赋形结构，可以有效地解决硬件开销和自由度低这一难题。这种结构根据信道的特点，先在低维度的数字域精准匹配信道特性，实现提升系统性能以及支持多数据流传输，然后在高维度的模拟域实现对信号的空域特征进行匹配以获得阵列增益，从而有效地弥补了毫米波的高路径损耗[3,4]。

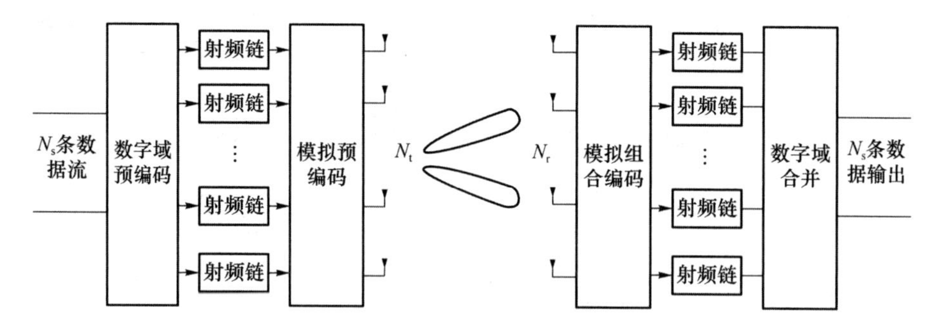

图 6-3 混合波束赋形结构图[9]

在现有的混合波束赋形结构中，根据 RF 链到天线的映射，可以分为全连接结构和部分连接结构两种，如图 6-4 所示。在全连接结构中，在采用移相器的基础上，每个射频链路与所有的天线进行连接。由于每条链路都能获取所有天线上的信息，所能实现的性能要比较好，但是复杂度很高。在部分连接结构中，每条射频链路只与其中的一部分天线进行连接，这使得每个射频链路只获得部分天线信息，所获得的天线增益受到影响[4]。

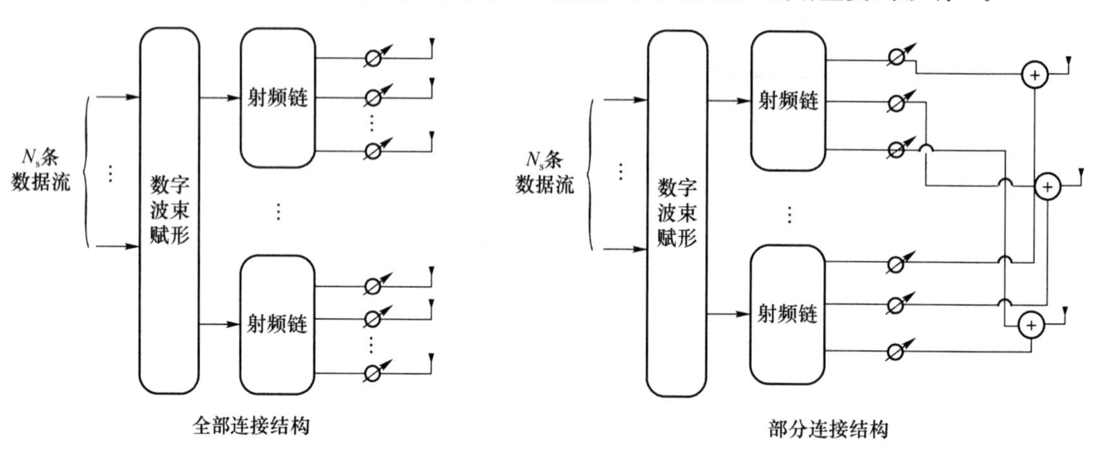

图 6-4 全连接、部分连接结构图[4]

假设有一个单用户 mmWave 系统，使用具有 N_t 天线的发射机将数据流发送给具有 N_r 天线的接收机，并且发射机发送的 RF 链数目为 N_t^{RF}，满足 $N_s \leqslant N_t^{RF} \leqslant N_t$。$N_t^{RF}$ 发射链应用于维度大小为 $N_t^{RF} \times N_s$ 的数字域波束赋形矩阵 $\boldsymbol{F}_{BB}$，然后由移相器实现的模拟波束成形矩阵 $\boldsymbol{F}_{RF}$（矩阵维度大小为 $N_t \times N_t^{RF}$）对信号进行处理得到发送天线上实际待发送的信号，可以表示为[5,6]：

$$\boldsymbol{x} = \boldsymbol{F}_{RF} \boldsymbol{F}_{BB} \boldsymbol{s} \tag{6-3}$$

其中，$\boldsymbol{s}$ 表示 $N_s \times 1$ 的发送向量。在发送信号经过信道后，接收端先通过模拟波束成形后再进行数字波束成形，最终得到的信号表示为：

$$\hat{\boldsymbol{y}} = \rho \boldsymbol{W}_{BB}^H \boldsymbol{W}_{RF}^H \boldsymbol{H} \boldsymbol{F}_{RF} \boldsymbol{F}_{BB} \boldsymbol{s} + \rho \boldsymbol{W}_{BB}^H \boldsymbol{W}_{RF}^H \boldsymbol{n} \tag{6-4}$$

其中，ρ 表示平均接收功率，$\boldsymbol{W}_{\mathrm{BB}}^{H}$、$\boldsymbol{W}_{\mathrm{RF}}^{H}$ 分别表示接收端的数字域、模拟域波束赋形矩阵，$\boldsymbol{H}$ 表示维度大小为 $N_{\mathrm{r}} \times N_{\mathrm{t}}$ 的信道矩阵，$\boldsymbol{n}$ 表示噪声向量。

6.1.2　MIMO 波束赋形

1. MIMO 系统模型

如图 6-5 所示，MIMO 系统发送端有 N_{t} 根天线，接收端天线个数为 N_{r}，发送信号为 s，代表 $N_{\mathrm{s}} \times 1$ 路数据，经过波束赋形得到发送天线上对应的发送数据 $\boldsymbol{x}$，其中每个元素对应于要传输的信号。波束赋形通过改变原来的发送信号幅度、相位，再叠加得到想要的天线发送信号。在理论上，幅度和相位的改变可以简单地表示为与一个复数相乘，叠加的过程则可以使用矩阵乘法来表示。最后经过接收波束成形的信号可以最终表示为：

$$r=\boldsymbol{W}^{H}\boldsymbol{H}\boldsymbol{x} \tag{6-5}$$

其中，$\boldsymbol{W}$ 表示接收端的波束赋形矩阵，$\boldsymbol{H}$ 表示信道矩阵。

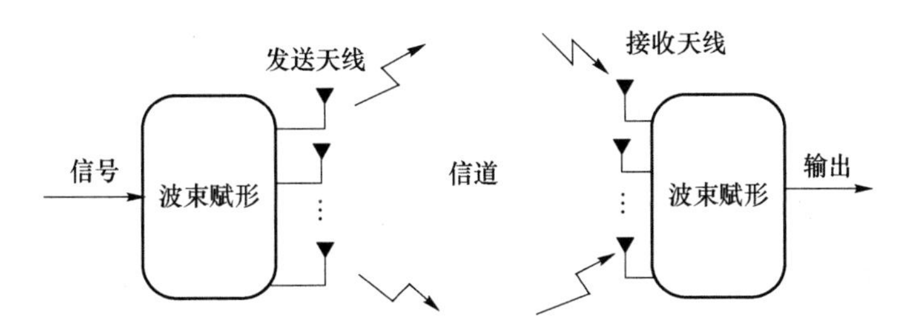

图 6-5　MIMO 信道示意图

图 6-6 显示了多流传输波束赋形的原理图，K 个数据流通过波束赋形映射到 Q 个传输天线上。每个数据流在被映射到天线之前都被一个天线特定的权值相乘。

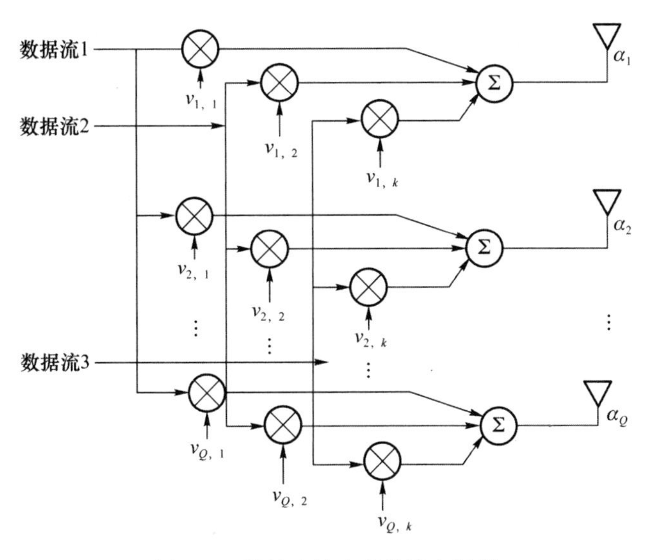

图 6-6　线性多波束传输波束赋形

在 MIMO 系统的等效模型中，$h_{j,i}$ 表示第 i 副发送天线到第 j 副接收天线之间的信道衰落系数，x_i 表示第 i 副发送天线发送的信号，第 j 副接收天线收到的信号 y_j 可以表示为：

$$y_j(t)=\sum_{i=1}^{N_t} h_{j,i}(t)x_i(t)+\eta_j(t),\quad i=1,2,\cdots,n_t,\quad j=1,2,\cdots,N_r \tag{6-6}$$

在窄带平坦衰落信道的假设下，有 $h_{j,i}=h_{j,i}(t)\delta(t)=h_{j,i}(0)$，式(6-6)可以简化为：

$$y_j(t)=\sum_{i=1}^{N_t} h_{j,i}x_i(t)+\eta_j(t) \tag{6-7}$$

进而可以用矩阵形式表示：

$$\boldsymbol{y}(t)=\boldsymbol{H}\boldsymbol{x}(t)+\boldsymbol{\eta}(t) \tag{6-8}$$

其中，定义

$$\boldsymbol{x}(t)=(x_1(t),x_2(t),\cdots,x_{N_t}(t))^{\mathrm{T}}\in \boldsymbol{C}^{N_t\times 1} \tag{6-9}$$

$$\boldsymbol{y}(t)=(y_1(t),y_2(t),\cdots,y_{N_r}(t))^{\mathrm{T}}\in \boldsymbol{C}^{N_r\times 1} \tag{6-10}$$

$$\boldsymbol{\eta}(t)=(\eta_1(t),\eta_2(t),\cdots,\eta_{N_r}(t))^{\mathrm{T}}\in \boldsymbol{C}^{N_r\times 1} \tag{6-11}$$

$$\boldsymbol{H}=\begin{bmatrix} h_{1,1} & h_{1,2} & \cdots & h_{1,N_t} \\ h_{2,1} & h_{2,2} & \cdots & h_{2,N_t} \\ \vdots & \vdots & & \vdots \\ h_{N_r,1} & h_{N_r,2} & \cdots & h_{N_r,N_t} \end{bmatrix}\in \boldsymbol{C}^{N_r,N_t} \tag{6-12}$$

其中，$\boldsymbol{x}(t)$ 为发送信号矩阵，$\boldsymbol{y}(t)$ 为接收信号矩阵，$\boldsymbol{H}$ 为信道衰落系数矩阵，$\boldsymbol{\eta}(t)$ 为加性白高斯噪声矩阵。

2. 典型波束赋形算法

(1) 迫零波束赋形

为了消除配备单天线的用户间相互的干扰，可以通过信道状态信息来获得波束赋形矩阵，从而抵消不同用户间的干扰。若 $\boldsymbol{G}=[\boldsymbol{g}_1^{\mathrm{T}},\cdots,\boldsymbol{g}_K^{\mathrm{T}}]\in \boldsymbol{C}^{K\times M}$，在基站天线数量 M 不少于用户数 K 时，$\boldsymbol{G}$ 存在右伪逆矩阵。

$$\boldsymbol{F}=\beta \boldsymbol{G}^H(\boldsymbol{G}\boldsymbol{G}^H)^{-1} \tag{6-13}$$

其中，$\boldsymbol{F}$ 为预编码矩阵，$\boldsymbol{G}$ 为信道矩阵，β 为功率控制因子。根据右伪逆矩阵性质，$\boldsymbol{GF}=\boldsymbol{I}$，其中 $\boldsymbol{I}$ 为单位矩阵，并且 $g_j f_k=0(k\neq j)$。此时有：

$$y_k=g_k\boldsymbol{F}s+n=g_k f_k s_k+n_k,\quad k=1,\cdots,K \tag{6-14}$$

使用迫零波束赋形(Zero-Forcing，ZF)后，期望用户接收的信号中没有其他用户信号干扰分量，使得各用户数据可以相对独立地传输。

(2) 块对角化波束赋形

若要消除配备多天线的用户间的干扰，可以考虑块对角化波束赋形算法(Block Diagonalization，BD)。首先，将等效的信道矩阵 $\boldsymbol{G}=[\boldsymbol{g}_1^{\mathrm{T}},\cdots,\boldsymbol{g}_K^{\mathrm{T}}]$通过波束赋形矩阵将其对角化，进而将每个用户的信道转变为平行子信道，最后与功率分配矩阵相乘得到最大的信道容量。

BD 算法的关键同样在于使用信道矩阵消除用户间干扰,具体为:

$$g_j f_k = 0 \quad (j \neq k, 1 \leqslant j, k \leqslant K) \tag{6-15}$$

(3) 正则化迫零波束赋形

正则化迫零波束赋形(Regularized Zero-Forcing Beamforming,RZF)中考虑了噪声的影响,通过在矩阵逆运算中加入单位阵,改善噪声放大问题[7]。表达式如下所示:

$$\boldsymbol{F} = \beta (\boldsymbol{G}^H \boldsymbol{G} + \xi \boldsymbol{I}_M)^{-1} \boldsymbol{G}^H \tag{6-16}$$

6.1.3 Massive MIMO 波束赋形

1. Massive MIMO 系统

在一般情况下,无线传输系统可以根据传输中是否存在障碍物分为视距(Line of Sight,LOS)传输和非视距(Non-Line of Sight,NLOS)传输。LOS 指在发送端和接收端之间存在直视径,而 NLOS 则意味着在传输过程中受到建筑、植物等障碍物的影响,会产生信号损伤。Massive MIMO 系统中的 LOS 传输和 NLOS 传输如图 6-7、图 6-8 所示。

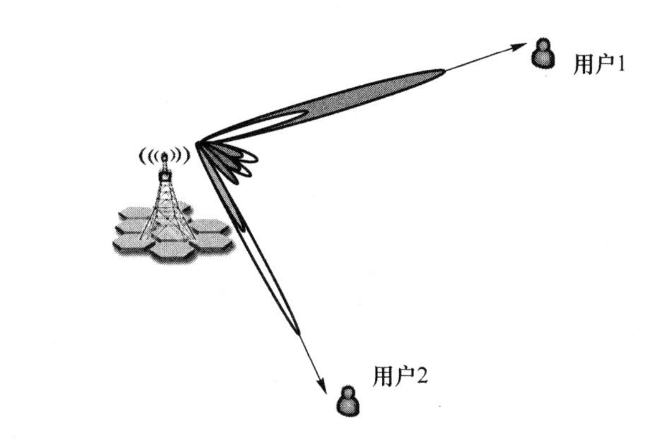

图 6-7 Massive MIMO 视距传输[7]

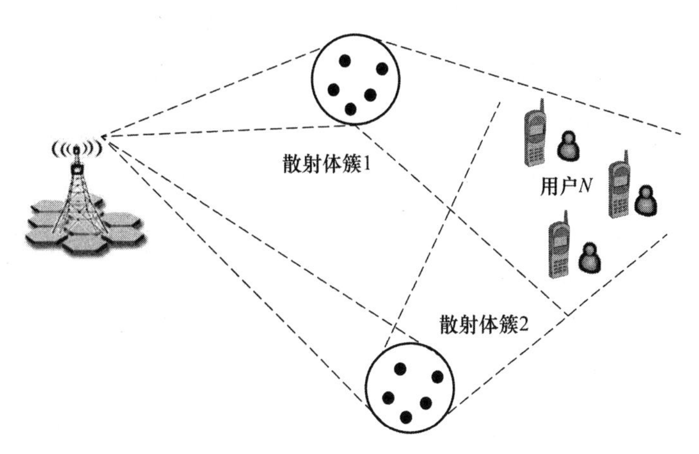

图 6-8 Massive MIMO 非视距传输[7]

在 Massive MIMO NLOS 传输场景中，假设基站发射天线数目为 N_t，系统中有 L 个用户，可以使用信道估计算法以及信道互异性的特点得到相对应用户下行的信道分布信息。第 i 个用户收到的信号可以写为：

$$\boldsymbol{y}_i=\boldsymbol{h}_i\boldsymbol{x}_i+\boldsymbol{n}_i \tag{6-17}$$

其中，$\boldsymbol{h}_i$ 为用户 i 到基站的信道矢量，$\boldsymbol{n}_i$ 为高斯噪声，$\boldsymbol{x}_i$ 为基站对第 i 个用户发送的信号。采用一定的波束赋形准则，对多个用户的数据利用空分复用进行传输，波束赋形前的信号用 $\boldsymbol{s}_i$ 表示，基站对第 i 个用户发送的波束赋形矢量用 $\boldsymbol{w}_i$ 表示，且 $\|\boldsymbol{w}_i\|_{\max}=1$，可以得到[7]：

$$\boldsymbol{x}=\sum \boldsymbol{w}_i\boldsymbol{s}_i \tag{6-18}$$

$$\boldsymbol{y}_i=\boldsymbol{h}_i\boldsymbol{w}_i\boldsymbol{s}_i+\boldsymbol{h}_i\sum_{m\neq i}\boldsymbol{w}_m\boldsymbol{s}_m+\boldsymbol{n}_i \tag{6-19}$$

上式第二项表示用户 i 受到其他用户的干扰大小。为了减小用户间的干扰，基站需要利用 CSI 信息来进行波束赋形。

2. Massive MIMO 波束赋形

由于 Massive MIMO 系统使用的天线数多达数百根，大规模天线技术将大部分天线发射能量集中在一个非常窄的区域，形成具有高增益、可调节的窄波束，并且天线数目越多，波束宽度越窄。这意味着在不同波束之间、不同用户之间的干扰会变得非常小，系统必须用波束赋形结构将窄波束精确地对准用户。因此，高效的波束赋形结构和算法对于 Massive MIMO 系统来说非常必要[9]。

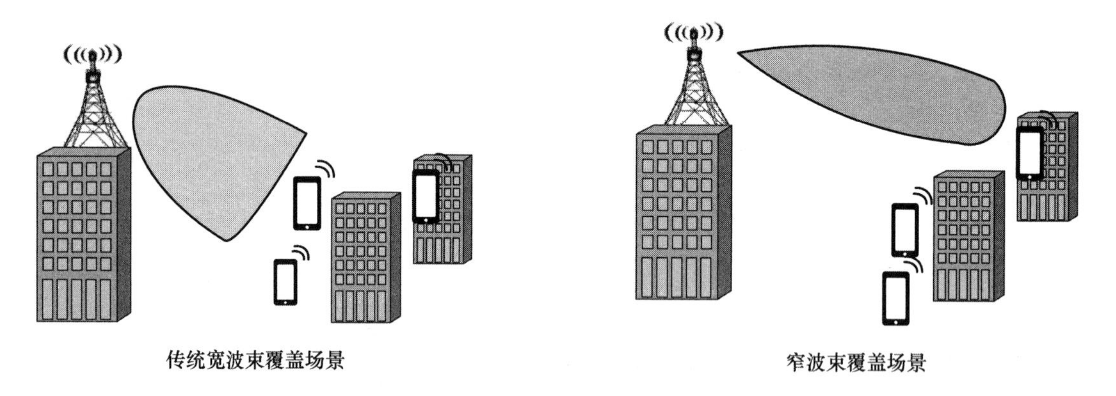

图 6-9　2D 与 3D 波束赋形对比图[9]

传统的 MIMO 系统通常在数字域中实现波束赋形。大量使用高频器件导致系统的硬件成本和能耗大幅增加，这在 Massive MIMO 系统中是无法承受的。因此，混合波束赋形是当前 Massive MIMO 系统波束赋形的实现的关键技术，混合波束赋形技术将毫米波技术和 Massive MIMO 技术结合起来，可以大幅提升 5G 通信系统性能。另外，随着大规模智能天线系统技术的不断成熟，通过使用 AAS 天线阵列，Massive MIMO 系统可以实现在水平和垂直区域内对波束角度的灵活调整，最大程度地利用主瓣功率，实现实时最大流传输的要求[10]。

若要实现 Massive MIMO 波束赋形,需要配合信道估计、码本的选择与反馈等技术,并且生成相应的 BF 矩阵[11]。一种简单的波束赋形框图如图 6-10 所示。

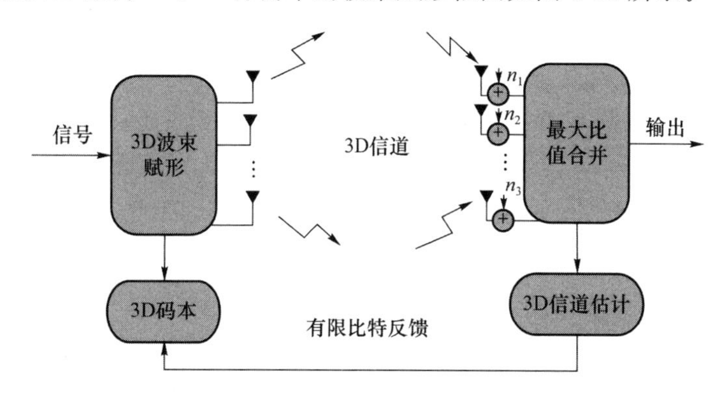

图 6-10　3D 波束赋形框图

6.2　卫星多波束及波束赋形方法

6.2.1　多波束卫星系统体系架构

目前,地面通信网络使用较低的部署成本即可为高人口密度区域提供高速宽带服务,但在海洋、极地或偏远山区无法实现全面覆盖。卫星通信可以作为地面通信网络的补充,为全球提供不间断的通信服务,弥补地面网络的不足。

然而,随着通信容量需求的提高,单波束卫星已经无法满足需求,且频带受限问题也日渐严重,卫星的多波束技术能够解决一定的业务容量和频谱效率问题[12-23]。图 6-11 所示为多波束卫星通信系统示意图,可以在卫星上采用智能天线技术(如阵列天线)生成多波束[12],每个点波束覆盖整个卫星覆盖区域的一个小蜂窝。

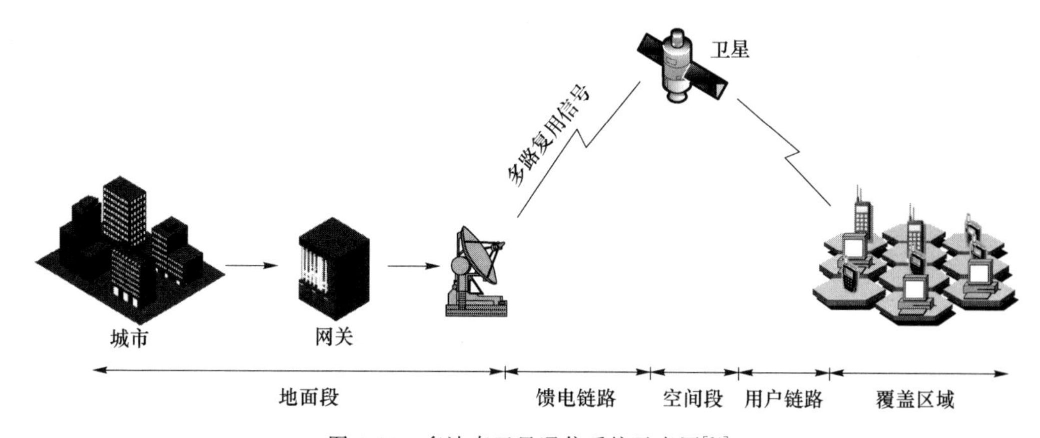

图 6-11　多波束卫星通信系统示意图[24]

6.2.2 卫星多波束天线类型

星载多波束天线的性能直接决定着系统的性能,通过在覆盖区域内产生多个点波束,可以使卫星与波束内的用户产生通信链路。大口径的天线往往可以产生更高的增益和更窄的点波束。星载多波束天线的框架如图 6-12 所示,根据结构不同将其划分为以下三类。

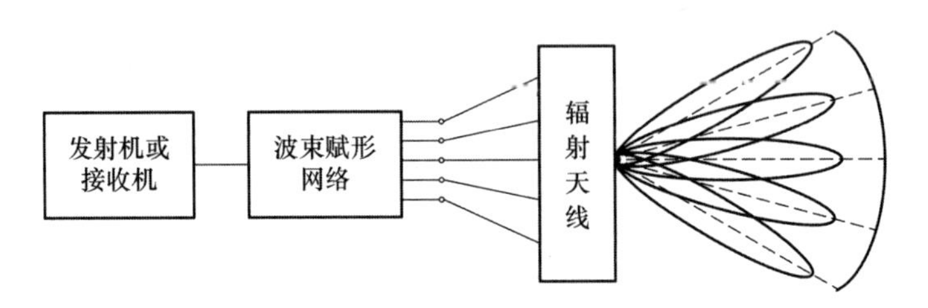

图 6-12　卫星多波束天线框架示意图[13]

1. 星载反射面多波束天线

反射面天线为三者中结构最简单、相对质量最轻的结构,并且诞生时间早,技术更加成熟。在不需要星载天线产生大量点波束的场景下,多波束反射面天线最为简易,且能保证系统的性能。

反射面多波束天线可分为每束单馈源(Single Feed per Beam,SFB)和每束多馈源(Multiple Feed per Beam,MFB)[14]两种。图 6-13 所示为 SFB 的实现方式,每个馈源经反射面后从特定的天线口径中辐射出来,具有较高的辐射效率,能够实现收发共用。但因每个馈源都需要单独的反射面,所需反射面总数较多,多色复用需占用较大空间,且波束指向性相对较差。

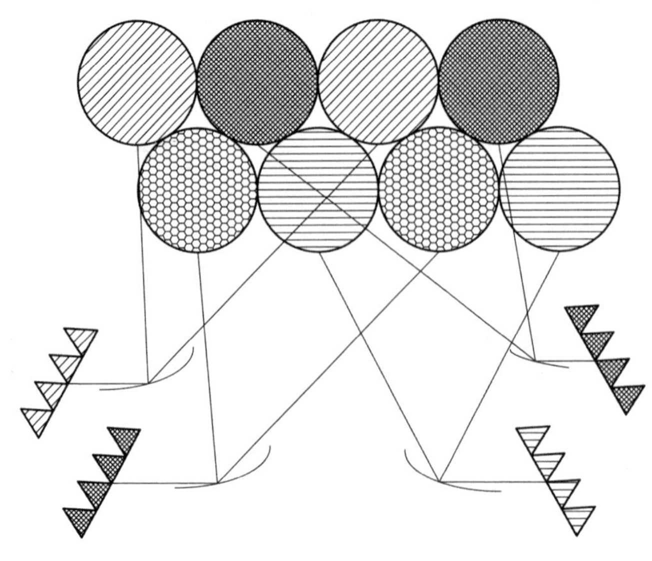

图 6-13　SFB 四色复用波束赋形方案[18]

MFB 的实现方案如图 6-14 所示，使用波束赋形网络激励均匀排列的阵元的相位和幅度，产生多个点波束。MFB 方案能够灵活调整波束生成的形状和数量，仅需两块反射面即可实现收发，且波束指向性好于 SFB 方案。但 MFB 方案要想形成与 SFB 方案相同的点波束覆盖，就需要远多于 SFB 方案的馈电单元，馈电网络十分复杂。

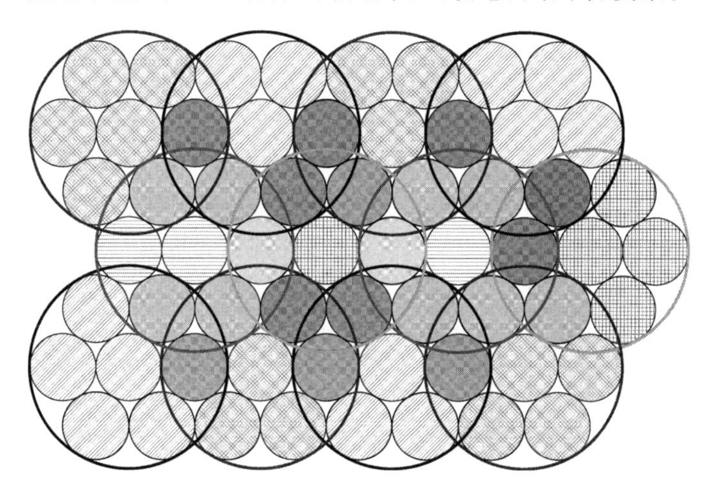

图 6-14 MFB 四色复用波束赋形方案[18]

GEO 移动通信卫星大多采用 L/S 频段反射面天线，L/S 频段频率较低、波长相对较长，馈源阵列体积较大，多使用 MFB 方案波束赋形以满足功率分配、相位跟踪和方向图等技术的要求[15]。随着移动卫星通信向高频段发展，Ku/Ka 频段得到了开发。由于 Ku/Ka 频段频率较高、波长较短，因此能够大大减小馈源阵列的体积，适合 SFB 和 MFB 两种波束赋形方案。

2. 星载相控阵多波束天线

星载相控阵天线能够调整各个阵元的幅度和相位，实现动态的波束调整，包括波束大小的调整以及形状的控制，进而实现波束扫描。相比于反射面天线，相控阵天线由于其低轮廓特性更便于卫星发射。如图 6-15、图 6-16 所示，相控阵天线分为无源和有源两种[18]。其中，无源相控阵天线由一个中央发射机产生高频能量后分配给各辐射单元，反射信号经过接收机进行统一放大。有源相控阵天线每个阵元由于配备了独立的 T/R 模块，能够实现单独收发信号。

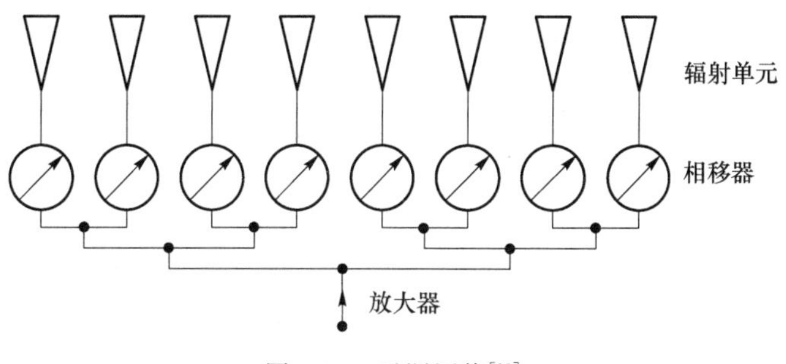

图 6-15 无源网络[13]

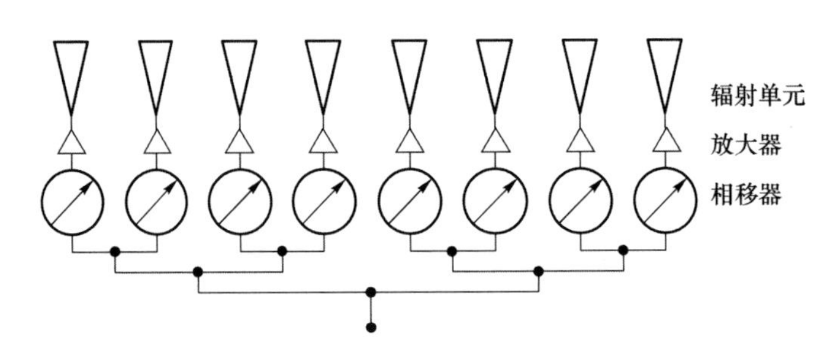

图 6-16　有源网络[13]

早期 L/S/X 频段卫星通信使用的频段较低，模拟相控阵阵元间隔与波长成正比，带来体积过大的问题，而有源相控阵带宽更大、信号处理能力更强且设计的冗余度更低，更适合低频段卫星通信系统。但目前卫星通信频段正逐渐向 Ka 频段的高频段发展，有源相控阵中数字相移器和衰减器校准困难，功率损耗大，而无源相控阵却拥有结构简单的特点，使其应用更加方便。

3. 星载透镜式多波束天线

透镜式多波束天线较反射面天线在设计上具有更高的自由度，依据几何光学原理，具有旋转对称性，无口径遮挡。但与反射面天线类似的是在低频段同样具有体积大、重量大以及损耗大的缺点。

图 6-17 和图 6-18 所示为不同材料、不同几何形状的透镜下产生的多波束[18]。根据费马原理，凸透镜若要产生平面波，其折射率 $n>1$。若使用金属等折射率 $0<n<1$ 或 $n<0$ 的材料，则需使用凹透镜。且当频率变化时，折射率也会随之快速变化，从而影响透镜天线的性能。当折射率 $n>1$ 时，无色散现象，具有较大的工作带宽，当折射率 $0<n<1$ 时相反。

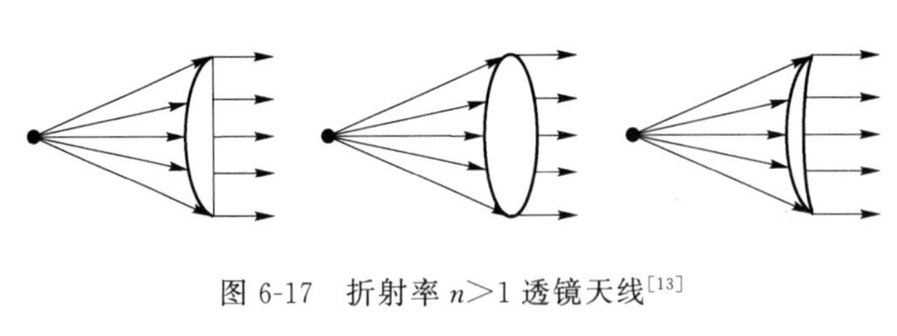

图 6-17　折射率 $n>1$ 透镜天线[13]

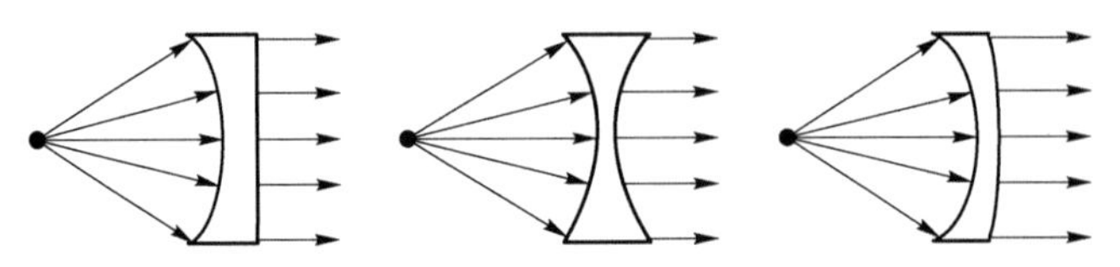

图 6-18　折射率 $n<1$ 透镜天线[13]

随着卫星使用的频段向高频发展，波长逐渐减小，使得透镜天线能够实现小型化设计。欧洲航天局(European Space Agency，ESA)研制出一种用于 Ka 频段的透镜天线，采用微波放大器的有源透镜作为阵元，但由于大部分能量均被转换为热能，因此辐射效率仅有 15%左右[16]。德国 ASTRIUM GmbH 公司研究了较多模馈电网络结构更简单的透镜波导馈源阵[17],天线工作在 Ka 频段。但其辐射主瓣带宽太宽,导致增益较小,仍需进一步改进。

6.2.3 不同轨道卫星多波束天线配置的选择

对于不同轨道高度的卫星根据其特点,需要配置不同的多波束天线。不同轨道通信卫星采用的多波束天线配置如表 6-1 所示。

表 6-1 不同轨道通信卫星采用的多波束天线配置[18]

卫星轨道	卫星/星座名称	多波束天线方案
IGEO	Inmarsat-4/-5(星座)、MUOS(星座)、Thuraya-2/-3、DBSD-G1、SkyTerra-1/-2、Alphasat-I/XL、TeereStar-1/-2、MEXSAT-1/-2/-3	单口径大型展开式反射面天线
GEO	DireCTV-14/-15、EUTELSAT-65、Eutelsat-3B、AsiaSat-6/-8、MEXSAT-3b、Express-AM5/-AM7、Intelsat-19/-22、Astra-2E/-5B	多口径反射面天线
GEO	WINDS、WGS(星座)、AEHF(星座)、Spaceway3	相控阵天线
MEO	O3b(星座)、ICO(星座)	反射面天线
LEO	Iridium-Next(星座)、Globalstar-1/-2(星座)、Orbcomm2(星座)、“灵巧”通信试验卫星、StarLink(星座)	相控阵天线

GEO 卫星的轨道高度高,传输路径长,从而导致较大的路径增益,为提高天线增益需要使用波束更窄的星载天线,大多采用星载反射面天线。使用 SFB 方案的 GEO 卫星通常采用四块反射面实现四色复用,也有些使用两块反射面实现四色复用[19],且均能实现天线的收发共用。使用 MFB 方案的 GEO 卫星通常具有超过 10 m 的大口径,如美国劳拉公司的 TeereStar-1 口径为 18 m,美国 SkyTerra-1/-2 的天线口径达到了 22 m。

MEO 主要采用星载反射面天线,如 O3b 系统。

LEO 卫星的轨道高度低,传输路径较短,因此路径损耗较小,既可以使用相控阵天线,也可以使用反射面天线来满足系统的需求。但考虑 LEO 卫星天线需要具有较大的扫描角,相控阵天线更加合适。目前大多低轨卫星系统均采用相控阵天线,如 Iridium、Globalstar-1/-2、StarLink 等。

6.2.4 多波束天线的波束赋形技术

波束赋形技术通过波束赋形网络(Beamforming Network,BFN)产生所需波束,波束赋形技术按实现方式可分为模拟和数字两种。模拟波束赋形使用功分器和相移器实现振幅和相位的调整,能够在单口径天线上实现较强增益及较低副瓣。数字波束赋形较模拟波束赋形的最大优势在于其重量和功耗仅仅由带宽和辐射元件数量决定,与产生波束的数量无关[20],并且还能够实现幅度和相位误差的补偿,具有更高的灵活性,从第三代卫星移动通信系统开始使用数字波束赋形技术。

波束赋形的信号处理过程可以在卫星上完成，称为天基波束赋形技术（Space-Based Beamforming，SBBF），也可以在地面信关站处完成，称为地基波束赋形技术（Ground-Based Beamforming，GBBF）[25,26]。SBBF 技术能够改善天线的 EIRP 和 G/T，能够快速地对波束进行调整，支持星上单跳业务，广泛用于第三代卫星移动通信系统中[22]，但系统信号处理能力受限于卫星的有效载荷、卫星功率等，还容易受到太空辐射的干扰。GBBF 技术的信号处理过程在地面进行，有效地节约了星上资源，提高了系统的可靠性和灵活性，在第四代及之后的卫星移动通信系统中运用越来越广泛。

1. 天基波束赋形技术

天基波束赋形技术的信号处理过程均在卫星上完成，卫星有效载荷的核心为波束赋形网络。目前，亚洲蜂窝卫星（Asia Cellular Satellite，ACeS）和国际海事卫星组织 Inmarsat-4 仍采用 SBBF 技术，前者采用模拟波束赋形，后者采用数字波束赋形。

使用模拟方案实现 SBBF，通过 Butler 矩阵和功分器、相移器能够产生波束赋形网络，进而实现波束赋形的相位或幅度处理。其中的多端口放大器保障了卫星产生波束的功率分配，降低了实现的硬件成本和能源消耗成本。但是模拟波束赋形结构固定，当波束数目过大时受限严重。

天基数字波束赋形技术原理图如图 6-19 所示。在数字波束赋形技术实现的 SBBF 中，星载数字单元完成信号采样、信道化、正交化、波束赋形处理等操作之后，产生系统所需要的多波束指向[23]。通过对信号进行加权采样处理，在每个馈源处形成指向性波束。

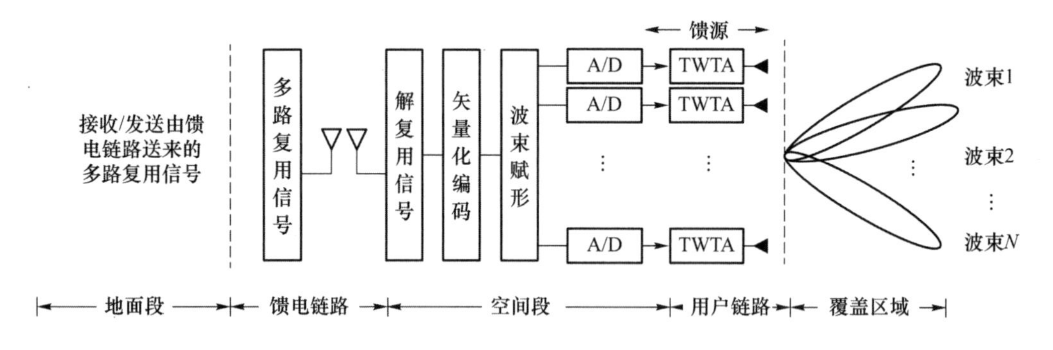

图 6-19　天基数字波束赋形技术原理图[24]

波束赋形网络可分为固定和可编程两种。固定波束赋形网络的覆盖区域及性能均不可调整，可编程波束赋形网络能够根据先验知识对阵元的加权系数进行更新，调整波束指向以适应轨道变化。例如，Inmarsat-4 系统，通过可编程的波束赋形定期更新权值，以保证能够在地面上形成固定的多点波束。

SBBF 将波束赋形的处理放在卫星上完成，能够使得天线的 EIRP 和 G/T 值得到改善。且 SBBF 技术中信关站与卫星间的馈电链路带宽小于 GBBF 技术，能够大大减少地面信关站的数量。

2. 地基波束赋形技术

随着通信业务类型越来越丰富，通信容量需求越来越大，在卫星移动通信系统中也就需要更多的点波束以及更大的天线阵列，从而导致更加复杂的波束赋形网络。星上的有效载荷及其能够承载的重量极大地限制了天基波束赋形技术的发展，为解决此问题，考虑将部分或全部的波束赋形处理过程转移到地面端实现，通过地面波束赋形网络实现多点波束覆盖。

地基波束赋形技术实现的功能框图如图 6-20 所示。从图中可以看出，GBBF 技术在地面站实现波束赋形技术，在卫星上仅保留天线、射频模块以及少量信号处理的功能。极大地减轻了卫星端数据处理的压力，减小了卫星重量和体积。并且在地面端进行信号处理的成本远低于星上处理成本，设备及技术成本都有所降低，灵活性有了提高，包括自适应处理、干扰消除等技术[27]。

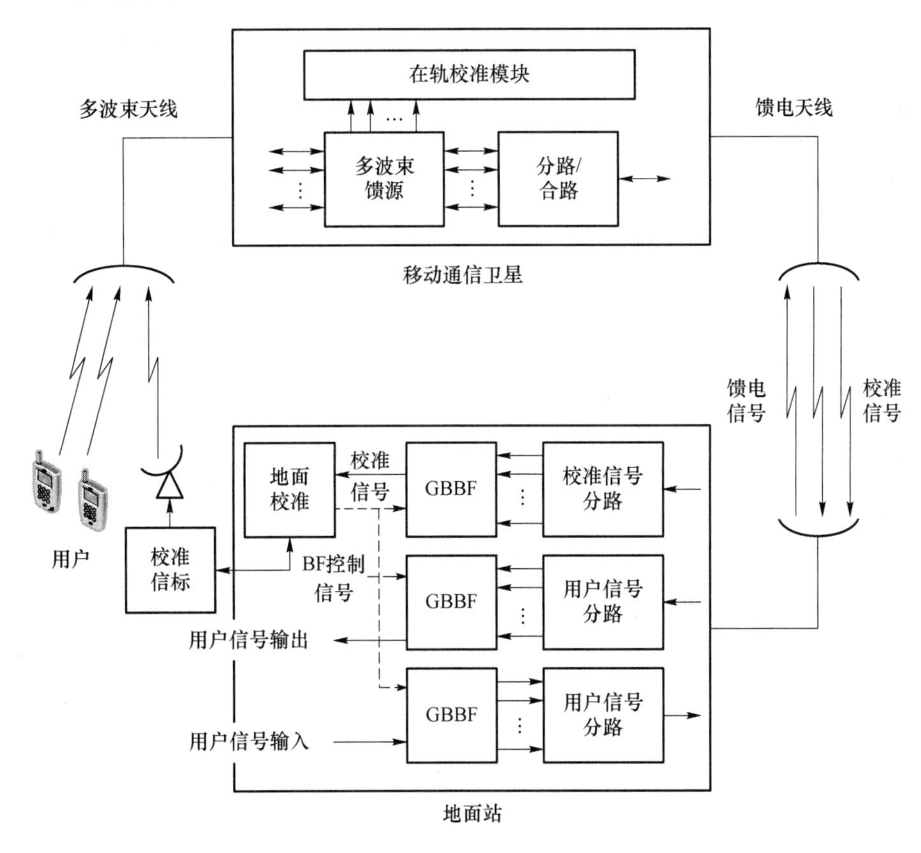

图 6-20 地基波束赋形功能框图[24]

但在 GBBF 技术中，馈电链路带宽需求高，导致馈电链路的频率资源需求远大于 SBBF 方案，需要使用多个网关进行管理[28]。

如图 6-21 所示为地基波束赋形的原理图，以反向链路为例，其架构主要包括卫星上馈源信号到馈电链路的频率和极化复用、地面端馈源信号解复用以及地基信号处理技术，具体而言，对各个馈源信号进行加权处理，对 GBBF 技术和馈源间的振幅和相位失真进行补偿，从而实现指向性多点波束。前向链路则与上述流程相反。

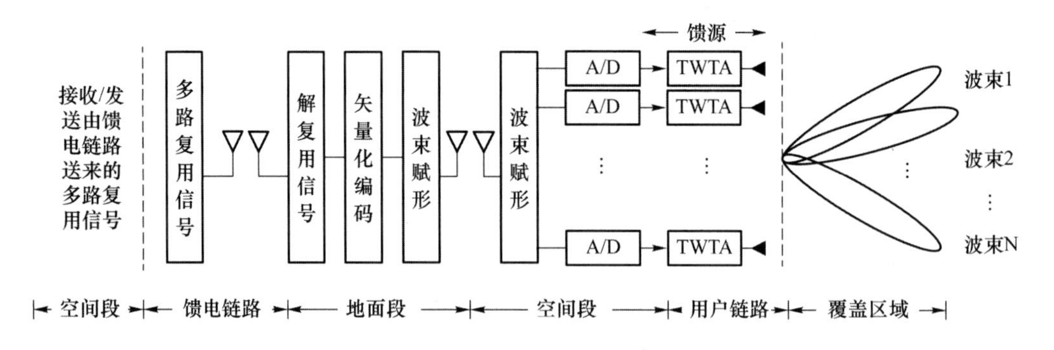

图 6-21 地基波束赋形原理图[24]

对于 GBBF，信号频率复用以及极化复用导致馈电链路带宽需求大。此外，在无线空间传播的过程中，大气将会造成信号的衰减，不仅需要补偿校正信号，还需要精准的地面参考时钟，导致馈电链路带宽需求更大。因此，馈电链路是影响地基波束赋形性能的关键因素。

为了解决馈电链路带宽受限问题，可以考虑采用信号压缩技术消除各信号间的相关性；使用更高频段的馈电链路；通过多个网关对馈电链路的频谱资源进行复用等[24]。

6.3 多星协同波束赋形

在传统卫星通信系统中的波束赋形技术研究侧重单星多波束赋形。目前，低轨互联网星座正在不断发展中，由于低轨卫星星座的卫星数量很多，因此存在多个卫星同时向用户服务的场景。此时，多个卫星之间可能存在相互干扰，从而影响通信质量。因此在多星协同通信系统中，为了提高通信系统性能，减轻用户间干扰，需要采用合适的波束赋形方案。本节主要介绍在多星协同通信场景下的基于 Epigraph 松弛二分分解（Epigraph-Relax-Bisection-Decomposition，ERBD）的波束赋形算法[29]，并与经典的波束赋形算法进行对比，分析其性能表现。

6.3.1 多星协同波束赋形问题分析

1. 系统模型

本节主要对多星协同通信系统的系统模型进行介绍，并给出系统的优化目标。多星协同通信系统采用时分复用，系统包含 N_t 颗卫星，每颗卫星配有一个包含 N_t 个天线单元的平面天线阵列，且每颗卫星发射单个波束。地面用户由 L 个用户组组成，每个用户组 l 包含一个上行用户 UE_l^U（用户发射信号到卫星）和一个下行用户 UE_l^D（卫星发射信号到用户)，$l=1,2,\cdots,L$，每个用户配备单个天线。假定在一个上行和下行时隙内，波束赋形矢量固定，系统模型如图 6-22 所示。

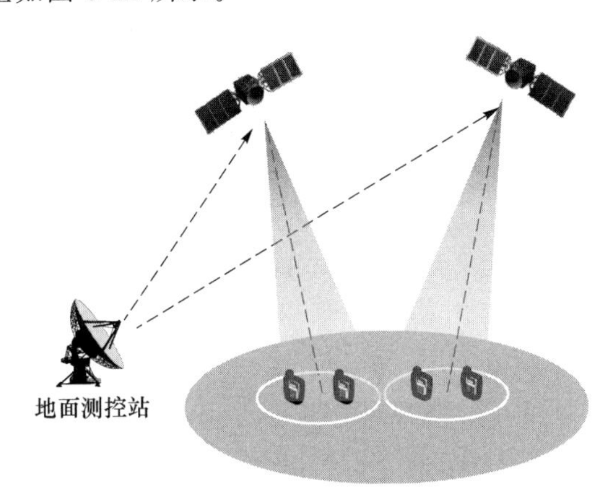

图 6-22 多星协同波束赋形

通常用于衡量通信质量的指标是信干噪比(Signal to Interference Plus Noise Ratio, SINR)，因此我们可以把 UE_l^U 和 UE_l^D 的 SINR 分别表示为[29]：

$$\mathrm{SINR}_l^U=\frac{p_l^U\left|\boldsymbol{w}_m^H\boldsymbol{h}_l^{U^H}\right|^2}{\sum_{j=1,j\neq l}^{N_u}p_j^U\left|\boldsymbol{w}_m^H\boldsymbol{h}_j^{U^H}\right|^2+\sigma_l^{U^2}} \tag{6-20}$$

$$\mathrm{SINR}_l^D=\frac{p_n\left|\boldsymbol{h}_l^{D^H}\boldsymbol{w}_n\right|^2}{\sum_{k=1,k\neq n}^{N_d}p_k\left|\boldsymbol{h}_l^{D^H}\boldsymbol{w}_k\right|^2+\sigma_l^{D^2}} \tag{6-21}$$

其中，$p_l^U,l=1,2,\cdots,N_u$ 表示 UE_l^U 的发射功率，$N_u=L$ 表示上行用户的数量。在式(6-21)中，$p_n,n=1,2,\cdots,N_d$ 表示第 n 个卫星的波束功率，其中 N_d 表示卫星的数量。$\boldsymbol{h}_l^U\in\mathbb{C}^{1\times N_t}$ 表示用户 UE_l^U 到卫星的信道矢量，$\boldsymbol{h}_l^D\in\mathbb{C}^{1\times N_t}$ 表示卫星到用户 UE_l^D 的信道矢量。此外，j 表示上行用户的索引，k 表示卫星的索引。$w_m,w_n\in\mathbb{C}^{N_t\times 1},m,n=1,2,\cdots,N_d$ 表示波束赋形矢量，通过改变 w_m,w_n 可以使用户 UE_l^U 和 UE_l^D 被不同卫星的卫星波束所覆盖。式(6-20)的 $p_l^U\left|\boldsymbol{w}_m^H\boldsymbol{h}_l^{U^H}\right|^2$ 表示第 l 个用户 UE_l^U 的期望功率，$\sum_{j=1,j\neq l}^{N_u}p_j^U\left|\boldsymbol{w}_m^H\boldsymbol{h}_j^{U^H}\right|^2$ 则表示其他上行用户引起的干扰。式(6-21)的 $p_n\left|\boldsymbol{h}_l^{D^H}\boldsymbol{w}_n\right|^2$ 表示第 l 个用户 UE_l^D 的期望功率，而 $\sum_{k=1,k\neq n}^{N_b}p_k\left|\boldsymbol{h}_l^{D^H}\boldsymbol{w}_k\right|^2$ 表示来自其他卫星的下行干扰，$p_k\left|\boldsymbol{h}_l^{D^H}\boldsymbol{w}_k\right|^2$ 表示第 k 个干扰波束的功率。$\sigma_l^{U^2}$，$\sigma_l^{D^2}$ 分别表示 UE_l^U 和 UE_l^D 中均值为 0、单位方差的噪声功率。

2. 信道模型

本节主要对系统的信道模型进行介绍，本书采用本章参考文献[30]中的 3D MIMO 信道模型，设用户 l 的信道矢量为 $\boldsymbol{h}_l$，则 $\boldsymbol{h}_l$ 可以表示为 $\boldsymbol{h}_l=\boldsymbol{h}_l^{\mathrm{LoS}}+\boldsymbol{h}_l^{\mathrm{NLoS}}$。其中，$\boldsymbol{h}_l^{\mathrm{LoS}}$ 和 $\boldsymbol{h}_l^{\mathrm{NLoS}}$ 分别表示卫星到地面信道中的视距(Line-of-Sight, LOS)部分和非视距(Non-Line-of-Sight, NLOS)部分，它们可以分别表示为[29]：

$$\boldsymbol{h}_l^{\mathrm{LoS}}=\sqrt{\frac{\beta_l K_l}{K_l+1}}\boldsymbol{b}(\varphi_l,\theta_l)\otimes\boldsymbol{a}(\varphi_l,\theta_l) \tag{6-22}$$

$$\boldsymbol{h}_l^{\mathrm{NLoS}}=\sqrt{\frac{\beta_l}{K_l+1}}\int_{\varphi-\Delta\varphi_l}^{\varphi+\Delta\varphi_l}\int_{\theta-\Delta\theta_l}^{\theta+\Delta\theta_l}r_l(\varphi,\theta)\boldsymbol{b}(\varphi_l,\theta_l)\otimes\boldsymbol{a}(\varphi_l,\theta_l)\mathrm{d}\varphi\mathrm{d}\theta \tag{6-23}$$

其中：$\boldsymbol{b}(\varphi_l,\theta_l)\otimes\boldsymbol{a}(\varphi_l,\theta_l)$表示平面阵列因子，由用户 l 的到达角决定；β_l 表示卫星到地面通信的大尺度衰落因子；K_l 表示用户 l 的莱斯因子。在式(6-23)中，$r_l(\varphi,\theta)$表示复响应增益，在本章参考文献[31]中定义为均值为 0 的随机分布。$\Delta\varphi_l$ 和 $\Delta\theta_l$ 分别表示用户 l 在方位平面和垂直平面的角度扩展。沿着 x 轴和 y 轴，相位变化可以分别表示为：

$$\boldsymbol{a}(\varphi_l,\theta_l)=\left[1,\exp\left(\mathrm{j}2\pi\frac{d_x}{\lambda}\cos\theta\cos\varphi\right),\cdots,\exp\left(\mathrm{j}2\pi\frac{d_x}{\lambda}(N_x-1)\cos\theta\cos\varphi\right)\right] \tag{6-24}$$

$$\boldsymbol{b}(\varphi_l,\theta_l)=\left[1,\exp\left(\mathrm{j}2\pi\frac{d_y}{\lambda}\cos\theta\sin\varphi\right),\cdots,\exp\left(\mathrm{j}2\pi\frac{d_y}{\lambda}(N_y-1)\cos\theta\sin\varphi\right)\right] \tag{6-25}$$

其中，d_x 和 d_y 表示沿着 x 轴和 y 轴的天线阵列单元，λ 表示载频的波长，N_x 和 N_y 分别表示沿着 x 轴和 y 轴的天线单元数量。

3. 问题分析

显然，上述多星协同波束赋形系统的重点是设计波束赋形矢量 $\{\boldsymbol{w}_m\}_{m=1}^{L}$。为了解决该问题，将 max-min SINR 作为性能指标，其目标函数可以表示为：

$$\max_{\boldsymbol{w}_m,m=1,2,\cdots,Ll=1}\sum^{L}\min\{\mathrm{SINR}_l^U,\mathrm{SINR}_l^D\} \tag{6-26}$$

其中，$\min\{\mathrm{SINR}_l^U,\mathrm{SINR}_l^D\}$表示用户组 l 的 SINR，这表示用户组 l 的 SINR 性能由 SINR_l^U、SINR_l^D 中更差的决定。根据香农公式，SINR 与数据速率成单调递增关系，故设计模拟波束赋形向量的目标就是最大化所有用户组的总速率。

本节主要通过对波束赋形矢量 $\{\boldsymbol{w}_m\}_{m=1}^{L}$ 的设计，在实现低功耗的同时最大化所有用户组的总速率。为了实现这一目标，需要对目标函数设置一些约束条件，可以表示为下列 5 个约束条件[29]：

$$\max_{\boldsymbol{w}_m,m=1,2,\cdots,L}\sum_{l=1}^{L}\min\{\mathrm{SINR}_l^U,\mathrm{SINR}_l^D\} \tag{6-27}$$

$$\text{s.t.}\ \sum_{n=1}^{N_d}p_n\leqslant P \tag{6-28}$$

$$\sum_{j=1,j\neq l}^{N_u}p_j^U\,|\boldsymbol{w}_m\boldsymbol{h}_j^U|^2\leqslant\beta,\quad\sum_{k=1,k\neq n}^{N_d}p_k\,|\boldsymbol{h}_l^D\boldsymbol{w}_k^H|^2\leqslant\beta \tag{6-29}$$

$$[\log_2(1+\mathrm{SINR}_l^U)-\log_2(1+\mathrm{SINR}_l^D)]\leqslant M \tag{6-30}$$

$$|[\boldsymbol{w}_m]_i|=\frac{1}{\sqrt{N_t}},\quad i=1,2,\cdots,N_t \tag{6-31}$$

首先，对于式(6-28)，每颗卫星均有一个最大发射功率，即 $p_n\leqslant p_{n\max}$，$n=1,2,\cdots,N_{\mathrm{d}}$，将所有卫星的发射功率求和松弛后可以表示为式(6-28)；然后，式(6-29)表示接收机的干扰阈值是 β；式(6-30)表示对于每个用户组，由于卫星系统的存储限制，上行速率需要和下行速率进行匹配；最后，式(6-31)则表明波束赋形矢量$\{\boldsymbol{w}_m\}_{m=1}^{L}$有一个恒定模值，大小为$1/\sqrt{N_t}$。

6.3.2 多星协同波束赋形方案

根据上节描述，优化目标是一个非凸的 max-min 问题，很难直接进行求解。通常采用最大化 Epigraph 的方法来简化 max-min 方程组。假设参数γ为 SINR 的下界。那么，目标函数和约束条件可以进一步表示为[29]：

$$
\begin{gathered}
\max_{\boldsymbol{w}_m, m=1,2,\cdots,L} \gamma \\
\text{s. t.}\ \ \mathrm{SINR}_l^U \geqslant \gamma, \quad \mathrm{SINR}_l^D \geqslant \gamma \\
\sum_{n=1}^{L} p_n \leqslant P, \quad |[\boldsymbol{w}_m]_i| = \frac{1}{\sqrt{N_t}} \\
\sum_{j=1,j\neq l}^{N_u} p_j^U\ |\boldsymbol{w}_m \boldsymbol{h}_j^U|^2 \leqslant \beta, \quad \sum_{k=1,k\neq n}^{N_d} p_k\ |\boldsymbol{h}_l^D \boldsymbol{w}_k^H|^2 \leqslant \beta \\
[\log_2(1+\mathrm{SINR}_l^U) - \log_2(1+\mathrm{SINR}_l^D)] \leqslant M
\end{gathered}
\tag{6-32}
$$

当且仅当参数γ等于SINR_l^U或SINR_l^D时，对应的$\{\boldsymbol{w}_m\}_{m=1}^{L}$是最优的，此时式(6-32)等效于式(6-28)～式(6-32)的约束条件。可以明显地看出，目标函数被简化了，但在约束条件下，二阶约束仍然存在 。式(6-32)是一个二次约束二次规划(Quadratically Constraint Quadratic Programming, QCQP)问题，难以直接求解。而根据本章参考文献[32]提出的半定松弛(Semi-definite Relaxation, SDR)方法，可以提供式(6-32)问题的精确近似，从而有效地解决这类非凸问题。可以观察到：

$$
\begin{gathered}
|\boldsymbol{w}_m^H \boldsymbol{h}_l^{U^H}|^2 = \boldsymbol{w}_m^H \boldsymbol{h}_l^U \boldsymbol{h}_l^{U^H} \boldsymbol{w}_m^H = \mathrm{tr}(\boldsymbol{h}_l^U \boldsymbol{h}_l^{U^H} \boldsymbol{w}_m \boldsymbol{w}_m^H) \\
|\boldsymbol{h}_l^{D^H} \boldsymbol{w}_n|^2 = \boldsymbol{h}_l^{D^H} \boldsymbol{w}_n \boldsymbol{w}_n^H \boldsymbol{h}_l^D = \mathrm{tr}(\boldsymbol{h}_l^D \boldsymbol{h}_l^{D^H} \boldsymbol{w}_n \boldsymbol{w}_n^H)
\end{gathered}
\tag{6-33}
$$

可以把变量$\boldsymbol{W}_m = \boldsymbol{w}_m \boldsymbol{w}_m^H, m=0,1,\cdots,L$引入式(6-32)中进行松弛。此外，这里分别用$\boldsymbol{H}_l^U$和$\boldsymbol{H}_l^D$来表示$\boldsymbol{h}_l^U \boldsymbol{h}_l^{U^H}$、$\boldsymbol{h}_l^D \boldsymbol{h}_l^{D^H}$。通过上述步骤并忽略约束秩$(\boldsymbol{W}_m)=1$的情况，QCQP问题被松弛为一个容易求解的 SDP 问题，那么目标函数和约束条件可以表示为[29]：

$$
\begin{gathered}
\text{s. t.}\ \ p_n \mathrm{tr}(\boldsymbol{W}_n \boldsymbol{H}_l^D) - \gamma \sum_{k=1,k\neq n}^{N_b} p_k \mathrm{tr}(\boldsymbol{W}_k \boldsymbol{H}_l^D) \geqslant \gamma \sigma_l^{D^2} \\
p_l^U \mathrm{tr}(\boldsymbol{W}_m \boldsymbol{H}_l^U) - \gamma \sum_{j=1,j\neq l}^{N_u} p_j^U \mathrm{tr}(\boldsymbol{W}_m \boldsymbol{H}_j^U) \geqslant \gamma \sigma_l^{U^2} \\
\sum_{n=1}^{L} p_n \leqslant P \\
\sum_{j=1,j\neq l}^{N_u} \mathrm{tr}(\boldsymbol{W}_m \boldsymbol{H}_j^U) \leqslant \beta, \quad \sum_{k=1,k\neq n}^{N_d} p_k \mathrm{tr}(\boldsymbol{W}_k \boldsymbol{H}_l^D) \leqslant \beta \\
\log_2\left(1 + \frac{p_l^U \mathrm{tr}(\boldsymbol{W}_m \boldsymbol{h}_l^U)}{\sum_{j=1,j\neq l}^{N_u} p_j^U \mathrm{tr}(\boldsymbol{W}_m \boldsymbol{H}_j^U) + \sigma_l^{U^2}}\right) -
\end{gathered}
$$

$$\log_2\left(1+\frac{p_n \mathrm{tr}(\boldsymbol{W}_n\boldsymbol{H}_l^D)}{\sum_{k=1,k\neq n}^{N_d} p_k \mathrm{tr}(\boldsymbol{W}_k\boldsymbol{H}_l^D)+\sigma_l^{D^2}}\right)\leqslant M \tag{6-34}$$

对于式(6-34)，本章参考文献[33]提出了一种经典内点法来求解上述目标函数和约束条件下的可行性问题，可以通过 CVX 工具箱来实现，然后，采用二分法可以获得最佳的波束赋形矢量 $\boldsymbol{W}_m$。

在根据式(6-34)求解获得具体可行的$\hat{\boldsymbol{W}}_m$ 后，$\hat{\boldsymbol{W}}_m$ 可以进一步分解，如式(6-35)所示。由于在对式(6-32)进行松弛时忽略了约束秩($\boldsymbol{W}_m$)$=1$ 的情况，因此我们需要利用特征值分解来重新构造秩为 1 的向量：

$$\hat{\boldsymbol{W}}_m=\boldsymbol{\Sigma}_m\boldsymbol{\Lambda}_m\boldsymbol{\Sigma}_m^H \tag{6-35}$$

其中，$\boldsymbol{\Lambda}_m$ 表示对角矩阵，其对角元素由$\hat{\boldsymbol{W}}_m$ 的特征值构成。通过对 $\boldsymbol{\Sigma}_m$ 的特征值进行排序，可以得到最大特征值和对角矩阵 $\boldsymbol{\Lambda}_m$ 所对应的特征值 $\boldsymbol{x}_m$。此时，提出的最佳波束赋形矢量可以表示为：

$$\hat{\boldsymbol{w}}_m=\frac{1}{\sqrt{N_t}}\boldsymbol{x}_m \tag{6-36}$$

其中，$\hat{\boldsymbol{w}}_m$ 为第 m 个卫星的期望波束赋形矢量，同理我们可以得到所有的波束赋形矢量 $\{\hat{\boldsymbol{w}}_m\}_{m=1}^L$。在多星协同通信系统的约束条件下，通过本算法获得波束赋形矢量的具体步骤如下。

ERBD 波束赋形算法[29]

1：为参数 γ 初始化集合$[s,d]$，并设置迭代次数 N
2：for $i=1,2,\cdots,N$ do
3：　设置 $\gamma=(s+d)/2$
4：　开始 CVX
5：　半正定变量$\boldsymbol{W}_1,\boldsymbol{W}_2,\cdots,\boldsymbol{W}_L$
6：　遵守式(6-34)中的约束条件
7：　结束 CVX
8：　**if**(6-34)的 SDP 问题是可行的 **then**
9：　　$s=\gamma$
10：　**else**
11：　　$d=\gamma$
12：　**end if**
13：**end for**
14：从上述迭代中找到$\boldsymbol{W}_1,\boldsymbol{W}_2,\cdots,\boldsymbol{W}_L$
15：**for** $m=1,2,\cdots,L$ **do**
16：　根据(6-35)分解 $\boldsymbol{W}_m$
17：　根据(6-36)获得最终的$\hat{\boldsymbol{w}}_m$
18：**end for**

6.3.3 性能分析

本节通过使用 MATLAB 仿真软件对波束赋形算法的性能进行评估，仿真参数设置如下：首先，天线设置为半波长；其次，天线阵列的天线数量在仿真中是灵活设置的，比如 8×8、4×4。此外，通过改变平面阵列的尺寸来验证对多星协同通信系统总速率的影响。设置 L 颗卫星的发射功率都是相同的，且地面用户组是随机分布的。多星协同通信系统的存储因子 M 设置为 10 $\text{bit} \cdot \text{s}^{-1} \cdot \text{Hz}^{-1}$，且干扰阈值 β 设置为 3 dB。在下列所有仿真中，假设每个用户的信道信息都是理想已知的。同时将 ERBD 算法与相位迫零(Phase zero-forcing, PZF)算法和基于平均到达角(mean DoA-bassed)的方法进行对比仿真。

图 6-23 为采用不同波束赋形算法，每个用户组的最差 SINR 随着多星协同通信系统的总功率变化的曲线。从仿真结果可以看出，一方面 ERBD 算法比经典的 PZF 波束赋形算法和基于平均到达角的方法性能好，随着系统总发射功率的增加，最差 SINR 在用户组数 $L=2$ 时增长缓慢，这是因为来自其他用户组的干扰功率会同时产生，另一方面当用户组数增加时，最差 SINR 在相同的总发射功率下是降低的，这是因为干扰用户的数量增加了。当用户组数为 $L=4$ 时，当发射总功率足够大时，最差 SINR 是降低的。因此适当的功率分配可以获得更好的性能。

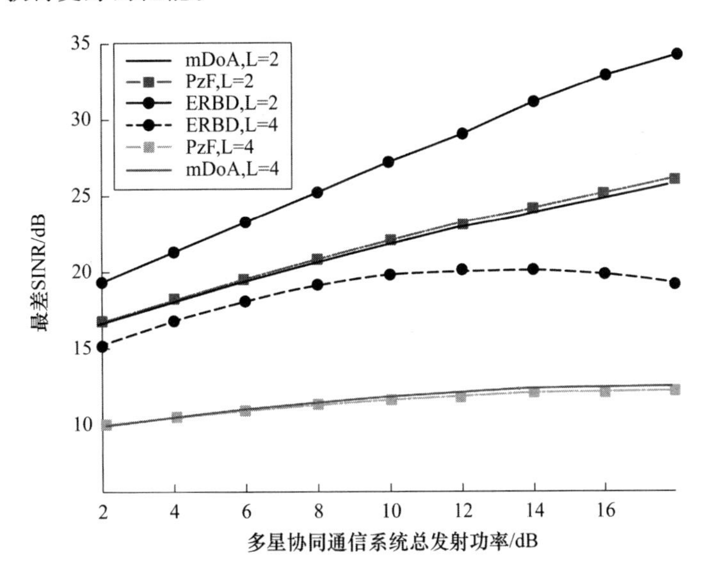

图 6-23 最差 SINR 性能，用户组数量 $L=2,4$[29]

图 6-24 为在不同波束赋形算法下，系统的通信总速率随着系统的总功率的变化曲线，其中 N_t 表示天线数量。可以看出 ERBD 波束赋形算法的性能要优于其他两种算法。此外，在不同的天线数量下，系统有不同的性能表现。仿真结果表明当天线数量从 4×4 增加到 8×8 时，通信总速率随着天线数量的增加有着明显的提高。

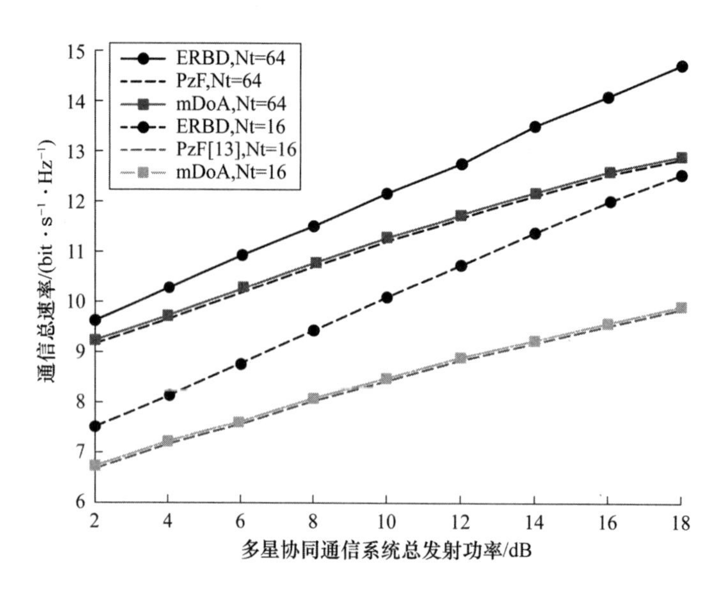

图 6-24 总通信速率性能，天线数量为 4×4，8×8[29]

6.4 星地协同安全波束赋形

卫星移动通信系统作为地面通信网络的补充，具有覆盖范围广和支持广播的特点，因此各类连接的终端更容易受到安全性的威胁。无线信号在自由空间中传播，授权用户和相邻的非法窃听用户均可以接收卫星发送的信号，为卫星通信的安全带来了极大的挑战。

为了提高卫星通信的安全性，通常采用两种解决方案。

一是通过上层加密的方式保障系统不受非法用户的窃听，使用加密算法和密钥对发送的信息进行加密，窃听用户无法破译原始信息[35]。但此方案需要收发设备进行大量的加密计算，极大地增加了通信的成本，且若窃听用户同样具有强大的计算能力，也可能会破解密钥，使系统可靠性大大降低。

二是物理层安全(Physical Layer Security，PLS)[36]，利用无线信道的随机性和时变性对抗窃听用户，具体而言是将窃听用户所处的窃听信道质量降低，使其远低于主信道。此方案既不需要增加额外的计算成本，也能够很好地保护系统安全，使窃听用户无法接收或正确解码通过窃听信道收到的信息。

6.4.1 星地协同安全波束赋形问题分析

考虑一个具有 N 个波束的多波束卫星通信系统，K 个单天线地面站(Earth Station，ES)和 M 个单天线非协作窃听用户随机位于 $N(N\geqslant K)$个波束的覆盖区域内。假设 ES 为全双工接收机(Full Duplex Receiver，FDR)，可以接收卫星信号，同时广播人工噪声(Artificial Noise，AN)信号。

1. 信道模型

在不丧失通用性的情况下，地面信道（包括 ES 到 ES 或窃听用户）采用瑞利衰落信道，以下理论分析同样适用于其他类型的地面信道。从第 k 个 ES 到第 e 个窃听用户的信道增益可以表示为：

$$g_{\mathrm{ke}}=v_{\mathrm{ke}}\sqrt{(G_{\mathrm{ES}}^{\mathrm{T}})^2\ (G_{\mathrm{EV}}^{R})^2\ \left(\frac{\lambda}{4\pi d_{\mathrm{ke}}}\right)^3} \tag{6-37}$$

其中：v_{ke}为小尺度衰落且 $v_{\mathrm{ke}}\sim N(0,1)$[37]；$(G_{\mathrm{ES}}^{\mathrm{T}})^2$ 和$(G_{\mathrm{EV}}^{R})^2$ 分别为 ES 的发射天线增益和接收天线增益；λ 为波长；d_{ke}为第 k 个 ES 到第 e 个窃听用户的距离。通过类比可以给出全双工 ES（剩余）自干扰信道增益 g_{kk}，g_{kl}表示第 k 个 ES 到第 $l(k\neq l)$个 ES 的信道，g_{kk}和 g_{kl}均与 g_{ke}模型相似。

卫星到地面节点的信道始终存在强 LOS 信道（特别是 Ka 频段多波束卫星），降雨衰减是 Ka 频段卫星信道在各种大气衰落效应下的主导因素[38-40]。因此，卫星信道可以建模为[41]：

$$\boldsymbol{H}=\boldsymbol{F}\odot\overline{\boldsymbol{H}} \tag{6-38}$$

其中：$\odot$表示 Hadamard 积，$\boldsymbol{H}$、$\boldsymbol{F}$ 和 $\overline{\boldsymbol{H}}$ 均为 $N\times K$ 矩阵，且 $\boldsymbol{h}_k$、$\boldsymbol{f}_k$ 和$\overline{\boldsymbol{h}}_k$ 分别为 $\boldsymbol{H}$、$\boldsymbol{F}$ 和 $\overline{\boldsymbol{H}}$ 的第k 列。一般来说，由第 k 个 ES 到第 e 个窃听用户的信道相关性取决于 $\boldsymbol{f}_k$、$\overline{\boldsymbol{h}}_k$ 或 $\boldsymbol{f}_e$、$\overline{\boldsymbol{h}}_e$。为简单起见，$\boldsymbol{f}_{k(e)}$ 和$\overline{\boldsymbol{h}}_{k(e)}$ 部分仅针对地面站进行解释，类似推导可用于窃听用户中。$N\times 1$ 阶向量 $\boldsymbol{f}_k=[f_{k,1},f_{k,2},\cdots,f_{k,N}]^{\mathrm{T}}$ 用于模拟大气衰落影响。由于衰落效应在数十千米的范围内表现出空间相关性，因此，在同一波束内 ES 和窃听用户的衰落系数是相同的[40]。该假设可视为完全相关的窃听信道（衰落相关系数为 1）的特例。那么，$f_{k,n}$可以表示为[41]：

$$f_{k,n}=(\xi_{k,n})^{-1/2}\mathrm{e}^{-\mathrm{j}\varphi_{k,n}} \tag{6-39}$$

其中：ξ_{dB}为对数正态随机变量 $\ln\xi_{\mathrm{dB}}\sim N(\mu,\sigma^2)$，且 $\xi_{\mathrm{dB}}=20\lg\xi$；$\varphi_{k,n}$在$[0,2\pi)$上均匀分布。此外，$\overline{\boldsymbol{h}}_k=[\overline{h}_{k,1},\overline{h}_{k,2},\cdots,\overline{h}_{k,N}]^{\mathrm{T}}$ 表示第 k 个 ES 波束方向图和路径损耗矩阵，且 $\overline{h}_{k,n}=G_{\mathrm{ES}}^{R}\dfrac{\lambda}{4\pi d_{\mathrm{ks}}}b_{k,n}\mathrm{e}^{\mathrm{j}\psi_{k,n}}$。其中：$d_{\mathrm{ks}}$为第 k 个地面站到卫星的距离[40]；G_{ES}^{R}为地面站的接收天线增益；$b_{k,n}$为从第 n 个波束到第 k 个地面站的波束增益；$\psi_{k,n}$为由硬件损伤导致的相位旋转，可通过天线校准进行补偿。波束 $b_{k,n}$可以表示为[42]：

$$b_{k,n}=b_n^{\max}\left(\frac{\mathrm{J}_1(u_{k,n})}{2u_{k,n}}+36\,\frac{\mathrm{J}_3(u_{k,n})}{u_{k,n}^3}\right)^2 \tag{6-40}$$

其中：$u_{k,n}=2.071\,23\sin\theta_{k,n}/\sin(\theta_{3\mathrm{dB}})_n$，$\theta_{k,n}$是第$n$ 个波束的视轴与第k 个接收机相对于卫星的相对位置之间的角度，$\theta_{3\mathrm{dB}}$是方向图的 3 dB 角；$b_n^{\max}$ 表示第 n 个波束视轴处的最大增益；J_1 和 J_3 分别为第一类和第三类贝塞尔函数。对位于同一波束中的 ES 和窃听用户，其信道之间的唯一区别是波束增益矩阵$\overline{\boldsymbol{h}}_{k(e)}$，该矩阵由相对于卫星的位置和仰角确定。

2. 信号模型

令 s_k 为第k 个地面站的信息符号，平均功率为$\mathbb{E}\,[|s_k|^2]=1$。q_k^J 为第k 个全双工地

面站产生的随机人工噪声，且$\mathbb{E}\left[|q_k^J|^2\right]=1$。因此，第$k$个地面站和第$e$个窃听用户的接收信号分别表示为：

$$y_k = \boldsymbol{h}_k^H \boldsymbol{w}_k s_k + \sum_{l=1,l\neq k}^{K} \boldsymbol{h}_k^H \boldsymbol{w}_l s_l + \sum_{l=1}^{K} \gamma^{\alpha_{kl}} \sqrt{P_l^J} g_{kl} q_l^J + \boldsymbol{h}_k^H \boldsymbol{w}_J + z_k \tag{6-41}$$

$$y_{k,e} = \boldsymbol{h}_e^H \boldsymbol{w}_k s_k + \sum_{l=1,l\neq k}^{K} \boldsymbol{h}_e^H \boldsymbol{w}_l s_l + \sum_{k=1}^{K} \sqrt{P_k^J} g_{ke} q_k^J + \boldsymbol{h}_e^H \boldsymbol{w}_J + z_e \tag{6-42}$$

其中，$\boldsymbol{w}_k$为第k个地面站的$N\times 1$维波束赋形向量，$\boldsymbol{w}_J$是卫星广播AN的波束赋形向量。P_k^J是第k个FDR分配给AN的功率。γ是FDRs中干扰消除不完全引起的自干扰因子，且当$k=l$时$\alpha_{kl}=1$，否则$\alpha_{kl}=0$。$z_k\sim N(0,\sigma_D^2)$和$z_e\sim N(0,\sigma_e^2)$是第k个地面站和第e个窃听用户的加性噪声。假设能够获得合法ES的信道状态信息（Channel State Information，CSI），但只能获得窃听用户的统计CSI，表示为$E[\boldsymbol{h}_e\boldsymbol{h}_e^H]=\boldsymbol{Q}_e$和$E[\boldsymbol{g}_{ke}\boldsymbol{g}_{ke}^H]=G_{ke}$。在实际系统中，对于大部分时间处于空闲状态的主动窃听用户，可以获得其统计CSI（例如，本章参考文献[43]中的智能窃听器或混合多播和单播系统中的合法用户）。而对于被动窃听用户，可用的位置信息也能够用于获取卫星系统中的统计CSI[41]。此外，通常假设AN位于$\boldsymbol{H}^H$的零空间中，以减少AN对合法ES的影响，例如，$\boldsymbol{h}_k^H\boldsymbol{w}_J=0,\forall k$。

因此，第k个地面站和第e个窃听用户处的信号与干扰加噪声比（Signal to Interference Plus Noise Ratio，SINR）可以表示为：

$$\mathrm{SINR}_k = \frac{|\boldsymbol{h}_k^H \boldsymbol{w}_k|^2}{\sum_{l=1,l\neq k}^{K} |\boldsymbol{h}_k^H \boldsymbol{w}_l|^2 + \sum_{l=1}^{K} \gamma^{2\alpha_{kl}} P_l^J |g_{kl}|^2 + \sigma_D^2} \tag{6-43}$$

$$\mathrm{SINR}_{k,e} = \frac{|\boldsymbol{h}_e^H \boldsymbol{w}_k|^2}{\sum_{l=1,l\neq k}^{K} |\boldsymbol{h}_e^H \boldsymbol{w}_l|^2 + \sum_{k=1}^{K} P_k^J |g_{ke}|^2 + |\boldsymbol{h}_e^H \boldsymbol{w}_l|^2 + \sigma_E^2} \tag{6-44}$$

通过式(6-43)和式(6-44)可知，非协作窃听用户系统中的第k个合法地面站可实现的保密速率记为：

$$C_s = \max\{C_k, 0\} \tag{6-45}$$

其中，$C_k=\log_2(1+\mathrm{SINR}_k)-\max\limits_{e\in\{1,\cdots,M\}}\log_2(1+\mathrm{SINR}_{k,e})$。显然，对于协作窃听用户的场景，安全通信将变得更具挑战性。因为当窃听用户的天线数量（单个窃听用户具有多个天线或协作窃听用户）大于AN发射机的天线数量，则可通过最佳组合技术消除AN[44]。通常，在协作窃听用户场景下的安全通信将受到多个因素的影响，如接收机组合技术（MRC或基于干扰消除的高级接收机[44]、天线数量等。

3. 问题分析[46]

由于无法获得窃听用户准确的CSI，则无法精确计算$\mathrm{SINR}_{k,e}$和C_k。因此，在可实现的保密速率约束下，很难对波束赋形矢量和功率分配进行优化。为了解决这个问题，我们将目标安全速率定义为$R>0$，并在数据速率和保密中断概率（Secrecy Outage Probability，SOP）约束下最小化卫星使用的总功率。在实际卫星系统中，卫星上有限的可用功率应分配到所有波束中。因此，在某些特定波束中实现安全通信功率最小化能够保证其他波束的性能。

根据式(6-43)～式(6-45),优化问题可以表述为:

$$\mathrm{P1:}\min_{\boldsymbol{w}_k,\boldsymbol{w}_J,P_k^J}\sum_{k=1}^{K}\|\boldsymbol{w}_k\|^2+\|\boldsymbol{w}_J\|^2 \tag{6-46}$$

$$\text{s.t.}\ \log_2(1+\mathrm{SINR}_k)\geqslant r_{\mathrm{th}},\quad \forall k \tag{6-47}$$

$$\Pr[C_k\leqslant R]\leqslant\eta,\quad \forall k \tag{6-48}$$

$$P_k^J\leqslant P_k^{\max},\quad \forall k \tag{6-49}$$

$$\boldsymbol{h}_k^H\boldsymbol{w}_J=0,\quad \forall k \tag{6-50}$$

其中:$P_k^{\max}$ 是第 k 个 FDR 的最大可用功率;r_{th}是第 k 个 FDR 主信道的最小数据速率;η 是可实现安全速率低于R 的中断概率,且 $0\leqslant\eta\leqslant1$。在式(6-48)中,SOP 的定义是一个条件概率,当 $r_{\mathrm{th}}<R$ 时系统将暂停传输[45]。

6.4.2 星地协同安全波束赋形方案

协同干扰是在强相关窃听信道下进行安全通信的一种物理层安全解决方案。P1 中列出的问题是一个非凸问题,在 SOP 约束下很难直接找到最优解。为了解决该问题,我们首先将 P1 转化为一个具有松弛约束的 SDP 问题,从而得到一个次优解。然后提出了交替优化的 JBFPA-AO 方法,通过迭代获得更优解。

1. 具有松弛约束的联合波束赋形和功率分配[46]

在 P1 中,式(6-48)是一个非凸约束,将其改写为更易处理的形式:

$$\Pr[\overline{C}_k\leqslant R]\leqslant\eta,\quad \forall k,\forall e \tag{6-51}$$

其中,$\overline{C}_k=\log_2(1+\mathrm{SINR}_k)-\log_2(1+\mathrm{SINR}_{k,e})$是每个用户的可实现保密速率,且 $\min\limits_{e}\{\overline{C}_k\}=C_k$。

由于 SINR_k 和 $\mathrm{SINR}_{k,e}$均受 $\boldsymbol{w}_k$ 和 P_k^J 的影响,式(6-51)仍然是非凸的。通过$\log_2(1+\mathrm{SINR}_k)\geqslant r_{\mathrm{th}}$可以得到 $\overline{C}_k\geqslant r_{\mathrm{th}}-C_{k,e}$。如果 $r_{\mathrm{th}}-C_{k,e}$能够满足约束条件(6-51),$\overline{C}_k$ 也将满足。因此,我们可以将约束(6-51)替换为:

$$\Pr[r_{\mathrm{th}}-\log_2(1+\mathrm{SINR}_{k,e})\leqslant R]\leqslant\eta,\quad \forall k,\forall e \tag{6-52}$$

此外,令 $\boldsymbol{W}_k=\boldsymbol{w}_k\boldsymbol{w}_k^H$ 且 $\mathrm{rank}(\boldsymbol{W}_k)=1$。类似地,令 $\boldsymbol{W}_J=\boldsymbol{w}_J\boldsymbol{w}_J^H$,$\mathrm{rank}(\boldsymbol{W}_J)=1$。因此,$|\boldsymbol{h}_k^H\boldsymbol{w}_k|^2$ 可以表示为 $\mathrm{tr}(\boldsymbol{h}_k^H\boldsymbol{W}_k\boldsymbol{h}_k)$。根据马尔可夫不等式 $\Pr[X\geqslant a]\leqslant\dfrac{\mathbb{E}[X]}{a}$,$\Pr[\log_2(1+\mathrm{SINR}_{k,e})\geqslant r_{\mathrm{th}}-R]$可以重写为:

$$\Pr[\log_2(1+\mathrm{SINR}_{k,e})\geqslant r_{\mathrm{th}}-R]\leqslant\frac{\mathbb{E}[B-(2^{r_{\mathrm{th}}-R}-1)D_1]}{(2^{r_{\mathrm{th}}-R}-1)\sigma_E^2} \tag{6-53}$$

其中,$B=\mathrm{tr}(\boldsymbol{h}_e^H\boldsymbol{W}_k\boldsymbol{h}_e)$,$D_1=\sum\limits_{l=1,l\neq k}^{K}\mathrm{tr}(\boldsymbol{h}_e^H\boldsymbol{W}_l\boldsymbol{h}_e)+\mathrm{tr}(\boldsymbol{h}_e^H\boldsymbol{W}_J\boldsymbol{h}_e)+\sum\limits_{k=1}^{K}P_k^J g_{ke}g_{ke}^H$。且 $A=2^{r_{\mathrm{th}}-R}-1$,$\mathbb{E}[\mathrm{tr}(\boldsymbol{h}_e^H\boldsymbol{W}_k\boldsymbol{h}_e)]=\mathrm{tr}(\boldsymbol{W}_k\boldsymbol{Q}_e)$,约束(6-52)可以重写为:

$$\frac{\mathrm{tr}(\boldsymbol{W}_k\boldsymbol{Q}_e)-\left(\sum_{l=1,l\neq k}^{K}\mathrm{tr}(\boldsymbol{W}_l\boldsymbol{Q}_e)+\mathrm{tr}(\boldsymbol{W}_J\boldsymbol{Q}_e)\right)A}{A\left(\eta^{-1}\sum_{k=1}^{K}P_k^J G_{ke}+\sigma_E^2\right)}\leqslant\eta \tag{6-54}$$

类似地，约束(6-47)也可以重写为：

$$\frac{\mathrm{tr}(\boldsymbol{h}_k^H\boldsymbol{W}_k\boldsymbol{h}_k)}{\sum_{l=1,l\neq k}^{K}\mathrm{tr}(\boldsymbol{h}_k^H\boldsymbol{W}_l\boldsymbol{h}_k)+D_2}\geqslant 2^{r_{\mathrm{th}}}-1 \tag{6-55}$$

其中，$D_2=\sum_{l=1}^{K}\gamma^{2\alpha_{kl}}P_l^J\,|g_{kl}|^2+\sigma_D^2$。因此，适用于式(6-54)和式(6-55)的$\boldsymbol{W}_k$、$\boldsymbol{W}_J$和$P_k^J$也同样适用于P1，P1中定义的问题可以重新表述为：

$$\mathrm{P2:}\ \min_{\boldsymbol{w}_k,\boldsymbol{W}_J,P_k^J}\sum_{k=1}^{K}\mathrm{tr}(\boldsymbol{W}_k)+\mathrm{tr}(\boldsymbol{W}_J) \tag{6-56}$$

$$\mathrm{s.t.}\ \ \mathrm{rank}(\boldsymbol{W}_k)=1,\quad\forall k \tag{6-57}$$

$$\mathrm{rank}(\boldsymbol{W}_J)=1 \tag{6-58}$$

$$\mathrm{tr}(\boldsymbol{h}_k^H\boldsymbol{W}_J\boldsymbol{h}_k)=0,\quad\forall k \tag{6-59}$$

$$P_k^J\leqslant P_k^{\max},\quad\forall k \tag{6-60}$$

$$\frac{\mathrm{tr}(\boldsymbol{W}_k\boldsymbol{Q}_e)-\left(\sum_{l=1,l\neq k}^{K}\mathrm{tr}(\boldsymbol{W}_l\boldsymbol{Q}_e)+\mathrm{tr}(\boldsymbol{W}_J\boldsymbol{Q}_e)\right)A}{A\left(\eta^{-1}\sum_{k=1}^{K}P_k^J G_{ke}+\sigma_E^2\right)}\leqslant\eta \tag{6-61}$$

$$\frac{\mathrm{tr}(\boldsymbol{h}_k^H\boldsymbol{W}_k\boldsymbol{h}_k)}{\sum_{l=1,l\neq k}^{K}\mathrm{tr}(\boldsymbol{h}_k^H\boldsymbol{W}_l\boldsymbol{h}_k)+D_2}\geqslant 2^{r_{\mathrm{th}}}-1 \tag{6-62}$$

P2中定义的问题也是一个具有非凸约束(6-57)和(6-58)的非凸问题。通过删除约束(6-57)和(6-58)，P2将成为具有松弛约束的SDP问题，并且可以通过凸工具来解决。当我们得到解$\boldsymbol{W}_k$、$\boldsymbol{W}_J$且$\mathrm{rank}(\boldsymbol{W}_k)=1$或$\mathrm{rank}(\boldsymbol{W}_J)=1$，可以利用随机化方法[48]找到可行的解。

2. 基于交替优化的联合波束赋形与功率分配[46]

以P2获得的可行解作为初始点，并提出基于交替优化的JBFPA-AO以获得更优解。

假设$\boldsymbol{w}_J^{(0)}$、$\boldsymbol{w}_k^{(0)}$和$P_k^{J(0)}$是从P2得到的可行解。从第$(t-1)$次迭代中得到$\boldsymbol{w}_k^{(t-1)}$和$P_k^{J(t-1)}$，第t次迭代中第k个ES的临时数据速率可以表示为：

$$\bar{r}_k^{(t)}=\log_2(1+\mathrm{SINR}_k)\mid(\boldsymbol{w}_k^{(t-1)},P_k^{J(t-1)}) \tag{6-63}$$

然后，约束(6-52)可以重写为：

$$\Pr[\bar{r}_k^{(t)}-\log_2(1+\overline{\mathrm{SINR}}_{k,e}^{(t)})\leqslant R]\leqslant\eta,\quad\forall k,\quad\forall e \tag{6-64}$$

其中，$\overline{\mathrm{SINR}}_{k,e}^{(t)}$表示给定$\boldsymbol{w}_k^{(t-1)}$和$P_k^{J(t-1)}$第$t$次迭代中的$\mathrm{SINR}_{k,e}$。等价于式(6-64)的

约束[46]：

$$\frac{\operatorname{tr}(\boldsymbol{W}_k^{(t-1)}\boldsymbol{Q}_e)-\Big(\sum_{l=1,l\neq k}^{K}\operatorname{tr}(\boldsymbol{W}_l^{(t-1)}\boldsymbol{Q}_e)+\operatorname{tr}(\boldsymbol{W}_J^{(t)}\boldsymbol{Q}_e)\Big)A^{(t)}}{A^{(t)}\Big(\eta^{-1}\sum_{k=1}^{K}P_k^{J(t-1)}G_{ke}+\sigma_E^2\Big)}\leqslant\eta \tag{6-65}$$

其中，$\boldsymbol{W}_k^{(t)}=\boldsymbol{w}_k^{(t)}(\boldsymbol{w}_k^{(t)})^H$，$\boldsymbol{W}_J^{(t)}=\boldsymbol{w}_J^{(t)}(\boldsymbol{w}_J^{(t)})^H$，$A^{(t)}=2^{\bar{r}_k^{(t)}-R}-1$。在式(6-65)中，$\boldsymbol{W}_k^{(t-1)}$ 和 $P_k^{J(t-1)}$ 已经给定，式(6-65)是 $\boldsymbol{W}_J^{(t)}$ 上的凸约束。因此，没有秩 1 约束的 P2 可以重写为：

$$\text{P3}:\min_{\boldsymbol{w}_J^{(t)}}\operatorname{tr}(\boldsymbol{W}_J^{(t)}) \tag{6-66}$$

$$\text{s.t.}\ \operatorname{tr}(\boldsymbol{h}_k^H\boldsymbol{W}_J^{(t)}\boldsymbol{h}_k)=0,\quad\forall k \tag{6-67}$$

$$\frac{\operatorname{tr}(\boldsymbol{W}_k^{(t-1)}\boldsymbol{Q}_e)-\Big(\sum_{l=1,l\neq k}^{K}\operatorname{tr}(\boldsymbol{W}_l^{(t-1)}\boldsymbol{Q}_e)+\operatorname{tr}(\boldsymbol{W}_J^{(t)}\boldsymbol{Q}_e)\Big)A^{(t)}}{A^{(t)}\Big(\eta^{-1}\sum_{k=1}^{K}P_k^{J(t-1)}G_{ke}+\sigma_E^2\Big)}\leqslant\eta \tag{6-68}$$

显然，P3 也是一个 SDP 问题，并且去掉了秩 1 约束，使用凸工具能够获得最优 $\boldsymbol{W}_J^{(t)}$。在 $\boldsymbol{W}_J^{(t)}$ 固定的情况下，可以联合优化 $\boldsymbol{W}_k^{(t)}$ 和 $P_k^{J(t)}$。因此，用 $\bar{r}_k^{(t)}$ 和 $\boldsymbol{W}_J^{(t)}$ 可将式(6-52)改写为：

$$\Pr[\bar{r}_k^{(t)}-\log_2(1+\text{SINR}_{k,e}^{(t)})\leqslant R]\leqslant\eta,\quad\forall k,\quad\forall e \tag{6-69}$$

其中，$\text{SINR}_{k,e}^{(t)}$是第 t 次迭代中给定 $\boldsymbol{W}_J^{(t)}$ 的 $\text{SINR}_{k,e}$。因此，约束(6-69)可以等价为：

$$\frac{\operatorname{tr}(\boldsymbol{W}_k^{(t)}\boldsymbol{Q}_e)-\Big(\sum_{l=1,l\neq k}^{K}\operatorname{tr}(\boldsymbol{W}_l^{(t)}\boldsymbol{Q}_e)+\operatorname{tr}(\boldsymbol{W}_J^{(t)}\boldsymbol{Q}_e)\Big)A^{(t)}}{A^{(t)}\Big(\eta^{-1}\sum_{k=1}^{K}P_k^{J(t)}G_{ke}+\sigma_E^2\Big)}\leqslant\eta \tag{6-70}$$

在式(6-70)中，通过优化 $\boldsymbol{W}_k^{(t)}$ 和 $P_k^{J(t)}$ 最小化卫星使用的功率。因此，没有秩 1 约束的 P3 可以重写为：

$$\text{P4}:\min_{\boldsymbol{w}_k^{(t)},P_k^{J(t)}}\sum_{k=1}^{K}\operatorname{tr}(\boldsymbol{W}_k^{(t)}) \tag{6-71}$$

$$\text{s.t.}\ \log_2(1+\text{SINR}_k)\geqslant\bar{r}_k^{(t)} \tag{6-72}$$

$$P_k^J\leqslant P_k^{\max},\quad\forall k \tag{6-73}$$

$$\frac{\operatorname{tr}(\boldsymbol{W}_k^{(t)}\boldsymbol{Q}_e)-\Big(\sum_{l=1,l\neq k}^{K}\operatorname{tr}(\boldsymbol{W}_l^{(t)}\boldsymbol{Q}_e)+\operatorname{tr}(\boldsymbol{W}_J^{(t)}\boldsymbol{Q}_e)\Big)A^{(t)}}{A^{(t)}\Big(\eta^{-1}\sum_{k=1}^{K}P_k^{J(t)}G_{ke}+\sigma_E^2\Big)}\leqslant\eta \tag{6-74}$$

问题 P4 也是一个具有松弛约束的 SDP 问题，可以很容易地解决。当通过第 t 次迭代获得的 $\boldsymbol{W}_k^{(t)}$ 和 $P_k^{J(t)}$ 后，可以在下次迭代开始寻找最优的 $\boldsymbol{W}_J^{(t+1)}$、$\boldsymbol{W}_k^{(t+1)}$ 和 $P_k^{J(t+1)}$。算法 1 给出了基于交替优化的 JBFPA-AO 算法的详细过程。

算法 1：基于交替优化的 JBFPA[46]

1：输入：$\boldsymbol{h}_k, \boldsymbol{Q}_e, G_{ke}, P_k^{\max}, \gamma, r_{\text{th}}, \eta$。

2：输出：$\{\boldsymbol{W}_J, \boldsymbol{W}_k, P_k^J\}$。

3：找到 P2 中定义的可行解 $\boldsymbol{W}_J^{(0)}, \boldsymbol{W}_k^{(0)}, P_k^{J(0)}$，计算卫星功率 $P^{(0)}$。

4：初始化 $t=1$。

5：**while**(1)**do**

6：用式(6-1)计算 $\bar{r}_k^{(t)}$。

7：计算第 t 次迭代的$\overline{\text{SINR}}_{k,e}^{(t)}$并获得约束(6-2)。

8：求解问题 P3 以获得第 t 次迭代的最优 $\boldsymbol{W}_J^{(t)}$。

9：计算第 t 次迭代的 $\text{SINR}_{k,e}^{(t)}$并获得约束(6-3)。

10：求解问题 P4 以获得第 t 次迭代的最优 $\boldsymbol{W}_k^{(t)}$ 和 $P_k^{J(t)}$。

11：使用第 t 次迭代获得的 $\boldsymbol{W}_k^{(t)}$ 和 $\boldsymbol{W}_J^{(t)}$ 计算 $P^{(t)}$。

12：If $|P^{(t)}-P^{(t-1)}|\leqslant\delta$, break; Else, $t=t+1$, and continue。

13：**end while**

14：若 $\text{rank}(\boldsymbol{W}_J)=1$ 且 $\text{rank}(\boldsymbol{W}_k)=1$，则可以通过矩阵分解得到 $\boldsymbol{w}_J$ 和 $\boldsymbol{w}_k$；否则，采用随机化方法寻找近似 $\boldsymbol{w}_J$ 和 $\boldsymbol{w}_k$。

在算法 1 中，δ 为迭代精度。此外，从定理 1 可以得到算法 1 的可行性和收敛性。

定理 1：对于任意第 t 次和第 $t-1$ 次迭代，卫星所使用的功率 $P^{(t)}$ 和 $P^{(t-1)}$ 由算法 1 实现，满足 $P^{(t)}\leqslant P^{(t-1)}$。

算法 1 的复杂性主要来自于解决 P2、P3 和 P4 中定义的 SDP 问题。对于没有秩 1 约束的 P2，$\boldsymbol{W}_k$ 和 $\boldsymbol{W}_J$ 均为 $N\times N$ 阶矩阵，并且有$(3K+KM)$个约束，因此求解 P2 的复杂度为 $o((3K+KM)^4N^{1/2}\lg(1/\varepsilon))$，其中 ε 为给定的 SDP 优化精度[48]。同样地，求解 P3 和 P4 的复杂度分别为 $o((K+KM)^4N^{1/2}\lg(1/\varepsilon))$和 $o((2K+KM)^4N^{1/2}\lg(1/\varepsilon))$。

尽管 JBFPA-AO 可能需要多次迭代才能实现收敛(所需迭代的数量取决于迭代的精度)，但卫星系统的最优波束赋形矢量不需要频繁更新。这是因为卫星信道的 CSI 主要依赖于用户的位置，波束赋形矢量只需要在合法用户或窃听用户位置发生明显变化时进行更新。此处，假设卫星、地球站和窃听用户的位置是固定的，移动模式和安全可靠性要求[49]对移动用户保密速率的影响将在今后的工作中进行研究。

6.4.3 性能分析

本节评估多波束卫星通信系统中提出的JBFPA-AO 性能。卫星位于 35 786 km 的高度，系统中的波束数设置为 10 个。假设频带为 20 GHz，衰落系数为 $\xi_{\text{dB}}\sim N(-3.125, 1.591)$[38]，每个波束的半径为 $\Delta=200$ km。为了获得广播 AN 的零空间，ES 的数目(如模拟中 7 个 ES)应该小于波束的数目，并且每个 ES 都位于波束的中心。剩余自干扰因

子 γ 的设置可参考本章文献[37]。窃听用户被设置在同一波束中，且每个 ES 间隔为 d_{ke}。假设每个波束视轴处的最大增益为 $b^{\max}=52$ dBi，$\theta_{3\text{dB}}=0.4°$[38]。天线增益 G_{ES}^{T}、G_{ES}^{R} 和 G_{EV}^{R} 均设置为 4 dBi。噪声功率 $\sigma_{D(E)}^{2}=\kappa TB$，其中 $\kappa=1.38\times10^{-23}$ J/K 为玻尔兹曼常数。噪声温度和带宽分别为 $T=300$ K 和 $B=1$ MHz。此外，对比方案采用本章参考文献[37]中功率分配最优的 ZF 波束赋形方案（ZFBF-OPA）。

卫星相对于 η 和 R 所使用的功率分别如图 6-25(a)和(c)所示。对于 ZFBF-OPA 和 JBFPA-AO，随 η 的增大，卫星使用的功率减小。这是因为随着 η 的增大，SOP 上的约束逐渐放宽。但是，两种方法所使用的功率都随着 R 的提高而增加，因为需要更多的功率来保证高目标保密率的要求。此外，全双工接收机引起的残余自干扰也会影响 JBFPA-AO 和 ZFBF-OPA 的性能，γ 越大，需要的功率越大。与 ZFBF-OPA 相比，JBFPA-AO 在所有场景下都有更好的性能，尤其是信道高度相关（d_{ke} 较小）和目标保密率高的情况。这是因为 JBFPA-AO 也利用和优化了相邻波束中合法地面站的波束赋形向量，从而降低了窃听用户的信道质量。如图 6-25(b)所示，当 $R=2.5\ \text{bit}\cdot\text{s}^{-1}\cdot\text{Hz}^{-1}$，$\eta=0.01$ 时，ZFBF-OPA 比 JBFPA-AO 多消耗 10 dBW 功率。由图 6-25(c)可知，在 $d_{ke}=0.8\Delta$ 和 $d_{ke}=0.2\Delta$ 时，JBFPA-AO 比 ZFBF-OPA 多消耗 3 dBW 和 12 dBW 功率。

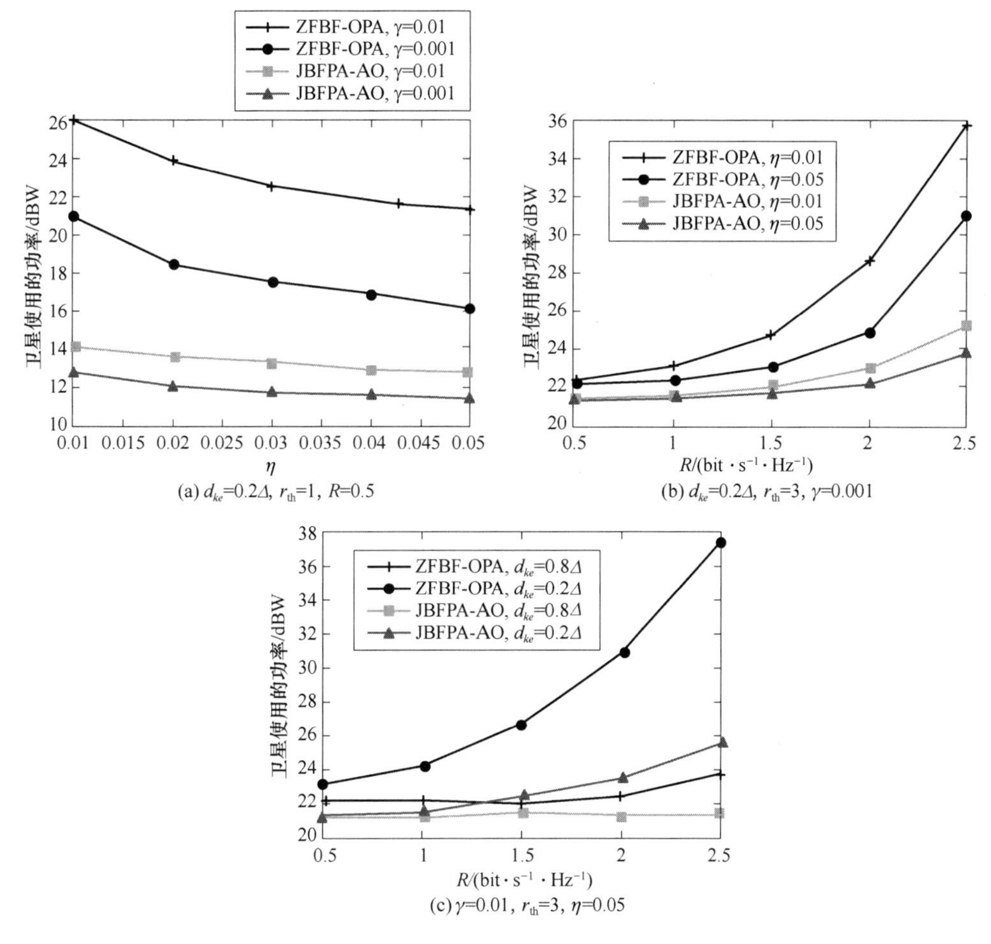

图 6-25 卫星利用功率[46]

6.5 多波束卫星频率复用技术

6.5.1 传统频率复用技术

多波束天线为频率复用技术在卫星系统中的应用提供了条件，使得稀缺的频率资源可以在波束之间重复使用，相比使用单一大张角波束的卫星系统而言，多波束天线有效地提升了频率资源利用率。在现有的卫星系统中，采用的传统频率复用方案有三色复用、四色复用、七色复用等。以图6-26的四色频率复用为例，系统的全部可用频带被划分为正交的四个子带，相同颜色的波束共用同一个频率子带，任意相邻两个波束使用不同子带。在这种方式中，相同频率的波束小区相隔较远，在一定程度上减小了波束间的同频干扰，是通过牺牲带宽资源以换取信号质量的提升。但由于每个波束固定使用系统部分频率资源，系统的总容量受到限制，且难以满足不同区域的流量需求差异。

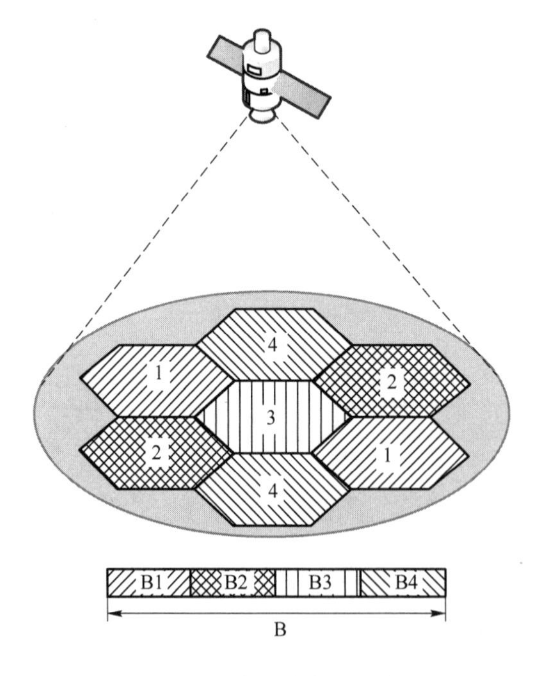

图6-26 四色频率复用示意图

为了进一步提高系统频率资源的利用率，进而提升系统容量，多波束卫星同频组网方案得到大量研究。在同频组网系统中，所有波束可以使用全部的频率资源，但由于卫星通信与地面通信的信道差异，卫星波束边缘比波束中心的信号强度仅仅低3 dB，如果相邻波束使用相同的频带通信，则来自相邻波束的干扰会严重影响到本波束的边缘用户，从而使用户的信号质量受到严重影响，因此，有必要对同频组网系统中的干扰进行抑制。

6.5.2　基于区域协调的频率复用技术

1. 部分同频复用(FFR)

与传统频率复用方案不同的是,在该场景下卫星波束将根据覆盖半径被分割为中心区域与边缘区域,同一波束内不同区域使用的频段不再相同,所有波束的中心区域使用同一频段,而边缘区域则进行频率复用(比如三色复用)。

具体的频率分配原则为:

(1) 将系统的全部频带划分为 K 个子带,并将每个波束根据距离中心点的距离划分为中心区域和边缘区域;

(2) 所有波束的中心区域占用同一子带 B_1,波束的边缘区域对其余子带 B_2-B_K 进行频率复用;

(3) 相邻边缘区域不可占用相同子带。

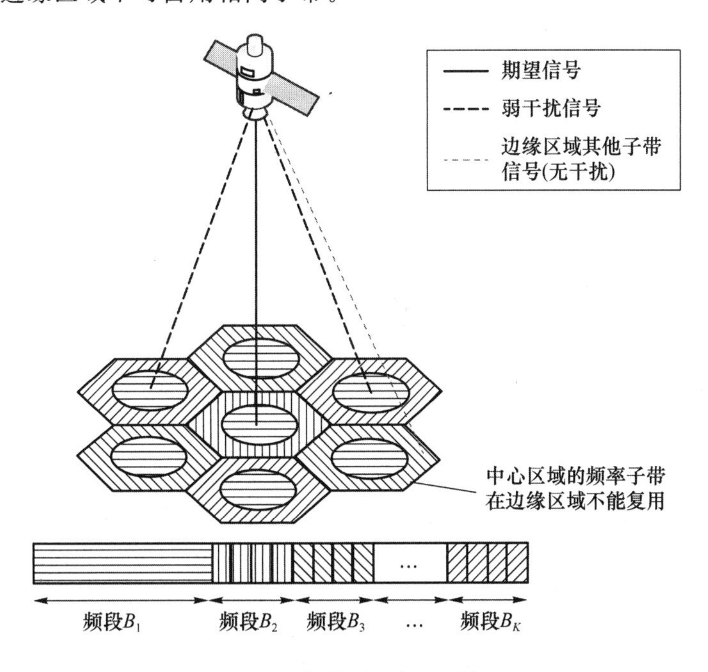

图 6-27　部分同频复用示意图

通过这样的频带划分,每个波束内中心区域的用户接收到的信号包括:来自本波束中心区域的期望信号和其他波束中心区域的干扰信号。每个波束内边缘区域的用户接收到的信号包括:来自本波束边缘区域的期望信号和其他波束边缘区域的弱干扰信号,同一波束中心区域与边缘区域的用户之间不产生干扰。

相比频率复用因子为 1 的全同频方案,在基于区域协调的部分频率复用技术中,位于波束中心区域的用户受到的干扰与全同频方案相同,而边缘区域则通过频率复用大大降低了同频用户之间的干扰,提高了边缘用户的信号质量。

2. 软频率复用(SFR)

软频率复用是在基于区域协调的部分同频复用方案的基础上引入功率变量，通过控制中心区域与边缘区域的功率大小实现系统频率的软复用，具体频率及功率分配原则如下[47]：

(1) 将系统的全部频带划分为 K 个子带，并将每个波束根据距离中心点的距离划分为中心区域和边缘区域；

(2) 波束的边缘区域占用子带 B_i，中心区域占用除 B_i 之外的剩余全部子带；

(3) 相邻边缘区域不可占用相同子带；

(4) 在中心区域的频率子带边缘区域可以复用的情况下，通过调整中心区域与边缘区域的功率比值，实现系统频率的软复用。

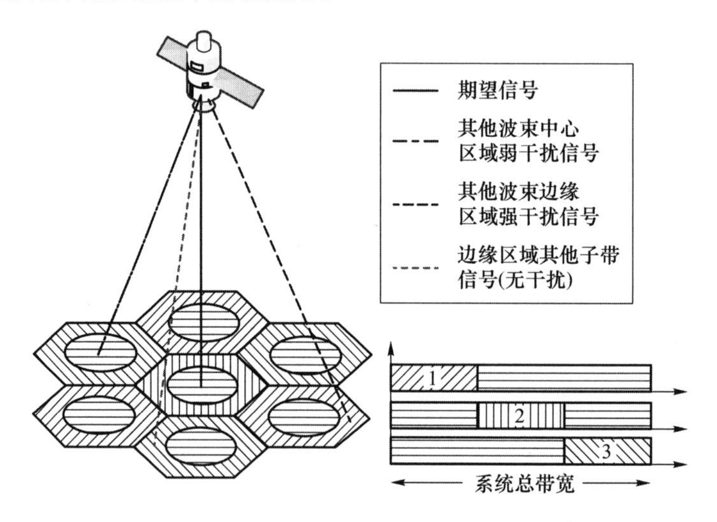

图 6-28　软频率复用示意图

在软频率复用方案中，当边缘区域采用大功率，中心区域采用小功率时，每个波束中心用户接收到的信号包括：来自本波束中心区域的期望信号、来自其他波束中心区域的弱干扰信号和来自其他波束边缘区域的强干扰信号。每个波束边缘用户接收到的信号包括：来自本波束边缘区域的期望信号和来自其他波束中心区域的弱干扰信号。

软频率复用方案中每一波束可以使用系统的全部带宽，与传统全同频复用方案相比，在边缘区域采用大功率的情况下，中心用户受到的干扰较大，而边缘区域受到的干扰减小。因此，此方案同样可提高边缘用户的信号质量。

6.5.3 频率复用方案仿真

本小节在三种不同的资源分配以及波束中心和边缘区域划分情况下，对传统的三色复用、四色复用、全频复用和部分频率复用(FFR)、软频率复用(SFR)方案进行了仿真，并将各种复用方式下的用户接收信号的信干噪比(SINR)以及系统吞吐量进行了对比，仿真参数设置如表 6-2 所示。

表 6-2 频率复用方案默认参数设置

系统带宽	子信道带宽	系统功率	波束数	每波束用户数	每波束最大服务用户数
30 MHz	150 kHz	1 200 W	25	100	50

(1) 第一种资源分配策略

- 中心区域半径:90 km。
- FFR:每波束中心带宽占系统总带宽的 1/2,边缘带宽占 1/6。
- SFR:每波束中心带宽占系统总带宽的 2/3,边缘带宽占 1/3,中心总功率占系统总带宽的 1/2,中心/边缘单个子信道的功率比为 1∶2。

上述资源分配策略下的 SINR 和吞吐量仿真结果如图 6-29～图 6-35 所示。

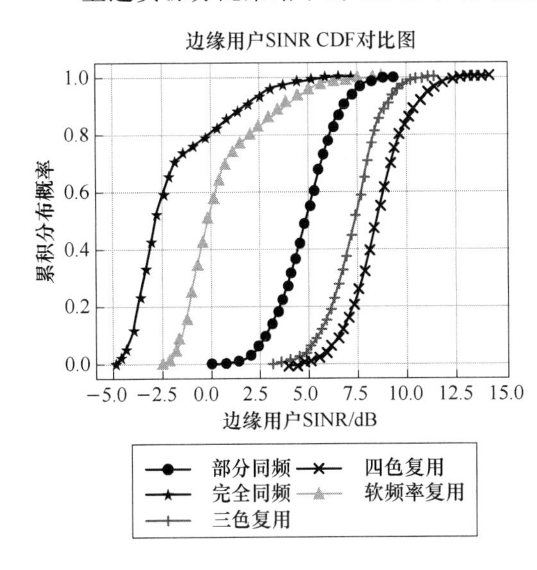

图 6-29 边缘用户 SINR CDF 曲线

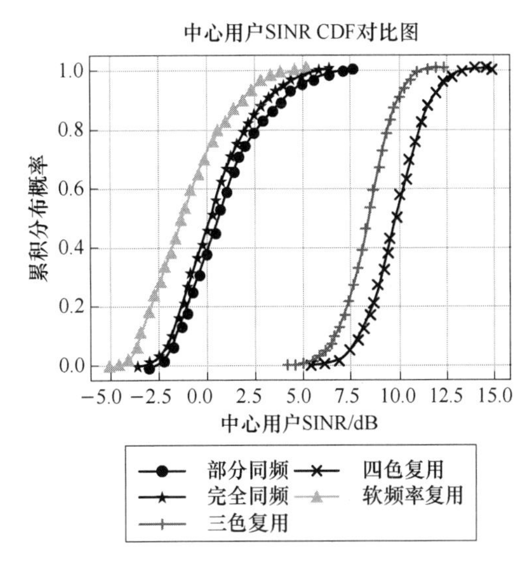

图 6-30 中心用户 SINR CDF 曲线

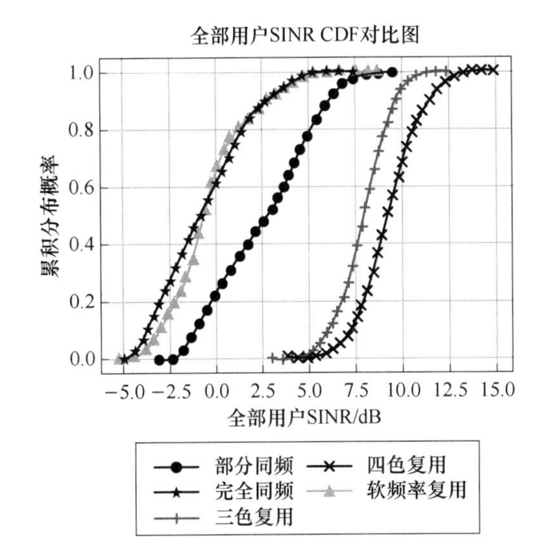

图 6-31 全部用户 SINR CDF 曲线

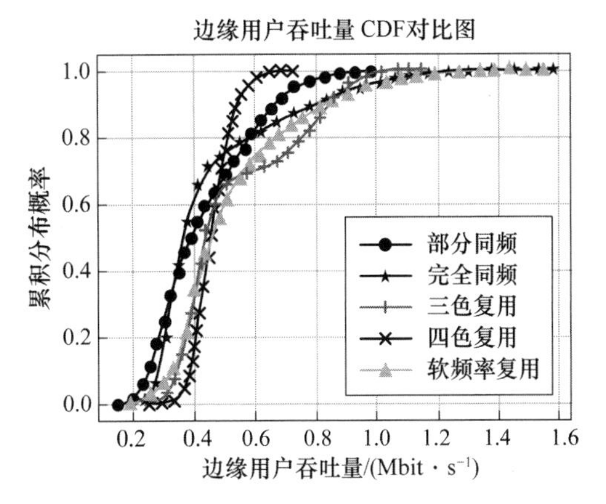

图 6-32 边缘用户吞吐量 CDF 曲线

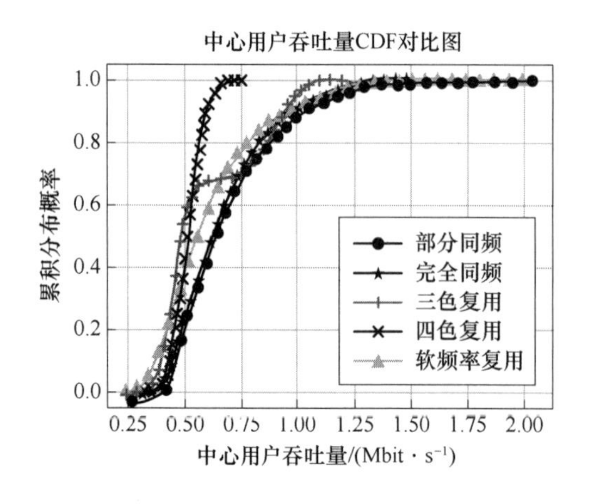

图 6-33　中心用户吞吐量 CDF 曲线

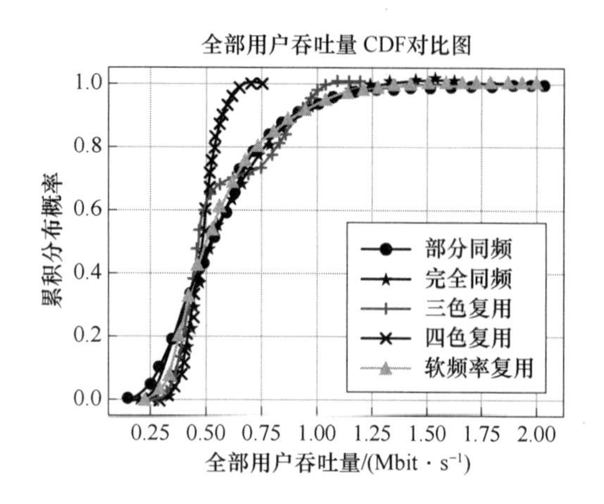

图 6-34　全部用户吞吐量 CDF 曲线

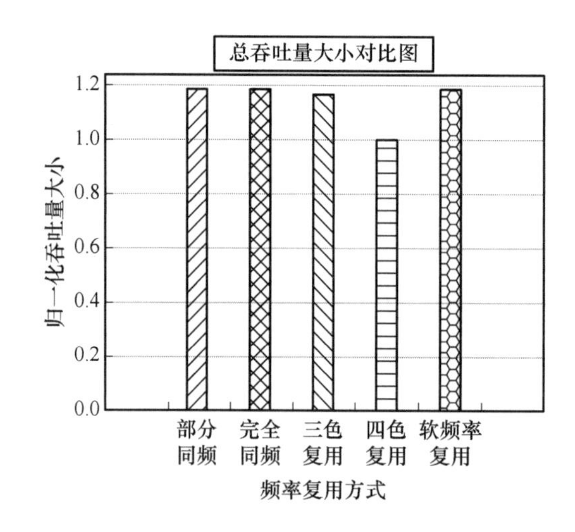

图 6-35　系统吞吐量大小对比直方图

表 6-3　系统吞吐量统计表

场景	FFR	全同频	三色	四色	SFR
总吞吐量/(Mbit · s^{-1})	7 164.2	7 160.4	7 068.7	6 066.3	7 165.3
与四色比率	1.181	1.180	1.165	1	1.181

图 6-29、图 6-30 和图 6-31 分别为边缘用户、中心用户和全部用户接收端的 SINR CDF 曲线图。图 6-32、图 6-33 和图 6-34 分别为边缘用户、中心用户和全部用户的吞吐量 CDF 曲线图。观察仿真图可以发现，传统的完全同频、三色复用、四色复用三种复用方式中，在四色复用下，中心用户和边缘用户接收信号的 SINR 最大，即接收信号质量最好，三色复用次之，完全同频最差，而同频复用方式下的频率利用率最高，三色复用次之，四色复用最低，最终表现为四色复用下的系统总吞吐量最低，完全同频下的系统总吞吐量最高，达到四色复用下的 1.180 倍。

对于部分同频复用方式来说，在上述资源分配策略下，与全同频复用方式相比，部分同频复用方式在保证中心用户接收信号 SINR 的同时，通过对每个波束的边缘区域进行多色复用，显著提升了边缘用户接收信号质量，最终中心用户和边缘用户的吞吐量均达到了近似同频复用方式下的吞吐量大小。

对于软频率复用方式来说，上述资源分配策略同样使边缘用户接收到的信号质量相较于同频复用方式下有一定提升，而中心用户则接收到的信号质量有一定下降，从而在中心和边缘区域占用与完全同频近似相等的带宽资源量的情况下，通过提升对边缘用户发送信号功率的方式，使边缘用户吞吐量得到提升，中心区域用户吞吐量伴随着对其发送信号功率的减小而下降，整体而言与完全同频下的系统吞吐量近似相等。

对比部分同频和软频率复用方式，由于部分同频复用方式下边缘区域进行多色复用，而且任意波束的边缘区域只受到与其复用相同频带的波束边缘区域的干扰，相比之下，软频率复用下波束边缘区域除受到与其复用相同频带的波束边缘区域的干扰外还受到与其复用相同频带的波束中心区域的干扰，从而部分同频边缘区域的接收信号质量要高于软频率复用，即 SINR 更大，但由于软频率复用下的边缘区域用户占用带宽要大于部分同频，因此在吞吐量上软频率复用方式下的边缘区域用户要高于部分同频。对于中心区域用户来说，由于部分同频下的中心区域用户单位子信道占用功率要高于软频率复用，因此部分同频下的中心区域用户 SINR 同样要高于软频率复用，而部分同频下的中心区域用户吞吐量同样要高于软频率复用。整体而言，两种复用方式在系统总吞吐量上近似相等。

(2) 第二种资源分配策略

- 中心区域半径：90 km。
- FFR：每波束中心带宽占比 7/10，边缘带宽占比 1/10。
- SFR：每波束中心带宽占比 8/9，边缘带宽占比 1/9，中心功率占比 7/8，中心/边缘单个子信道功率比为 7∶8。

在上述资源分配策略下的 SINR 和吞吐量仿真结果如图 6-36～图 6-42 所示。

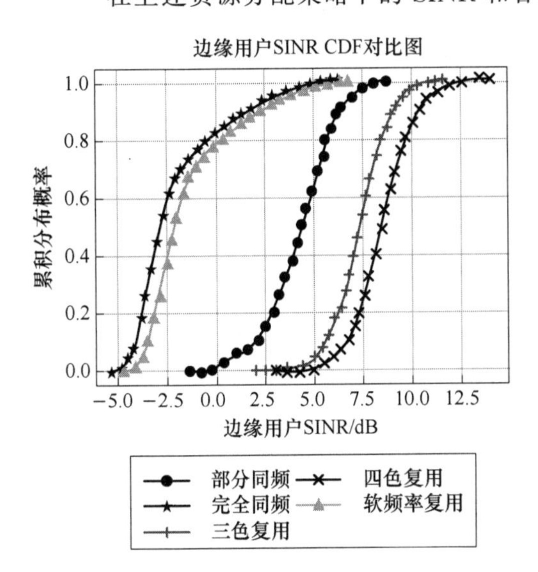

图 6-36　边缘用户 SINR CDF 曲线

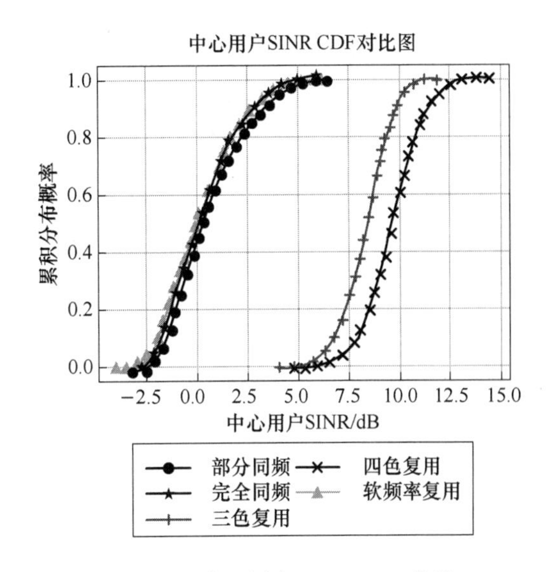

图 6-37　中心用户 SINR CDF 曲线

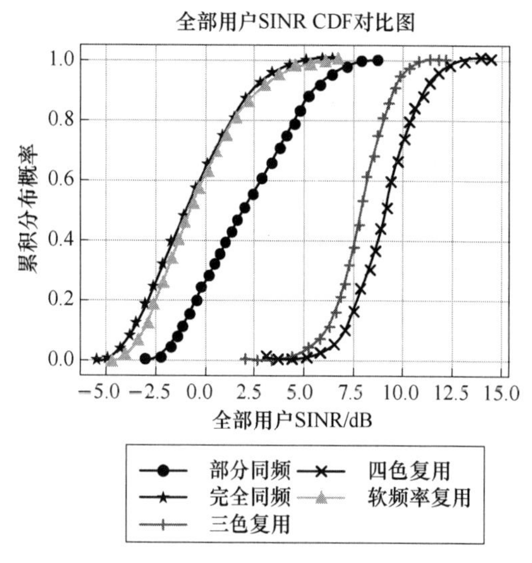

图 6-38 全部用户 SINR CDF 曲线

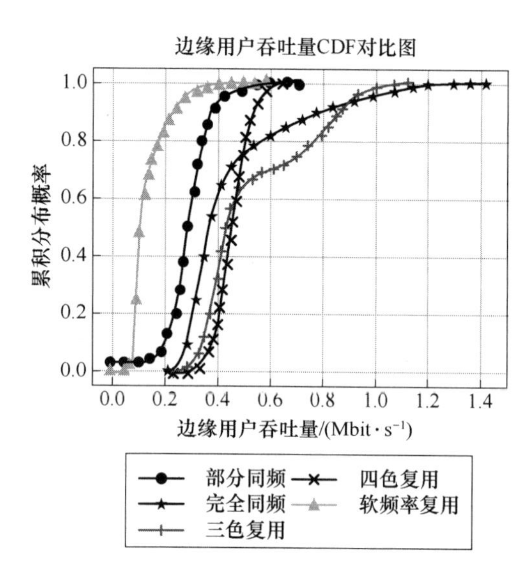

图 6-39 边缘用户吞吐量 CDF 曲线

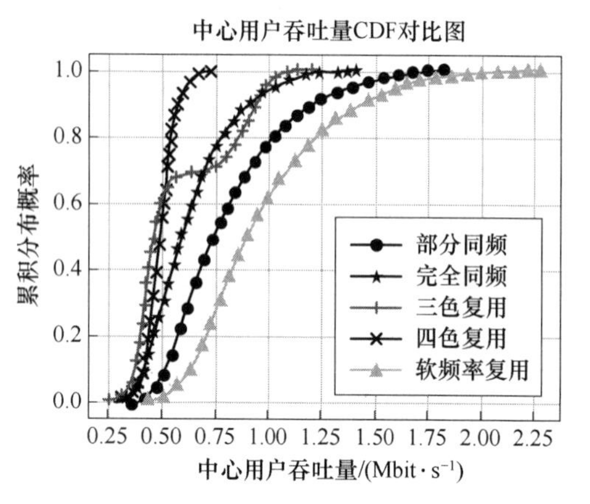

图 6-40 中心用户吞吐量 CDF 曲线

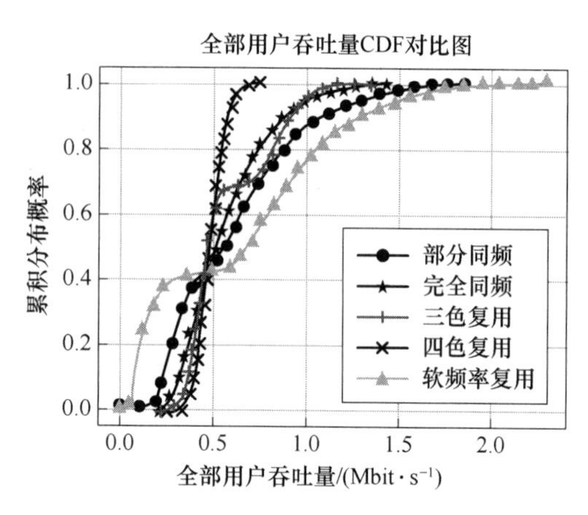

图 6-41 全部用户吞吐量 CDF 曲线

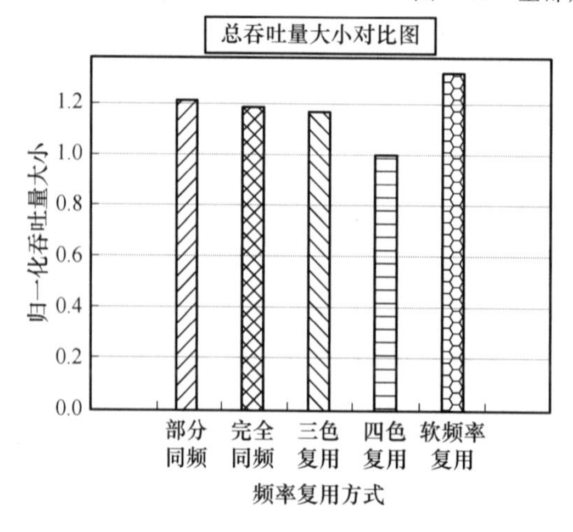

图 6-42 系统吞吐量大小对比直方图

表 6-4 系统吞吐量统计表

场景	FFR	全同频	三色	四色	SFR
总吞吐量/(Mbit・s^{-1})	7 334.2	7 160.4	7 068.7	6 066.3	7 946.9
与四色比率	1.209	1.180	1.165	1	1.310

对比第一组仿真参数，本次仿真提高了部分同频和软频率复用两种复用方式的中心区域资源占比。对于部分同频而言，中心区域用户占用带宽增加，从而吞吐量也得到提升，同时边缘区域用户占用带宽的减小使得边缘区域用户的吞吐量下降，整体而言，由于中心区域带宽占比上升，系统对带宽资源的利用率得到提高，因此系统总吞吐量得到提升。

对于软频率复用而言，中心区域用户和边缘区域用户占用的单位子信道功率分别增加和减小，SINR 表现为同样的趋势，即中心区域用户 SINR 增加，边缘区域用户 SINR 减小。同时由于中心区域用户和边缘区域用户占用带宽同样分别得到了增加和减小，因此对于吞吐量而言，中心区域用户和边缘区域用户呈现出和 SINR 相同的变化趋势，即中心区域用户吞吐量增加，边缘区域用户吞吐量减小，而整体吞吐量表现为增加。

(3) 第三种资源分配策略

- 中心区域半径：63 km。
- FFR：每波束中心带宽占比 7/10，边缘带宽占比 1/10。
- SFR：每波束中心带宽占比 5/6，边缘带宽占比 1/6，中心功率占比 5/7，中心/边缘单个子信道功率比为 1∶2。

上述资源分配策略下的 SINR 和吞吐量仿真结果如图 6-43～图 6-49 所示。

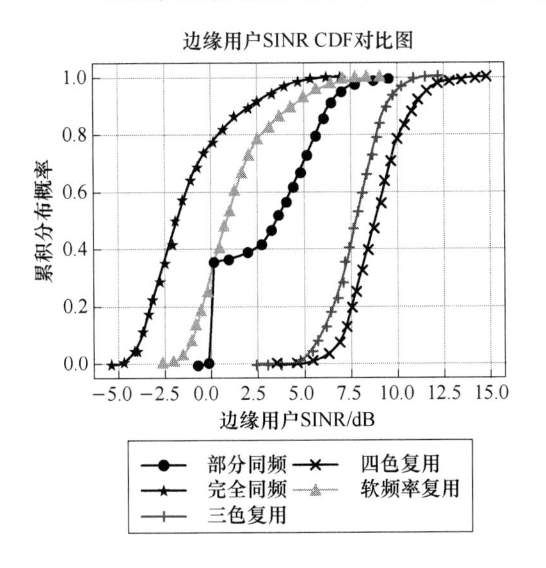

图 6-43 边缘用户 SINR CDF 曲线

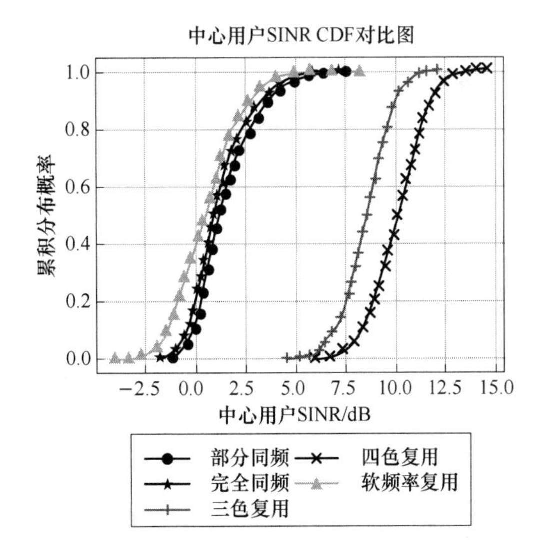

图 6-44 中心用户 SINR CDF 曲线

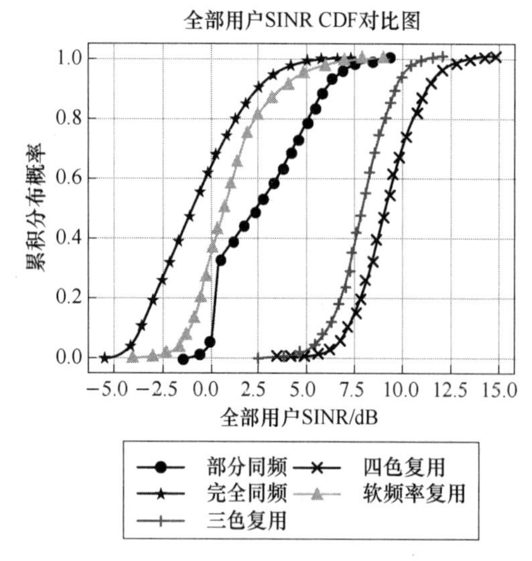

图 6-45 全部用户 SINR CDF 曲线

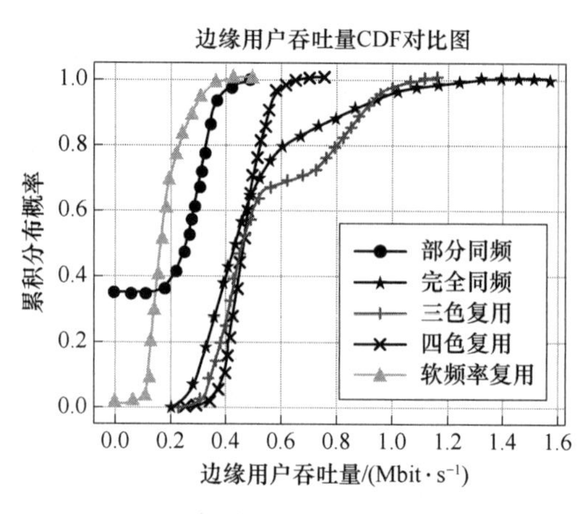

图 6-46 边缘用户吞吐量 CDF 曲线

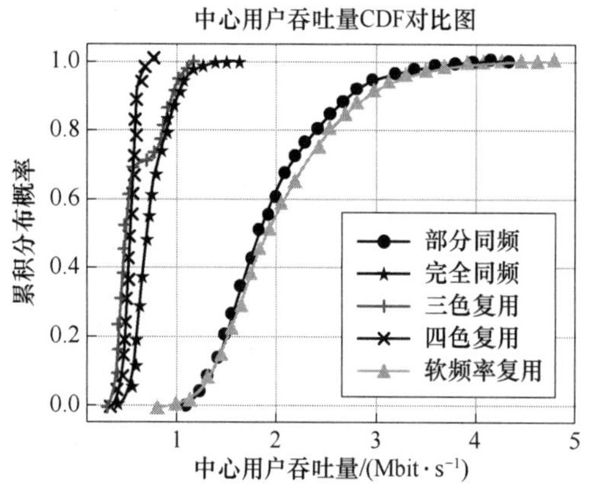

图 6-47 中心用户吞吐量 CDF 曲线

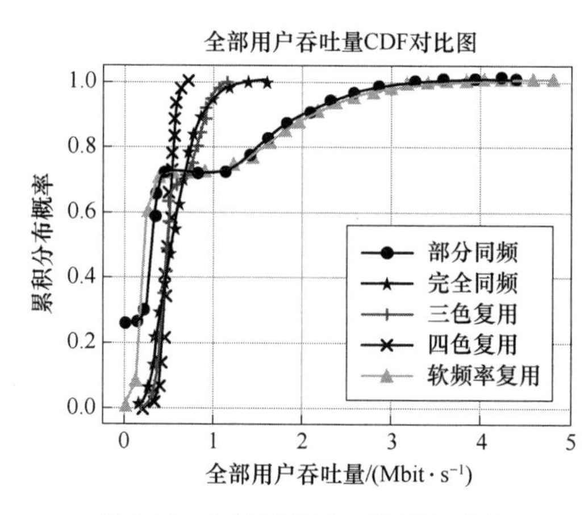

图 6-48 全部用户吞吐量 CDF 曲线

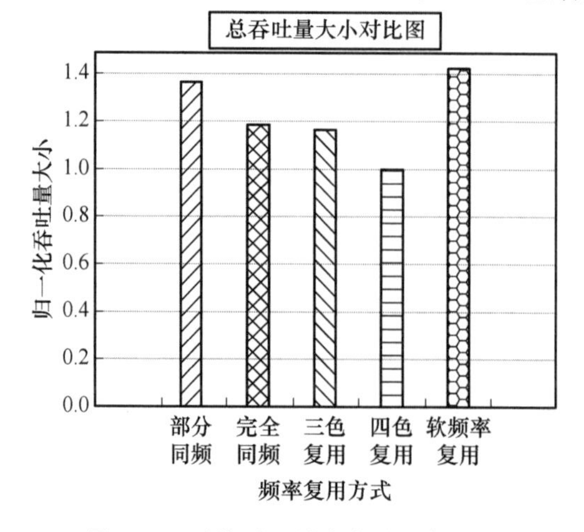

图 6-49 系统吞吐量大小对比直方图

表 6-5 系统吞吐量统计表

场景	FFR	全同频	三色	四色	SFR
总吞吐量/(Mbit・s^{-1})	8 251.6	7 155.5	7 048.5	6 060.1	8 572.2
与四色比率	1.362	1.181	1.163	1	1.415

相比前两次仿真,本次仿真缩小了中心区域半径,除此之外对于部分同频,本次仿真与第二组仿真参数相同。在保持单位子信道的功率大小不变的前提下,用户 SINR 变化很小。中心区域半径缩小一定比例后中心用户数相对减少,边缘区域用户数相对增多,在带宽分配比例不变的前提下,中心区域平均每个用户可用带宽增加,边缘区域平均每个用户可用带宽减小,从而中心区域用户和边缘区域用户的吞吐量分别呈上升和下降的趋势,而总体吞吐量呈上升趋势。

对于软频率复用来说,与第一组仿真参数相比,本次仿真时中心区域和边缘区域用户单位子信道占用功率比例保持不变,从而用户的 SINR 变化较小;此外还提升了中心区域用户占用带宽大小,从仿真结果来看,中心用户吞吐量显著增加,而边缘区域用户由于占用带宽相对减小导致吞吐量也有一定程度的减小,系统总吞吐量表现为上升。

通过以上三组仿真结果分析可以发现,相比于第一组仿真,后面两组通过调整带宽、功率或中心区域半径的方法,均增加了部分同频和软频率复用下的中心区域用户平均可用资源量,从而使中心区域用户吞吐量得到增加,且系统总吞吐量也得到增加。考虑到用户公平性,在保证边缘区域用户接收信号质量的同时要提升其吞吐量,从而在一定程度上使系统总吞吐量受限。

本章参考文献

[1] 李静. 多用户网络的信道容量及传输策略研究[D]. 西安:西安电子科技大学,2016.

[2] 庄子荀. Massive MIMO 系统中自适应混合波束赋形算法的研究[D]. 北京:北京邮电大学,2019.

[3] 宋奇. Massive MIMO 系统的波束赋形研究[D]. 北京:北京邮电大学,2016.

[4] 张昕然. 大规模天线阵列波束赋形关键技术研究[D]. 北京:北京邮电大学,2019.

[5] YU X, SHEN J, ZHANG J, et al. Alternating Minimization Algorithms for Hybrid Precoding in Millimeter Wave MIMO Systems [J]. IEEE Journal of Selected Topics in Signal Processing, 2016, 10(3): 485-500.

[6] AYACHO E, RAJAGOPAL S, ABU-SURRA S, et al. Spatially Sparse Precoding in Millimeter Wave MIMO Systems [J]. IEEE Transactions on Wireless Communications, 2014 13(3): 1499-1513.

[7] 张砚秋. 基于数模混合架构的波束赋形技术研究[D]. 成都:电子科技大学,2019.

[8] 张耀庭. NLOS 场景下大规模 MIMO 波束赋形技术研究[D]. 西安:西安电子科技大学,2018.

[9] 崔名扬. 毫米波 Massive MIMO 中波束赋形技术研究[D]. 北京:北京邮电大学,2020.

[10] 郑琪. 基于大规模天线阵列的 3D 波束赋形技术的研究[D]. 北京:北京邮电大学,2018.

[11] 袁苑,丁俊雄,王良. 5G Massive MIMO 下的 3D 波束赋形预编码技术研究[J]. 移动通信,2019,43(12):21-26,31.

[12] THEODOROS N K, DIMITRIOS G. Multibeam antennas forglobal satellite coverage: theory and design[J]. Iet Microwaves Antennas &Propagation, 2016,10(14): 1475-1484.

[13] 徐玉奇. 卫星移动通信系统多波束形成技术研究[D]. 哈尔滨:哈尔滨工业大学,2017.

[14] SCHNEIDER M, HARTWANGER C, SOMMER E, et al. The multiple spot beam antenna project "Medusa" [C]// 2009 3rd European Conference on Antennas and Propagation. IEEE, 2009.

[15] AMYOTTE É, DEMERS Y, HILDEBRAND L, et al. A review of multibeam antenna solutions and their applications[C]//The 8th European Conference on Antennas and Propagation (EuCAP 2014), 2014:191-195.

[16] TOSO G, MANGENOT C, ANGELETTI P. Recent advances on space multibeam antennas based on a single aperture [C]//The 7th European Conference on Antennas and Propagation (EuCAP), 2013: 454-458.

[17] REICHE E, GEHRING R, SCHNEIDER M, et al. Space Fed Arrays for Overlapping Feed Apertures[C]// German Microwave Conference. Hamburg, 2008: 1-4.

[18] 陈修继,万继响. 通信卫星多波束天线的发展现状及建议[J]. 空间电子技术,2016,13(02):54-60.

[19] FENECH H, AMOS S, TOMATIS A, et al. The many guises of HTS antennas [C]// The 8th European Conference on Antennas and Propagation (EuCAP 2014), 2014: 171-174.

[20] 龚文斌. 星载 DBF 多波束发射有源阵列天线[J]. 电子学报,2010,38(12): 2904-2909.

[21] RAMANUJAM P, FERMELIA L R. Recent developments on multi-beam antennas at Boeing[C]//The 8th European Conference on Antennas and Propagation (EuCAP 2014), 2014: 405-409.

[22] 肖永轩,郭世亮,薛永,等. 星载多波束天线地基波束形成技术[C]// 卫星通信学术年会. 北京,第八届卫星通信学术年会, 2012.

[23] JOROUGHI V, VAZQUEZ M Á, PEREZ-NEIRA A I, et al. Onboard Beam Generation for Multibeam Satellite Systems[J]. IEEE Transactions on Wireless Communications, 2017,16(6):3714-3726.

[24] 张宇萌. 多波束卫星通信系统预编码技术研究[D]. 哈尔滨:哈尔滨工业大

学,2018.

[25] KARVELI T, GHAVAMI M. An Overview of Adaptive Beamforming Techniques and Algorithms: The Next Step in Satellite Communications [J]. Australasian Radiology,2003,31(4):395-396.

[26] 汤乐. GBBF 系统关键技术指标的研究与测试[D]. 北京:北京理工大学,2016.

[27] ANGELETTI P, GALLINARO G, LISI M. On-ground digital beamforming techniques for satellite smart antennas[C]// The 19th AIAA International Communications Satellite Systems Conference (ICSSC 2001). 2001:124-131.

[28] TRONC J, ANGELETTI P, SONG N. Overview and comparison of on-ground and onboard beamforming techniques in mobile satellite service application[J]. International Journal of Satellite Communications & Networking,2014,32(4): 291-308.

[29] TONG J, LU Y, ZHANG D, et al. Max-min analog beamforming for high altitude platforms communication systems[C]//2018 IEEE/CIC International Conference on Communications in China (ICCC). IEEE, 2018: 872-876.

[30] MICHAILIDIS E T, THEOFILAKOS P, KANATAS A G, et al. Three-Dimensional Modeling and Simulation of MIMO Mobile-to-Mobile via Stratospheric Relay Fading Channels[J]. IEEE Transactions on Vehicular Technology, 2013, 62(5):2014-2030.

[31] WANG Y ,XIA X,XU K , et al. Location-assisted precoding for three-dimension massive MIMO in air-to-ground transmission[C]// IEEE INFOCOM 2017 -IEEE Conference on Computer Communications Workshops (INFOCOM WKSHPS). IEEE, 2017.

[32] LUO Z Q, MA W K, SO M C, et al. Semidefinite Relaxation of Quadratic Optimization Problems[J]. IEEE Signal Processing Magazine, 2010, 27(3): 20-34.

[33] HELMBERG C, RENDL F, VANDERBEI R J, et al. An Interior-Point Method for Semidefinite Programming[J]. Siam Journal on Optimization, 1996, 6(2): 342-361.

[34] LIANG L, XU W, DONG X. Low-Complexity Hybrid Precoding in Massive Multiuser MIMO Systems[J]. IEEE Wireless Communications Letters, 2014, 3 (6):653-656.

[35] CENTONZE P, KIM D Y, KIM S, et al. Security and privacy frame-works for access control big data systems[J]. Computers, Maierial & Continua, 2019,59 (2):361-374.

[36] MA J,SHRESTHA R, ADELBERG J, et al. Security and eavesdropping interahertz wireless links[J]. Nature, 2018,563: 89-93.

[37] AKGUN B, KOYLUOGLU O O, KRUNZ M. Exploiting Full-Duplex Receivers for Achieving Secret Communications in Multiuser MISO Networks[J]. IEEE

Transactions on Communications, 2017,65(2):956-968.

[38] LIN Z, LIN M, OUYANG J, et al. Robust Secure Beamforming for Multibeam Satellite Communication Systems [J]. IEEE Transactions on Vehicular Technology, 2019,68(6):6202-6206.

[39] LU W, AN K, LIANG T. Robust Beamforming Design for Sum Secrecy Rate Maximization in Multibeam Satellite Systems [J]. IEEE Transactions on Aerospace and Electronic Systems, 2019, 55(3):1568-1572.

[40] PEREZ-NEIRA A I, VAZQUEZ M A, SHANKAR M R B, et al. Signal Processing for High-Throughput Satellites: Challenges in New Interference-Limited Scenarios[J]. IEEE Signal Processing Magazine, 2019, 36(4):112-131.

[41] ZHENG G, ARAPOGLOU P, OTTERSTEN B. Physical Layer Security in Multibeam Satellite Systems[J]. IEEE Transactions on Wireless Communications, 2012, 11(2):852-863.

[42] LIN M, LIN Z, ZHU W, et al. Joint Beamforming for Secure Communication in Cognitive Satellite Terrestrial Networks[J]. IEEE Journal on Selected Areas in Communications, 2018, 36(5):1017-1029.

[43] LI B, FEI Z, ZHOU C, et al. Physical-Layer Security in Space Information Networks: A Survey[J]. IEEE Internet of Things Journal, 2020,7(1),33-52.

[44] WINTERS J. Optimum Combining in Digital Mobile Radio with Cochannel Interference[J]. IEEE Journal on Selected Areas in Communications, 1984,2(4):528-539.

[45] WANG B, MU P, LI Z. Artificial-Noise-Aided Beamforming Design in the MISOME Wiretap Channel Under the Secrecy Outage Probability Constraint [J]. IEEE Transactions on Wireless Communications, 201716(11):7207-7220.

[46] CUI G, ZHU Q, XU L, et al. Secure Beamforming and Jamming for Multibeam Satellite Systems With Correlated Wiretap Channels[J]. IEEE Transactions on Vehicular Technology, 2020,69(10):12348-12353.

[47] 李美玲. 软频率复用技术研究及其在 LTE 系统中的应用[D]. 北京:北京邮电大学,2007.

[48] LUO Z, MA W, SO A M, et al. Semidefinite relaxation of quadratic optimization problems[J]. IEEE Signal Process,2010,27(3):20-34.

[49] TANG J, WEN H, SONG H, et al. On the Security-Reliability and Secrecy Throughput of Random Mobile User in Internet of Things[J]. IEEE Internet of Things Journal, 2020, 7(10):10635-10649.

第7章 星地融合边缘网络多维资源管理

7.1 星地融合边缘网络概述

无线通信技术给人们的生活带来了翻天覆地的变化，同时也推动着各行各业迅速发展。随着5G时代的到来，更多的新型终端应用和智能农业、智慧医疗等新型服务场景以及多功能可穿戴设备、娱乐设备等智能设备不断涌现，从而对通信系统的时延、传输速率、通信品质等各方面性能提出了更高的要求。为了降低用户接入网络、获取服务的时延，移动边缘计算（Mobile Edge Computing，MEC）技术应运而生。与云计算不同，边缘计算是把计算、处理设备尽可能部署在接近用户的位置，一方面可以降低用户与网络业务交互时延，另一方面也可以减小云计算中心大规模数据处理的压力。因此，边缘计算迅速成为地面5G网络重要使能技术之一，对于5G网络实现超可靠、低延时传输具有重要意义。

此外，随着卫星互联网、天基物联网等系统的迅速发展，边缘计算增强的卫星通信系统也成为研究的热点之一。虽然边缘计算技术在地面5G网络获得一致认可，并发展迅速，但受限于卫星平台功耗、体积、抗辐照等条件的限制，边缘计算增强的卫星通信技术尚处于初级阶段。一方面，现有在轨卫星通信系统大多采用透明转发模式，星上载荷不对数据进行处理；另一方面，虽然部分通信卫星具有星上处理功能，但也仅限于一些基带信号处理或星上交换，单星处理能力有限。然而，随着星上载荷处理能力的增强，以及大规模低成本低轨卫星制造和发射成本的降低，巨型低轨卫星星座的建设为边缘计算在卫星通信系统中的应用带来了新的契机和挑战。目前，卫星通信系统的发展具有以下几个特点。

(1) 网络规模由小型星座向巨型星座演变

传统低轨卫星星座一般由几十颗卫星实现全球覆盖，而新兴低轨星座为了满足宽带接入、大规模连接等需求，更倾向于采用巨型星座，如Starlink星座将在多个轨道高度上分层部署11 927颗低轨卫星，并将在后续进一步补充3万颗低轨卫星；2021年，OneWeb宣布减少星座中卫星的数量，但整个星座仍将有6 372颗卫星；Kuiper星座规划在多个轨道高度上部署3 236颗低轨卫星；我国除已经开展建设的“鸿雁”“虹云”低轨星座外，也在积极论证巨型低轨星座的设计与建设方案。

(2) 网络结构由集中式系统向分布式系统过渡

在传统卫星通信系统中，受限于单星能力等因素，卫星一般采用“弯管转发”或“有限的星上处理转发”，网络资源调度、用户管理等功能主要在地面信关站完成。然而，这种集中式网络结构在面对未来的大规模接入、海量数据处理需求时，将承受巨大的传输、处理压力。此外，受限于政治、经济等方面因素，我国在全球大规模建设地面站的困难较多，大量数据的传输、处理需要通过过境卫星发送到境内信关站，使过境卫星和信关站的传输、处理压力进一步加剧，甚至影响整网服务质量。在低轨卫星分布式系统中，地面信关站的部分功能可下放到卫星，如用户资源调度、用户连接管理等，有利于降低地面信关站传输、处理压力，提升业务服务质量。同时，分布式系统也有利于提高网络韧性和抗毁能力，美国航天发展局(SDA)提出的“下一代太空体系架构”也将充分利用分布式系统的特点，如“传输层”将采用去中心化天基网状网络，“作战管理层”也将采用分布式作战管理和指挥控制系统。

(3) 网络功能由传输管道向“通信-计算-存储”一体化网络发展

传统卫星系统中的卫星主要负责数据转发，卫星网络可被看作是一个信息传输管道，数据只能在源端和目的端进行存储、处理和分析。这种面向数据传输的网络容易受传输瓶颈限制，如OneWeb星座系统容量受限于用户接入链路，Starlink星座系统容量受限于馈电链路等。随着集成电路技术的进步，以及小型化、批量化、模块化卫星设计与制造技术的成熟，卫星星上处理能力日益增强。2020年，欧洲航天局(ESA)发射了一颗人工智能卫星PhiSat-1，可利用人工智能算法完成地球观测数据的在轨处理，我国龙芯第三代宇航级处理器也将进一步提升国产星载处理器性能。在未来卫星网络中，卫星节点不仅可担负数据转发器的角色，还可作为一个智能边缘节点，完成数据处理、分析、存储、决策等功能，卫星网络也将向“通信-计算-存储”一体化智能边缘网络发展。虽然单个卫星的计算、存储能力有限，但巨型星座中的大量卫星将组成边缘云，从而降低“传输-处理-控制”时延，增强用户服务质量。美国国防部高级研究计划局(DARPA)也将在“黑杰克(Blackjack)”低轨星座项目中验证基于Pit Boss星载处理器的在轨边缘计算和在轨云网络性能。

(4) 网络资源由静态均匀配置向多维智能调配转变

在传统卫星网络中可灵活调配的资源主要指通信资源，如波束、时隙/帧、带宽、功率等。随着星上载荷处理能力的增强，以及精细化资源管理需求的提升，星上载荷可灵活调配的资源不仅包含通信资源，还有计算资源(如通用计算单元CPU、图像处理单元GPU、现场可编程逻辑阵列FPGA等)和存储资源(如缓存、磁盘阵列等)。此外，在传统多波束卫星网络中，波束覆盖范围、波束带宽、波束功率等，在卫星部署完成后就固定下来，资源调配不能灵活适配业务在“空间-时间”上的变化，资源利用效率较低。然而，卫星宽带接入、大规模卫星物联网连接等业务在“空间-时间”上具有不均匀性，传统静态、均匀的资源调配方案不能满足未来低轨卫星网络资源管理需求。此外，卫星宽带接入、大规模卫星物联网等业务种类繁多，不同业务对通信、计算、存储资源需求差异大，未来低轨卫星网络需具备多维资源智能调配能力，如基于区域业务需求动态调整波束指向、灵活分配星载计算/存储资源等，从而提高网络资源利用率。我国实践二十号同步轨道卫星已经搭载验证了星载跳波束技术，正在论证的低轨星座系统也将跳波束作为重要技术特征之一。然而，现有的自适应资源调配技术主要针对通信资源，如波束、频带、功率等，随着星载处理器性能的不断提升，“通信-计算-存储”多维资源的智能协同调配必将进一步提升低轨卫星网络的服务性能。

结合上述地面 5G 网络和卫星网络的特点及发展趋势，基于“通信-计算-存储”多维资源智能协同的星地融合边缘网络研究具有重要意义。图 7-1 为典型的星地融合边缘网络结构。星地融合边缘网络包括卫星网络和地面网络两部分，卫星网络可以由多层卫星网络构建而成，地面网络以地面基站的形式与卫星网络形成互为补充的星地融合边缘网络。在星地融合边缘网络中，地面用户可以通过星地链路接入网络，或通过地面基站接入核心网。在多层卫星网络中，GEO 卫星覆盖面广，传输链路长，时延大，在星地融合边缘网络中通常负责覆盖全球，承担路由、中继的作用，并管理整个卫星网络。地面基站和中低轨道卫星可以组成一个混合网络，承担覆盖增强或提供边缘计算、存储能力，降低用户接入时延。由多层卫星组成的星座可利用层内和层间的卫星链路与地面节点连接，可以进一步增强网络覆盖效率，提高网络服务质量。地面信关站负责接收卫星作为中继转发的地面移动通信网络的流量并转发到其他地面基站和核心网进行处理。

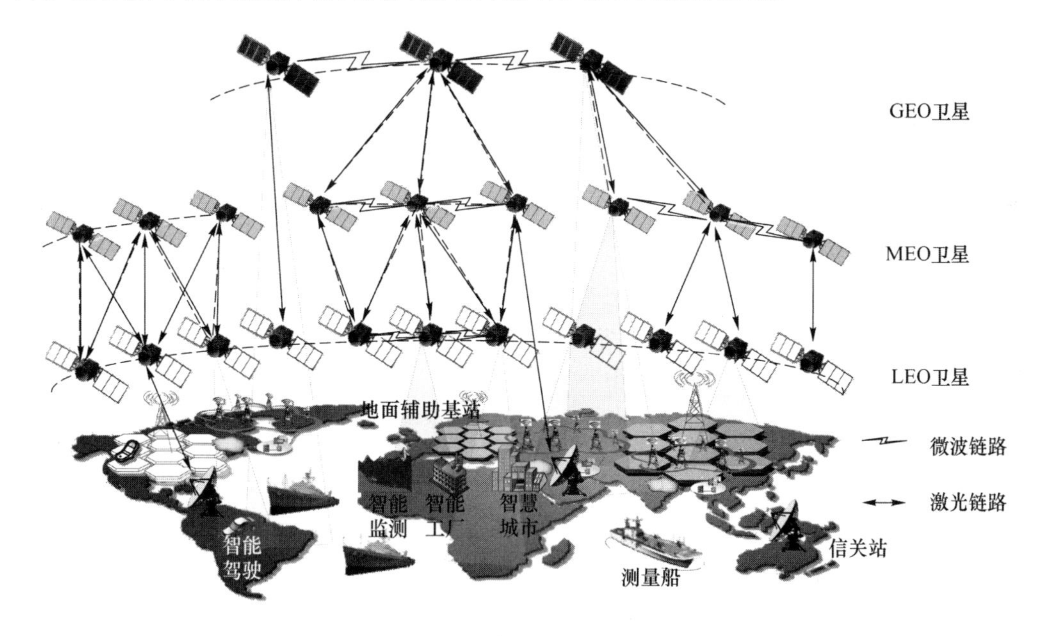

图 7-1　星地融合边缘网络结构示意图

星地融合边缘网络融合了卫星网络和地面网络各自的优点，然而融合网络中的资源管理问题相较于单一网络也更加复杂。在星地融合边缘网络中，卫星/地面基站不再是一个独立的转发器，而是担负着数据转发、资源调度、信息处理、数据存储、任务决策等功能的智能边缘节点，并且不同节点可通过节点间协作实现通信资源协调、计算/存储资源共享、任务协同等，从而提高星地融合边缘网络的数据传输效率，降低通信/决策时延。因此，星地融合边缘网络的网络架构设计、高效的融合网络资源管理机制及相关算法的研究是十分重要的。

7.2 星地融合边缘网络中的多维资源

7.2.1 频谱资源

卫星通信系统使用的频段划分如表 7-1 所示，卫星通信使用的频段跨度较大，涵盖了特高频(UHF)、超高频(SHF)和极高频(EHF)频段，其中 C 频段、Ku 频段和 Ka 频段使用较为广泛。C 频段在卫星通信系统中使用较早，由于其频率低，受雨衰等影响小，适合于电视广播等对通信质量要求较高的业务。Ku 频段的使用使得用户接收天线尺寸显著减小，降低了个体使用成本。而 Ka 频段可用带宽增大，受雨衰影响较为严重，但可通过增加天线口径等方法来消弱雨衰对信号强度的削减[1]。

表 7-1 卫星使用频段划分

频段名称	频率范围	典型卫星系统	常用业务
L 频段	1～2 GHz	Iridium-Next、ICO、Inmarsat-4、Thuraya-3	卫星定位、卫星移动通信、卫星广播、地面移动通信
S 频段	2～4 GHz	TerreStar-2、天通一号	卫星移动通信、卫星固定通信、中继业务、移动广播、气象雷达、船用雷达
C 频段	4～8 GHz	高分三号、中星 6b	卫星固定通信、地面微波中继、卫星电视广播
X 频段	8～12 GHz	terrasar-x	卫星通信、地面通信、雷达
Ku 频段	12～18 GHz	IPStar、StarLink、OneWeb	卫星固定通信、卫星广播
Ka 频段	27～40 GHz	O3b、Spaceway3、Ka-Sat、ViaSat-1、虹云、Telesat	卫星通信、雷达业务、实验通信
V 频段	40～75 GHz		星间链路

近年来，卫星通信系统可用轨位、频率等资源的日趋紧张使卫星通信频率由传统的 L、S、C 频段逐步过渡到更高频段，同时也促进了多波束天线、频率复用、跳波束等技术的快速发展，这些技术可以更加充分地对频率资源进行重复利用，显著提升频谱效率，从而实现卫星地面融合通信网络中系统容量的增加。然而，在非地球静止卫星轨道(NGSO)部署大型星座的提案越来越多，著名的有 OneWeb 星座、StarLink 星座和 O3b 星座等，这些 NGSO 卫星使用了与传统 GSO 卫星相重叠的 Ku 频段和 Ka 频段，大量的部署将给卫星系统的频谱管理带来很大的挑战，例如，产生如图 7-2 所示 GSO-NGSO 系统干扰，因此 GSO 卫星和 NGSO 卫星之间的干扰协调必不可少。目前解决 NGSO 卫星与 GSO 卫星

之间干扰的技术主要有频谱共享、波束指向隔离和功率控制等。频谱共享指 NGSO 卫星与 GSO 卫星共用相同的一段频率，但当 NGSO 卫星经过赤道上空时需要改变使用的频段，防止对 GSO 卫星造成干扰。波束指向隔离是通过调整两个系统中地球站与卫星的天线指向，避免共线，从而达到降低干扰强度的目的。在功率控制方面，NGSO 卫星将根据实际的干扰情况动态调整功率大小，以减轻对 GSO 地球站终端的干扰[2]。

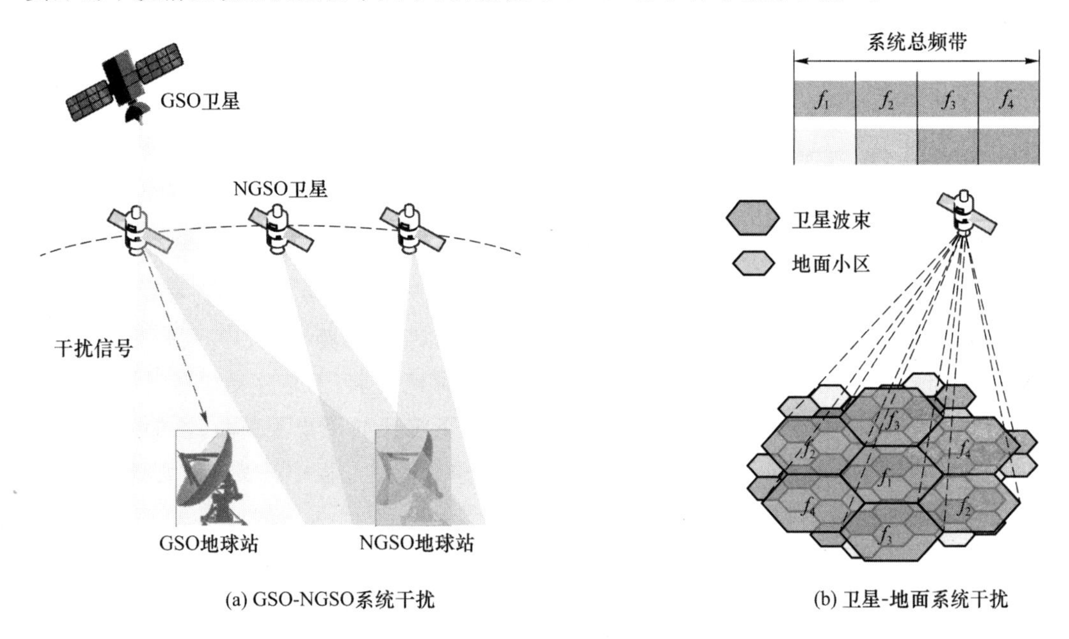

图 7-2　GSO-NGSO 系统干扰与卫星-地面系统干扰示意图

随着地面 5G 通信网络的商用部署，传统上仅保留给卫星系统使用的频段将因重新分配给其他地面网络而不可避免地对卫星系统产生影响，相同覆盖区域的卫星波束与地面蜂窝小区将因共用频率而产生同频干扰。利用认知无线电（CR）、干扰协调等技术可实现星地频谱的共享，降低卫星-地面系统的干扰，缓解频率资源压力，有效提升频谱效率。

7.2.2　功率资源

与地面通信网络中的基站设施相比，卫星所处环境的独特性使其星上载荷的功率资源是严重受限的。一些主流的 GEO 卫星平台（如 LM2100、Boeing 702、DFH-5）可以提供 10 kW 以上的功率载荷，而对于 LEO 卫星平台可提供的功率资源不超过 1 kW。可以看到，作为卫星星上有效载荷的一部分，卫星的功率资源极为有限，再加上星地链路距离远、时延长、环境复杂，信号在传输过程中的损耗严重，对卫星功率资源的管理就显得极为重要。

当前多波束卫星系统中的功率载荷多采用固定分配模式，各波束可用的功率资源固定，此方法易于工程实现但却无法灵活匹配实际地面流量需求，造成部分资源的浪费。随着地面通信系统的演进，用户业务量不断增多，卫星系统传统采用的静态功率控制已经不能满足流量需求，动态功率控制技术得到大量研究。对于功率资源的动态分配问题，需要在保证系统容量和用户通信质量的前提下，尽可能地减少卫星系统的功率消耗。在功率分配策略中，除主要考虑的能效问题外，其他优化目标还包括系统速率、时延限制和频谱效率等，多目标联合优化是功率分配策略的发展趋势之一[3]。在对用户功率进行分配时，用户可达传输速率除与所在波束的信道状态和发射功率有关外，还受到其他同频波束发射功率的影响，波束间的同频干扰会使得功率分配问题更加复杂。

7.2.3 计算资源

大数据时代的到来使得各类服务应用的计算需求猛增，这对网络的计算能力提出了挑战。在传统网络中，用户设备的计算存储资源有限，任务一般被传输至具有充足计算资源的中心服务器处理。但由于用户终端分布较广，中心服务器距离用户终端较远，任务传输的时延难以满足新型应用对于毫秒级的端到端低时延要求，于是移动边缘计算技术应运而生[4]。其可将中心服务器丰富的计算缓存资源下沉至与用户距离较近的网络边缘，为用户提供无处不在的计算服务，减少了数据在传输与传播过程中耗费的时延，从而提升用户服务质量。

在星地融合网络中，MEC 服务器可以部署于地面网络基站侧、卫星节点和地面站网关处。早期的卫星系统在通信过程中仅仅起到中继作用，只对数据进行透明转发，而星上处理技术的发展，使得卫星也具备了存储计算能力。将边缘计算技术与卫星通信系统相融合，使得卫星具有数据处理能力，从而可以缓解星-地链路传输时延大的问题，提升了用户体验度，同时还可节省星地回传链路的带宽功率资源。但当 MEC 服务器部署于卫星节点时，卫星网络高移动性、能量受限的特点，将给卫星高速运动过程中的服务连续性以及大规模计算处理任务时卫星系统的能量供给带来很大挑战，需要设计合理的移动性管理方案来保障计算卸载任务的连续性，而卫星的能量消耗问题可通过相邻卫星之间的协作卸载来得到有效缓解[5]。

地面用户终端产生的计算任务可以留在本地终端自行处理，但多数移动终端计算能力有限，此时便需要将数据卸载至计算服务器处理。当用户附近存在可连接的地面基站时，用户可将计算任务直接卸载至基站处理，其花费的时延最少，同时还可缓解星地网络的流量负载情况。与基站侧相比，卫星节点进行任务处理的时延较高，但可显著降低卫星与地面回程链路的流量负载，相比传统远程云服务器而言，其在特定场景/任务条件下的时延指标方面仍具备优势。由于卫星节点的计算资源有限，当用户终端将任务卸载至卫星后，系统需进一步考虑计算服务器 CPU 频率的具体分配方案，以充分利用计算资源尽可能地服务更多用户。地面站网关处的 MEC 服务器能够为用户提供更强的计算能力，但这种卸载方式一般需要通过卫星节点进行中继（如图 7-3 所示），在三种方式中这种卸载方式的时延花费最高，但实施和维护更容易，更实用。

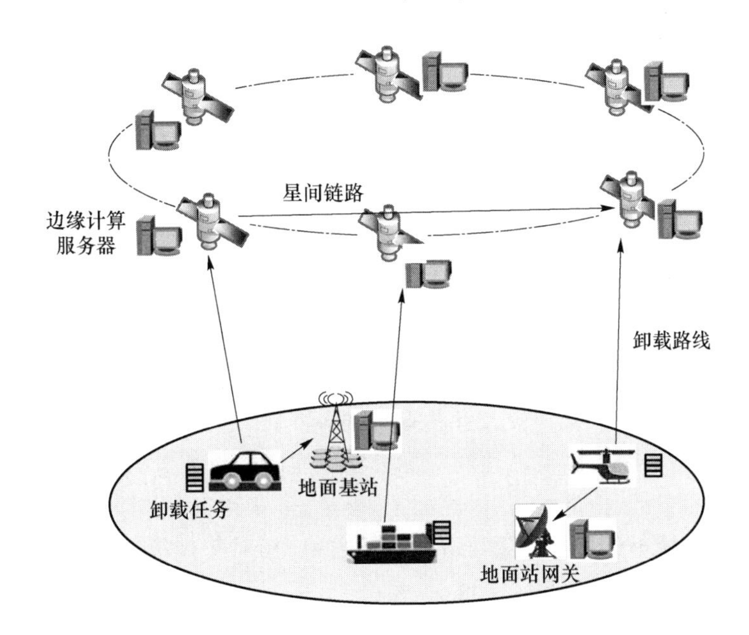

图7-3 星地融合网络中的用户任务计算卸载

7.2.4 存储资源

在卫星移动边缘计算网络中，除需要在卫星节点部署计算资源外，还需将存储资源引入卫星网络，星上缓存技术被证明是提高卫星通信服务质量（QoS）、时延和吞吐量的一种有效方法。随着地面数据流量爆炸式的增长，用户向卫星请求的数据中存在大量的重复内容，这些重复数据在星地链路中的多次往返传输将会大量占用卫星系统宝贵的通信资源。通过在卫星节点上引入存储资源可提前合理地将地面流行内容进行缓存，实现对用户重复请求内容的及时传输，有效降低用户内容获取时延并减少对系统频谱资源及功率资源的使用，改善网络的拥塞状况[6]。

卫星节点对地面文件内容进行缓存时，通常需要综合考虑节点缓存容量、卫星网络拓扑结构以及用户请求内容的偏好分布等，确定最优的缓存内容选择策略，以最小化系统中所有用户获得内容所花费的平均时延，同时降低星上存储资源的开销。

7.3 基于GEO卫星的星地协同资源管理

7.3.1 基于GEO卫星的星地协同资源管理问题分析

在缺乏地面电信基础设施的偏远地区，卫星通信可有效解决用户设备之间的连接问题。比如，在卫星辅助车辆网络中，地面网络无法覆盖到的飞机、船舶、火车以及各种跨海设备之间可以通过接入卫星网络进行通信。其中，卫星系统中的 GEO 卫星部署于 36 000 km左右的轨道高度，覆盖范围广，仅三颗卫星就可覆盖除两极之外的全球区域；卫星与地球之间处于相对静止的状态，这有利于卫星天线的接收工作，并且非常适合进行对地观测、海洋监测等对地球某一区域进行持续观察的通信应用；另外，GEO 卫星系统相比具有移动性的 LEO 卫星系统而言，信道特性较为稳定，资源管理复杂度较低，更适合于天地通信，在目前的通信卫星系统中承担着主要角色[7]。

然而，随着卫星通信技术及其应用的发展，传统的卫星系统及简单的资源管理方式已无法满足用户的服务需求，需要研究下一代高吞吐量卫星系统以支持空天地信息网络的发展。在 GEO 卫星覆盖区域下，用户的流量请求不断增多，业务种类也呈现出多样性的特点，不同区域的流量需求差异较大且具有时域多变性，卫星系统的静态资源分配方式容易造成资源浪费，需转变为高灵活性的资源分配以实时适应流量需求。本章参考文献[8]综合考虑了波束间干扰、信道状态、时延因子、容量、带宽利用率等因素，提出一种带宽/功率联合分配算法以最小化分配容量与请求容量之差，相对于传统的资源平均分配方法增加了系统总容量，也优化了用户公平性。

近年来，卫星技术的快速发展以及卫星系统的积极部署，使得可用的频谱资源逐渐匮乏，频率资源成为限制卫星通信网络系统容量的首要因素。另外，卫星星上可负载的功率、计算和缓存等资源也极为有限，在满足卫星业务需求的情况下就需要考虑最小化卫星的资源使用量，以提高资源利用率。本章参考文献[9]在对卫星发射功率和带宽使用量进行了优化后，其系统达到的平均满意度和平均消耗功率性能都优于传统四色复用功率均匀分配的方案，而且能够很好地匹配波束业务需求，达到了节约系统资源的目的。

此外，目前的 GEO 卫星系统都具备了多波束天线技术，通过配置成百上千的点波束可实现高吞吐量目标，但同时数量较多的波束也为系统的资源管理带来了复杂性。同时，在卫星网络中可灵活配置的时隙、带宽、功率、波束等资源，使得卫星网络的资源管理是高维度的、多样性的。由此，在解决资源管理问题时需要对多维资源联合考虑，才能更为有效地提升系统性能。

未来的高吞吐量卫星通信系统一定具备负载灵活配置、资源动态调度等特性，卫星在每一资源分配时隙需根据环境变化迅速做出大量资源分配决策，系统的可实现性能严重受到资源分配结果的影响[10]。除此之外，GEO 卫星系统本身处于的轨道高度使得系统的传播时延较大，信号传播过程中的路径损耗也更为严重，加剧了对系统资源的依赖性。因此，有必要对 GEO 卫星系统的资源管理问题进行研究，以提升星地协同通信网络的系统性能[11-13]。

7.3.2 基于 GEO 卫星的星地协同资源管理方案

本节以 GEO 卫星辅助的车辆网络通信系统为例，以系统端到端时延优化为目标研究星地协同的资源管理方案，具体研究问题及研究思路如图 7-4 所示。

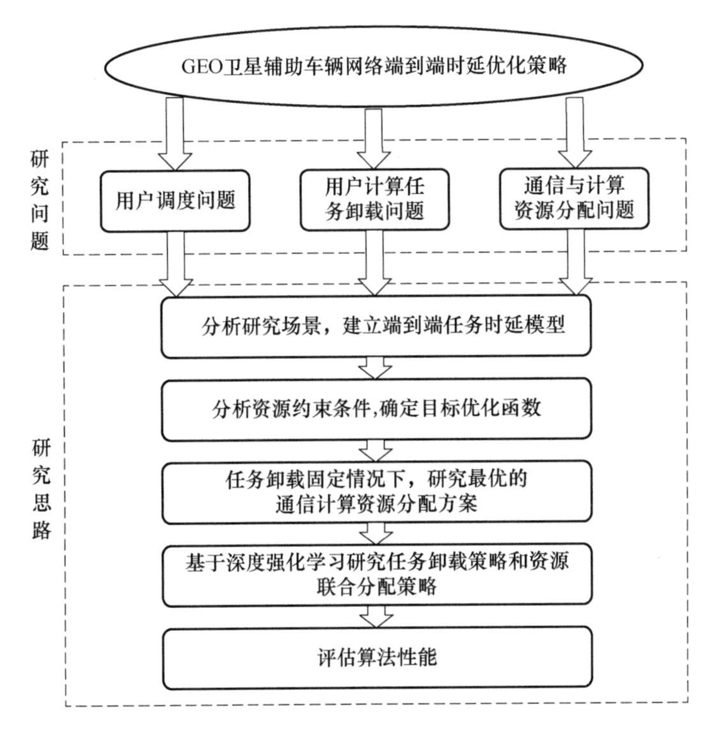

图 7-4 GEO 卫星辅助车辆网络通信系统的资源管理研究方案

在具备边缘计算服务能力的车辆网络中，车辆源端(SV)产生原始数据发送至车辆目的端(DV)做进一步处理，由于源端与目的端之间距离相隔很远无法直接通信，只能通过 GEO 卫星进行中继。车辆目的端 DV 只关心原始数据中嵌入的有效信息，数据可选择在 SV 端处理后再传输，也可选择卸载至卫星或 DV 端处理。考虑到 GEO 卫星较长的传播时延，SV 产生的数据主要为数据收集、海洋监测等不需要及时反馈的单向数据收集服务。GEO 卫星辅助的一对一车辆通信场景如图 7-5 所示。

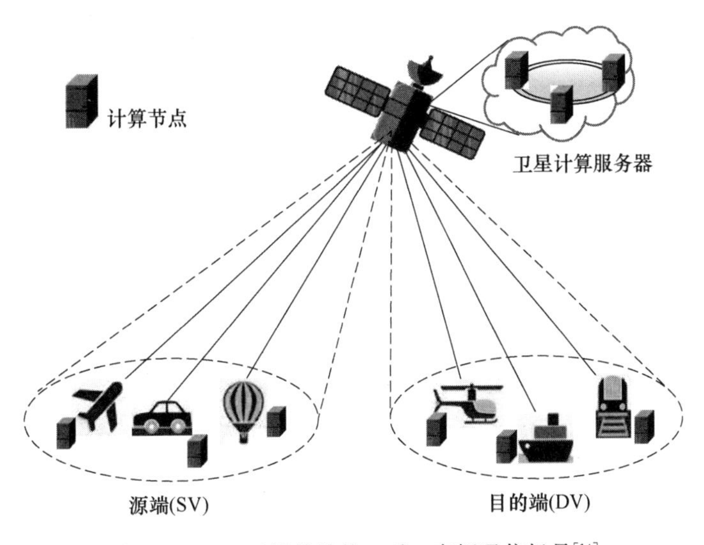

图 7-5 GEO 卫星辅助的一对一车辆通信场景[14]

在图 7-5 中，考虑到卫星主要为相距较远的车辆对之间提供服务，在此假设所有 SV 和 DV 都在多波束 GEO 卫星的两个不同的波束覆盖范围内。由于从 SV 到卫星（上行链路）和从卫星到 DV（下行链路）链路的调制编码方案可能不同，因此假设 SV 发送的数据在卫星处被缓存并重新生成，任务的传输和处理过程不能同时进行。卫星处理每个用户对的任务所花费的时延包括排队时延、传输时延、传播时延和处理时延，卸载节点的选择以及资源的分配结果都会影响任务处理所经历的总时延。

在 GEO 卫星通信过程中，用户到卫星的典型单跳传播延迟约为 120 ms，远大于地面网络的传播时延，但由于假定用户对的位置在资源分配时隙内并不改变，传播时延为固定值，在最小化 SV 到 DV 的时延问题中是一常量，并不会对资源分配的结果产生影响。为了简化分析，在任务总时延中省略了从 SV 到卫星和从卫星到 DV 的传播时延。在 SV 和 DV 构成的多对通信用户中，第 k 个用户对用 $\mathrm{SV}_k-\mathrm{DV}_k$ 表示，若用 α_k、β_k 和 γ_k 表示数据处理节点的选择因子，则第 k 对用户花费的时延可表示为：

$$T_k=\alpha_k T_k^R+\beta_k T_k^S+\gamma_k T_k^D \tag{7-1}$$

规定 $\alpha_k,\beta_k,\gamma_k\in\{0,1\}$ 且 $\alpha_k+\beta_k+\gamma_k=1$，表示每一个任务只可选择一个节点作为数据处理节点。其中，T_k^R、T_k^S、T_k^D 分别为 SV、卫星和 DV 作为数据处理节点时用户花费的时延，具体表示如下：

$$T_k^R=\rho(p-1)+\frac{M_k}{V_k^R}+\frac{\eta M_k}{r_{k,1}t_{k,1}}+\frac{\eta M_k}{r_{k,2}t_{k,2}} \tag{7-2}$$

$$T_k^S=\rho(p-1)+\frac{M_k}{r_{k,1}t_{k,1}}+\frac{M_k}{V_k^S}+\frac{\eta M_k}{r_{k,2}t_{k,2}} \tag{7-3}$$

$$T_k^D=\rho(p-1)+\frac{M_k}{r_{k,1}t_{k,1}}+\frac{M_k}{r_{k,2}t_{k,2}}+\frac{M_k}{V_k^D} \tag{7-4}$$

其中：V_k^R、V_k^S、V_k^D 分别为 SV、卫星和 DV 具有的计算能力（以 bit/s 为单位）；ρ 为一个系统资源分配时隙的长度，$\rho(p-1)$ 表示此时隙调度用户时已花费的排队时延；M_k 为第 k 个用户对生成的数据量；η 为数据处理因子，表示经处理后的数据量与原始数据量的比率；$r_{k,1}$ 和 $t_{k,1}$ 分别为第 k 个 SV 与卫星之间链路的频谱效率和带宽分配系数，其中 $0\leqslant t_{k,1}\leqslant 1$；$r_{k,2}$ 和 $t_{k,2}$ 分别表示卫星和第 k 个 DV 之间的链路的频谱效率和带宽分配系数，同样有 $0\leqslant t_{k,2}\leqslant 1$。由于地球同步轨道卫星和车辆终端之间的信道增益变化缓慢，因此可假定 $r_{k,1}$ 和 $r_{k,2}$ 在任务传输期间固定不变。

由上述分析可以看出，用户对之间的任务时延受到任务调度时间、卸载节点、通信资源和计算资源分配的影响。对于用户调度选择来说，考虑到车辆终端和卫星星上可利用的资源非常有限，无法对所有任务同时处理，因此对任务之间的调度策略及任务处理的位置选择需要合理设计。

首先，为了保证用户服务体验，分配给用户对的资源将一直被占用，直到任务在 DV 端被处理完成。调度示意图如图 7-6 所示，其中用户对 1、2、3、4 都在时隙 1 调度发送。在时隙 2，任务 1 的资源将被释放，而用户对 2、3、4 将继续占用对应资源，因此只能为用户对 5 分配用户对 1 所释放的资源。

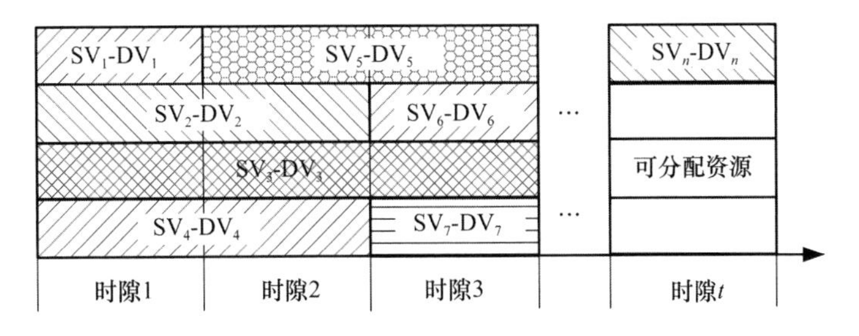

图 7-6 用户调度过程示意图[14]

其次，车辆终端在选择任务卸载节点时，由于卫星节点与车辆本身所具有的计算能力不同，当选择卸载至 3 个不同节点处理时，数据所经历的传播时延、传输时延和处理时延有所差异，导致最后的系统时延受到任务卸载节点的影响。所以，需要选择合适的卸载策略以及资源分配方法，以最小化多个任务的长期时延加权和。此问题可表示如下：

$$
\begin{aligned}
\text{l1:}\ & \min_{\substack{\Omega_p,\alpha_k,\beta_k,\gamma_k\\ t_{k,1},t_{k,2},V_k^S}} \sum_p \sum_{k\in\Omega_p} \omega_k T_k \\
\text{s.t.}\ & \sum_{k\in\Omega_p} t_{k,1} \leqslant \zeta_{p,1}, \quad 0 < t_{k,1} \leqslant 1 \\
& \sum_{k\in\Omega_p} t_{k,2} \leqslant \zeta_{p,2}, \quad 0 < t_{k,2} \leqslant 1 \\
& \sum_{k\in\Phi_p} V_k^S \leqslant Z_p^S, \quad 0 < Z_p^S \leqslant Z^S \\
& \alpha_k,\beta_k,\gamma_k \in \{0,1\} \\
& \alpha_k + \beta_k + \gamma_k = 1
\end{aligned} \tag{7-5}
$$

其中，Ω_p 为在时隙 p 系统调度的任务集合，$\Phi_p \subset \Omega_p$ 为选择在卫星端处理的任务子集。$\omega_k \in (0,1]$ 为第 k 个用户对的服务优先级权重因子，且有 $\sum_{k=1}^{K}\omega_k = 1$。$Z^S$ 为卫星总计算能力，Z_p^S 为时隙 p 卫星可利用的计算能力，$\zeta_{p,1}$、$\zeta_{p,2}$ 分别为上行链路和下行链路可利用的通信资源，$0 \leqslant \zeta_{p,1},\zeta_{p,2} \leqslant 1$。$Z_p^S$、$\zeta_{p,1}$ 和 $\zeta_{p,2}$ 分别定义为：$\zeta_{p,1} = 1 - \sum_{k\in\bar{\Omega}_p} t_{k,1}$，$\zeta_{p,2} = 1 - \sum_{k\in\bar{\Omega}_p} t_{k,2}$，$Z_p^S = Z^S - \sum_{k\in\bar{\Omega}_p} V_k^S$，其中 $\bar{\Omega}_p$ 为时隙 p 正在处理且未被处理完的任务集合。

问题 l1 为一个混合整数非线性动态规划问题，本节将对此问题进行拆分，基于深度强化学习(DRL)对任务的调度卸载进行决策，再利用拉格朗日乘子法进行计算和通信资源的优化分配，所研究的联合卸载和资源分配算法流程如图 7-7 所示。

通过上面的分析，可以看出此任务调度卸载问题具有强烈的时序相关性，第 $p+1$ 时隙的卸载决策将会受到第 p 时隙卸载结果的影响，因此将此动态规划问题建模为用状态空间 $\boldsymbol{S}$、动作空间 $\boldsymbol{A}$、状态转移概率 $\boldsymbol{Q}$ 和奖励 $\boldsymbol{R}$ 表示的马尔科夫决策过程(MDP)，利用 DRL 方法与环境进行交互，以最大化长期收益为目标获得连续调度卸载决策。

首先，将每一时隙系统状态定义为 $s_p = \{\Theta_p, \boldsymbol{T}_p, \boldsymbol{C}_p, \zeta_{p,1}, \zeta_{p,2}, Z_p^S\}$，其中 Θ_p 表示未处

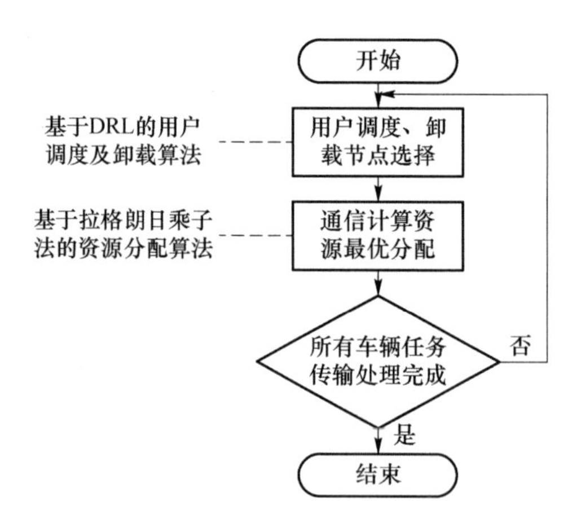

图 7-7 基于 DRL 和拉格朗日乘子法的算法流程图

理的任务集合，且 $\Omega_p \subset \Theta_p$，$\boldsymbol{T}_p$ 为任务等待时延矩阵，$\boldsymbol{C}_p$ 为任务大小矩阵，$\zeta_{p,1}$，$\zeta_{p,2}$，Z_p^S 为系统在 p 时隙可利用的通信计算资源。系统在每一时隙将根据环境状态做出任务卸载决策，p 时隙的动作可表示为 $a_p=[\Lambda_1,\Lambda_2,\cdots,\Lambda_k]$，且 $\Lambda_k\in\{0,1,2,3\}$ 表示任务 k 的计算卸载位置（$\Lambda_k=0$ 表示此时隙任务 k 没有被调度，$\Lambda_k=1,2,3$ 分别表示将任务 k 卸载至 SV、卫星和 DV）。卸载位置固定后，原问题 l1 转化为一个凸问题，随后可根据拉格朗日乘子法为各用户对分配通信计算资源，最优的 $t_{k,1}^*$，$t_{k,2}^*$ 和 $V_k^{S^*}$ 可由 Karush-Kuhn-Tucker（KKT）条件得到。

对用户对执行调度卸载及资源分配后，智能体将获得在当前状态下执行动作后的奖励值 $R(s_p,a_p)$。一般来说，奖励函数应与目标函数相关。此处我们的目标是最小化完成所有任务的加权和时延，规定所有用户对的任务都处理完为一次完整的交互过程，一次交互未完成时每步的奖励值为 R_i，交互完成时的奖励值为 R_c，分别定义如下：

$$R_i=\sum_{k\in\kappa}(-\omega_k C_k),\quad \kappa=\{1,2,\cdots,K\} \tag{7-6}$$

$$R_c=\frac{1}{\sum\limits_{k\in\kappa}\omega_k T_k}\times 1_{\{\Theta_p=\varnothing\}} \tag{7-7}$$

一次交互未完成时每步的奖励值中 $\kappa=\{1,2,\cdots,K\}$ 为用户对集合，C_k 为每一任务 k 的奖励，若任务 k 已被调度且处理完成则 $C_k=0$，若任务 k 在当前时隙被调度且还未处理完则 $C_k=T_k$，否则 $C_k=\rho p$。

交互完成时的奖励值中 $1_{\{\cdot\}}$ 为指示函数，当$\{\bullet\}$为真，$1_{\{\cdot\}}=1$，否则为 0。

Q-learning 是一种典型的强化学习算法，但随着状态空间的增大，使用 Q 表来表示每个状态动作的 Q 值是不现实的，因此，本方案采用深度神经网络（DNN）与 Q-learning 相结合的 DQN 算法来解决该问题。在实际 GEO 卫星辅助的车辆网络，可将智能体设置在地面网关，以减少星上负载和数据缓存压力。具体算法过程如算法 1[14] 所示。

算法 1:基于 DRL 的联合任务卸载和资源分配算法(JTORA)

初始化阶段:

初始化多波束卫星场景参数,用户信息及系统资源总量等;

初始化经验池 D 为空,容量为 N,经验数量门限为 D_{TH};

初始化主网络随机权重 θ,目标网络随机权重 $\theta^{-}=\theta$;

初始化探索概率 ε。

训练与运行阶段:

对于 episode 从 1 至 episode_max,循环执行:

初始化环境状态序列 s_p;

对于 step(资源分配间隔时隙)从 1 至 step_max,循环执行:

以探索概率 ε 随机选择一个动作 a_p,否则选择 Q 值最大的动作;

根据 KKT 条件计算最优通信和计算资源分配 $t_{k,1}^{*}, t_{k,2}^{*}, V_k^{S^*}$;

获得奖励值 $R(s_p, a_p)$,同时转移到下一状态 s_{p+1};

将经验向量$(s_p, a_p, R(s_p, a_p), s_{p+1})$存储至经验池 D;

当经验池存储数量不少于 D_{TH}时,从中随机采样一批数据;

利用 Adam 优化器根据损失函数

$$L(\theta)=E[(R(s,a)+\sigma \max_{\bar{a}} Q^{*}(\bar{s},\bar{a};\theta_{i-1})-Q(s,a;\theta_i))^2]$$

更新网络参数 θ;

结束

结束

7.3.3 性能分析

(1) 仿真场景设置

本节对基于 GEO 卫星的星地协同资源管理进行仿真,并评估对比了 JTORA 算法的性能。在所设置的 GEO 卫星系统中,SV 和 DV 各随机分布于一个卫星波束,用户对数量 K 设置为 4,默认权重因子 $\omega_k=1/K$。具体仿真参数如表 7-2 所示。

表 7-2 仿真参数[14]

参 数	取 值
场景参数	
卫星高度	35 786 km
上行频段	30 GHz
下行频段	20 GHz
系统带宽	25 MHz

续 表

参　数	取　值
卫星功率	20 dBW
卫星天线增益	45 dBi
车辆设备 EIRP	13 dBW 或 17 dBW
车辆设备天线增益	4 dBi 或 14 dBi
高斯白噪声功率密度	−174 dBm/Hz
数据量 M_k(TC1)	40～90 kbit
数据量 M_k(TC2)	7.5～8 Mbit
数据标量因子 η	0.1
卫星计算能力	10 GC/s
车辆计算能力	1.5 GC/s
处理密度	1 000 cycle/bit
算法参数	
经验池容量	20 000
经验池门限	5 000
抽样数量	64
激活函数	ReLU
学习速率	0.001
折扣因子	0.9
初始探索概率	1.0
结束探索概率	0.01

在场景参数中，TC1 表示数据聚合、报警等类型的数据，TC2 为视频、雷达等类型数据，用户对生成的数据大小服从均匀分布。对于 DQN 网络，本书仿真时使用 3 层隐藏层，且每层神经元数量分别为 256、256 和 512。

为了分析 JTORA 算法的性能，考虑将平均资源分配(ERA)方案作为对比方案，即上下行通信资源和卫星计算资源都平均分配给所有用户。此外，为了评估 JTORA 算法中卸载节点选择部分的性能，将其与全部卸载至卫星和随机卸载至各计算节点两种卸载方法进行对比。

(2) 仿真结果

图 7-8 所示为车辆终端的计算能力对系统时延加权和的影响。对于“随机卸载”算法和 JTORA 算法而言，随着车辆计算能力的增加，所需的时延都逐渐减小，且 JTORA 算法的时延性能最好。但由于在“卫星卸载”方式中，所有任务都是卸载至卫星处理，车辆计算能力的增加并不会对系统时延性能产生影响。

系统时延加权和与卫星计算能力的关系如图 7-9 所示。随着卫星计算能力的增加，所有方案中“卫星卸载”的下降速度最快，“随机卸载”方式的下降速度最慢，但所研究的 JTORA 算法的时延性能始终表现最优。

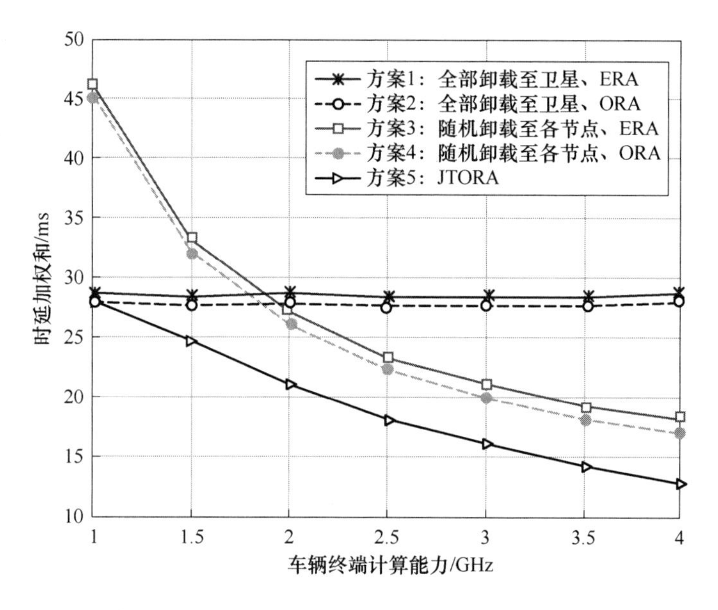

图 7-8 车辆终端计算能力与系统时延加权和的关系[14]

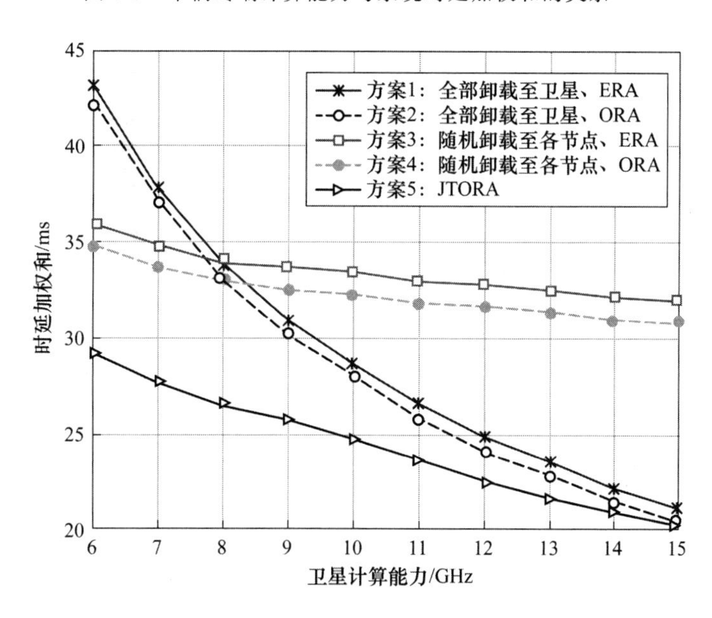

图 7-9 卫星计算能力与系统时延加权和的关系[14]

图 7-10 为系统带宽对时延加权和的影响，系统带宽资源越多，所有算法的时延都呈现下降趋势，但同样 JTORA 算法的时延最低。

图 7-11 为数据量处理因子 η 与系统时延加权和的关系。η 越大意味着数据处理比例越小，需要传输的数据量就越多。所有方案的时延都随着 η 的增大呈上升趋势，且“卫星卸载”与 JTORA 方式的曲线逐渐接近，这是因为如果经处理后的数据量减少得很少，那么最佳的任务卸载选择是将数据尽可能多地卸载到具有较大计算容量的节点，即卫星节点。

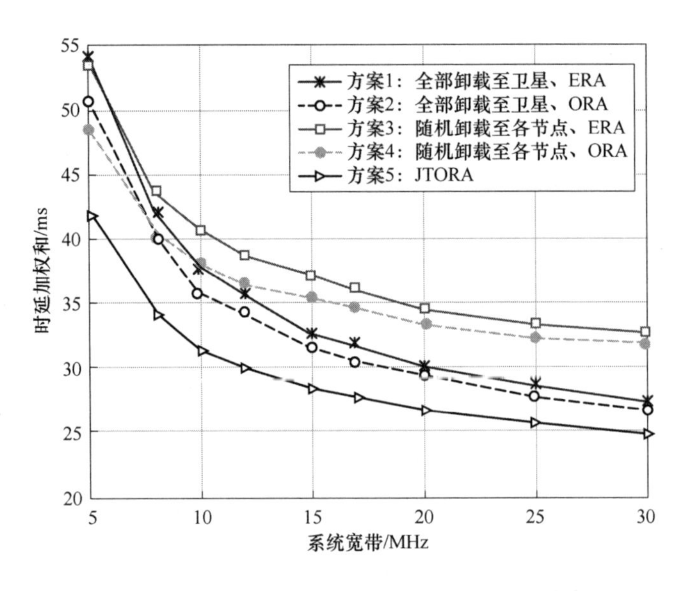

图 7-10　系统带宽与系统时延加权和的关系[14]

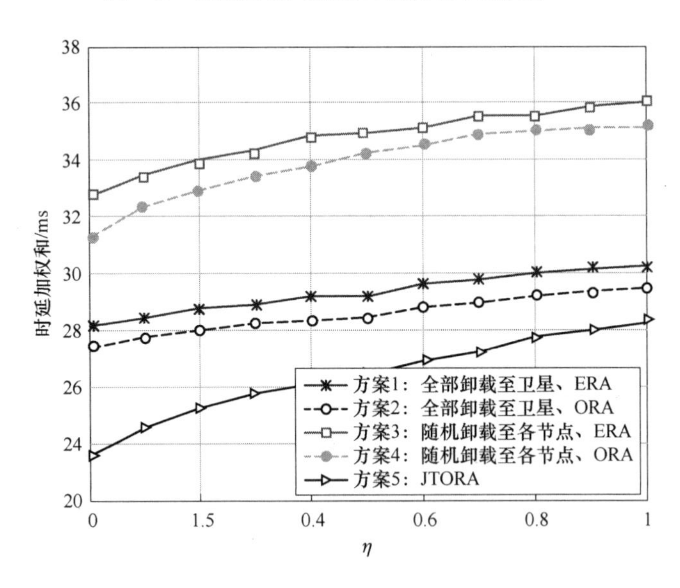

图 7-11　数据量处理因子 η 与系统时延加权和的关系[14]

7.4　基于 LEO 卫星的星地协同资源管理

7.4.1　基于 LEO 卫星的星地协同资源管理问题分析

低轨卫星具有覆盖范围广、抗毁性强等特点，其作为全时空覆盖的接入网络，在星地融合网络中起着重要作用。与地球静止轨道卫星(GEO)相比,低地球轨道卫星(LEO)的高速运动导致其覆盖范围以及用户与卫星之间的信道质量快速变化,同时不同卫星的覆盖区域内的流量需求具有时变性和不均衡性,传统的直接将用户与最大仰角的卫星相关联的关联算法导致了不同卫星的负载不均衡。在这种情况下,对于负载高的卫星来说,通信、计算等资源容量不足,而负载低的卫星资源过剩,整体资源利用率较低。在通常情况下,低轨卫星网络中的用户会被多个卫星同时覆盖,通过合理规划卫星与用户之间的关联关系,能平衡不同卫星的流量负载,可以充分高效地利用卫星星上各种可用资源,更好地为地面用户提供服务。

由于 LEO 卫星自身部署的特点,其星上可用资源有限,所有用户不能同时被提供服务。如何高效地管理网络中的多维资源,提高资源利用率和用户满意度是星地融合网络中亟待解决的重要问题。

此外,在低轨卫星网络中,由于 LEO 卫星的高速运动,用户与卫星之间的关联关系具有时变性,用户移出卫星覆盖区域后将被动地进行星间切换。同时,地面用户分布特点导致地面流量需求具有时变性和空间分布不均匀性。卫星与用户之间的关联关系决策将影响卫星对用户的资源分配决策。

在融合了移动边缘计算技术的低轨卫星网络(如图 7-12 所示)中,考虑卫星与地面信关站同时具备计算处理能力,用户任务可卸载至卫星端由卫星进行处理或由卫星转发至信关站由信关站进行处理。相比于信关站,由于 LEO 卫星靠近用户侧,用户与卫星进行通信和数据传输时的传播时延较小;然而由于 LEO 卫星的部署特点,其可用计算资源总量要小于信关站,一般来说星上处理时延要大于信关站处理时延。因此对于整个低轨卫星通信系统来说,首先要根据网络中卫星与用户的相对位置关系以及链路质量、用户服务需求等指标制定合理的调度策略;在此基础上根据各节点的剩余可用资源信息和信道状态、传播时延等信息确定合理的卫星与用户之间的关联关系并采取合理的用户任务卸载策略;最后基于关联关系和卸载策略,对整个网络中的各个节点进行合理的通信和计算资源分配。

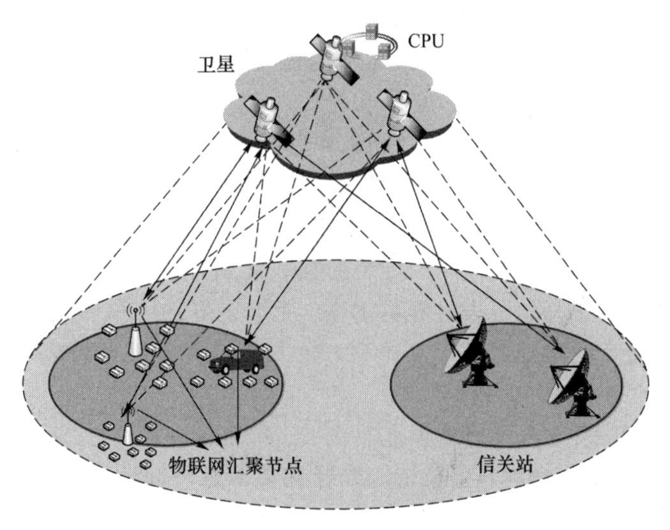

图 7-12 基于移动边缘计算的卫星物联网系统[15]

由以上分析可知，低轨卫星移动边缘计算网络中的计算卸载问题需要对用户与卫星关联关系、计算卸载决策以及多维资源分配进行联合优化。考虑在有限的用户-卫星和卫星-信关站之间的通信资源和有限的卫星、信关站计算资源的约束下，通过设计合理高效的用户调度算法以及多维资源分配算法，优化低轨卫星通信系统的整体时延与能耗的加权和。因此有如下优化目标：

$$\begin{aligned}
\min_{\substack{\overline{\Omega}_{s,l},\overline{\Psi}_{s,l},\overline{\Phi}_{g,l}\\ c_{k,s}^{l},c_{k,g}^{l},z_{k,s}^{l},z_{k,g}^{l}}} \quad & (\eta T+(1-\eta)E)\\
\text{s.t.}\quad & \sum_{k\in\Omega_{s,l}} c_{k,s}^{l}\leqslant C_s\\
& \sum_{k\in\Phi_{g,l}} c_{k,g}^{l}\leqslant C_g\\
& \sum_{k\in\Psi_{s,l}} z_{k,s}^{l}\leqslant Z_s\\
& \sum_{k\in\Phi_{g,l}} z_{k,g}^{l}\leqslant Z_g
\end{aligned} \tag{7-8}$$

其中，$\Omega_{s,l}$表示时隙 l 与卫星 s 相关联的用户集合，包括本时隙进行关联的用户集合以及之前时隙进行关联但本时隙未完成任务处理的用户集合，$\overline{\Omega}_{s,l}$表示在本时隙开始与卫星 s 进行关联的用户集合；$\Phi_{g,l}$和 $\Psi_{s,l}$分别表示时隙 l 在信关站和卫星进行处理的所有用户任务集合，包括本时隙开始前正在处理但未完成处理的用户任务集合以及本时隙开始处理的用户任务集合，$\overline{\Phi}_{g,l}$和$\overline{\Psi}_{s,l}$分别表示本时隙开始进行处理的用户任务集合；C_s 和 C_g 分别表示卫星与用户之间的最大通信容量以及卫星与信关站之间的最大通信容量；Z_s 和 Z_g 分别表示卫星 s 和信关站 g 的计算资源总量；T 和 E 分别表示系统整体时延和能耗。

7.4.2 基于 LEO 卫星的星地协同资源管理方案

上述系统时延和能耗加权和的优化问题涉及多个子问题，包括对用户的调度决策问题、卸载决策问题以及多节点多维资源分配问题。对于该优化问题，建立如图 7-13 所示的研究思路。

上述问题可被建模为一个混合整数动态规划问题，具体到每个时隙，包括用户与卫星之间的关联问题、用户任务卸载问题和最优调度与关联策略下的多维资源分配问题。

对于用户调度和卸载问题，由于上述场景中的用户调度问题具有时间相关性，即时隙间的用户调度决策会相互影响，而利用传统的整数规划方法不能解决时隙间的决策耦合的问题。相比之下，基于马尔可夫过程的 DQN 能够很好地解决时间相关的序列决策问题，并且通过设定合适的奖励值可以获得良好的长期收益。因此可以使用 DQN 来解决这个问题。

对于多维资源分配问题，在已知调度决策 $\Omega_{s,l}$和卸载决策 $\Phi_{g,l}$、$\Psi_{s,l}$的前提下，各节点之间的资源分配问题相互独立且通信资源和计算资源分配问题之间也相互独立，可以证明各节点的通信资源或计算资源分配问题为凸问题。通过构造拉格朗日函数并利用 KKT 条件可求得资源分配最优化问题的解。具体求解过程如下。

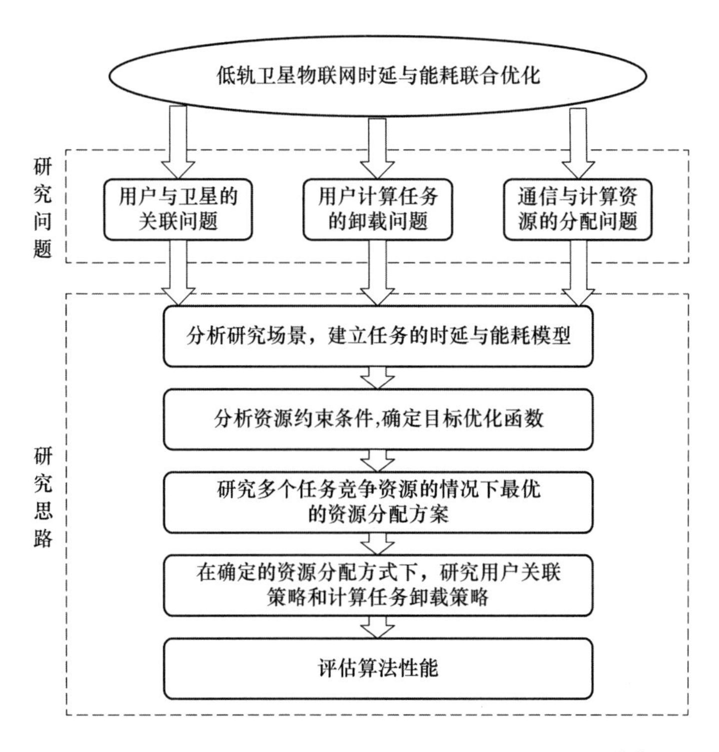

图 7-13 低轨卫星网络时延与能耗联合优化研究思路[15]

当用户关联与任务卸载决策确定时,第 l 个时隙的时延与能耗加权和也即第 l 个时隙的最优化目标可以表示为:

$$W_l = \sum_s \Big(\sum_{k\in\overline{\Omega}_{s,l}} \eta T_k + (1-\eta) E_{s,l} \Big) \tag{7-9}$$

在上述优化目标中,只有传输和处理时延受计算与通信资源分配的影响。因此,时隙 l 的通信和计算资源分配优化目标可以重新定义为计算和通信资源影响下的各用户传输时延和处理时延的加权和:

$$\widetilde{W}_l = \sum_s \Big(\sum_{k\in\overline{\Omega}_{s,l}} \frac{\eta N_k}{c_{k,s}^l} + \sum_{k\in\overline{\Psi}_{s,l}} \frac{\eta N_k}{z_{k,s}^l} + \sum_{k\in\overline{\Phi}_{g,l}} \Big(\frac{\eta N_k}{c_{k,g}^l} + \frac{\eta N_k}{z_{k,g}^l} \Big) \Big) \tag{7-10}$$

相应的资源分配优化问题可以表示为:

$$\begin{aligned} &\min_{c_{k,s}^l, c_{k,g}^l, z_{k,s}^l, z_{k,g}^l} \widetilde{W}_l \\ &\text{s.t. C1:} \sum_{k\in\overline{\Omega}_{s,l}} c_{k,s}^l \leqslant \widetilde{C}_{s,l} \\ &\qquad \text{C2:} \sum_{k\in\overline{\Phi}_{g,l}} c_{k,g}^l \leqslant \widetilde{C}_{g,l} \\ &\qquad \text{C3:} \sum_{k\in\overline{\Psi}_{s,l}} z_{k,s}^l \leqslant \widetilde{Z}_{s,l} \\ &\qquad \text{C4:} \sum_{k\in\overline{\Phi}_{g,l}} z_{k,g}^l \leqslant \widetilde{Z}_{g,l} \end{aligned} \tag{7-11}$$

其中,$\widetilde{C}_{s,l}$,$\widetilde{C}_{g,l}$,$\widetilde{Z}_{s,l}$,$\widetilde{Z}_{g,l}$ 为第 l 个时隙开始时卫星和信关站可用通信和计算资源量大小。

上述优化问题可以证明为凸问题。用 μ、θ、ν 和 σ 表示拉格朗日乘子，构造如下拉格朗日函数：

$$L=\widetilde{W}_l+\mu\Big(\sum_{k\in\overline{\Omega}_{s,l}}c_{k,s}^l-\widetilde{C}_{s,l}\Big)+\theta\Big(\sum_{k\in\overline{\Phi}_{g,l}}c_{k,g}^l-\widetilde{C}_{g,l}\Big)+\nu\Big(\sum_{k\in\overline{\Psi}_{s,l}}z_{k,s}^l-\widetilde{Z}_{s,l}\Big)+\sigma\Big(\sum_{k\in\overline{\Phi}_{g,l}}z_{k,g}^l-\widetilde{Z}_{g,l}\Big) \tag{7-12}$$

以对 $c_{k,s}^l$ 求解为例，对 $\mathscr{L}$ 求 $c_{k,s}^l$ 的偏导：

$$\frac{\partial\mathscr{L}}{\partial c_{k,s}^l}=-\frac{\eta N_k}{(c_{k,s}^l)^2}+\mu \tag{7-13}$$

由 KKT 条件 $\frac{\partial\mathscr{L}}{\partial c_{k,s}^l}=0$ 和 $\mu\Big(\sum_{k\in\overline{\Omega}_{g,l}}c_{k,s}^l-\widetilde{C}_{s,l}\Big)=0$ 可得：

$$c_{k,s}^l=\frac{\widetilde{C}_{s,l}\sqrt{\eta N_k}}{\sum_{k\in\overline{\Omega}_{s,l}}\sqrt{\eta N_k}} \tag{7-14}$$

同理可求得 $c_{k,g}^l$，$z_{k,s}^l$，$z_{k,g}^l$，则资源分配最优化问题的解为：

$$\left.\begin{aligned}
c_{k,s}^l&=\frac{\widetilde{C}_{s,l}\sqrt{\eta N_k}}{\sum_{k\in\overline{\Omega}_{s,l}}\sqrt{\eta N_k}}\\
c_{k,g}^l&=\frac{\widetilde{C}_{g,l}\sqrt{\eta N_k}}{\sum_{k\in\overline{\Phi}_{g,l}}\sqrt{\eta N_k}}\\
z_{k,s}^l&=\frac{\widetilde{Z}_{s,l}\sqrt{\eta N_k}}{\sum_{k\in\overline{\Psi}_{s,l}}\sqrt{\eta N_k}}\\
z_{k,g}^l&=\frac{\widetilde{Z}_{g,l}\sqrt{\eta N_k}}{\sum_{k\in\overline{\Phi}_{g,l}}\sqrt{\eta N_k}}
\end{aligned}\right\} \tag{7-15}$$

对于该问题，基于 DQN 和拉格朗日乘子法的卫星网络时延与能耗联合优化算法执行流程如图 7-14 所示。

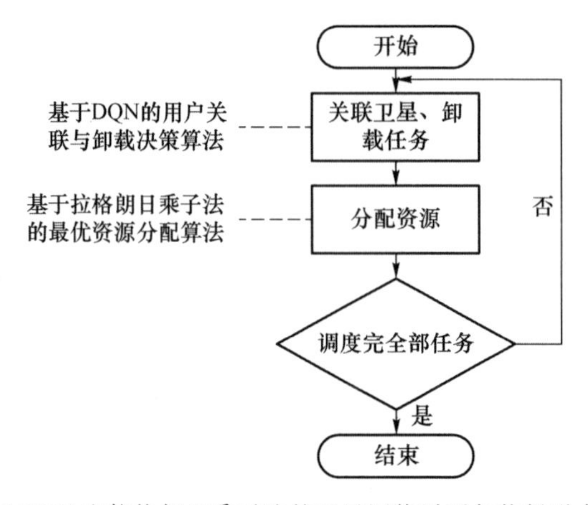

图 7-14　基于 DQN 和拉格朗日乘子法的卫星网络时延与能耗联合优化算法[15]

7.4.3 性能分析

本小节通过对上述基于 DQN 和拉格朗日乘子法的卫星网络时延与能耗联合优化算法(JUAOD-ORA)和相关的对比算法进行仿真,并对仿真结果进行了性能对比,从而验证了上述优化算法的有效性,对于调度和卸载决策,使用随机关联和卸载算法(Random)、随机关联卫星并卸载至卫星(GS)、随机关联卫星并卸载至信关站(GG)以及改进的本章参考文献[12]中提出的模拟退火算法(SA)作为对比算法,与基于深度强化学习的用户调度和卸载算法进行性能对比;对于多维资源分配问题,使用平均资源分配算法(ARA)作为对比算法,与基于拉格朗日乘子法的资源分配算法(ORA)进行性能对比。

图 7-15 为在各种调度、关联和资源分配算法下系统时延能耗加权和随系统中终端数量变化的曲线图。从图中可以看出,当系统中终端数量为 1 时,在相同的调度、关联策略下,分别使用 ORA 和 ARA 两种资源分配算法时系统整体时延能耗加权和相等,这是因为此时不存在资源竞争问题,该终端分配到的资源为其关联节点的全部可用资源。当终端数量增加时,在同种调度、关联算法下,使用 ORA 算法进行资源分配时,系统时延能耗加权和要小于 ARA 算法,并且两者之间的差距也会逐渐增大。从而证明了 ORA 资源分配算法的性能要好于 ARA 算法。

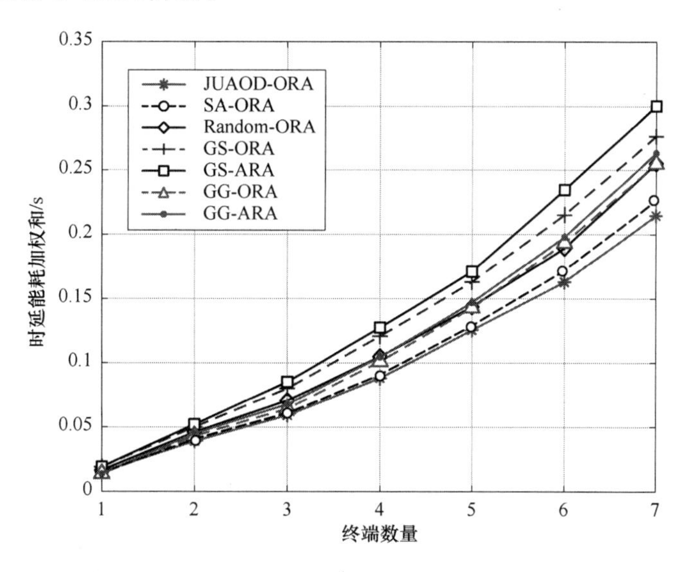

图 7-15 系统时延能耗加权和与终端数量关系图[15]

此外,当使用 ORA 算法进行资源分配时,将 JUAOD 与 SA、Random 算法进行对比,发现在终端数量较少时,使用 JUAOD 算法进行用户调度和关联时系统时延能耗加权和都要小于 SA 和 Random 算法,且随着系统中的终端数量增加,JUAOD 算法性能优势将更明显。

图 7-16 为卸载至卫星节点的任务占比和时延在目标函数中的权重 η 的关系图,从图中可以看出,在 GG 和 GS 两种关联算法下,卸载至卫星的任务占比始终分别维持在 0% 和 100%,而在 random 算法下,该比例则维持在 34%左右。相比于 GG、GS 和 Random 三种关联算法,JUAOD 和 SA 两种算法在时延权重系数 η 取值变化时,卸载至卫星的任

务占比将发生明显变化，说明这两种算法会针对不同的时延权重影响下的目标函数制定不同的卸载策略来获得更好的性能，从而体现了 JUAOD 和 SA 两种算法能适应不同目标函数的优越性。

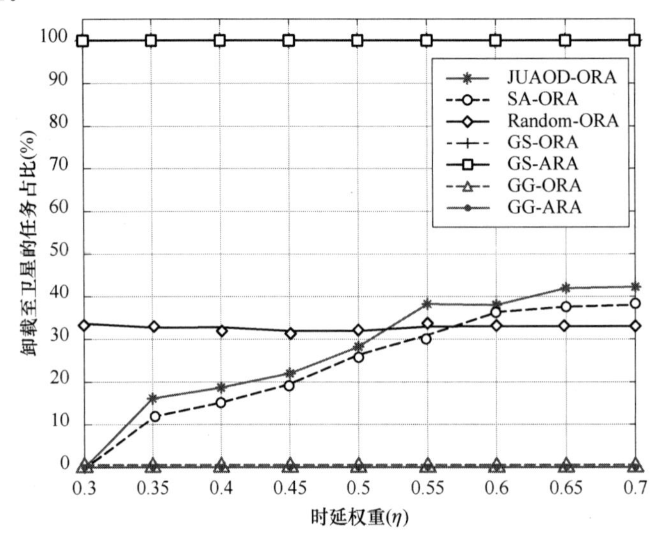

图 7-16　卸载至卫星节点的任务占比与时延权重 η 关系图[15]

图 7-17 和图 7-18 可以看出，当卫星和信关站可用计算资源量不断变大时，在同种关联卸载策略下，使用 ORA 资源分配算法时系统时延能耗加权和小于 ARA 算法，且分别使用除 GG 和 GS 外的卸载算法时，两种资源分配算法的系统时延能耗加权和的差距将逐渐缩小，这体现了在资源有限时 ORA 算法相比于 ARA 算法的优越性。此外，JUAOD-ORA 算法的系统时延能耗加权和始终为算法中的最小值，即 JUAOD 算法的性能始终优于其他算法。

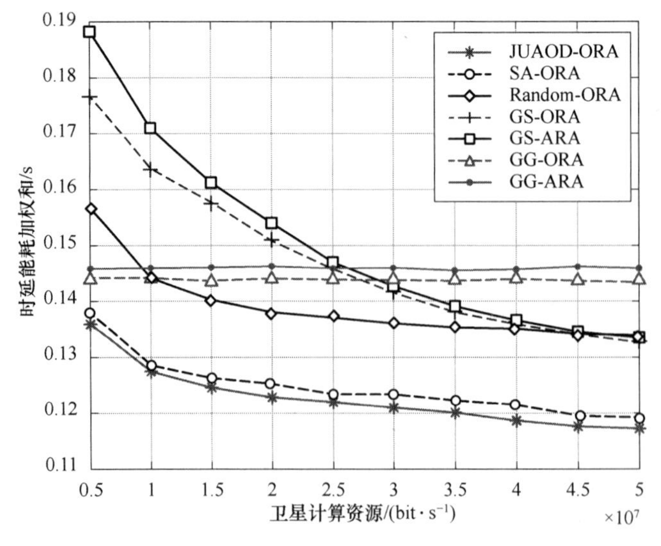

图 7-17　系统时延能耗加权和与卫星计算资源量关系图[15]

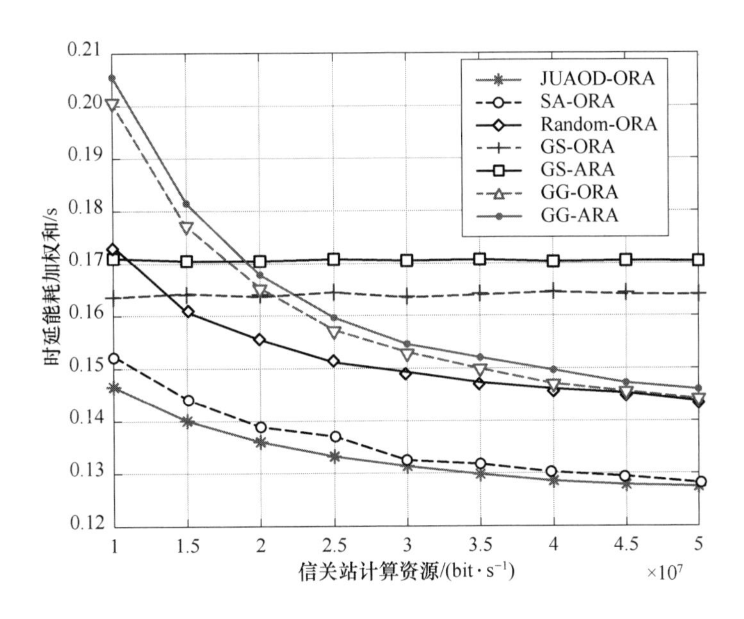

图 7-18 系统时延能耗加权和与信关站计算资源量关系图[15]

7.5 基于 GEO-LEO 卫星混合组网的星地协同资源管理

7.5.1 基于 GEO-LEO 卫星混合组网的星地协同资源管理问题分析

根据 7.4.1 小节的介绍，低轨卫星系统具有全球覆盖、抗毁性强等优点，然而其高速运动导致了其与用户之间的通信链路质量不断变化，且用户需要在卫星之间进行频繁的切换。相比之下，地球同步轨道卫星(GEO)与地球始终保持相对静止，在一定空间范围内，用户可以与同一颗 GEO 卫星保持关联关系，而不用进行卫星切换，且信道质量相对稳定。然而由于 GEO 卫星所在轨道高度远远大于 LEO 卫星所在轨道高度，因此用户与 GEO 卫星进行通信时的传播时延要大于其与 LEO 卫星通信时的传播时延。

从以上的分析可知，LEO 卫星和 GEO 卫星各有其优点与不足，且随着各种新兴媒体和终端应用的诞生，单一种类的卫星难以适应各种复杂多样的通信需求，因此由 LEO 卫星和 GEO 卫星组成的混合卫星网络成为卫星通信领域的研究热点。在混合卫星网络中，针对终端用户不同的需求可以制定不同的用户-卫星关联策略，从而更好地为地面用户提供服务，提升系统整体性能。

考虑在如图 7-19 所示的 GEO 卫星和 LEO 卫星组成的混合卫星网络中的地面物联网终端的计算任务卸载问题，用户任务可以卸载至覆盖该用户的任意一颗 LEO 卫星或 GEO 卫星，由相关卫星对其任务进行处理并将结果返回至用户终端。相比于卸载至 GEO 卫星，当用户任务卸载至 LEO 卫星时，其传播时延较小，然而由于 LEO 卫星拥有相对于 GEO 卫星较少的计算资源和通信资源容量，其传输时延和卫星的计算时延相对较大。从而在混合卫星网络中，如何根据用户与卫星之间的信道状态制定合理的卸载策略从而提高网络整体效率的研究具有一定价值。

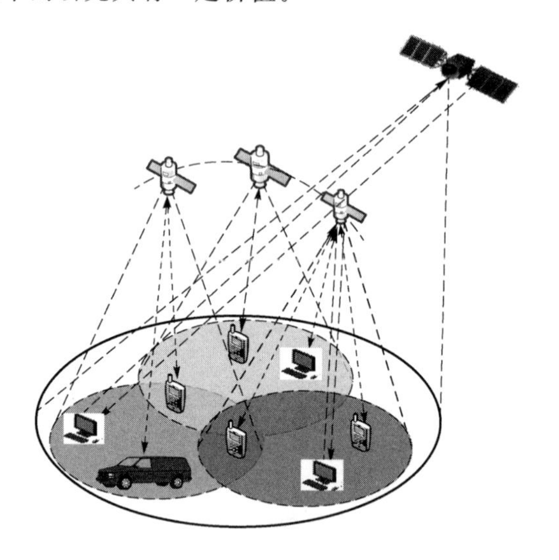

图 7-19 GEO-LEO 协同辅助物联网应用任务卸载场景图[16]

同上一节，本场景中的物联网应用计算任务卸载问题首先要根据网络中卫星与用户的相对位置关系以及链路质量、用户服务需求等指标制定合理的调度策略；在此基础上根据各节点的剩余可用资源信息和信道状态、传播时延等信息确定合理的用户任务卸载策略；最后基于卸载策略，对整个网络中的各个节点进行合理的通信和计算资源分配。

对于该场景中的物联网终端计算任务卸载问题，我们建立如下优化目标，通过优化对用户的调度、卸载决策和通信、计算资源分配策略，最小化系统中所有用户时延的加权之和：

$$
\begin{aligned}
&\min_{\substack{\Omega_t,\alpha_k,\beta_k b_{i,k}\\ b_{g,k},z_{i,k},z_{g,k}}} \sum_{t}\sum_{k\in\Omega_t}\omega_k T_k \\
\text{s. t. } &\sum_{k\in\Omega_t^{L_i}} b_{i,k}\leqslant \xi_i, \quad \forall i\in\{1,2,\cdots,N\} \\
&\sum_{k\in\Omega_t^{L_i}} z_{i,k}\leqslant \zeta_i, \quad \forall i\in\{1,2,\cdots,N\} \\
&\sum_{k\in\Omega_t^{G}} b_{i,k}\leqslant \xi_g \\
&\sum_{k\in\Omega_t^{G}} z_{g,k}\leqslant \zeta_g \\
&\alpha_{k,i},\beta_k\in\{0,1\}, \quad \forall i\in\{1,2,\cdots,N\} \\
&\sum_{i=1}^{N}\alpha_{k,i}+\beta_k=1
\end{aligned}
\tag{7-16}
$$

其中：ω_k 为用户 k 时延权重系数；且 $\sum_{k=1}^{K}\omega_k=1$；ξ_i 和 ξ_g 分别表示 LEO 卫星 i 和 GEO 卫星 g 剩余可用带宽资源；ζ_i 和 ζ_g 分别表示 LEO 卫星 i 和 GEO 卫星 g 剩余可用计算资源。$\Omega_t^{L_i}$ 和 Ω_t^{G} 分别表示在编号为 i 的 LEO 卫星端进行处理和在 GEO 卫星端进行处理的任务集合；$\alpha_{k,i}$ 和 β_k 表示对用户任务的处理方式，取值均为 1 或 0，$\alpha_{k,i}=1$ 和 $\alpha_{k,i}=0$ 分别表示用户 k 的任务在和不在编号为 i 的 LEO 卫星端进行处理。同样，$\beta_k=1$ 和 $\beta_k=0$ 分别表示是否将任务卸载至 GEO 卫星端进行处理。$z_{i,k}$ 和 $z_{g,k}$ 分别表示 LEO 卫星 i 和 GEO 卫星 g 分配给用户 k 的计算资源大小，$b_{i,k}$ 和 $b_{g,k}$ 分别表示 LEO 卫星 i 和 GEO 卫星 g 分配给用户 k 的通信资源大小。

7.5.2 基于 GEO-LEO 卫星混合组网的星地协同资源管理方案

上述优化问题涉及对用户的调度和卸载决策以及多维资源分配决策，对于该优化问题，建立如图 7-20 所示的研究思路。

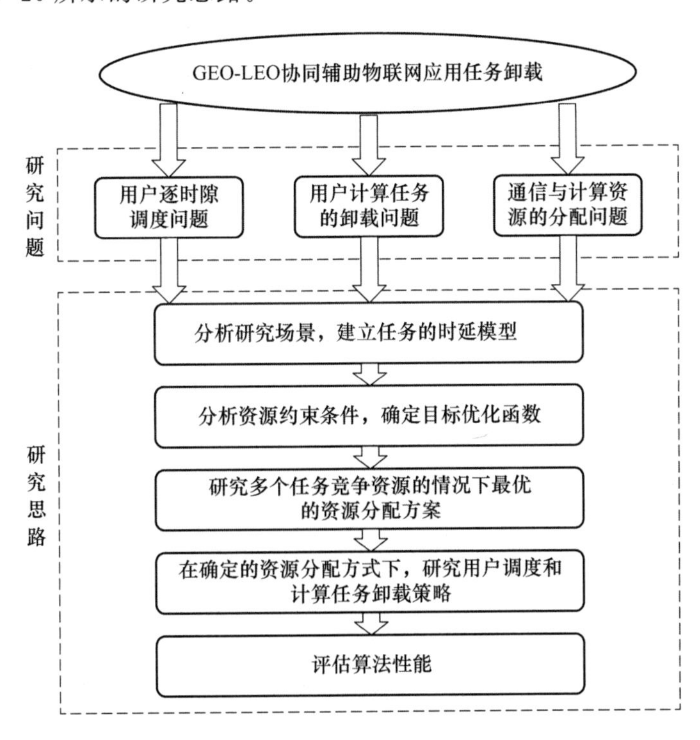

图 7-20 GEO-LEO 卫星协同辅助物联网终端任务卸载问题研究思路

上述问题可被建模为一个混合整数动态规划问题，具体涉及用户调度问题，用户任务卸载节点选择问题以及多维资源分配问题。

针对上述问题，首先研究固定调度和卸载策略下的多维资源分配。与 7.4.2 小节中的多维资源分配问题类似，在已知调度决策 Ω_t 和卸载决策 α_k、β_k 的前提下，本问题中各节点之间的资源分配问题以及计算资源和通信资源分配问题之间均相互独立，可以证明各节点的通信资源或计算资源分配问题为凸问题。通过构造拉格朗日函数并利用 KKT 条件可求得资源分配最优化问题的解。具体求解过程如下。

每一时隙，在用户关联和卸载决策已知的前提下，即 Ω_t 已知时，原问题等价为：

$$\begin{aligned}
&\min_{b_{i,k},b_{g,k},z_{i,k},z_{g,k}} \sum_{k\in\Omega_t}\omega_k T_k \\
\text{s.t.}\ &\sum_{k\in\Omega_t^{L_i}} b_{i,k} \leqslant \xi_i,\quad 1\leqslant i\leqslant N \\
&\sum_{k\in\Omega_t^{L_i}} z_{i,k} \leqslant \zeta_i,\quad 1\leqslant i\leqslant N \\
&\sum_{k\in\Omega_t^{G}} b_{i,k} \leqslant \xi_g \\
&\sum_{k\in\Omega_t^{G}} z_{g,k} \leqslant \zeta_g
\end{aligned} \tag{7-17}$$

此时用户时延加权和可以表示为：

$$\begin{aligned}
W_t &= \sum_{k\in\Omega_t}\omega_k T_k \\
&= \sum_{k\in\Omega_t}\omega_k\rho(t-1) + \sum_{i=1}^{N}\sum_{k\in\Omega_t^{L_i}}\omega_k\left(\frac{N_k}{z_{i,k}}+\frac{N_k}{b_{i,k}e_{i,k}}\right)+ \\
&\quad \sum_{k\in\Omega_t^{G}}\omega_k\left(\frac{N_k}{z_{g,k}^{G}}+\frac{N_k}{b_{g,k}e_{g,k}}\right)+ \\
&\quad \sum_{i=1}^{N}\sum_{k\in\Omega_t^{L_i}}\omega_k T_{i,k}^{f} + \sum_{k\in\Omega_t^{G}}\omega_k T_{g,k}^{f}
\end{aligned} \tag{7-18}$$

由于传播时延和等待时延与通信资源和计算资源的分配无关，故用户时延加权和可以重新定义为：

$$\overline{W_t} = \sum_{i=1}^{N}\sum_{k\in\Omega_t^{L_i}}\omega_k\left(\frac{N_k}{z_{i,k,t}}+\frac{N_k}{b_{i,k}e_{i,k}}\right)+\sum_{k\in\Omega_t^{G}}\omega_k\left(\frac{N_k}{z_{g,k}^{G}}+\frac{N_k}{b_{g,k}e_{g,k}}\right) \tag{7-19}$$

因此，固定用户关联和卸载决策下的资源分配问题可以进一步表示为：

$$\begin{aligned}
&\min_{b_{i,k},b_{g,k},z_{i,k},z_{g,k}} \sum_{k\in\Omega_t}\overline{W_t} \\
\text{s.t.}\ &\sum_{k\in\Omega_t^{L_i}} b_{i,k} \leqslant \xi_i,\quad i=1,2,\cdots,N \\
&\sum_{k\in\Omega_t^{L_i}} z_{i,k} \leqslant \zeta_i,\quad i=1,2,\cdots,N \\
&\sum_{k\in\Omega_t^{G}} b_{i,k} \leqslant \xi_g \\
&\sum_{k\in\Omega_t^{G}} z_{g,k} \leqslant \zeta_g
\end{aligned} \tag{7-20}$$

在 $\alpha_{k,i}$ 和 β_k 已知的前提下，固定用户关联和卸载决策下的资源分配可以证明是一个凸问题，此时，在 t 时隙的最优资源分配可以通过 KKT 条件表示为：

$$\left.\begin{aligned} b_{i,k} &= \frac{\xi_i \sqrt{\omega_k N_k}}{\sum\limits_{k \in \Omega_t^{L_i}} \sqrt{\omega_k N_k}}, \quad i = 1,2,\cdots,N \\ z_{i,k} &= \frac{\zeta_i \sqrt{\omega_k N_k}}{\sum\limits_{k \in \Omega_t^{L_i}} \sqrt{\omega_k N_k}}, \quad i = 1,2,\cdots,N \\ b_{g,k} &= \frac{\xi_g \sqrt{\omega_k N_k}}{\sum\limits_{k \in \Omega_t^{G}} \sqrt{\omega_k N_k}} \\ z_{g,k} &= \frac{\zeta_g \sqrt{\omega_k N_k}}{\sum\limits_{k \in \Omega_t^{G}} \sqrt{\omega_k N_k}} \end{aligned}\right\} \tag{7-21}$$

在本场景中用户调度问题同样在不同时隙之间具有相关性，每个时隙对用户的调度和卸载决策将影响下一时隙系统环境的状态，如各节点的剩余可用资源量、用户任务传输状态等，因此，本节同样使用基于马尔可夫决策过程的 DQN 进行用户调度和卸载决策的制定。

完整的算法执行流程如算法 2[16] 所示。

算法 2: 基于 DQN 的联合任务卸载和多维资源分配算法(CUARA)

初始化阶段:

　　初始化场景参数，用户数量，卫星数量及位置；

　　初始化经验池为空，大小为 D；

　　初始化主网络和目标网络随机权重；

　　初始化探索概率 ε。

训练阶段:

　　对于 episode 从 1 至最大回合，循环执行:

　　　　每一时隙智能体将系统状态输入至网络；

　　　　对于 step 从 1 开始至结束，循环执行:

　　　　　　以 ε 概率随机选取动作 a_t，$1-\varepsilon$ 的概率执行 $a_t = \max_a Q^*(s_t, a; \theta)$；

　　　　　　计算最优的带宽和计算资源分配策略并执行；

　　　　　　获得奖励 $R(s_t, a_t)$，进入下一状态 s_{t+1}；

　　　　　　存储经验 $(s_t, a_t, R(s_t, a_t), s_{t+1})$ 至经验池；

　　　　　　从经验池中随机采样 minibatch 个经验向量；

　　　　　　以最小化损失函数值为目标，更新网络参数。

　　如果所有用户任务均被调度完成，则进入下一回合，否则进行下一轮迭代。

7.5.3 性能分析

为了验证上述基于 DQN 和拉格朗日乘子法的联合用户调度、卸载处理和多维资源分配算法(CUARA)的性能,本小节对其进行了仿真,并分析了该算法与其他对比算法的性能。

对于用户调度和卸载问题,本节使用粒子群优化(PSO)算法、随机确定卸载节点(Random)算法、全部卸载至 GEO 卫星(GEO-Greedy)算法、全部卸载至 LEO 卫星(LEO-Greedy)算法作为上一节提出的 CUARA 算法的对比算法与其进行性能对比。本节使用的粒子群优化算法是对本章参考文献[13]中提到的非线性指数惯性权重粒子群优化算法的改进,改进目的是使其适用于解决用户调度和卸载问题。

对于固定调度和卸载决策下的多维资源分配问题,本节使用平均分配算法(ARA)作为基于拉格朗日乘子法的最优资源分配(ORA)算法的对比算法,对 ORA 算法进行性能验证。

图 7-21 为在不同的 GEO 卫星计算能力下,所提出的 CUARA 和其他对比算法对用户时延加权和的优化性能的对比。由图 7-21 可以看出,对于 LEO-Greedy 算法,所有用户任务都卸载至 LEO 卫星,用户时延加权和将保持不变。然而,当采用其他关联算法时,整体系统时延将呈现下降趋势,因为 GEO 卫星对用户任务的处理时延将随着 GEO 卫星可用计算资源量的增加而降低。此外,由图 7-21 可以看出,所提出的 CUARA 算法和 PSO 算法在优化用户时延加权和方面比其他算法具有更好的性能。对比相同用户卸载决策下的 ORA 和 ARA 资源分配算法,可以发现 ORA 在降低系统整体时延方面优于 ARA 算法。

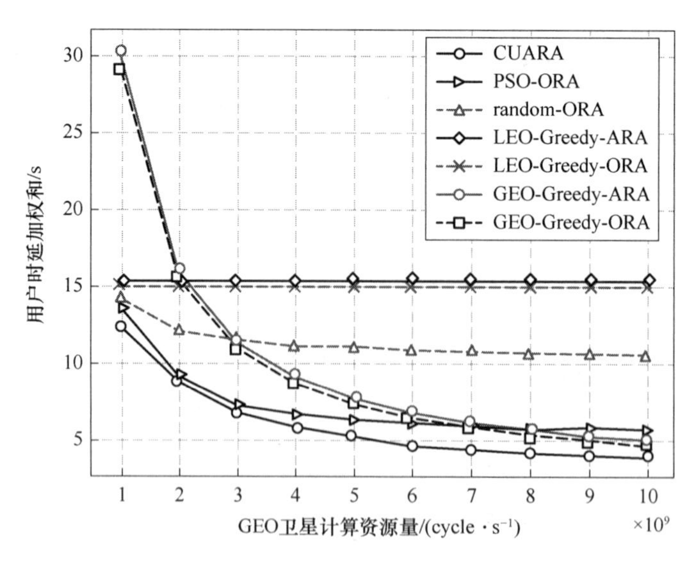

图 7-21 用户时延加权和与 GEO 卫星计算资源量关系图[16]

图 7-22 为所提出的 CUARA 和其他算法在优化整体系统延迟方面的性能比较。由图 7-22 可以看出,当采用 GEO-Greedy 算法时,所有用户任务都卸载至 GEO 卫星端进行处理,LEO 卫星计算资源量的增加不会对系统整体系统时延产生影响。然而,当使用其

他算法时,整体系统延迟呈下降趋势。这是因为 LEO 卫星对任务的处理延迟会随着其计算能力的提升而降低。而且由图 7-22 可以看出,当 LEO 卫星的计算能力发生变化时,提出的 CUARA 和改进的 PSO 算法在整体系统时延方面优于其他用户-卫星关联算法,且相比于改进的 PSO 算法,CUARA 算法具有更优良的性能。同时在不同的 LEO 卫星计算能力条件下,ORA 资源分配算法的性能也要优于 ARA 算法。

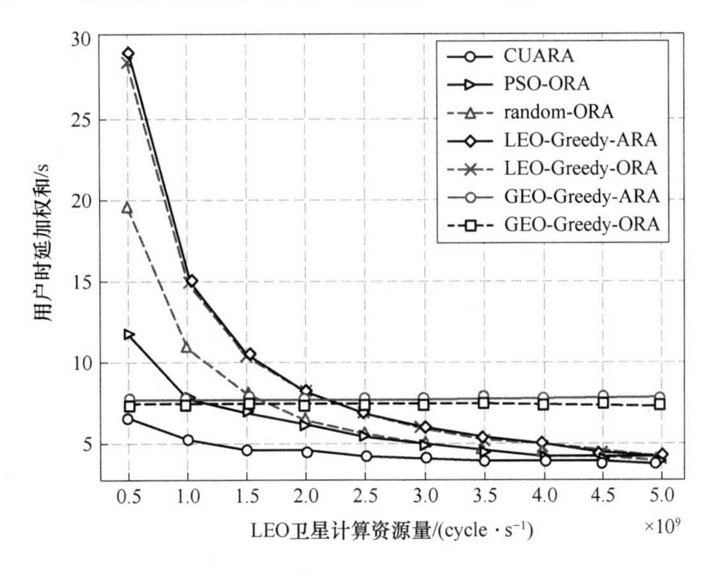

图 7-22 用户时延加权和与 LEO 卫星计算资源量关系图[16]

图 7-23 反映了在 CUARA 和其他对比算法下,用户数量对系统中用户时延加权和的影响情况。可以看出,无论采用哪种算法,时延加权和都会随着用户数的增加而增加。这是因为可用的通信和计算资源是有限的,用户数量的增加会导致传输延迟和处理延迟的增加。此外,由于用户数量的增加,任务调度的平均等待延迟也会增加。观察图 7-23 我们还可以发现就时延加权和而言,CUARA 优于其他对比算法。

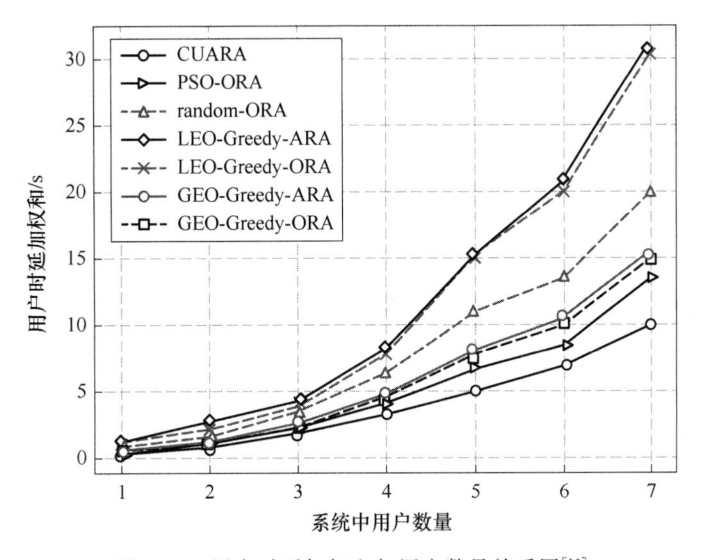

图 7-23 用户时延加权和与用户数量关系图[16]

图 7-24 反映了用户任务数据量服从不同的分布类型时，使用上述各种算法求解问题时系统整体时延加权和的取值情况。本书采用了正态分布和均匀分布两种分布类型对算法性能进行考察。从结果可以看出，所提出的 CUARA 在优化时延加权和方面的性能总是优于其他对比算法，此外，对于资源分配算法来说，ORA 也优于 ARA。

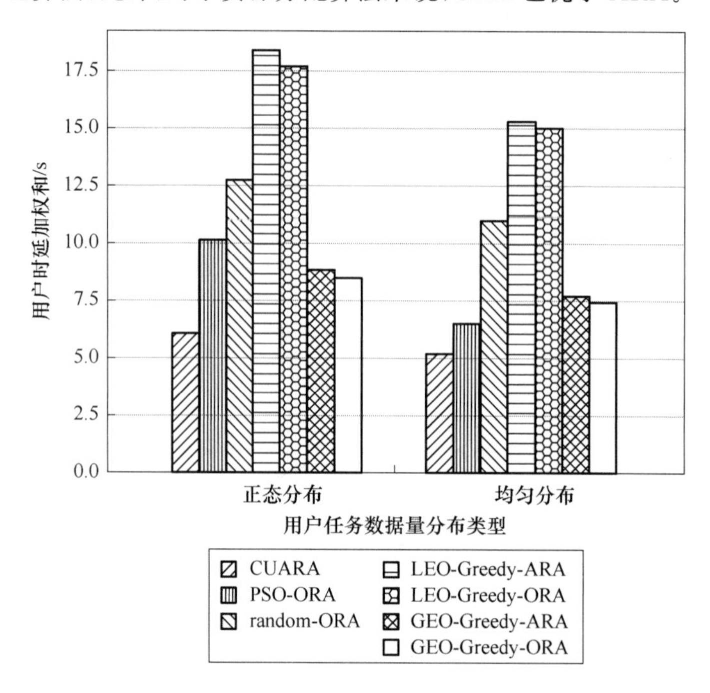

图 7-24 用户时延加权和与用户任务分布类型关系图[16]

本章参考文献

[1] KODHELI O, LAGUNAS E, MATURO N, et al. Satellite Communications in the New Space Era: A Survey and Future Challenges[J]. IEEE Communications Surveys & Tutorials, 2021,23(1):70-109.

[2] 郝才勇，刘元媛，张琪. NGSO 卫星频谱管理近期研究[J]. 中国无线电，2019(01):43-47.

[3] ARAVANIS A I, BHAVANI S M R, ARAPOGLOU P D, et al. Power Allocation in Multibeam Satellite Systems: A Two-Stage Multi-Objective Optimization[J]. IEEE Transactions on Wireless Communications, 2015,14(6):3171-3182.

[4] GIORDANI M, ZORZI M. Satellite Communication at Millimeter Waves: a Key Enabler of the 6G Era[C]. 2020 International Conference on Computing, Networking and Communications (ICNC), IEEE, 2020:383-388.

[5] 唐琴琴，谢人超，刘旭，等. 融合 MEC 的星地协同网络：架构、关键技术与挑战[J].

通信学报,2020,41(04):162-181.

[6] 刘帅军. 卫星通信系统中动态资源管理技术研究[D]. 北京:北京邮电大学,2018.

[7] CIONI S, GAUDENZI R D, HERRERO O D R,et al. On the Satellite Role in the Era of 5G Massive Machine Type Communications[J]. IEEE Network, 2018,32(5):54-61.

[8] JIA M, ZHANG X M, GU X M, et al. Interbeam Interference Constrained Resource Allocation for Shared Spectrum Multibeam Satellite Communication Systems[J]. IEEE Internet of Things Journal, 2019,6(4):6052-6059.

[9] ABDU T S, LAGUNAS E, KISSLELFF S, et al. Carrier and Power Assignment for Flexible Broadband GEO Satellite Communications System[C]. 2020 IEEE 31st Annual International Symposium on Personal, Indoor and Mobile Radio Communications, IEEE, 2020:1-7.

[10] LUIS J J G, PACHLER N, GUERSTER M, et al. Artificial Intelligence Algorithms for Power Allocation in High Throughput Satellites: A Comparison[C]. 2020 IEEE Aerospace Conference, IEEE, 2020:1-15.

[11] CUI G F, LONG Y T, XU L X, et al. Joint Offloading and Resource Allocation for Satellite Assisted Vehicle-to-Vehicle Communication[J]. IEEE Systems Journal, 2021,15(3):3958-3969.

[12] NI W L, TIAN H, FAN S S, et al. Revenue-maximized offloading decision and fine-grained resource allocation in edge network[C]. 2019 IEEE Wireless Communications and Networking Conference (WCNC), IEEE, 2019:1-6.

[13] WU J Z, CAO Z Y, ZHANG Y J, et al. Edge-Cloud Collaborative Computation Offloading Model Based on Improved Partical Swarm Optimization in MEC[C]. 2019 IEEE 25th International Conference on Parallel and Distributed Systems (ICPADS), IEEE, 2019:959-962.

[14] 龙娅婷. 卫星辅助车联网的任务卸载与资源管理技术研究[D]. 北京:北京邮电大学,2021.

[15] 李晓尧. 低轨卫星网络计算与通信资源联合优化技术研究[D]. 北京:北京邮电大学,2021.

[16] LENG T, DUAN P F, HU D W, et al. Cooperative user association and resource allocation for task offloading in hybrid GEO-LEO satellite networks[J]. International Journal of Satellite Communications and Networking, published on line November 2021, DIO: 10.1002/sat.1436.

第8章 星地融合网络频率协调与规划

8.1 星地融合网络频率协调与规划概述

随着5G网络的不断壮大以及国内通信需求的不断发展,5G网络与卫星通信网络在同一频段内将面临邻频共存问题。目前5G系统在2 GHz频段考虑使用1 960～1 980 MHz作为上行,2 145～2 170 MHz作为下行,进行FDD制式的通信[1]。此时5G系统会与1 980～2 010 MHz频段的卫星通信系统上行链路和2 170～2 200 MHz频段的卫星通信系统下行链路形成邻频系统共存,其频谱规划如图8-1所示[2]。

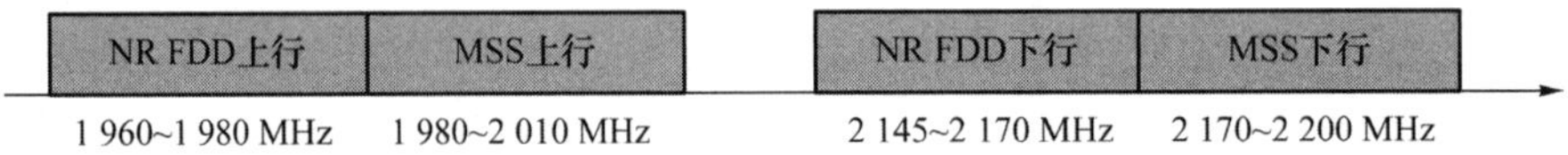

NR FDD上行	MSS上行	NR FDD下行	MSS下行
1 960~1 980 MHz	1 980~2 010 MHz	2 145~2 170 MHz	2 170~2 200 MHz

图8-1 5G系统与卫星通信系统频谱共存示意图

因此,需要研究星地融合网络场景下的系统间频率协调与规划问题。在星地融合场景下主要有以下几种干扰情况:

(1) 地面基站下行发射干扰卫星终端下行接收;

(2) 地面终端上行发射干扰卫星上行接收;

(3) 卫星下行发射干扰地面终端下行接收;

(4) 卫星终端上行发射干扰地面基站上行接收。

即对应着下行链路干扰下行链路、上行链路干扰上行链路两大类干扰情况。鉴于目前我国已建成基于同步轨道卫星进行通信的天通一号移动卫星通信系统,而基于低轨道卫星进行通信的移动卫星通信系统尚在建设过程中,本书以同步轨道卫星系统和地面5G系统构成的星地融合网络为例,在后续正文中介绍星地系统间的干扰共存分析方法。

8.2　星地融合网络干扰共存分析方法

在进行星地融合网络干扰共存分析时，需要确定拓扑结构、系统参数、传播模型、功率控制方式、系统间隔离度，以此作为星地融合网络干扰共存分析的前提条件，本小节以卫星系统和 5G 系统共存场景为例，给出星地融合网络场景下的干扰共存分析方法。在本章后续内容中，以 MSS(Mobile Satellite Service)系统指代移动卫星通信系统。

8.2.1　系统介绍

本小节主要对星地融合网络中的 MSS 系统和 5G 系统进行介绍。

1. MSS 系统

在本书考虑的星地融合网络中，MSS 系统的卫星类型为 GEO 卫星，采用 FDD-TDMA 接入方式，上下行各 30 MHz 带宽，共分为 7 个波束，每个波束带宽为 3.5 MHz，子载波带宽为 21.6kHz，每波束内子载波数目为 162 个。在 MSS 系统中采用波束宽度为 0.65°的窄点波束，对应于 GEO 卫星 35 786 km 的在轨运行高度下的圆形覆盖半径为 200 km。中国纬度范围从北纬 3°南沙群岛至北纬 53°黑龙江漠河，与 GEO 卫星的距离差距约为 2 800 km，路损差距约 0.9 dB，对结果影响较小，因此在分析 5G 系统与 MSS 系统的干扰共存场景时可以忽略纬度带来的影响[3]。

(1) MSS 终端

MSS 终端的语音业务信道为 TCH3 信道，业务速率为 5.2 kbit/s，时域上占 3 个时隙，频域上占 1 个子载波，因此每个波束的终端数目与每波束子载波数目相同；移动终端的数据业务信道为 PDTCH 信道，一般 PDTCH 信道的表示方法为 PDTCH(m,n)，m 表示子载波数，n 表示所占时隙数。业务速率所占时隙数和所占子载波数如表 8-1 所示。语音和数据业务信道的终端业务类型都为 FullBuffer。

表 8-1　PDTCH 信道时隙与载波对应表

信　道	业务速率/($\text{kbit}\cdot\text{s}^{-1}$)	所占时隙数	所占子载波数
PDTCH(1,6)	23.4	6	1
PDTCH(2,6)	46.8	6	2
PDTCH(4,3)	93.6	3	4

MSS 终端在波束覆盖区域内随机分布，终端随机接入到具有最小路径损耗的一个波束。

(2) 天线模型

MSS 卫星采用的天线模型为 ITU-R S. 672 中的 GEO 卫星天线模型,如图 8-2 所示[4]。

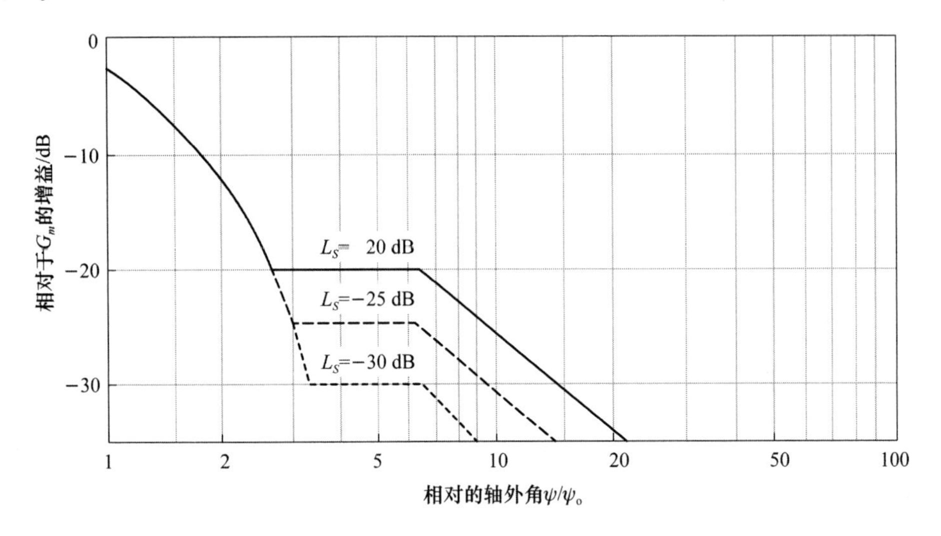

图 8-2 MSS 卫星天线方向图

MSS 终端分为手持终端和车载终端两大类,手持天线增益计算公式为:

$$
\begin{aligned}
&G \leqslant 44-25\lg(\theta+13)\ \text{dBi}, && 35^\circ<\theta<77^\circ \\
&G \leqslant -5\ \text{dBi}, && \theta>77^\circ
\end{aligned}
\tag{8-1}
$$

车载天线增益计算公式为:

$$
\begin{aligned}
&G \leqslant 44-25\lg(\theta+25)\ \text{dBi}, && 15^\circ<\theta<65^\circ \\
&G \leqslant -5\ \text{dBi}, && \theta>65^\circ
\end{aligned}
\tag{8-2}
$$

其中,θ 为干扰方向和 MSS 手持终端主波束轴方向的空间夹角,即离轴角。MSS 手持终端和车载终端的天线方向图如图 8-3 所示。

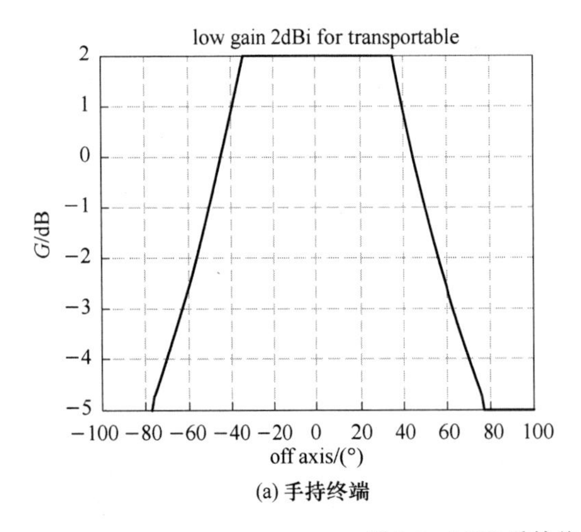

(a) 手持终端

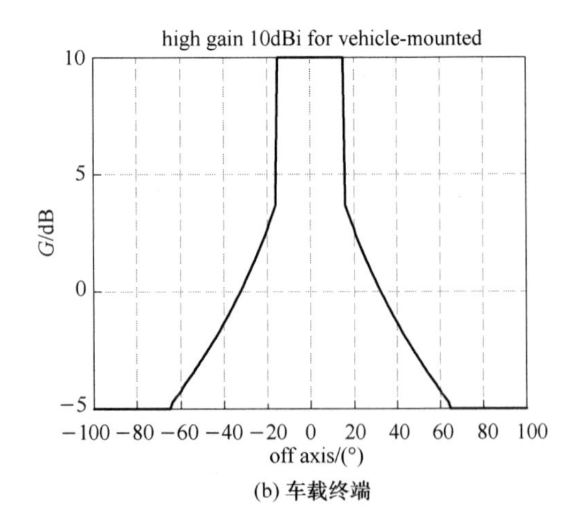

(b) 车载终端

图 8-3 MSS 手持终端及车载终端天线方向图

(3) 系统参数

MSS 系统的卫星参数如表 8-2 所示。

表 8-2　MSS 系统卫星参数

参数名称	GEO 卫星
系统频段	2 100 MHz
天线高度	35 786 km
波束覆盖半径	200 km
系统带宽	30 MHz
频率复用因子	7
波束带宽	3.5 MHz
子载波带宽	21.6 kHz
子载波数目	162
天线增益	41.6 dBi
卫星接收机噪声系数	8 dB
最大/最小发射功率	53.9/36.4 dBm
业务类型	数据业务 语音业务

MSS 系统的终端参数如表 8-3 所示。

表 8-3　MSS 系统终端参数

参数名称	手持终端	车载终端
系统频段	2 100 MHz	
子载波数	语音业务:1	语音业务:1
		数据业务:1,2,4
天线高度	1.5 m	2.0 m
天线增益	2.0 dBi	10 dBi
0 dB 离轴角	±35°	±15°
天线方向图	IUT-R M.1091: ANNEX 1	IUT-R M.1091: ANNEX 1
噪声系数	9 dB	5 dB
最大/最小发射功率	33/26 dBm	40/18 dBm

2. 5G 系统

5G 系统主要考虑天线波束赋形技术对干扰共存分析的影响。在采用波束赋形技术后,5G 系统的天线增益包括两部分:一是基础天线模型产生的增益;二是天线波束赋形带来的增益[5]。对于均匀分布的阵列天线,如图 8-4 所示,在笛卡儿坐标系中,辐射单元在垂直的 z 轴上均匀地放置。$x-y$ 平面构造水平面。作用在阵列单元上的信号方向为 u。信号方向的仰角表示为 θ(定义在 $-90°$ 到 $90°$ 之间,$0°$ 表示垂直于阵列天线孔径),方位角

表示为 φ(定义在$-180°$到$180°$之间)，d_v 为天线元垂直间隔[6]。

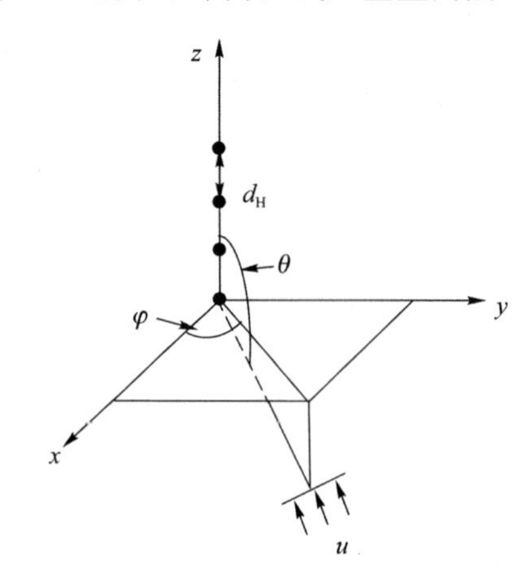

图 8-4　辐射单元

(1) 基础天线增益

对天线元辐射方向图进行建模，如下所示：

$$20\lg\left(P_\mathrm{E}(\theta,\varphi)\right)=G_{\mathrm{E,max}}-\min\{-[A_{\mathrm{E,H}}(\varphi)+A_{\mathrm{E,V}}(\theta)],A_m\} \tag{8-3}$$

其中，$G_{\mathrm{E,max}}$是天线辐射单元的最大方向性增益，$A_{\mathrm{E,H}}(\varphi)$是天线辐射单元的水平方向图，且

$$A_{\mathrm{E,H}}(\varphi)=-\min\left[12\left(\frac{\varphi}{\varphi_{3\,\mathrm{dB}}}\right)^2,A_m\right] \tag{8-4}$$

其中，$\varphi_{3\,\mathrm{dB}}$是水平 3 dB 带宽，A_m 是天线前后抑制比，$A_{\mathrm{E,V}}(\theta)$是天线辐射单元的垂直方向图，且

$$A_{\mathrm{E,V}}(\theta)=-\min\left[12\left(\frac{\theta-90°}{\theta_{3\,\mathrm{dB}}}\right)^2,\mathrm{SLA_v}\right] \tag{8-5}$$

其中，$\theta_{3\,\mathrm{dB}}$是垂直 3 dB 带宽，$\mathrm{SLA_v}$ 是旁瓣抑制比。

(2) 阵列因子

天线阵列的性能取决于辐射单元的间隔和权值，可以用权值和间隔的哈德马乘积表示该性能：

$$\widetilde{W}=\boldsymbol{W}\cdot\mathbf{V} \tag{8-6}$$

其中，

$$\mathbf{V}=[v_1,v_2,\cdots,v_N]^\mathrm{T} \tag{8-7}$$

$$v_m(\theta)=\exp\left(2\pi\mathrm{i}(m-1)\frac{d_\mathrm{v}}{\lambda}\cos\theta\right) \tag{8-8}$$

由于距离差异，每个天线元之间存在相位差。假设有 N 个天线单元，垂直天线间隔为 d_v。若第一个天线元的相移为零，则式(8-8)表示第 m 个天线元的相移为 $v_m(\theta)$，其中 $m=1,2,\cdots,N$。

$\boldsymbol{W}$ 是阵列权重因子，可以对方向图的旁瓣水平进行控制，并提供电下倾角。权重因子的向量表示如下所示：

$$\boldsymbol{W}=[w_1, w_2, \cdots, w_N]^{\mathrm{T}} \tag{8-9}$$

$$w_n=\frac{1}{\sqrt{N}}\exp\left[2\pi \mathrm{i}(n-1)\frac{d_{\mathrm{v}}}{\lambda}\sin\theta_{\mathrm{etilt}}\right], \quad n=1,2,\cdots,N \tag{8-10}$$

其中，θ_{etilt}是电下倾角（$\Delta\theta_{\mathrm{etilt}}=0°$表示主瓣指向垂直于阵列天线孔径）。为了简化，假设权重矢量的幅度对于每个辐射单元是相同的。权重矢量的相位用于实现电下倾角。

(3) 多列天线阵列因子

图 8-5 是多列天线在三维坐标系中的示意图，多列天线阵子均匀分布在 $z-y$ 平面[7]。

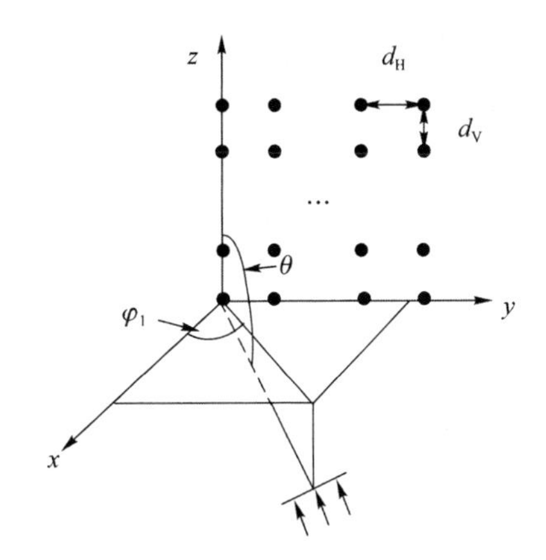

图 8-5 多列 AAS 天线的几何分布图

在多列天线阵子架构中，由 $N_{\mathrm{V}}\times N_{\mathrm{H}}$ 天线阵子均匀组成面状天线阵列，其中 N_{V} 表示垂直维天线阵子数目，N_{H} 表示水平维天线阵子数目。阵列因子用 $\widetilde{W}$ 表示：

$$\widetilde{\boldsymbol{W}}=\boldsymbol{W}\cdot\boldsymbol{V} \tag{8-11}$$

其中，$\boldsymbol{V}$ 是由于阵列的位置引起的相移：

$$\boldsymbol{V}=[v_{1,1}, v_{1,2}, \cdots, v_{1,N_{\mathrm{V}}}, \cdots, v_{N_{\mathrm{H}},1}, v_{N_{\mathrm{H}},2}, \cdots, v_{N_{\mathrm{H}},N_{\mathrm{V}}}]^{\mathrm{T}} \tag{8-12}$$

$$v_{m,n}=\exp\left(\mathrm{i}\cdot 2\pi\left((n-1)\frac{d_{\mathrm{V}}}{\lambda}\cdot\cos\theta+(m-1)\frac{d_{\mathrm{H}}}{\lambda}\sin\theta\sin\varphi\right)\right) \tag{8-13}$$

其中：$m=1,2,\cdots,N_{\mathrm{H}}$；$n=1,2,\cdots,N_{\mathrm{V}}$。

W 是加权因子，它可以提供对旁瓣电平的控制，也可以提供水平和垂直方向上电子转向的控制。为简单起见，假设每个辐射单元的加权向量的振幅相同。加权向量的相位用于实现电动转向，其取决于所需的水平和垂直转向角以及元件间的间距[8]：

$$\boldsymbol{W}=[w_{1,1}, w_{1,2}, \cdots, w_{1,N_{\mathrm{V}}}, \cdots, w_{N_{\mathrm{H}},1}, w_{N_{\mathrm{H}},2}, \cdots, w_{N_{\mathrm{H}},N_{\mathrm{V}}}]^{\mathrm{T}} \tag{8-14}$$

$$w_{m,n}=\frac{1}{\sqrt{N_{\mathrm{H}}N_{\mathrm{V}}}}\exp\left(\mathrm{i}\cdot 2\pi\left((n-1)\frac{d_{\mathrm{V}}}{\lambda}\sin\theta_{\mathrm{etilt}}-(m-1)\frac{d_{\mathrm{H}}}{\lambda}\cos\theta_{\mathrm{etilt}}\sin\varphi_{\mathrm{escan}}\right)\right) \tag{8-15}$$

其中：$m=1,2,\cdots,N_{\mathrm{H}}$；$n=1,2,\cdots,N_{\mathrm{V}}$；$\theta_{\mathrm{etilt}}$是电下倾角；$\varphi_{\mathrm{escan}}$是水平转动角。

(4) 天线阵列模型的天线增益计算公式

有源天线系统天线阵列模型由阵列单元方向图、阵列因子和天线系统的信号分布所决定。天线阵列模型的天线单元方向图的计算公式为：

$$\left.\begin{aligned} &A_{\mathrm{E,H}}(\varphi)=-\min\left[12\left(\frac{\varphi}{\varphi_{3\,\mathrm{dB}}}\right)^2, A_m\right]\ \mathrm{dB} \\ &A_{\mathrm{E,H}}(\theta)=-\min\left[12\left(\frac{\theta-90^\circ}{\theta_{3\,\mathrm{dB}}}\right)^2, \mathrm{SLA_V}\right] \\ &A_{\mathrm{E}}(\varphi,\theta)=G_{\mathrm{E,max}}-\min\{-[A_{\mathrm{E,H}}(\varphi)+A_{\mathrm{E,V}}(\theta)], A_m\} \end{aligned}\right\} \tag{8-16}$$

波束赋形合成增益的计算公式为：

$$\left.\begin{aligned} &v_{m,n}=\exp\left(\mathrm{i}\cdot 2\pi\left((n-1)\frac{d_{\mathrm{V}}}{\lambda}\cos\theta+(m-1)\frac{d_{\mathrm{H}}}{\lambda}\sin\theta\sin\varphi\right)\right) \\ &w_{m,n}=\frac{1}{\sqrt{N_{\mathrm{H}}N_{\mathrm{V}}}}\exp\left(\mathrm{i}\cdot 2\pi\left((n-1)\frac{d_{\mathrm{V}}}{\lambda}\sin\theta_{\mathrm{etilt}}-(m-1)\frac{d_{\mathrm{H}}}{\lambda}\cos\theta_{\mathrm{etilt}}\sin\varphi_{\mathrm{escan}}\right)\right), \\ &m=1,2,\cdots,N_{\mathrm{H}};n=1,2,\cdots,N_{\mathrm{V}} \\ &A_{\mathrm{A}}(\varphi,\theta)=A_{\mathrm{E}}(\varphi,\theta)+10\lg\left(\left|\sum_{m=1}^{N_{\mathrm{H}}}\sum_{n=1}^{N_{\mathrm{V}}}w_{n,m}\cdot v_{n,m}\right|^2\right) \end{aligned}\right\} \tag{8-17}$$

5G 系统在采用 NON-AAS 和 AAS 的系统参数分别由表 8-4 和表 8-5 给出[9,10]。

表 8-4　5G NON AAS 宏蜂窝系统参数

参数名称	基　站	终　端
系统频段	2 100 MHz	
系统带宽	20 MHz	
小区覆盖半径	250 m	
最大发射功率	46 dBm	23 dBm
最小发射功率	—	−40 dBm
天线增益(包括线损)	15 dBi	0 dBi
天线类型	TS36. 942	Omni
噪声系统	5 dB	9 dB
业务类型	数据业务	

表 8-5　5G AAS 宏蜂窝系统参数

参数名称	基　站	终　端
系统频段	2 100 MHz	
系统带宽	20 MHz	
小区覆盖半径	250 m	
最大发射功率	46 dBm	23 dBm
最小发射功率	—	−40 dBm
天线增益(包括线损)	7. 5 dBi(阵列增益 23. 5 dBi)	0 dBi

续 表

参数名称	基　站	终　端
天线类型	TS37.842	Omni
天线阵列配置(行×列)	10×4	
波束赋形方式	采用指向用户的波束赋形	
下倾角	9°	
噪声系统	5 dB	9 dB
业务类型	数据业务	

8.2.2 拓扑结构

1. 单系统拓扑结构

(1) 5G 系统拓扑结构

在星地融合网络场景下,5G 系统一般采用宏蜂窝部署方式,每个基站对应生成 3 个扇区,其基站间距为 3 倍小区半径。5G 系统采用宏蜂窝 3 扇区拓扑结构时的拓扑结构图(如图 8-6 所示)。

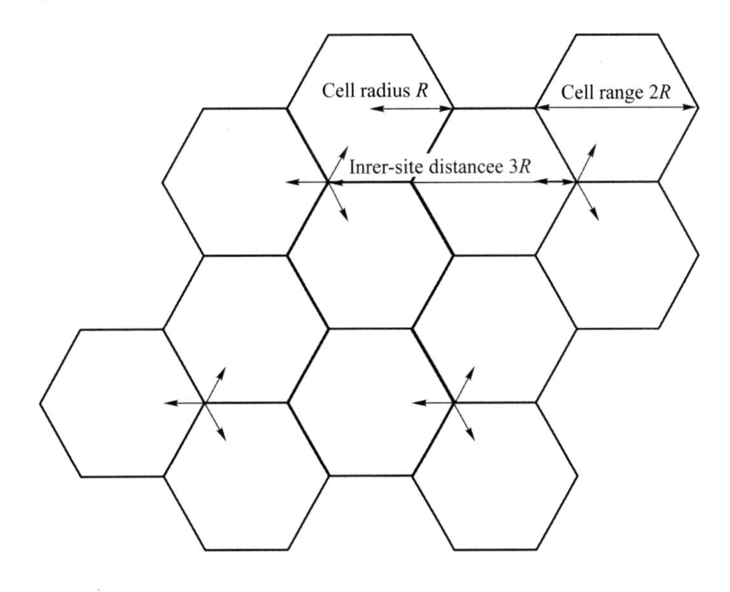

图 8-6　5G 系统宏蜂窝三扇区拓扑结构示意图

(2) MSS 系统拓扑结构

对于同步轨道卫星通信系统来说,一般采用多波束天线对地球表面进行覆盖。根据现有资料可知,MSS 一个波束大概覆盖一个省份,采用 109 波束覆盖整个中国约 960 万平方千米国土面积,其拓扑结构如图 8-7 所示[11]。

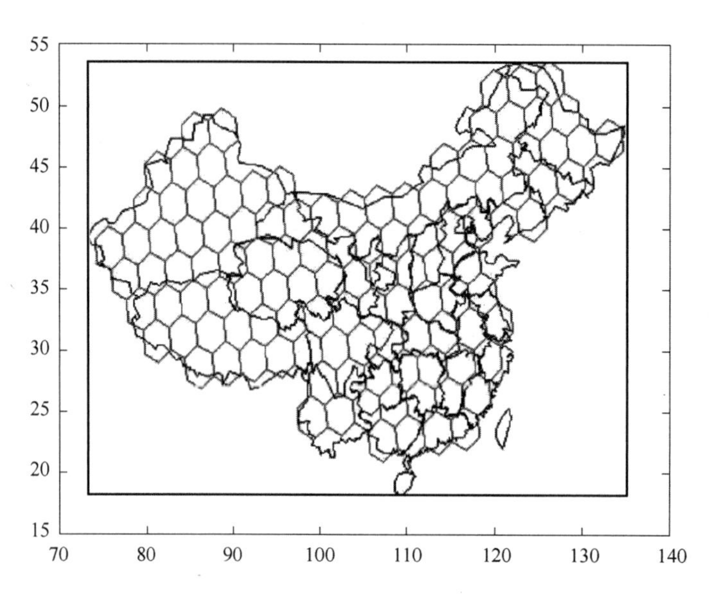

图 8-7　MSS 全国覆盖拓扑示意图

对于 MSS 系统而言，一个波束的覆盖半径约为 200 km，估算覆盖面积大概为 10 万 km^2。表 8-6 给出了国家统计局在 2017 年公布的建成区面积和城区面积数据，由表 8-6 可见，单个 MSS 波束的面积超过了中国一线城市的城区面积。

表 8-6　建成区面积和城区面积

2017 年指标	年度指标	北京市	上海市	广东省
建成区面积/km^2	56 225.4	1 446	999	5 911
城区面积/km^2	198 357	16 410	6 341	16 835
建成区占比(建成区/城区)	28.35%	8.81%	15.75%	35.11%

在进行星地融合网络的干扰分析时，若认为 5G 系统在 MSS 系统的波束内满覆盖会导致 5G 系统的基站部署密度超过现实场景下的部署密度，获得不合理的干扰结果。因此，需要根据卫星波束覆盖区域的面积，结合 Ra(热点覆盖面积占建成区比例)、Rb(建成区占整个区域比例)的值来计算每个卫星波束下的实际基站密度。表 8-7 给出了一种计算 MSS 波束内基站部署数量的方法。

表 8-7　单波束内基站部署计算方法

参数名	单　位	取　值	符　号
三扇区基站覆盖区域面积	km^2	0.49	A
卫星单个波束覆盖区域面积	km^2	1.04×10^5	B
小区覆盖半径	km	0.25	C
波束覆盖半径	km	200	D
部署密度	基站个数/km^2	2	E

续 表

参数名	单 位	取 值	符 号
Ra	%	20	参考国家统计局数据
Rb	%	28	参考国家统计局数据
仿真部署密度	基站个数/km²	0.12	F
一个波束覆盖区基站部署数量	基站个数/波束	12 480	G

其中,MSS 波束假设为正六边形,根据正六边形面积计算公式,其单个波束的覆盖面积为 $B=3/2\cdot\sqrt{3}\cdot D^2\approx1.04\times10^5$,5G 基站在三扇区下的覆盖面积为 $A=3/2\cdot\sqrt{3}\cdot C^2\cdot3\approx0.49$,因此基站部署密度为 $E=1/A\approx2$。由此得到考虑 Ra 和 Rb 后,实际仿真分析时的部署密度为 $F=\text{Ra}\cdot\text{Rb}\cdot E\approx0.12$。基于该部署密度可以计算得出一个波束覆盖区域内基站的部署数量 $G=B\cdot F=1.04\times10^5\times0.12=12\ 480$。由上述计算过程可以得到任意 MSS 波束覆盖半径内的 5G 系统基站个数。

2. 共存拓扑结构

本小节分别介绍在星地融合场景下的 4 种干扰情况的共存拓扑结构。

(1) 地面基站下行发射干扰卫星终端下行接收(地对地)

此场景需要研究的是 5G 基站对 MSS 终端的干扰,在生成共存拓扑时考虑每个 MSS 终端的具体位置,以 MSS 终端的中心位置加上随机偏移量(x,y)作为中心,生成 5G 基站(19 基站 57 扇区),(x,y)满足$[0,2R]$的均匀分布,R 为 5G 小区半径,共存拓扑结构示意图如图 8-8 所示。图 8-8 中不同颜色的蜂窝代表基于不同 MSS 终端生成的 19 基站 57 扇区基站,局部放大示意图如图 8-9 所示。这种共存拓扑可以使得每个 MSS 终端均受到 5G 系统基站干扰的同时,避免生成过多的 5G 系统基站,导致整体仿真效率下降。

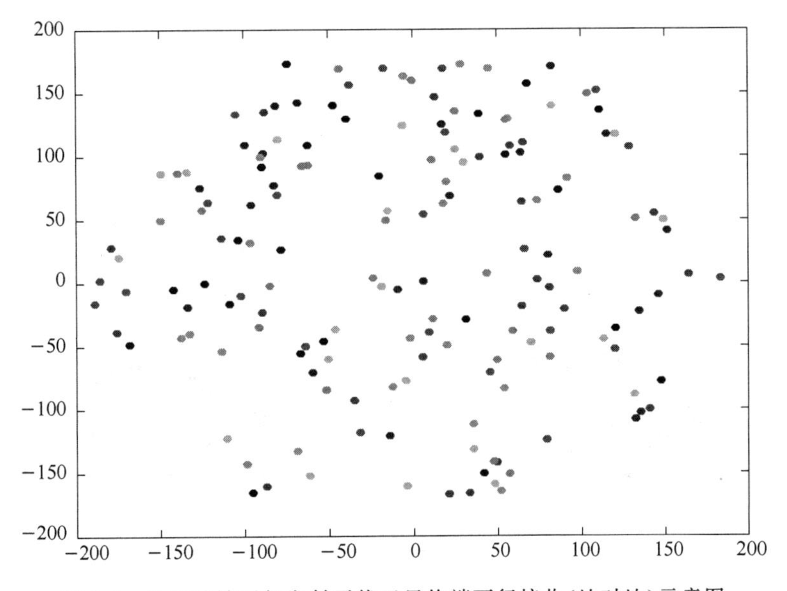

图 8-8 地面基站下行发射干扰卫星终端下行接收(地对地)示意图

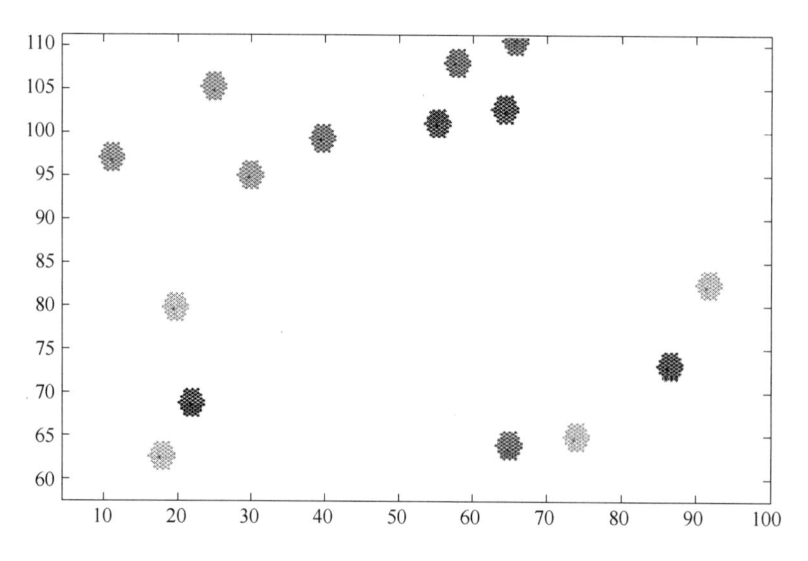

图 8-9　地面基站下行发射干扰卫星终端下行接收(地对地)局部放大示意图

在地面基站下行发射干扰卫星终端下行接收(地对地)共存拓扑下,干扰源为 5G 系统的基站,被干扰源为 MSS 卫星终端。

(2) 地面终端上行发射干扰卫星上行接收(地对空)

此场景需要研究的是 5G 系统终端对 MSS 卫星的集总干扰,此时,5G 系统以 MSS 卫星在地球上每个波束的入射角为正中心,向外生成对应的基站个数,如图 8-10 所示。图 8-11 给出了该场景下的局部放大示意图,小正方形代表 MSS 系统的卫星终端,小黑点表示 5G 系统中基站对应的扇区,未画出 5G 系统的地面终端。

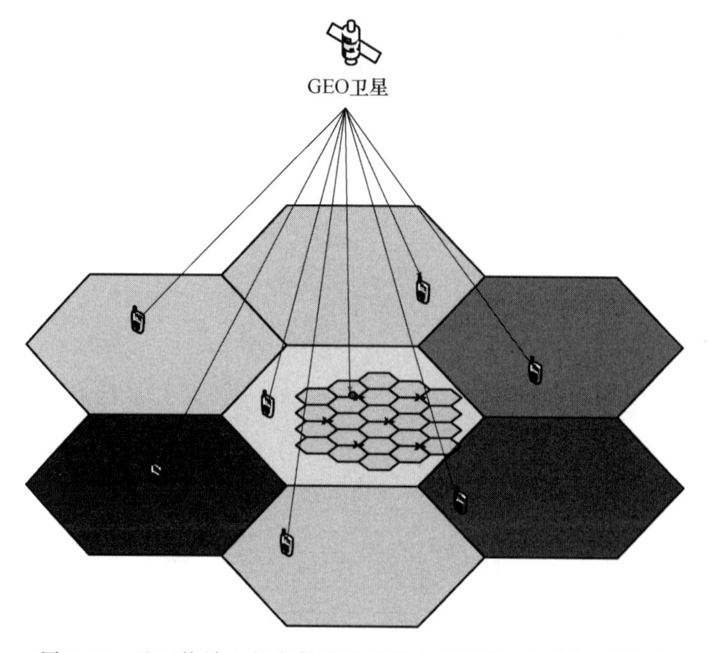

图 8-10　地面终端上行发射干扰卫星上行接收(地对空)示意图

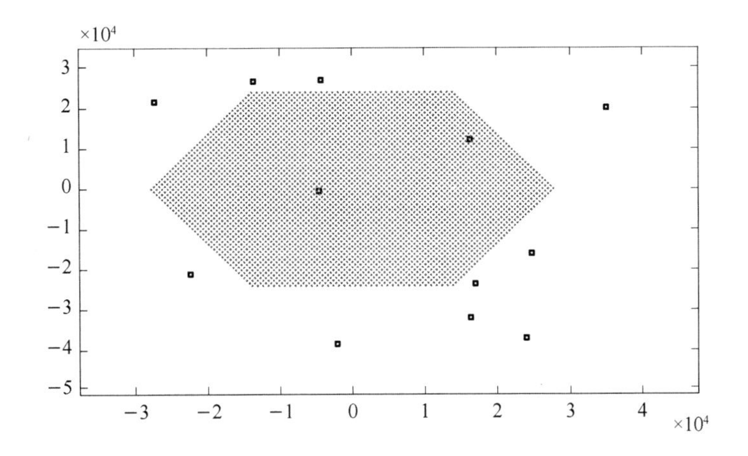

图 8-11 地面终端上行发射干扰卫星上行接收(地对空)局部放大示意图

在地面终端上行发射干扰卫星上行接收(地对空)共存拓扑下,干扰源为 5G 系统的地面终端,被干扰源为 MSS 卫星。

(3) 卫星下行发射干扰地面终端下行接收(空对地)

此场景需要研究的是 MSS 卫星对 5G 系统地面终端的干扰,在生成共存拓扑时以 MSS 卫星波束中心指向为中心,生成 5G 基站(19 基站 57 扇区),MSS 终端和 5G 终端按照各自系统定义的方式进行撒点,统计卫星波束下撒满 MSS 终端对 5G 终端的干扰,共存拓扑结构示意图如图 8-12 所示。图 8-12 中的中心区域代表生成的 19 基站 57 扇区 5G 系统,其局部放大示意图如图 8-13 所示。在图 8-12 中可见,MSS 卫星终端的分布与 5G 系统的分布相互独立。

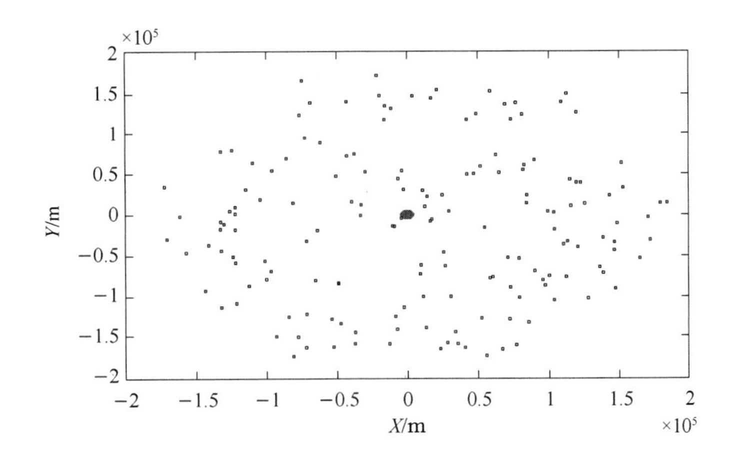

图 8-12 卫星下行发射干扰地面终端下行接收(空对地)示意图

在卫星下行发射干扰地面终端下行接收(空对地)共存拓扑下,干扰源为 MSS 系统的卫星,被干扰源为 5G 系统地面终端。

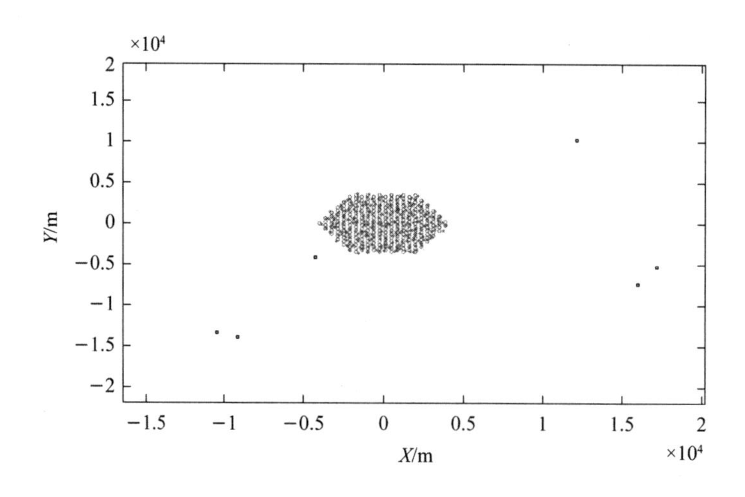

图 8-13　卫星下行发射干扰地面终端下行接收(空对地)局部放大示意图

(4) 卫星终端上行发射干扰地面基站上行接收(地对地)

此场景需要研究的是 MSS 终端对 5G 基站的干扰,此时 5G 系统仍以 MSS 卫星波束中心指向为中心,生成 5G 基站(19 基站 57 扇区)。MSS 终端和 5G 重点按照各自系统定义方式进行撒点,统计卫星波束下撒满 MSS 用户对 5G 基站的干扰,共存拓扑结构示意图如图 8-14 所示,局部放大示意图如图 8-15 所示。可见卫星终端上行发射干扰地面基站上行接收(地对地)场景的拓扑与卫星下行发射干扰地面终端下行接收(空对地)的拓扑相同。

在卫星终端上行发射干扰地面基站上行接收(地对地)共存拓扑下,干扰源为 MSS 终端,被干扰源为 5G 系统基站。

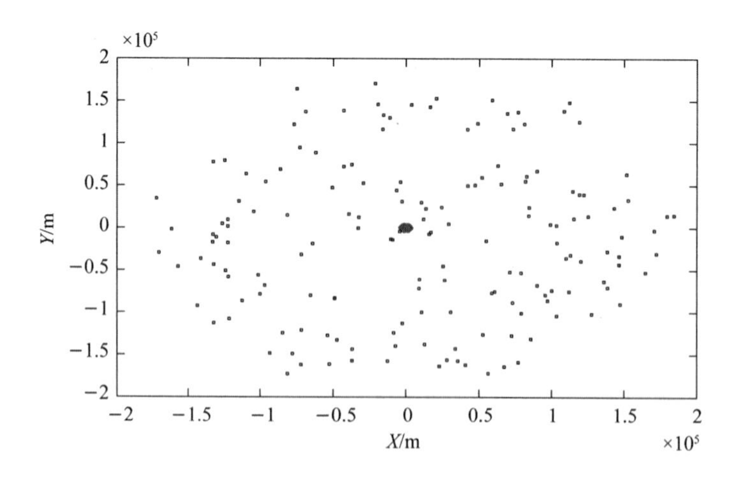

图 8-14　卫星终端上行发射干扰地面基站上行接收(地对地)示意图

表 8-8 对 4 种场景下的上下行链路类型、干扰源、被干扰源、卫星拓扑和地面拓扑结构进行了总结。

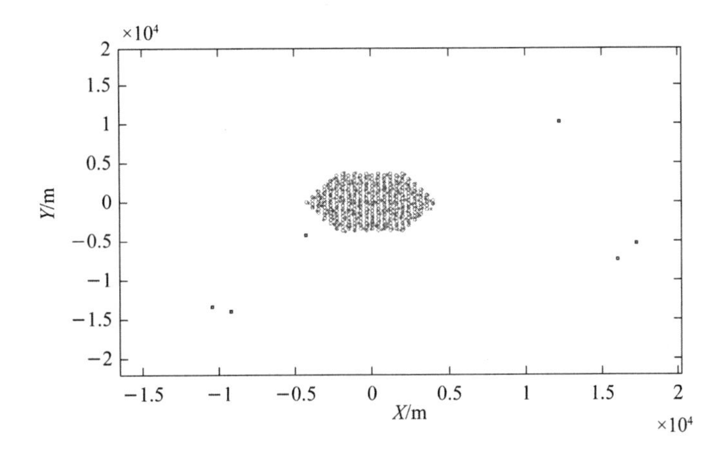

图 8-15 卫星终端上行发射干扰地面基站上行接收(地对地)局部放大示意图

表 8-8 星地融合网络共存拓扑结构

场 景	上下行链路类型	干扰源	被干扰源	卫星拓扑	地面拓扑
地面基站下行发射干扰卫星终端下行接收	下行、地对地	5G 基站	MSS 终端	MSS 终端在波束内随机生成	以 MSS 终端为中心结合随机偏移量生成 19 基站 57 扇区
地面终端上行发射干扰卫星上行接收	上行、地对空	5G 终端	MSS 卫星	MSS 终端在波束内随机生成	根据 Ra、Rb 计算 MSS 波束内的基站个数，以 MSS 波束为中心生成对应基站和扇区
卫星下行发射干扰地面终端下行接收	下行、空对地	MSS 卫星	5G 终端	MSS 终端在波束内随机生成	以 MSS 波束为中心生成 19 基站 57 扇区
卫星终端上行发射干扰地面基站上行接收	上行、地对地	MSS 终端	5G 基站	MSS 终端在波束内随机生成	以 MSS 波束为中心生成 19 基站 57 扇区

8.2.3 传播模型

(1) 地地传播模型

基站与用户的传播模型可用如下公式计算：

$$L_{\text{BS-UE}}=[40(1-4\times10^{-3}h_b)]\cdot\lg d-18\lg h_b+21\lg f+80 \tag{8-18}$$

其中：f 是以 MHz 为单位的载波频率；d 表示基站与用户间距离，以 km 为单位；h_b 为基站与平均建筑物的高度差，通常取 15 m。在计算完 L 之后，需要加上 10 dB 标准差的阴影衰落系数 lg F，那么最终的传输损耗模型定义如下所示[12]：

$$\text{Path\_Loss}=\max\{L,\text{Free\_Space\_Loss}\}+\text{shadowfading} \tag{8-19}$$

另外，传输损耗都不应小于自由空间传播模型，即：

$$\text{Free\_Space\_Loss}=32.4+20\lg f+20\lg d \tag{8-20}$$

以上模型适用于5G基站与5G终端、5G基站与IMT终端之间的传播损耗数值计算。

(2) 星地传播模型

由于MSS终端与MSS卫星之间的链路受地形或特定障碍等因素的影响小，信号主要在大气中传播，所以卫星链路路损模型考虑自由空间损耗、去极化衰减和地物损耗。

信号在自由空间的传播损耗为：

$$PL=32.45+20\lg d+20\lg f \tag{8-21}$$

其中：d 为传输距离，单位为km；f 为载波频率，单位为MHz。

地物损耗选择ITU-R P.2108的Height Gain Terminal Correction Model，天线高度1.5 m/2m时损耗为28.5 dB，如表8-9所示。

表 8-9　地球-空间路径传播损耗总结表

损耗类型	MSS卫星-MSS终端	MSS卫星-5G终端
自由空间损耗/dB	190	190
去极化衰减/dB	0	3
地物损耗/dB	28.5	28.5
合计/dB	218.5	221.5

8.2.4　功率控制与评估标准

(1) MSS系统功率控制与评估标准

MSS系统上下行链路均采用基于载噪比(C/I)的功率控制算法，功控目标为目标SINR+5 dB功控余量。功率控制主要分两种场景：首次功控和非首次功控。首次功控时，初始发射功率为"目标SINR+传播损耗+热噪声+功控余量"，之后以前一次的SINR为基准。

功率控制需要经过三重判断来决定发射功率：

① 发射功率必须使接收信号功率达到"目标SINR+功控余量"并且不小于发射机的最小发射功率；

② 接收信号功率必须大于接收机灵敏度；

③ 发射功率不能大于最大发射功率。

当满足功控收敛条件(功率浮动小于某个定值)时，功控停止，同时功控循环次数必须在功控循环次数界限内。

MSS系统评估标准采用 I/N 值，当 I/N 抬升−12.2 dB时认为存在有害干扰。

(2) 5G 系统功率控制与评估标准

5G 系统下行链路无须使用功率控制,基站满功率发射,给每个 RB 分配相同的功率。

5G 系统的上行传输功率控制模型采取计算出控制功率并补偿到发射功率上的方法。终端的发射功率如下:

$$P_{\mathrm{t}}=P_{\max}\times\min\left\{1,\ \max\left[R_{\min},\ \left(\frac{\mathrm{CL}}{\mathrm{CL}_{x-\mathrm{ile}}}\right)^{\gamma}\right]\right\} \tag{8-22}$$

其中:$P_{\max}$为移动台最大发射功率;$R_{\min}$是与用户最小发射功率有关的参数;CL 是路径耦合损耗。CL 定义为 max{pathloss−G_Tx−G_Rx,MCL},其中:pathloss 是传播损耗加上阴影衰落;G_Tx 是接收机方向上的发射机天线增益;G_Rx 是发射机方向上的接收机天线增益。功率控制参数如表 8-10 所示(参考自 3GPP TR 36.942)。

表 8-10 5G 系统功率控制算法参数表

参数集	Gamma γ	$\mathrm{CL}_{x\text{-ile}}$	
		20 MHz	10 MHz
Set 1	1	112−Δ	112−Δ
Set 2	0.8	129−Δ	129−Δ

其中:$\Delta=21\lg(f_c/2.0)$,代表采用不同载波中心频率时的补偿值。当 $f_c=2$ GHz 时,$\Delta=0$ dB。

5G 系统评估标准采用吞吐量损失值,允许上下行吞吐量损失为 5%,其 SINR 与吞吐量的换算关系下式,采用的参数如表 8-11 所示。

$$\mathrm{Throughput(SINR)}=\begin{cases}0, & \mathrm{SINR}<\mathrm{SINR_{MIN}}\\ \alpha\cdot S(\mathrm{SINR}), & \mathrm{SINR_{MIN}}\leqslant\mathrm{SINR}<\mathrm{SINR_{MAX}}\\ \alpha\cdot S(\mathrm{SINR}), & \mathrm{SINR}\geqslant\mathrm{SINR_{MAX}}\end{cases} \tag{8-23}$$

其中:$S(\mathrm{SINR})$为根据香农公式算出的吞吐量,$S(\mathrm{SINR})=\log_2(1+\mathrm{SINR})$ bit·s^{-1}·Hz^{-1};α 为衰减因子,代表实现时的吞吐量损失;$\mathrm{SINR_{MIN}}$代表编码调制后的最小 SINR,单位为 dB;$\mathrm{SINR_{MAX}}$代表调制编码后的最大 SINR,单位为 dB[13,14];Throughput(SINR)的单位为 bit·s^{-1}·Hz^{-1}。

表 8-11 5G 系统链路级性能参数表

参数名称	下 行	上 行	备 注
α	0.6	0.4	代表实现时的吞吐量损失
$\mathrm{SNIR_{MIN}}$/dB	−10	−10	基于 QPSK,1/8 码率(下行)& 1/5 码率(上行)
$\mathrm{SNIR_{MAX}}$/dB	30	22	基于 256QAM 0.93 码率(下行)& 64QAM 0.93 码率(上行)

8.2.5 系统间隔离度

1. 5G 基站干扰 MSS 终端的 ACIR

5G 基站干扰 MSS 终端的 ACIR 主要由 MSS 终端的 ACS 决定。MSS 终端在 1 518 MHz

以上的 ACS 取值如表 8-12 所示，折算至 20 MHz 的平均 ACS 是 45 dB。因此，5G 基站干扰 MSS 终端的 ACIR 为 45 dB。

表 8-12　MSS 终端的 ACS 取值

ACS（第一临近信道）	dBc	30
ACS（第二临近信道至 2 MHz）	dBc	37
ACS(高于 2 MHz)	dBc	87

2. 5G 终端干扰 MSS 卫星的 ACIR

5G 终端在干扰 MSS 卫星时，系统间的 ACIR 主要由 5G 终端的 ACLR 决定。ACLR 的计算涉及 5G 系统的工作带宽和 MSS 系统的波束带宽、子载波的用户数、用户总数。当 5G 终端干扰 MSS 系统基站时，其共存示意图如图 8-16 所示。

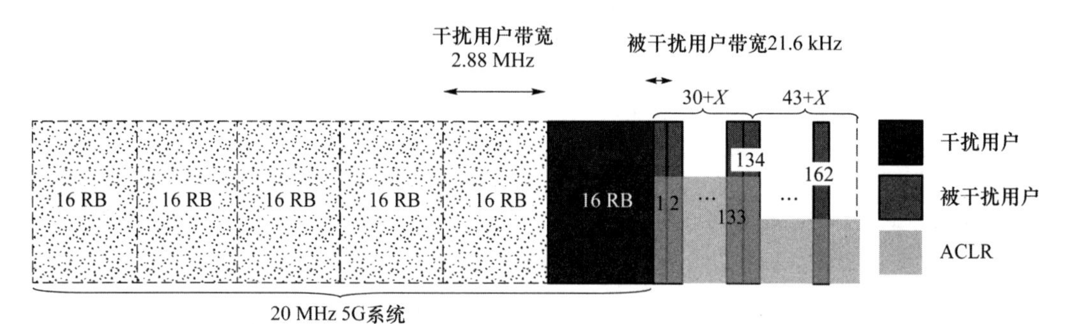

图 8-16　5G 终端干扰 MSS 卫星共存示意图

由于两系统工作带宽的不同，此处按照公式折算带宽计算 F_{ACLR} 为 −21.249 4。最终得 ACIR 结果为 6×162 的矩阵：

$$\begin{aligned}\text{ACIR}=\{&51.25,\cdots,64.25;\\&64.25,\cdots,71.25;\\&71.25,\cdots,71.25;\\&71.25,\cdots,71.25;\\&71.25,\cdots,71.25;\\&71.25,\cdots,71.25\}。\end{aligned}$$

3. MSS 卫星干扰 5G 终端的 ACIR

15 GHz 以下 MSS 系统在以 4kHz 为基准带宽的 OoB 区域发射的衰减为[15]：

$$L=40\lg\left(\frac{F}{50}+1\right)\text{dBsd} \tag{8-24}$$

其中，F 是总指配带宽端点的频偏，用波束带宽(3.5 MHz)的百分比表示，范围为 0%～200%杂散的边界。

卫星的最大发射功率为 53.9 dBm/21.6 kHz，折算到基准带宽后为 53.9＋10lg(4/

21.6)＝46.58 dBm/4 kHz，在波束带宽内发射功率为 53.9＋10lg(3 500/21.6)＝76 dBm。在基准带宽的 OoB 区域内卫星功率会按照式(8-25)发生衰减：

$$P_{\mathrm{d}}=46.58-40\lg\left(\frac{F}{50}+1\right) \tag{8-25}$$

OoB 区域即为相邻的两倍带宽区域。计算其在下行邻频 20 MHz 以内的泄漏功率，从 0～20 MHz 计算辐射功率的积分。

(1) OoB 区域的泄漏功率

$$0\leqslant \mathrm{f\_offset}\leqslant 7\ \mathrm{MHz}$$

$$P_{\mathrm{OoB}}=\int_0^7 10^{\left(46.58-40\lg\left(\frac{100f}{175}+1\right)\right)/10}\mathrm{df\_offset}=44.20\ \mathrm{dBm} \tag{8-26}$$

(2) 邻频 20 MHz 以内的杂散辐射功率

该频段属于卫星的杂散辐射区域，规定信号的衰减为 43＋10lg P 或 60 dBc，研究时一般取较不严格者，因此取卫星的杂散衰减为 60 dBc。

$$7\ \mathrm{MHz}<\mathrm{f\_offset}\leqslant 20\ \mathrm{MHz}$$

$$P_{\mathrm{spurious}}=46.58-60+10\lg\frac{13\,000}{4}=21.70\ \mathrm{dBm} \tag{8-27}$$

因此邻频 20 MHz 内卫星的泄漏功率为：

$$P_{\mathrm{OoB}}+P_{\mathrm{spurious}}=44.22\ \mathrm{dBm} \tag{8-28}$$

可得卫星的 ACLR 为 76－44.22＝31.78 dB。

5G 终端的 ACS 为 27 dB，因此 MSS 卫星干扰 5G 终端的 ACIR 为 26.65 dB。

4. MSS 终端干扰 5G 基站的 ACIR

MSS 终端干扰 5G 基站时，干扰系统为 5G 系统，被干扰系统为 NR FDD 系统，根据表 5-2 中的参数取值，共存示意图如图 8-17 所示。

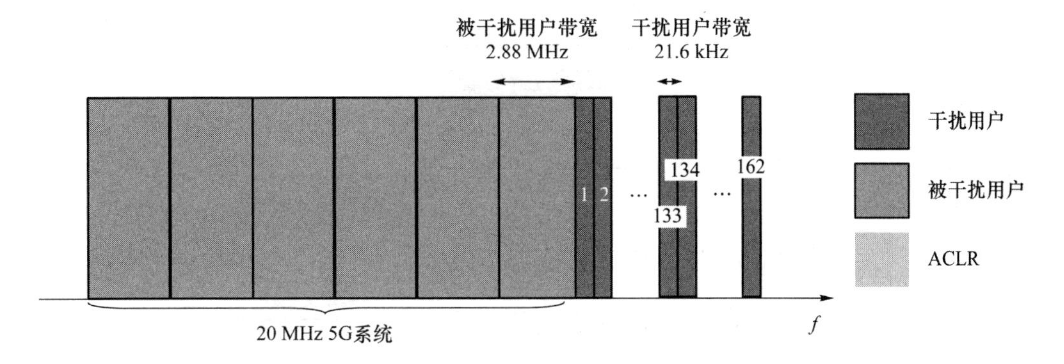

图 8-17 MSS 终端干扰 5G 基站共存示意图

此处以最近的卫星终端为例，计算 ACIR 结果为：

$$\mathrm{ACIR}=\{10.47, 46.16, 50.50, 52.39, 55.27, 55.27\}$$

8.2.6 系统间干扰共存仿真流程

一般来说，系统间共存干扰仿真采用蒙特卡洛仿真方法，该方法基于快照思想，在每一次快照下抓拍系统的网络负载情况，通过仿真多次快照使得系统性能指标趋于稳定，保存所有快照的仿真结果统计分析得出系统间受干扰的程度[16]。

每次快照抓取的结果代表整个通信系统在当前快照时刻下的网络负载，在每一次快照中均会重新生成基站位置、用户位置，根据当前快照的基站和用户位置选择每个基站服务的用户。因此，每次快照中的链路传播损耗、发射功率、接收功率等参数均会发生变化，从而导致系统网络负载情况的变化。通过多次快照的仿真，使得系统网络负载情况趋近于真实通信系统的运行情况。

对于卫星网络来说，其干扰共存仿真流程如图 8-18 所示，简述如下：

① 每次快照均在仿真区域内按照随机分布 MSS 终端，并为 MSS 终端选择接入的 MSS 波束。

② MSS 终端按照均匀分布，随机地撒在仿真区域中，计算每个 MSS 终端到卫星的传播损耗（路径损耗和传播环境引起的衰落），所得的传播损耗在该次快照的仿真过程中保持不变。

③ 将 MSS 终端接入覆盖其位置的波束。

④ 为每个波束内的 MSS 终端分配信道，直至该波束内所有信道被分配完毕（即波束满负荷工作），未被分配资源的 MSS 终端将从仿真区域中删除，并且不列入最后统计的结果中。

⑤ 通过功率控制求出 MSS 系统上下行发射功率。

⑥ 性能评估，当 MSS 卫星或 MSS 终端的 I/N 值抬升 -12.2 dB 时认为存在有害干扰。

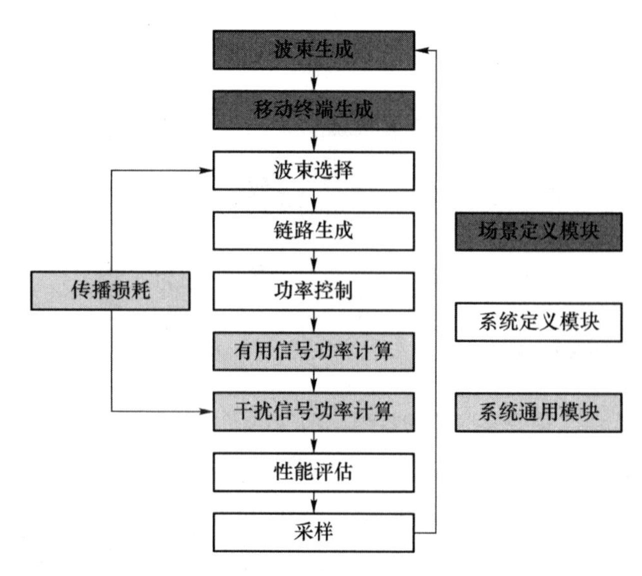

图 8-18 MSS 系统上下行仿真流程图

IMT 系统上下行仿真流程和 MSS 系统上下行仿真流程类似，在 IMT 系统中小区对应 MSS 系统中波束的概念。

8.2.7 干扰共存结果

1. 5G 基站干扰 MSS 终端仿真结果

图 8-19 与图 8-20 分别为 5G 基站在采用 NON AAS 天线时和采用 4×10 AAS 天线时对 MSS 手持及车载终端单载波的干扰结果。由两图的对比可见，在干扰源相同时，车载终端受到的干扰更大，其原因在于车载终端的天线接收增益更大。此外，5G 基站采用 AAS 天线可以降低对 MSS 终端的干扰，这是因为 AAS 天线可以通过波束赋形的旁瓣抑制缓解基站对终端的干扰。

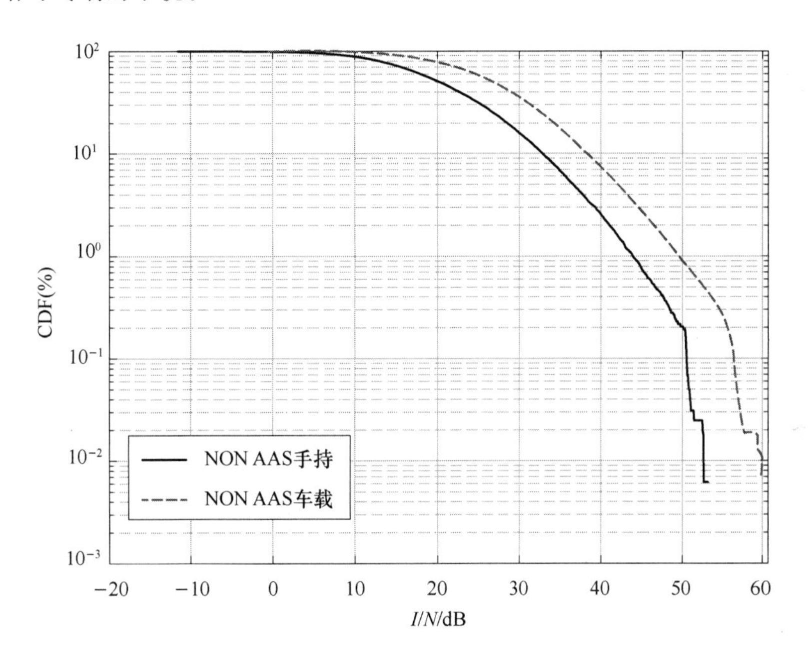

图 8-19 NR FDD NON AAS 基站干扰 MSS 手持及车载终端单载波

图 8-21 与图 8-22 分别为 5G 基站在采用 NON AAS 天线时和采用 4×10 AAS 天线时对 MSS 车载终端 2 载波和 4 载波的干扰结果。由图可见，MSS 终端在采用 2 载波和 4 载波时受到的干扰值基本相同。MSS 手持及车载终端 1 个、2 个、4 个子载波 I/N 均值如表 8-13～表 8-15 所示。

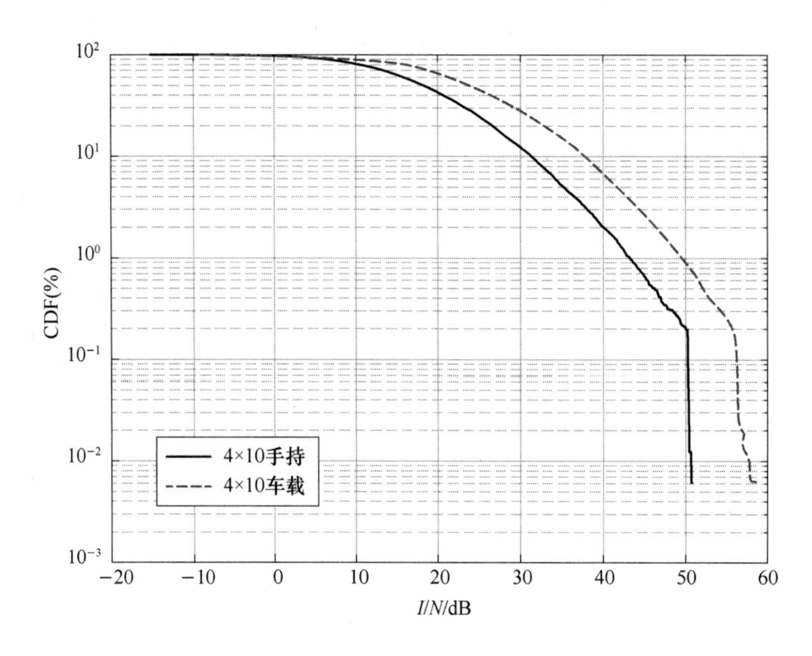

图 8-20　NR FDD 4×10 AAS 基站干扰 MSS 手持及车载终端单载波

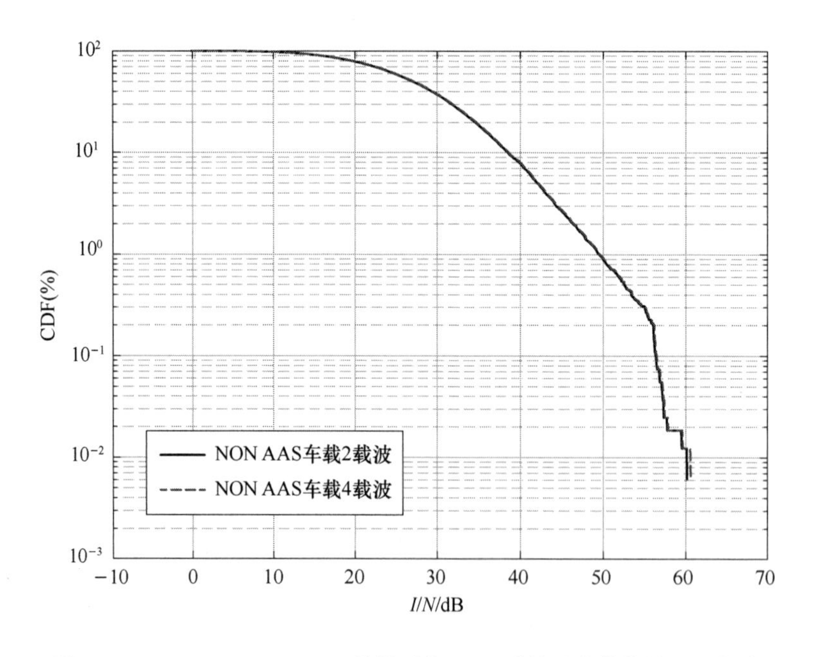

图 8-21　NR FDD NON AAS 基站干扰 MSS 手持及车载终端 2/4 载波

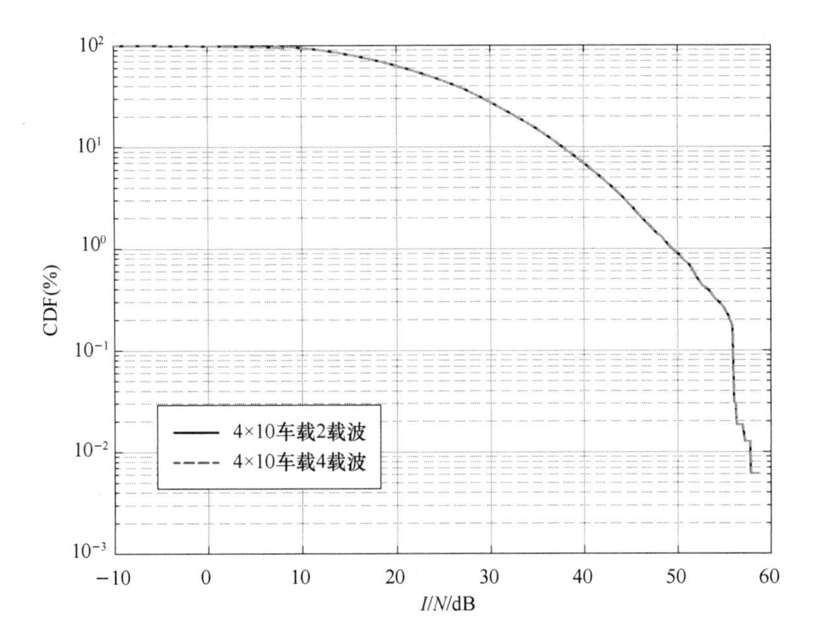

图 8-22 NR FDD 4×10 AAS 基站干扰 MSS 手持及车载 2/4 载波

表 8-13 MSS 手持及车载终端 1 个子载波

ACIR-offset(0 dB)	I/N 均值/dB
NR Non-AAS 手持	31.41
NR Non-AAS 车载	37.17
NR AAS 4×10 手持	30.5
NR AAS 4×10 车载	36.63

表 8-14 MSS 车载终端 2 个子载波

ACIR-offset(0 dB)	I/N 均值/dB
NR Non-AAS 车载	37.26
NR AAS 4×10 车载	36.58

表 8-15 MSS 车载终端 4 个子载波

ACIR-offset(0 dB)	I/N 均值/dB
NR Non-AAS 车载	37.24
NR AAS 4×10 车载	36.60

根据该小节的干扰共存结果，5G FDD 基站干扰 MSS 终端场景在定义的理论 ACIR 值下无法共存，需要额外的隔离度以避免 5G FDD 基站对 MSS 终端的有害干扰。

2. 5G 终端干扰 MSS 卫星仿真结果

图 8-23 与图 8-24 分别为 5G 终端在 5G 基站采用 NON AAS 天线时和采用 4×10

AAS 天线时,对 MSS 卫星 1/2/4 载波的干扰结果。由两图的对比可知,当 5G 基站采用 NON AAS 时 MSS 卫星受到的干扰大于 5G 基站采用 AAS 时的干扰。其原因在于当 5G 基站采用 AAS 时,5G 基站到 5G 终端的天线增益较高,使得 5G 终端在上行功率控制后能够以更低的功率进行发射,从而降低了对 MSS 卫星的干扰。此外,5G 终端在采用 set1 功控参数时的发射功率大于采用 set2 功控参数时的发射功率。MSS 手持及车载终端 1 个、2 个、4 个子载波的 I/N 均值如表 8-16～表 8-18 所示。

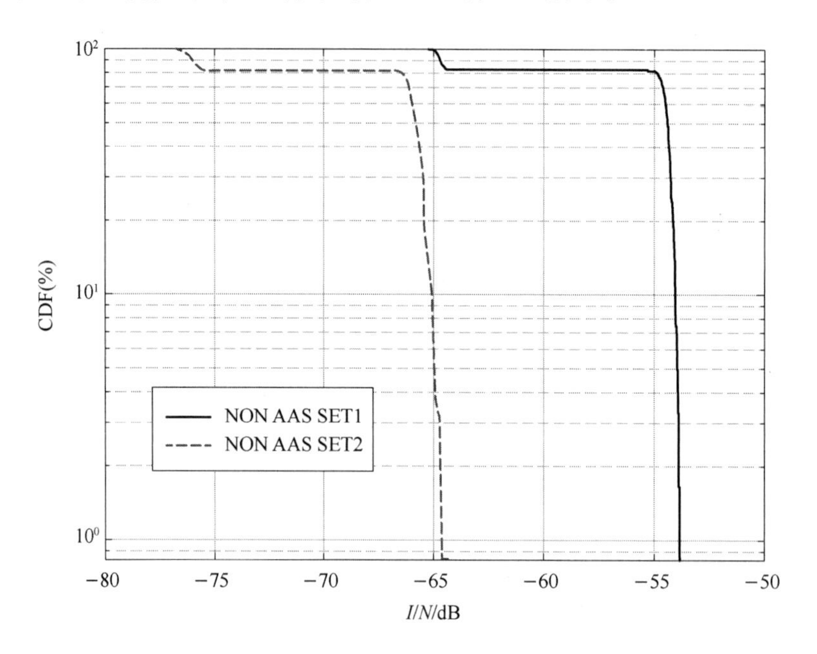

图 8-23　NR FDD NON AAS 终端干扰 MSS 卫星 1/2/4 载波

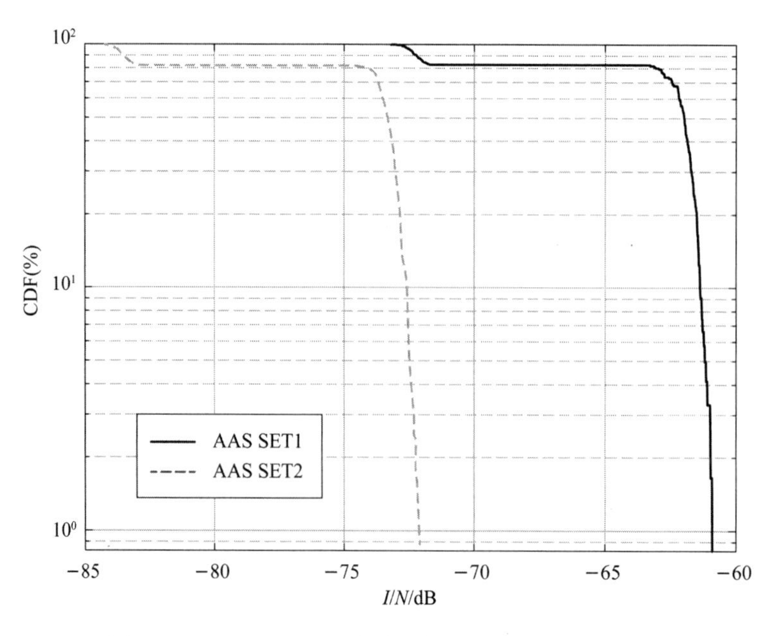

图 8-24　NR FDD AAS 终端干扰 MSS 卫星 1/2/4 载波

表 8-16 MSS 手持及车载终端 1 个子载波

ACIR－offset(0 dB)	I/N 均值/dB
NR Non-AAS set1	－55.09
NR Non-AAS set2	－66.40
NR AAS set1	－62.62
NR AAS set2	－73.92

表 8-17 MSS 车载终端 2 个子载波

ACIR-offset(0 dB)	I/N 均值/dB
NR Non-AAS set1	－55.24
NR Non-AAS set2	－66.32
NR AAS set1	－62.72
NR AAS set2	－73.20

表 8-18 MSS 车载终端 4 个子载波

ACIR-offset(0 dB)	I/N 均值/dB
NR Non-AAS set1	－54.88
NR Non-AAS set2	－66.20
NR AAS set1	－62.14
NR AAS set2	－73.50

因此，5G FDD 终端干扰 MSS 卫星场景在定义的 ACIR 值下可以实现共存，不需要额外的隔离度。

3. MSS 卫星干扰 5G 终端仿真结果

图 8-25、图 8-26、图 8-27 分别为 MSS 卫星单载波、2 载波、4 载波干扰 5G 终端。由图可以看出，由于 MSS 卫星到地面的传输距离较远，路径损耗的值较大，因此 MSS 卫星不会对 5G 终端造成有害干扰。MSS 手持及车载终端 1 个、2 个、4 个子载波如表 8-19～表 8-21 所示。

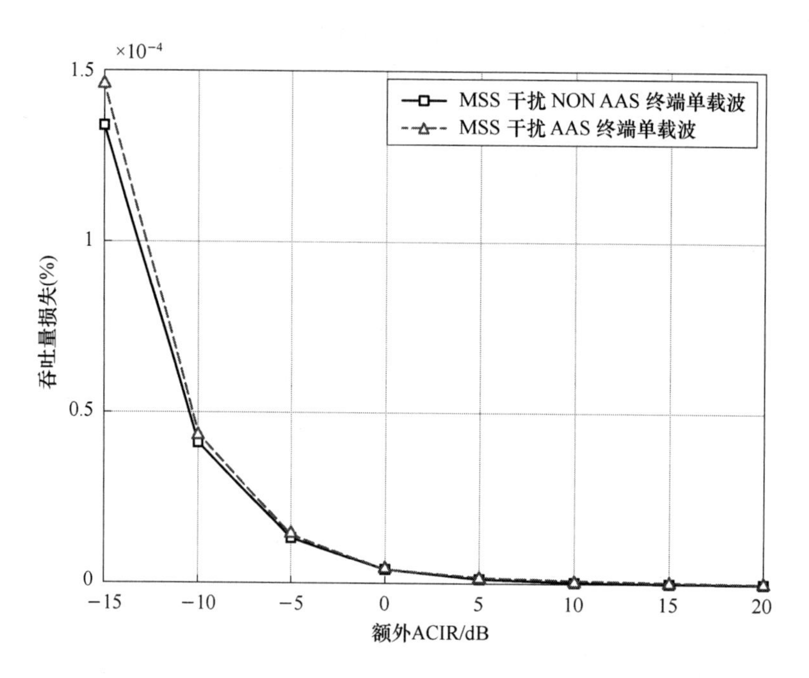

图 8-25 MSS 卫星单载波干扰 NR FDD 终端

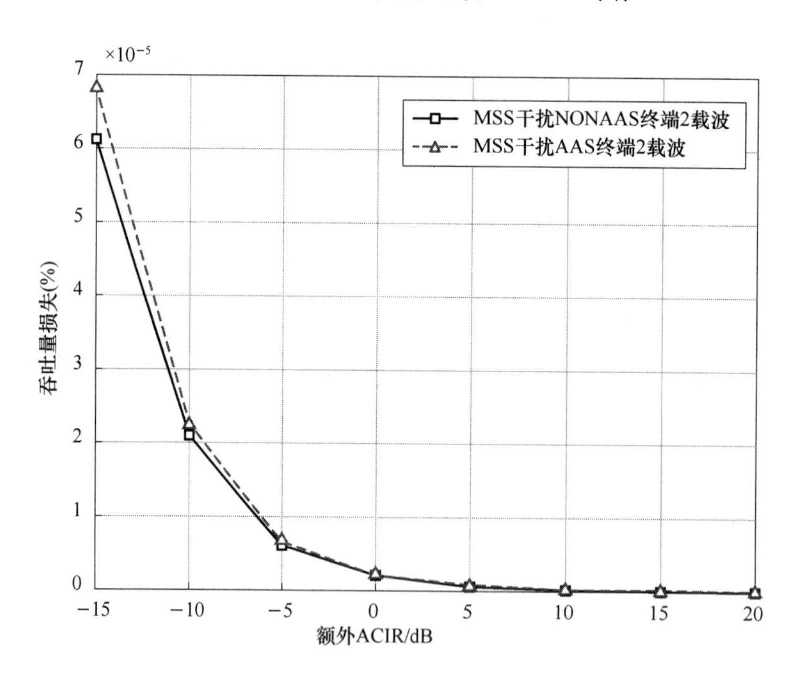

图 8-26 MSS 卫星 2 载波干扰 NR FDD 终端

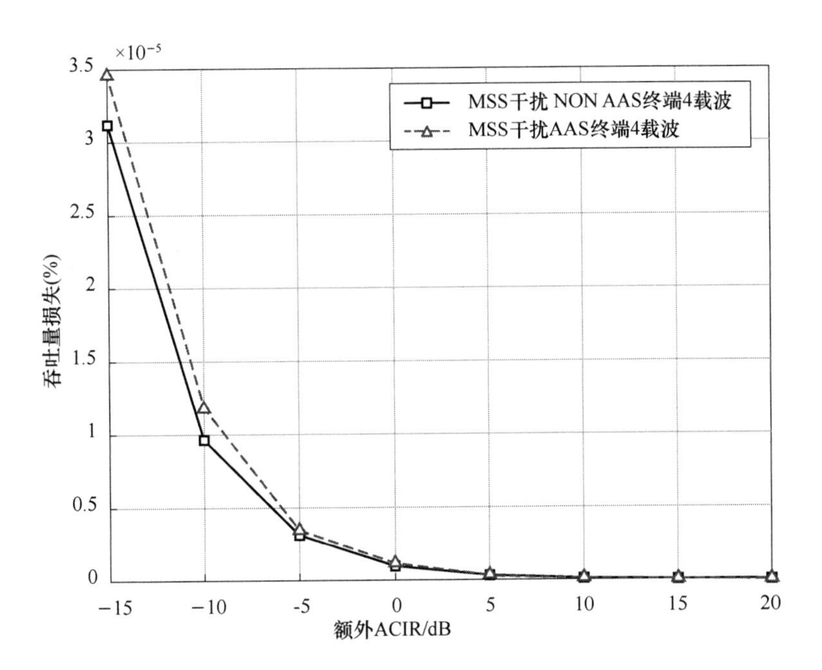

图 8-27 MSS 卫星 4 载波干扰 NR FDD 终端

表 8-19 MSS 手持及车载终端 1 个子载波

ACIR-offset/dB	−15	−10	−5	0	5	10	15
NR Non-AAS	1.34e-06	4.12e-07	1.34e-07	4.12e-08	1.34e-07	4.12e-08	1.34e-07
NR AAS	1.46e-06	4.32e-07	1.46e-07	4.32e-08	1.46e-08	4.32e-09	1.46e-09

表 8-20 MSS 车载终端 2 个子载波

ACIR-offset/dB	−15	−10	−5	0	5	10	15
NR Non-AAS	6.12e-07	2.10e-07	6.12e-08	2.10e-08	6.12e-09	2.10e-09	6.12e-10
NR AAS	6.82e-07	2.24e-07	6.82e-08	2.24e-08	6.82e-09	2.24e-09	6.82e-10

表 8-21 MSS 车载终端 4 个子载波

ACIR-offset/dB	−15	−10	−5	0	5	10	15
Non-AAS	3.12e-07	9.64e-08	3.12e-08	9.64e-09	3.12e-09	9.64e-10	3.12e-10
NR AAS	3.46e-07	1.18e-07	3.46e-08	1.18e-08	3.46e-09	1.18e-09	3.46e-10

因此，MSS 卫星干扰 NR 终端场景在定义的 ACIR 值下可以实现共存，不需要额外的隔离度。

4. MSS 终端干扰 5G 基站仿真结果

图 8-28 和图 8-29 分别为 MSS 手持终端和车载终端单载波干扰 5G FDD 基站的仿真结果。由该图可见 5G FDD 基站在采用 AAS 时受到的吞吐量损失会小于采用 NON AAS 时的吞吐量损失，此外采用 set1 功控参数时的吞吐量损失小于采用 set2 功控参数

时的吞吐量损失。其原因在于 AAS 天线可以通过波束赋形,利用波束旁瓣对干扰进行抑制,而 set1 参数下 5G 终端的发射功率较高,对抗干扰的能力也随之增强。

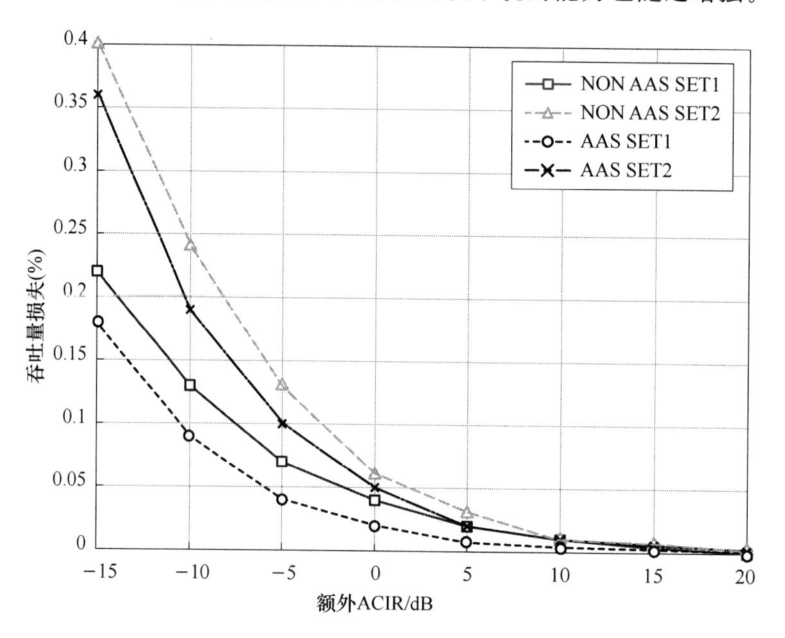

图 8-28 MSS 手持终端单载波干扰 NR FDD 基站

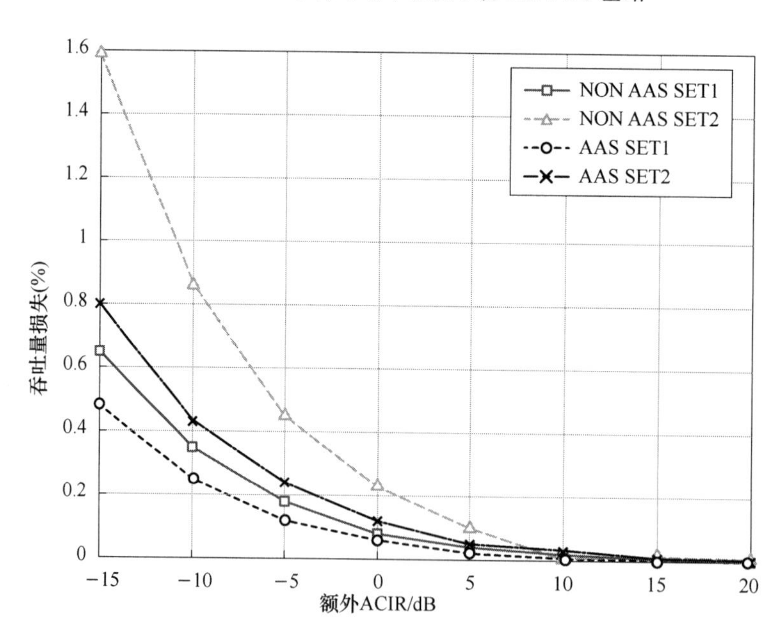

图 8-29 MSS 车载终端单载波干扰 NR FDD 基站

图 8-30 和图 8-31 分别为 MSS 车载终端采用 2 载波和 4 载波时对 5G FDD 基站的干扰仿真结果。由图可见,对于 MSS 终端干扰 5G 基站的共存场景,5G 基站采用 AAS 可以有效地降低来自 MSS 终端的干扰,减少 5G 系统的吞吐量损失。表 8-22 至表 8-25 分

别给出了 MSS 手持终端 1 个子载波，车载终端 1,2,4 个子载波干扰 5G 基站带来的吞吐量损失。

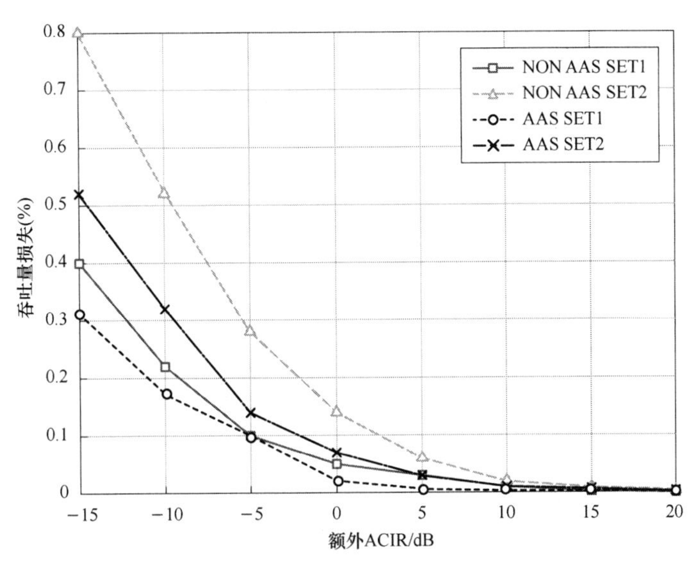

图 8-30 MSS 车载终端 2 载波干扰 NR FDD 基站

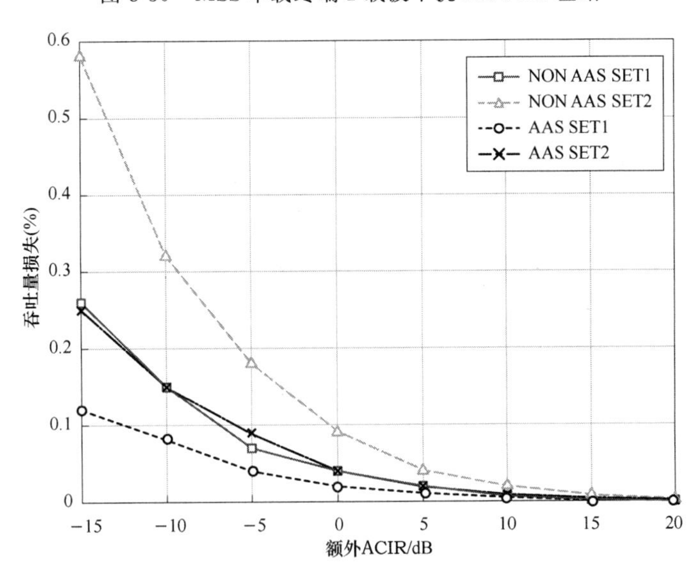

图 8-31 MSS 车载终端 4 载波干扰 NR FDD 基站

表 8-22 MSS 手持终端 1 个子载波干扰 NR FDD 基站

ACIR-offset/dB	−15	−10	−5	0	5	10	15	20
Non-AAS set1	0.22%	0.13%	0.07%	0.04%	0.02%	0.01%	0.004%	0%
NR Non-AAS set2	0.4%	0.24%	0.13%	0.06%	0.03%	0.01%	0.007%	0.003%
NR AAS set1	0.18%	0.09%	0.04%	0.02%	0.007%	0.003%	0.001%	0%
NR AAS set2	0.36%	0.19%	0.10%	0.05%	0.02%	0.01%	0.006%	0.002%

表 8-23　MSS 车载终端 1 个子载波干扰 NR FDD 基站

ACIR-offset/dB	−15	−10	−5	0	5	10	15	20
NR Non-AAS set1	0.65%	0.35%	0.18%	0.08%	0.04%	0.02%	0.007%	0.002%
NR Non-AAS set2	1.59%	0.86%	0.45%	0.23%	0.10%	0.05%	0.02%	0.009%
NR AAS set1	0.48%	0.25%	0.12%	0.06%	0.02%	0.01%	0.004%	0.001%
NR AAS set2	0.80%	0.43%	0.24%	0.12%	0.05%	0.03%	0.009%	0.002%

表 8-24　MSS 车载终端 2 个子载波干扰 NR FDD 基站

ACIR-offset/dB	−15	−10	−5	0	5	10	15	20
NR Non-AAS set1	0.40%	0.22%	0.1%	0.05%	0.03%	0.01%	0.002%	0%
NR Non-AAS set2	0.80%	0.52%	0.28%	0.14%	0.06%	0.02%	0.008%	0.002%
NR AAS set1	0.31%	0.17%	0.10%	0.02%	0.004%	0.001%	0%	0%
NR AAS set2	0.52%	0.32%	0.14%	0.07%	0.03%	0.01%	0.007%	0.003%

表 8-25　MSS 车载终端 4 个子载波干扰 NR FDD 基站

ACIR-offset/dB	−15	−10	−5	0	5	10	15	20
NR Non-AAS set1	0.26%	0.15%	0.07%	0.04%	0.02%	0.007%	0.002%	0%
NR Non-AAS set2	0.58%	0.32%	0.18%	0.09%	0.04%	0.02%	0.008%	0.002%
NR AAS set1	0.12%	0.08%	0.04%	0.02%	0.01%	0.004%	0.002%	0%
NR AAS set2	0.25%	0.15%	0.09%	0.04%	0.02%	0.009%	0.003%	0.001%

因此，MSS 卫星终端干扰 NR FDD 基站场景在定义的理论 ACIR 值下可以实现共存，不需要额外的隔离度。

在 MSS 与 NR FDD 共存情况下的兼容性情况总结如表 8-26 所示。

表 8-26　各个干扰方向所需 ACIR 汇总表

场　景		是否需要额外 ACIR
NR Non-AAS 基站干扰 MSS 终端		是
NR AAS 基站干扰 MSS 终端		是
NR Non-AAS 终端干扰 MSS 卫星	PC-set1	否
	PC-set2	否
NR AAS 终端干扰 MSS 卫星	PC-set1	否
	PC-set2	否
MSS 卫星干扰 NR Non-AAS 终端		否
MSS 卫星干扰 NR AAS 终端		否
MSS 终端干扰 NR NON-AAS 基站	PC-set1	否
	PC-set2	否
MSS 终端干扰 NR AAS 基站	PC-set1	否
	PC-set2	否

从仿真结果来看,5G 系统与 MSS 系统共存时,大部分场景使用定义的 ACLR/ACS 均可以满足共存需求。只有 5G 基站干扰 MSS 终端需要额外的隔离度。5G Non-AAS 基站干扰手持 MSS 终端时,需额外 44 dB;5G Non-AAS 基站干扰车载 MSS 终端时,需额外 50 dB;5G AAS(水平×垂直,4×10)基站干扰手持 MSS 终端时,需额外 42 dB;5G AAS(水平×垂直 4×10)基站干扰车载 MSS 终端时,需额外 48 dB。

本章参考文献

[1] 中国信通院. 2020 中国 5G 经济发展报[EB/OL]. (2019) [2021-12-30]. http://www.caict.ac.cn/kxyj/qwfb/ztbg/201912/P020191213608761136661.

[2] 中国信通院. 5G 愿景与需求[EB/OL]. (2014-05) [2021-12-30]. http://www.caict.ac.cn/kxyj/qwfb/bps/201804/t20180426_158197.htm.

[3] 邓国徽. 基于 G-S 算法的频谱共享技术研究[D]. 北京:北京邮电大学,2017.

[4] ITU-R S. 672-4. Satellite antenna radiation pattern for use as a design objective in the fixed-satellite service employing geostationary satellites[EB/OL]. (1997-09-18) [2021-12-30]. https://www.itu.int/rec/R-REC-S.672-4-199709-I/en.

[5] 李亦男. 面向 5G 的 IMT 系统共存研究[D]. 北京:北京邮电大学,2018.

[6] 夏凯茜. 3D-MIMO 的理论与应用问题研究[D]. 北京:北京邮电大学,2018.

[7] 王健. 有源天线组网关键技术研究[D]. 北京:北京邮电大学,2015.

[8] 杨遵立. 基于有源天线的 LTE 系统的波束优化[D]. 西安:西安电子科技大学,2014.

[9] 3GPP TR 38.101. Technical Specification Group Radio Access Network; NR; User Equipment (UE) radio transmission and reception (Release 15) [EB/OL]. (2020-10-09) [2021-12-30]. https://www.3gpp.org/ftp/Specs/archive/38_series/38.101

[10] 3GPP TR 38.104. Technical Specification Group Radio Access Network; NR; Base Station (BS) radio transmission and reception (Release 15) [EB/OL]. (2020-01-13) [2021-12-30]. https://www.3gpp.org/ftp/Specs/archive/38_series/38.104.

[11] 刘逸安. GEO 卫星区域覆盖多波束天线设计与性能分析[D]. 哈尔滨:哈尔滨工业大学,2012.

[12] 刘吉凤,周瑶,张忠皓. 5G NR FDD 与 WCDMA 系统共存研究[J]. 邮电设计技术,2021(02):47-53.

[13] 3GPP TR 38.803. Technical Specification Group Radio Access Network; Study on new radio access technology: Radio Frequency (RF) and co-existence aspects (Release 14) [EB/OL]. (2018-06-22) [2021-12-30]. https://www.3gpp.org/

ftp/Specs/archive/38_series/38.803.

[14] 3GPP TR 38.901. Technical Specification Group Radio Access Network; Study on channel model for frequencies from 0.5 to 100 GHz (Release 15) [EB/OL]. (2018-06-29) [2021-12-30]. https://www.3gpp.org/ftp/Specs/archive/38_series/38.901.

[15] 唐秋月. L频段卫星移动业务(MSS)与典型IMT系统的干扰共存性研究[D]. 北京:北京邮电大学,2015.

[16] 安娜. 2.1 GHz频段5G NR与现有通信系统的兼容性分析研究[D]. 北京:北京邮电大学,2021.